李洋
田园
宋扬 / 编著

AI+UG NX2024
完全实训手册

清华大学出版社
北京

内 容 简 介

UG NX作为近年来备受瞩目的CAD/CAE/CAM大型集成软件,凭借其全面涵盖产品设计、零件装配、模具设计、NC加工、工程图绘制、模流分析、自动测量及机构仿真等多元化功能,显著优化了整体工作流程,并提升了各环节效率。该软件在航空、航天、汽车、通用机械及造船等多个工业领域均得到了广泛应用。

本书内容分为11章,以UG NX2024版本为基础,系统且深入地阐述了软件的基础知识、建模技巧以及人工智能在辅助设计方面的应用。内容涵盖入门操作、草图设计、实体设计、曲线设计、曲面设计、AI辅助产品方案设计、AI辅助机械设计、AI辅助产品造型设计、AI辅助数控编程与加工、装配设计、工程图设计等。

本书适合学习UG NX软件的初、中级读者使用,也可以作为辅助设计类、工程类、机械类、产品设计类、仿真类等专业的学生作为教材和辅助用书。

图书在版编目(CIP)数据

AI+UG NX2024完全实训手册 / 李洋, 田园, 宋扬编著.
北京 : 清华大学出版社, 2025. 6. -- ISBN 978-7-302-69418-2
Ⅰ. TP391.72-62
中国国家版本馆CIP数据核字第2025GF7050号

责任编辑:陈绿春
封面设计:潘国文
责任校对:徐俊伟
责任印制:宋 林

出版发行:清华大学出版社
     网   址:https://www.tup.com.cn, https://www.wqxuetang.com
     地   址:北京清华大学学研大厦A座   邮   编:100084
     社 总 机:010-83470000   邮   购:010-62786544
     投稿与读者服务:010-62776969, c-service@tup.tsinghua.edu.cn
     质 量 反 馈:010-62772015, zhiliang@tup.tsinghua.edu.cn
印 装 者:大厂回族自治县彩虹印刷有限公司
经   销:全国新华书店
开   本:188mm×260mm   印   张:24.5   字   数:725千字
版   次:2025年8月第1版   印   次:2025年8月第1次印刷
定   价:99.00元

产品编号:108395-01

UG 是近年来应用十分广泛、竞争力较强的 CAD/CAE/CAM 大型集成软件之一。它集成了产品设计、零件装配、模具设计、NC 加工、工程图绘制、模流分析、自动测量及机构仿真等丰富功能，能够全面提升工作流程的整体效率及各个环节的效能。因此，该软件在航空、航天、汽车、通用机械和造船等多个工业领域得到了广泛应用。

本书内容

本书以 UG NX2024 为基石，深入浅出地阐述了软件的基础知识、建模技巧以及人工智能在辅助设计领域的创新应用。致力于引领读者从初识到精通，迅速把握 UG 的核心精髓，并巧妙运用人工智能技术，为自身设计能力插上腾飞的翅膀。

全书精心编排为 11 章，内容层层递进，环环相扣。

第 1 章：启航 UG NX2024，探索入门操作与 AI 辅助设计的奥秘。

第 2 章：深入 UG 草图世界，掌握草图绘制命令及约束的精髓。

第 3 章：解锁 UG 实体特征建模，领略基本特征设计与建模技巧的魅力。

第 4 章：聚焦 UG 曲线设计，揭秘曲线定义与编辑的技巧。

第 5 章：攻克曲面造型设计，从点到面，打造完美曲面。

第 6 章：借助 AI 语言大模型，开启产品方案设计新篇章。

第 7 章：探寻 AI 辅助机械设计的实用工具与方法，引领设计新潮流。

第 8 章：融合 AI 与产品造型设计，实现 3D 模型生成的智能化与自动化。

第 9 章：结合 AI 技术与 CAM 等仿真软件，实现自动化编程与加工，提升生产效率。

第 10 章：掌握 UG 装配功能，轻松实现从零到整的装配过程。

第 11 章：精通 UG 工程图设计，从图纸、标注、注释、表格到导出，一站式解决制图难题。

本书特色

本书从 UG 软件的基础知识入手，逐步深入介绍了软件的基本操作、建模技巧以及装配设计等核心功能，进而详细探讨了曲面建模、造型设计等进阶主题。特别值得一提的是，本书还重点讲解了如何利用前沿的人工智能技术来增强设计流程，涵盖产品方案设计、造型设计、创意启发以及设计意图的解读等多个层面。

在每个关键知识点之后，本书都配备了丰富的实践练习，旨在引导读者通过动手操作来真正消化和吸收所学内容。同时，书中还提供了大量实战案例，供读者参考和学习，以便更好地将理论知识转化为实际操作能力。

本书强调理论知识与实际应用场景的紧密结合，致力于帮助读者将所学知识点快速应用到实际工作中。

无论是基础的建模技术,还是先进的人工智能辅助设计,本书都紧紧围绕工业设计领域的真实需求进行阐述。

此外,本书还深入探讨了 AI 语言大模型、AI 生成式图像模型等尖端技术在设计领域的实际应用。这些内容无疑为读者打开了一扇通向人工智能设计新世界的大门。

总的来说,本书旨在助力广大 UG 用户全面而深入地掌握软件技能,并一同探索人工智能在设计领域的无限可能。对于渴望提升自身设计能力的读者而言,这本书无疑是不二之选。

资源下载

本书的配套资源请用微信扫描下面二维码进行下载,如果有技术性问题,请扫描下面的技术支持二维码,联系相关人员解决。如果在资源下载过程中遇到问题,请联系本书的责任编辑陈老师,邮箱:chenlch@tup.tsinghua.edu.cn。

配套资源   技术支持

作者信息

本书由空军航空大学的李洋、田园和宋扬编写。感谢你选择了本书,希望我们的努力对你的工作和学习有所帮助。由于作者水平有限,加之时间仓促,书中不足和错误在所难免,恳请各位读者和专家批评指正!

作者

2025 年 7 月

目录
CONTENTS

第1章 UG NX2024+AI 辅助设计入门

本章旨在为读者介绍 UG NX2024 的入门基础操作知识，并阐述 AI 辅助设计的基本概念。我们将深入探讨 UG NX2024 的用户界面布局、主要功能模块及其作用，同时指导读者熟练掌握软件的基础工具。更为重要的是，本章还将揭示如何通过 AI 技术的融入，显著提升设计效率。AI 辅助设计不仅能优化烦琐的设计过程，还能自动生成创新的设计方案，并通过智能分析确保设计的精准与可靠。通过学习本章内容，读者将为后续深入探索 UG NX2024 及 AI 设计工具的强大功能奠定坚实基础。

1.1 UG NX2024 工作界面

UG NX2024 的工作界面十分友好，采用了与微软 Office 类似的带状工具条界面环境。

1. UG NX2024 欢迎界面

在桌面上双击 NX2024 图标 或者执行"开始"→"程序"→ Siemens NX → NX 命令，启动 UG NX2024，如图 1-1 所示为 NX2024 的启动窗口。

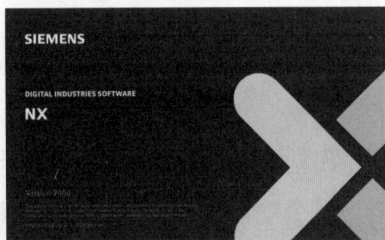

图 1-1

随后进入 NX2024 的入口模块（即欢迎界面），该界面中包含了软件模块、角色、定制、命令等功能的简要介绍，如图 1-2 所示。

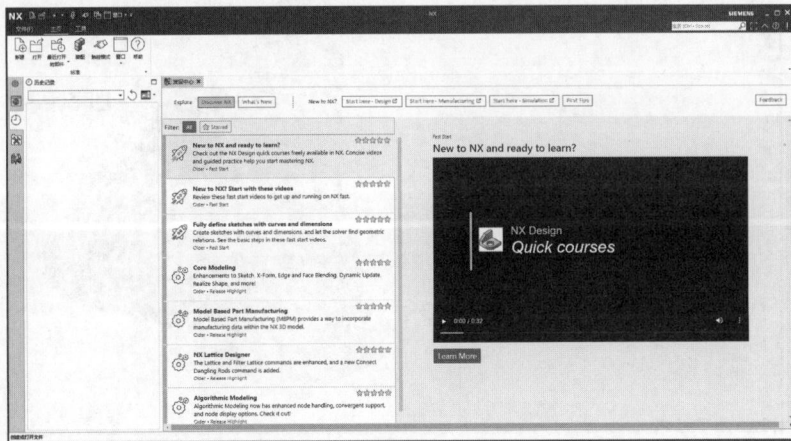

图 1-2

2. UG NX2024 建模环境

建模环境界面是用户应用 UG 软件进行设计的工作环境界面。在欢迎界面的"主页"选项卡中单击"新建"按钮 ⊕，会弹出"新建"对话框。用户可以通过这个对话框为新建立的模型文件命名，并重新设置文件的保存路径，如图 1-3 所示。

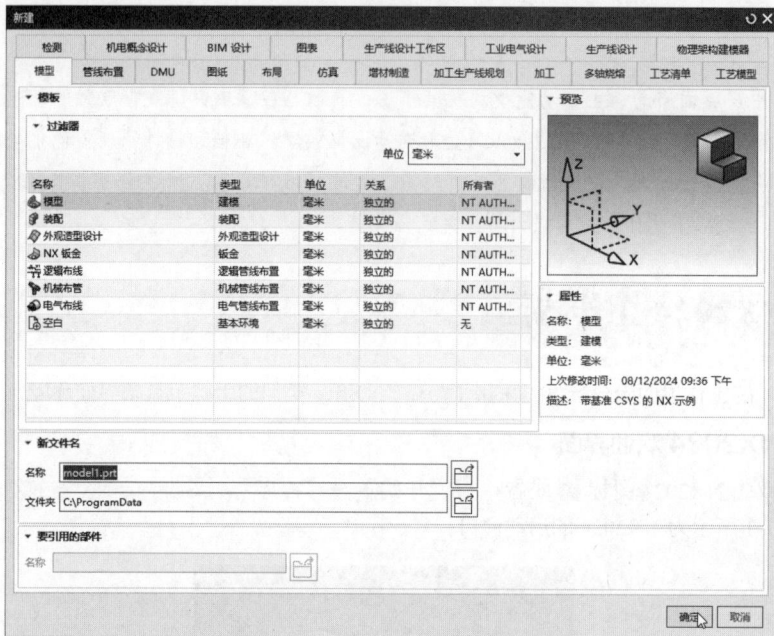

图 1-3

重设文件名及保存路径后，单击"确定"按钮，即可进入 UG NX2024 的建模环境界面，如图 1-4 所示。

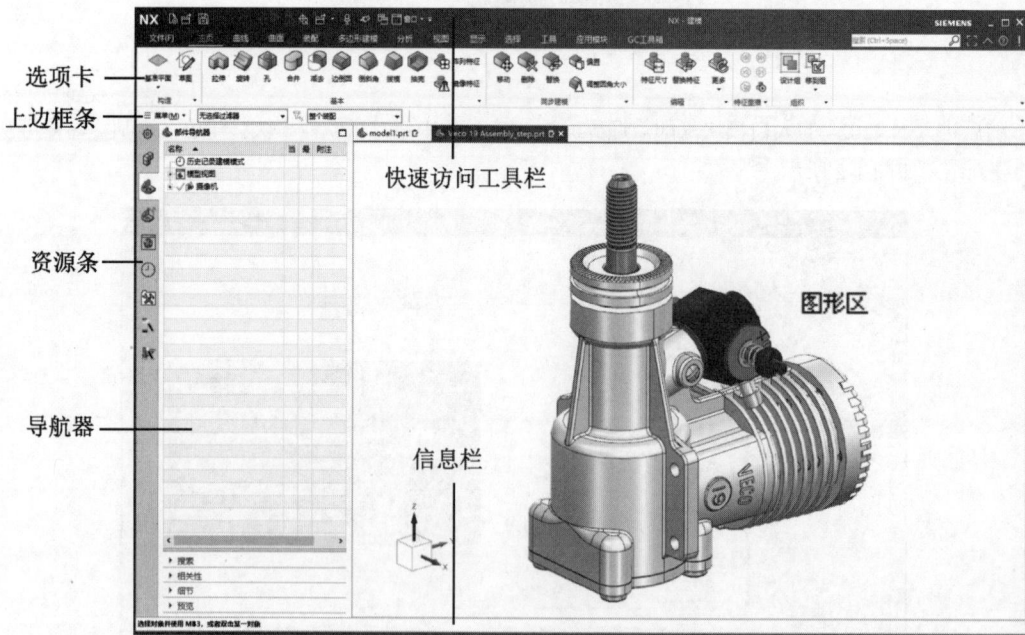

图 1-4

建模环境界面窗口主要由快速访问工具栏、功能区、上边框条、信息栏、资源条、导航器和图形区等部分组成。读者如果更偏爱经典的 UG 环境界面，可以通过按快捷键 Ctrl+2，在弹出的"用户界面首选项"对话框中选择"主题"选项卡的"经典"选项，并单击"应用"按钮，如图 1-5 所示。切换的经典界面如图 1-6 所示。

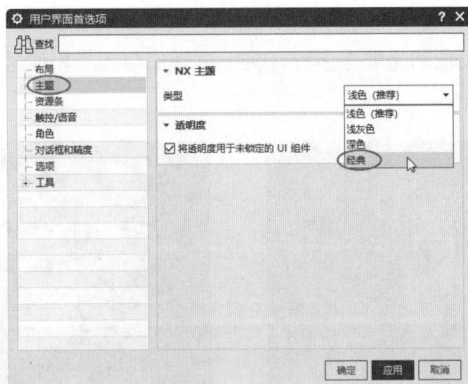

图 1-5

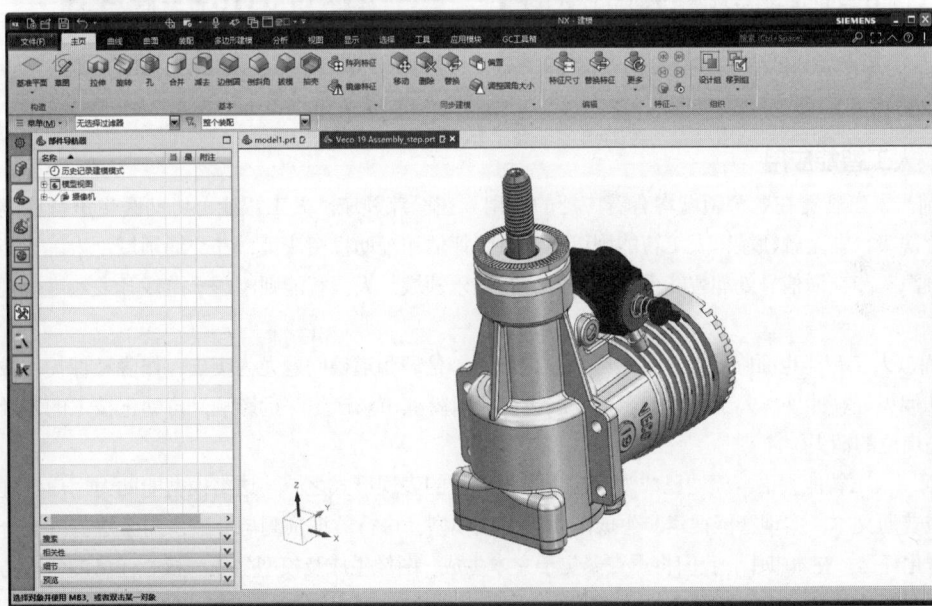

图 1-6

1.2　人工智能（AI）在三维设计中的应用

人工智能（Artificial Intelligence，AI）是一种旨在模拟人类智能的技术和系统。它使计算机具备感知、学习、推理、决策和交流等能力，从而能够执行与人类相似的任务。

1.2.1　人工智能的分类与应用

人工智能的基础包括机器学习（Machine Learning）和深度学习（Deep Learning）。机器学习是一种技术，它使计算机能够通过数据和经验进行自动学习；而深度学习则是机器学习的一种特定形式，它运用神经网络模型来执行学习和推理任务。

1. 人工智能分类

人工智能可以分为弱人工智能和强人工智能两类。弱人工智能指的是专注于特定任务的人工智能系统，例如语音识别、图像识别和自然语言处理等。这些系统在特定领域内表现卓越，但在其他领域可能无能为力，如图1-7所示。而强人工智能则指的是能在多种任务上展现出与人类相似甚至超越人类的智能水平，例如人工智能机器人等，如图1-8所示。

图 1-7

图 1-8

2. 人工智能应用

目前，人工智能在各个领域均有着广泛的应用。在医疗领域，人工智能可协助医生进行疾病诊断及制定治疗决策；在金融领域，人工智能则可用于风险评估和辅助投资决策；在交通领域，人工智能推动着自动驾驶汽车和交通信号处理智能系统的研发；在娱乐领域，人工智能则渗透于游戏开发和虚拟现实技术之中。

然而，人工智能也面临着诸多挑战与争议。其中，伦理和道德问题尤为突出，如隐私保护、数据安全以及算法偏见等。此外，人工智能的迅猛发展也可能对就业市场产生深远影响，自动化技术的普及或许会导致某些岗位的消失。

当前，人工智能大语言模型已成为其应用最为广泛的表现形式之一。这类模型能助力用户处理办公文案、生成普通文本、实现智能搜索、生成图像、生成模型、进行数据预测与分析，乃至进行行业分析和计算等多样化任务。在本书中，我们将重点聚焦于文本生成、图像生成及模型生成等核心任务的学习与探索。接下来，了解几种常见的人工智能大语言模型。

1.2.2 常用人工智能大语言模型介绍

人工智能大语言模型是人工智能应用领域的一种重要工具，它能够实现智能的交互式文本、图像及3D模型的生成。这些模型能够理解输入的文本，并据此生成具有连贯性的相应文本。它们运用深度学习技术，尤其是变换器（Transformer）架构，以处理和生成文本内容。

1. ChatGPT 大语言模型

ChatGPT 是由美国 OpenAI 公司开发的人工智能大语言模型，基于 GPT-3.5 和 GPT-4.0 架构。该模型经过训练，可生成自然语言文本，并适用于多种对话和文本生成任务。ChatGPT 能深入理解输入的文本，并生成连贯、有意义的文本回复，因此在对话系统、客服聊天、写作辅助等领域有着广泛的应用。

ChatGPT-3.5（模型升级后称作 GPT-4o mini）于 2021 年 9 月推出，是一个免费使用的 AI 语言大模型。而 ChatGPT-4（模型升级后称作 GPT-4o）则是 2023 年 3 月推出的新一代大语言模型，属于付费平台。它在语言理解和生成方面有着显著的改进和提升。

如图 1-9 所示，展示了 ChatGPT（GPT-4o mini）和 ChatGPT Plus（GPT-4o）的官方平台界面。

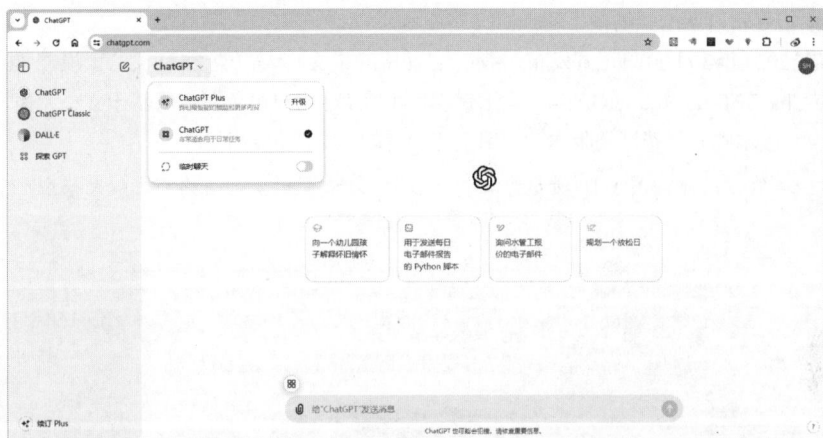

图 1-9

在使用 ChatGPT 为自己工作时，请遵循以下指导原则，以确保与 ChatGPT 的交互更加有效，并获得更有意义和准确的回答。

- 提出清晰的问题和指令：确保你的问题或指令明确、清晰，以便 ChatGPT 能够准确理解你的需求。避免使用模糊的描述或含糊不清的问题，这样有助于提高回答的准确性。
- 提供必要的上下文信息：如果问题涉及特定的情境或背景，请尽量提供这些信息。这有助于ChatGPT 更好地理解你的问题，并给出更贴切的回答。
- 详细描述问题：尽量避免过于简略或模糊的问题描述，提供详细的信息有助于 ChatGPT 给出更有深度的答案。
- 提出具体的问题：尽量提出具体、明确的问题，而非泛泛而谈。具体问题往往更容易得到准确的回答。
- 使用关键词：在问题中使用关键词，有助于 ChatGPT 更好地理解你的关注点，并提供相关的答案。
- 适度限制回答范围：如果你希望 ChatGPT 给出特定类型或领域的回答，可以通过明确指定条件来引导它。这样有助于它更好地满足你的期望。
- 利用多轮对话：对于复杂问题或需要进一步追问的情况，可以尝试与 ChatGPT 进行多轮对话。通过逐步提供更多信息或进一步的问题，有助于深入探讨并获得更全面的解答。
- 提供反馈和修正：如果 ChatGPT 的回答与你的期望不符，请提供明确的反馈，并尝试以不同的方式重新表述问题。这有助于 ChatGPT 不断学习和改进。
- 核实信息：虽然 ChatGPT 提供了大量信息，但并非所有信息都是准确无误的。在做出决策或处理重要问题时，请务必自行核实相关信息，并谨慎考虑 ChatGPT 的建议。
- 保持合理期望：ChatGPT 是一种强大的语言模型，但它并非万能。请确保你的期望是合理的，并理解它可能无法提供完全准确或完美的答案。
- 文明交流：请确保与 ChatGPT 的交互是文明和尊重的。遵守社会准则和法律法规，不将 ChatGPT 用于恶意或不当用途。在使用服务时，请务必遵守适用的法律法规和社区准则。
- 探索多功能性：ChatGPT 不仅限于回答问题，它还能进行创造性的文本生成、编程辅助、写作辅助等。尝试发掘其多功能性,以充分利用这一强大工具。

2. 文心一言大语言模型

文心一言 ERNIE Bot 是百度公司推出的知识增强型大语言模型,它能够与人进行对话互动,回答问题,并辅助创作,从而高效便捷地帮助人们获取信息、知识和灵感。文心一言作为一个知识增强的大语言模型,依托于飞桨深度学习平台和文心知识增强大模型,不断从海量数据和大规模知识中进行融合学习,展现了知识增强、检索增强和对话增强的技术特点。

文心一言在 2023 年 3 月 20 日正式发布。目前,它使用的是文心大模型 3.5 和文心大模型 4.0 的正式版本,其 AI 性能可与 ChatGPT-3.5 和 ChatGPT-4.0 大语言模型相媲美。用户可免费使用基于文心大模型 3.5 的版本,而文心大模型 4.0 版本则为付费订阅版本。使用文心一言的基本流程如下。

01 进入文心一言官方网站。图 1-10 所示为文心一言 AI 大语言模型(简称"文心大模型")的网页端用户界面。

图 1-10

02 在使用文心一言的过程中,如果用户发现使用问题,可以单击左侧页面中的 📧 按钮及时反馈给平台方,以便在后续版本中修改和升级。

03 如果新用户不清楚在文心一言中如何与文心大模型进行语言交流,可以在首页左侧面板中单击"百宝箱"按钮 📦,进入"一言百宝箱"页面中,查看并使用符合用户使用场景的指令,如图 1-11 所示。

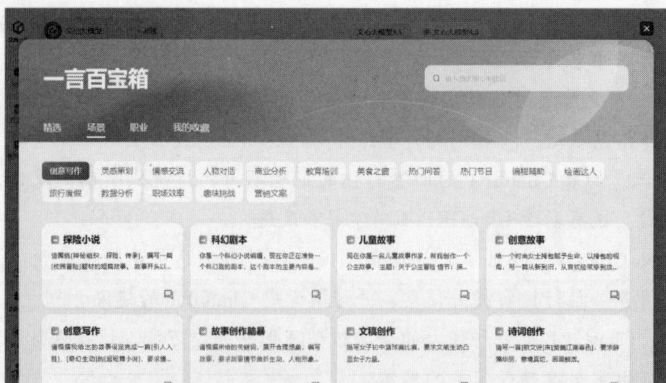

图 1-11

04 例如,用户想写作一个科幻小故事,可以在"场景"选项卡的"创意写作"选项类别中选择"短篇故事创作"

指令，然后文心大模型 3.5 会自动填写关键词进行创意写作，如图 1-12 所示。

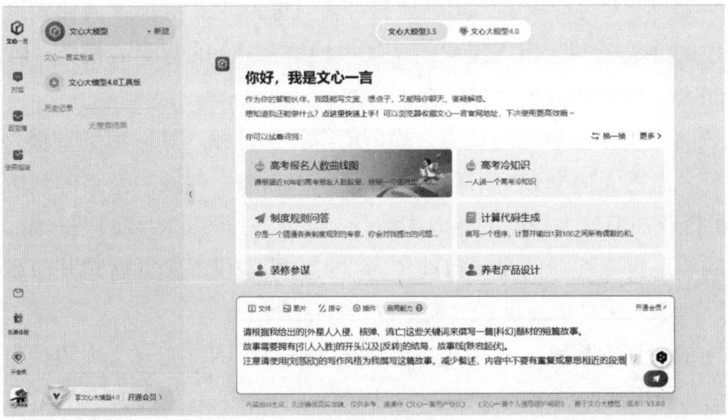

图 1-12

05 在与文心大模型 3.5 进行对话时，还可以使用插件帮助快速完成工作。在聊天窗口上方单击"插件"按钮⊙插件，弹出插件菜单，如图 1-13 所示。使用这些插件可以将外部参考文件插入当前大语言模型中，以帮助理解图像、阅读作品、创建思维导图等。

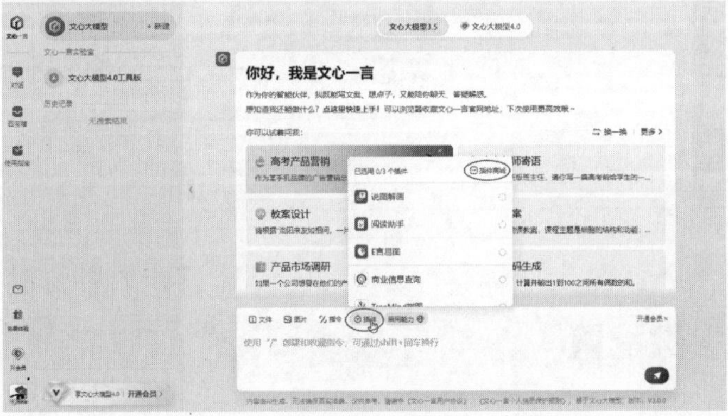

图 1-13

06 需要使用哪一种插件，选中该插件复选框即可。如果需要更多的插件来协助完成更多工作任务，可在插件面板中单击"插件商城"按钮，从插件商城中加载更多免费插件到插件面板中使用，如图 1-14 所示。

图 1-14

3. 国内其他 AI 大语言模型

除了前面介绍的两款 AI 大语言模型，国内还有许多互联网企业推出了商业大语言模型，例如华为的盘古大模型、阿里巴巴的通义千问、讯飞星火的认知大模型、360 的智脑大模型、腾讯的混元大模型，以及复旦大学推出的 MOSS 大模型和百川大模型等。

在这些国内的大语言模型中，华为的盘古大模型值得特别推荐。其应用场景极为广泛且功能强大，专注于为各行业提供服务。盘古大模型致力于在金融、政务、制造、气象、铁路等领域打造行业专属的大模型和能力集合，通过将行业知识与大模型的能力相结合，助力各行各业实现转型升级，成为各组织、企业、个人不可或缺的专家助手。需要注意的是，目前华为盘古大模型仅对企业客户开放邀请测试，个人客户还无法参与公测，因此，本章无法对华为盘古大模型进行详细介绍。

至于其他厂商推出的大语言模型，其功能与特性与前面介绍的文心一言大致相似，故在此不再赘述。阿里巴巴通义千问的交互式界面如图 1-15 所示。

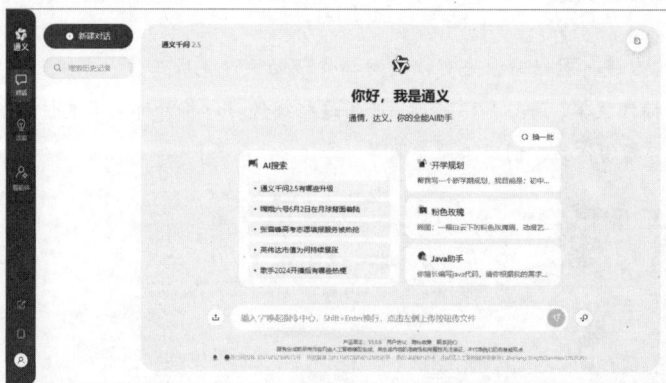

图 1-15

1.3 UG 系统参数配置

UG 的系统参数配置通常采用程序默认设置，但为满足特定设计需求，用户也可自行定义配置参数。UG 的系统参数配置主要涵盖"语言环境变量设置""用户默认设置"以及"首选项设置"三大方面。以下简要介绍这些参数设置。

1.3.1 语言环境变量设置

在 Windows 10 操作系统中，软件的工作路径是通过系统注册表和环境变量来设定的。安装 UG NX2024 之后，系统会自动创建与 UG 相关的语言环境变量。这些语言环境变量的配置允许用户将 UG 的操作界面语言从中文更改为英文或其他国家语言，同样，也可以从英文或其他国家语言更改为中文。

例 1-1: 设置语言环境变量

进行语言环境变量设置的操作步骤如下。

01 在计算机桌面上右击"此电脑"图标，在弹出的快捷菜单中选择"属性"选项，弹出"设置"窗口。在该窗口左侧单击"高级系统设置"按钮，弹出"系统属性"对话框，如图 1-16 所示。

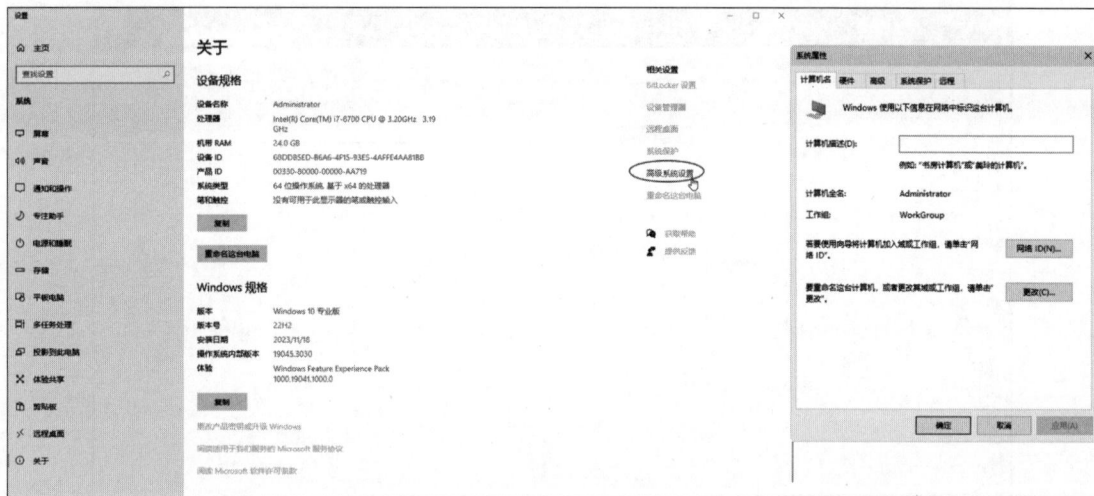

图 1-16

02 在"系统属性"对话框的"高级"选项卡中单击"环境变量"按钮，弹出"环境变量"对话框。

03 在"系统变量"选项卡的下拉列表中选择要编辑的系统变量UGII_LANG，其值为simpl_chinese，接着单击"编辑"按钮，如图1-17所示。

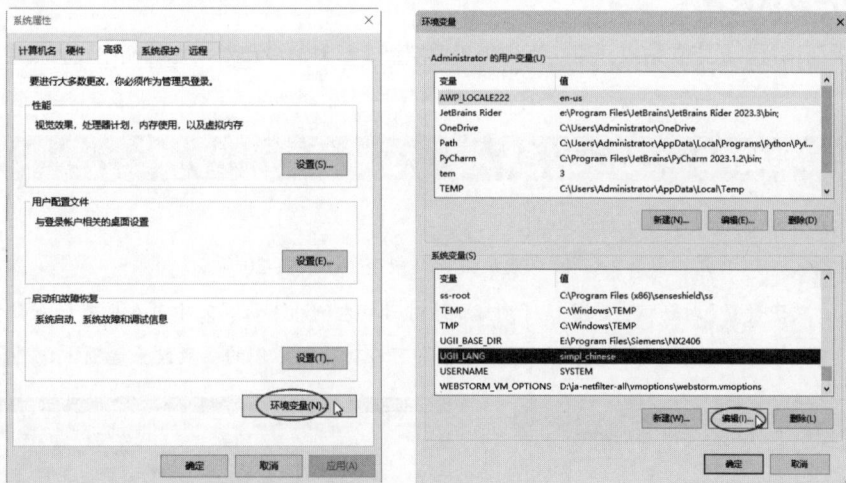

图 1-17

04 将弹出的"编辑系统变量"对话框中的变量值simpl_chinese改为simpl_english，并单击"确定"按钮完成由中文改为英文的环境变量设置，如图1-18所示。

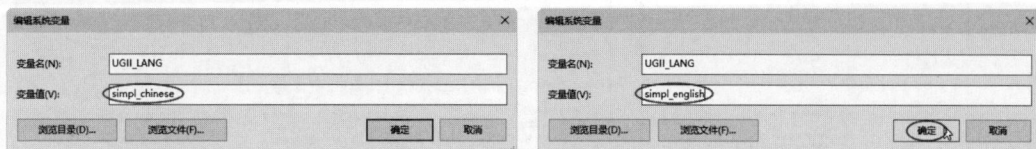

图 1-18

05 重新启动UG NX2024，所设置的环境变量参数即刻生效。此时UG NX2024为英文界面，如图1-19所示。

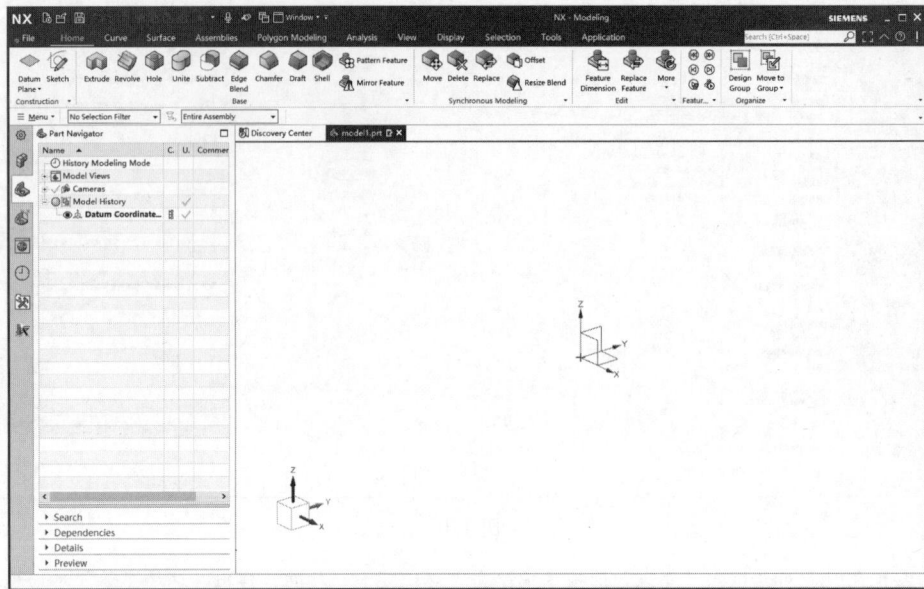

图 1-19

1.3.2 用户默认设置

"用户默认设置"是指在站点、组、用户等不同层级上，对命令和对话框的初始设置及参数进行控制的配置。

例 1-2：用户默认设置

调整用户默认设置的具体操作方法如下。

01 执行"文件"→"实用工具"→"用户默认设置"命令，如图 1-20 所示。

02 弹出"用户默认设置"对话框，如图 1-21 所示。该对话框左侧的下拉列表中包含所有的功能模块（站点）及其工具条（组），选择相应模块及工具条后，即可在对话框右侧的参数设置选项卡中进行参数设置。

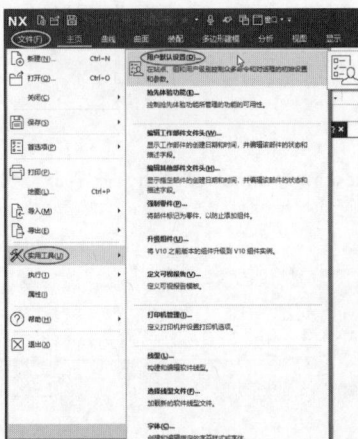

图 1-20

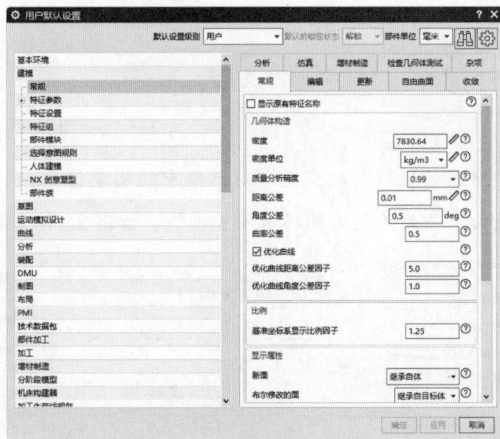

图 1-21

03 以设置草图和工程图为例，在左侧列表中选择"草图"中的"常规"选项，接着在右侧显示的"草图设置"
选项卡中设置草图选项，如图 1-22 所示。

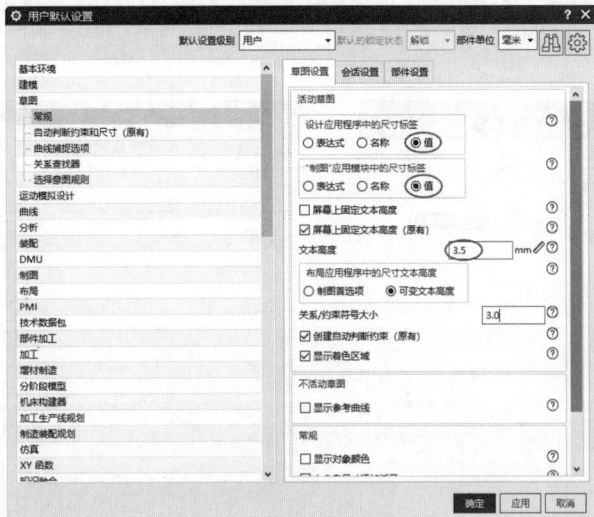

图 1-22

04 在左侧列表中选择"制图"中的"常规／设置"选项，在右侧的"标准"选项卡中设置"制图标准"
为 GB，如图 1-23 所示。

图 1-23

05 参数设置完成后单击"应用"按钮关闭对话框，重启 UG 软件后以上设置才能生效。

1.3.3　首选项设置

首选项设置，实际上就是根据用户的操作习惯和喜好来设定一些默认的控制参数。在菜单栏的"首选项"
中，为用户提供了全方位的参数设置功能，如图 1-24 所示。在设计工作开始之初，用户可以根据自己的需
求对这些项目进行相应设置，以确保后续工作的顺利进行。

提示

在新安装的 UG NX2024 软件中，默认状态下并没有图 1-24 中的菜单栏，这需要用户调出上边框条。在功能区选项卡的空白区域右击，然后在弹出的快捷菜单中选择"上边框条"选项，将上边框条调出并显示在功能区选项卡的下方，如图 1-25 所示。

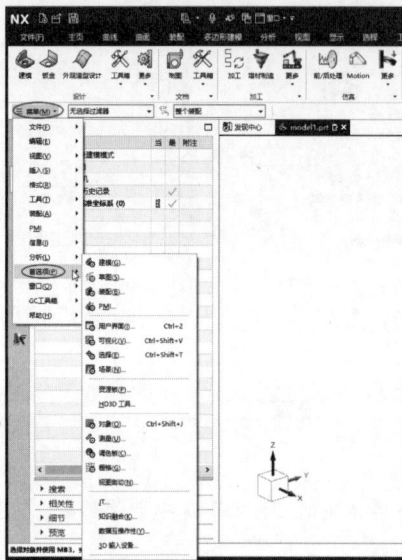

图 1-24

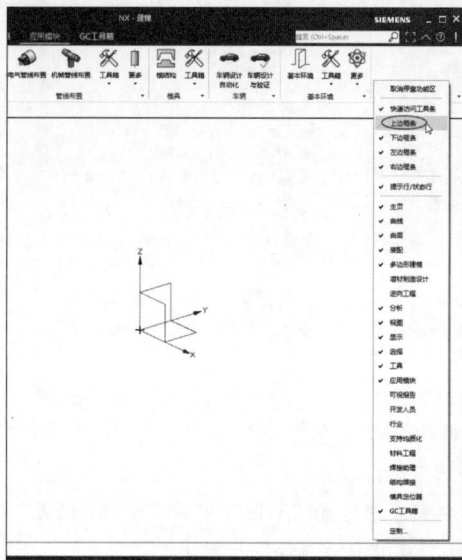

图 1-25

下面简要介绍一些常用的参数设置，包括对象设置、用户界面设置、背景设置，以及栅格和工作平面的设置等。

技术要点

需要注意的是，首选项中的很多设置仅对当前工作部件有效。当打开或新建部件时，用户需要重新进行相关设置。

1. 对象设置

对象设置主要用来编辑对象（如几何元素、特征）的各种属性，例如线型、线宽以及颜色等。当执行"首选项"→"对象"命令时，会弹出"对象首选项"对话框。此对话框中包含 3 个功能选项卡，分别是："常规"选项卡、"分析"选项卡以及"线宽"选项卡。

- "常规"选项卡（见图 1-26）：主要用于设置工作图层的默认显示，模型的类型、颜色、线型和宽度，以及实体或片体的着色和透明度显示。图 1-27 展示了设置线宽和颜色后的效果对比。

图 1-26

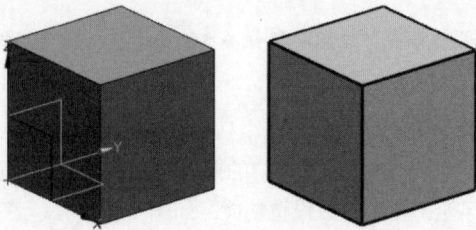

图 1-27

- "分析"选项卡：主要用于控制曲面连续性、截面分析、偏差测量以及高亮线等的设置，如图1-28所示。
- "线宽"选项卡：用于设置传统宽度的转换，如图1-29所示。

2. 用户界面设置

用户界面设置主要涉及用户界面的配置、操作记录和录制行为的设定，以及用户工具的加载。通过在上边框条中执行"菜单"→"首选项"→"用户界面"命令，弹出"用户界面首选项"对话框，并进行相应的设置，如图1-30所示。

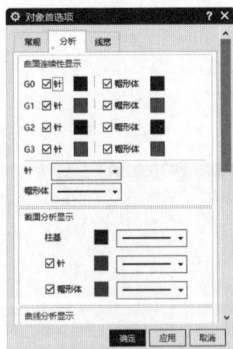
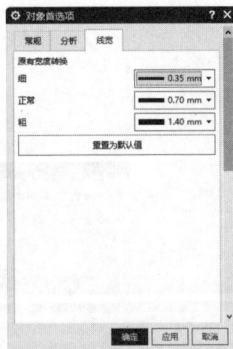

图1-28　　　　　　　　　　图1-29　　　　　　　　　　　　　　图1-30

3. 场景设置

场景设置用于配置界面的背景以及渲染场景中的光源、环境和阴影等元素，具体的操作步骤如下。

01 执行"首选项"→"场景"命令，弹出"场景首选项"对话框，如图1-31所示。

02 在"背景"选项中设置屏幕的背景特性，如颜色和渐变效果。

03 在"灯光"选项中设置光源类型、光源位置及光源强度等，如图1-32所示。

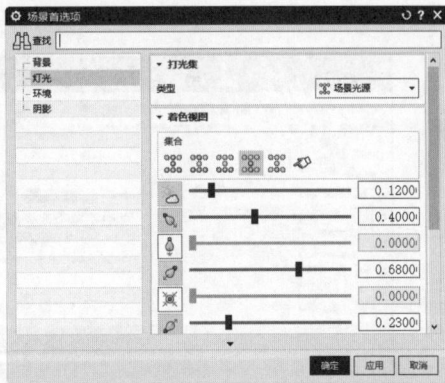

图1-31　　　　　　　　　　　　　　图1-32

04 在"环境"选项中主要设置灯光的照射方向和地平面的位置，如图1-33所示。

05 在"阴影"选项中设置是否显示地面阴影，开启将会显示阴影，反之关闭阴影显示，如图1-34所示。

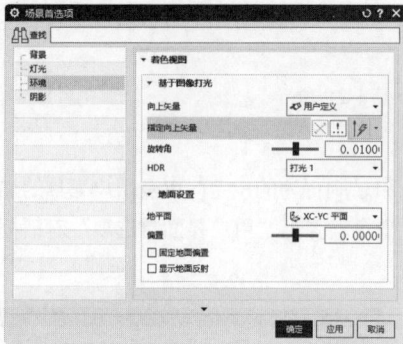
图 1-33

图 1-34

1.3.4 定制 NX 环境

定制 NX 环境可以帮助用户更方便地访问常用命令，并根据个人的工作流程对命令进行个性化排列。此外，用户还可以通过仅显示自己经常使用的命令来优化图形界面，从而提高工作效率。

在上边框条中执行"菜单"→"工具"→"定制"命令，弹出"定制"对话框，如图 1-35 所示。

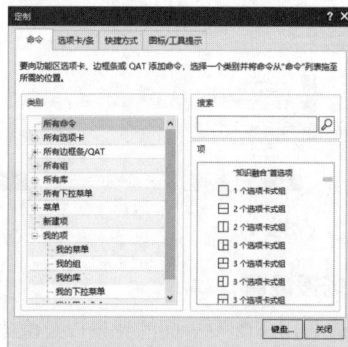
图 1-35

1. 定制命令

定制命令是指将命令添加到功能区选项卡或边框条上。例如，若想在"主页"选项卡的"基本"组中添加"缩放体"命令，可以先搜索该命令，然后将其拖至"基本"组中并释放，如图 1-36 所示。

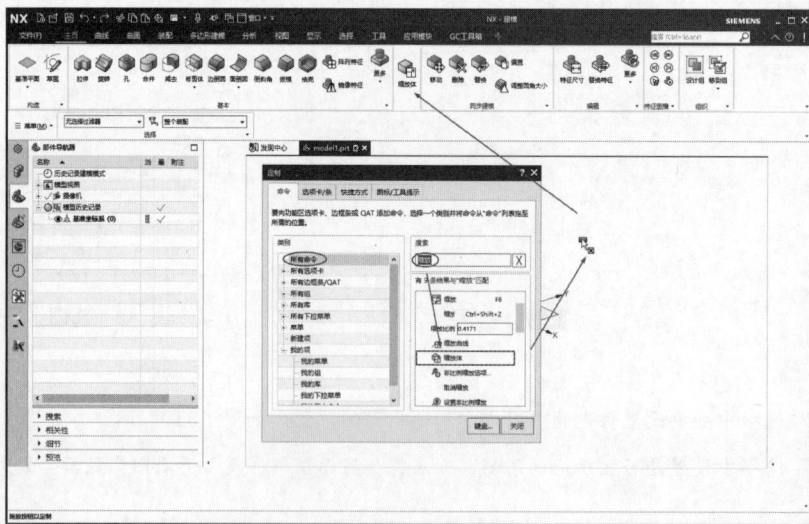
图 1-36

2. 定制选项卡/条

定制选项卡/条是指在功能区中添加或调整选项卡和边框条的显示方式。在新安装的 UG NX2024 中，默认情况下只会显示一些常用的选项卡/边。

在"定制"对话框的"选项卡/条"选项卡中，被选中的选项卡/条表示它们已经在功能区中显示。用户可以通过取消选中或选中来调整想要显示的选项卡/条，如图 1-37 所示。此外，单击"新建"按钮可以创建一个新的选项卡/条，用于集中放置用户常用的命令。如果需要，也可以单击"删除"按钮来移除新建的选项卡/条。

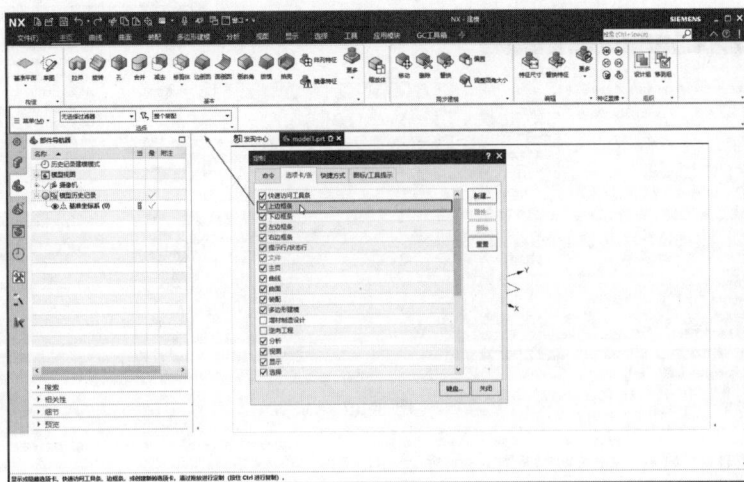

图 1-37

3. 定制快捷键命令

快捷键是一种通过简单的鼠标按键和（或）键盘按键组合来迅速执行特定命令的便捷操作方式。在日常工作中，设计师往往需要迅速执行各项命令以高效完成设计工作。如果仅依赖单击按钮或遍历菜单栏来执行命令，工作效率会受到很大影响。因此，用户可以根据自己的操作习惯定义快捷键，从而提升工作效率。

在 UG NX2024 中，系统已经预设了一些快捷键。例如，当鼠标指针悬停在"拉伸"按钮上时，会弹出工具提示，其中就会显示"拉伸"按钮（也称为"工具"）的快捷键为 X，如图 1-38 所示。当然，并非所有命令都预设了快捷键。如果用户需要为某个没有预设快捷键的命令设置快捷键，可以按照以下步骤进行操作。

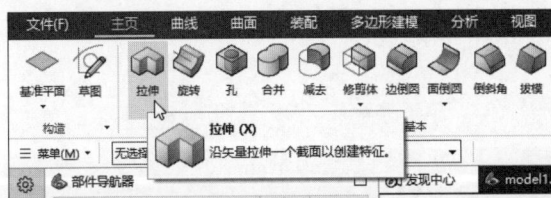

图 1-38

例 1-3：定制快捷键

定制快捷键的具体操作步骤如下。

01 按快捷键 Crtl+1，弹出"定制"对话框。

02 在"定制"对话框中单击底部的"键盘"按钮,弹出"定制键盘"对话框。

03 在"类别"选项列表中选择"设计特征"选项,然后在右侧的"命令"列表中选择"旋转"命令。

04 在"按新的快捷键"文本框内输入快捷键A,再单击"指派"按钮,可以将快捷键A赋予"旋转"命令,如图1-39所示。

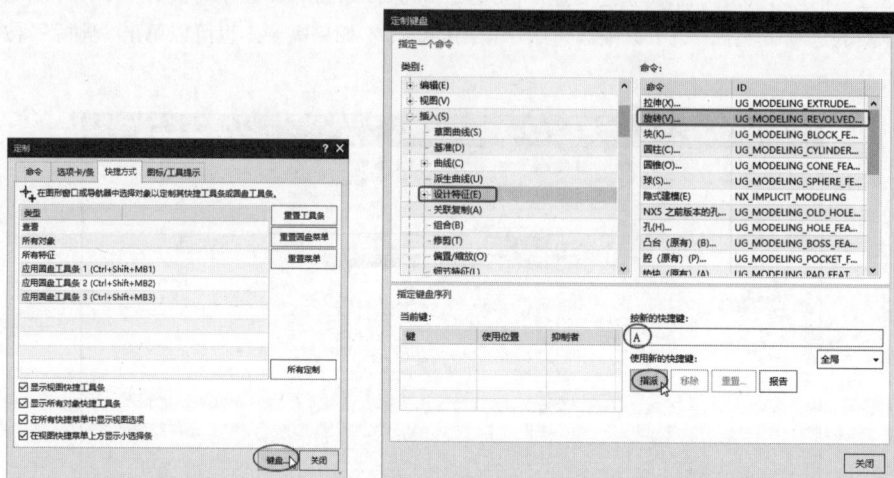

图 1-39

05 按A键即可执行"旋转"命令并弹出"旋转"对话框。

4. 定制图标/工具提示

在"定制"对话框中的"图标/工具提示"选项卡中,可以为UG NX2024定制按钮图标的大小和显示比例,并控制功能区和对话框中是否显示工具提示,如图1-40所示。

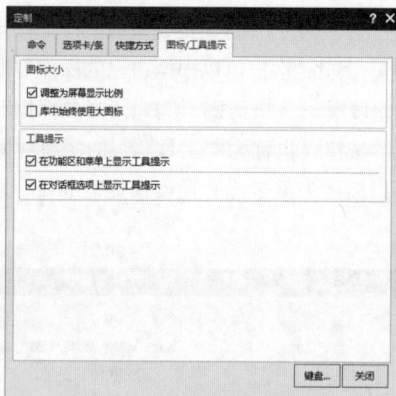

图 1-40

1.4 对象操作

在UG造型中,所有的特征均可视作对象,对特征的编辑和查看等操作实质上就是对对象的操作。这些操作涵盖了视图调整、对象的隐藏与显示,以及对象的可视化设置等。本节将深入介绍对象操作的具体过程。

1.4.1 视图操作

视图操作主要用来辅助用户观察图形，可以通过多种方式来控制。

- "视图"菜单：在上边框条的"菜单"→"视图"→"操作"子菜单中列出了所有可供用户选择的视图操作选项，如图1-41所示。
- "视图"选项卡：在功能区的"视图"选项卡中，配置了丰富的视图操作按钮，用户可以轻松地进行相关操作。
- 视图快捷菜单：在绘图区的空白处右击，弹出快捷菜单，如图1-42所示。该菜单主要包含与视图相关的操作，配置了常用的视图功能，可以满足用户的一般需求。

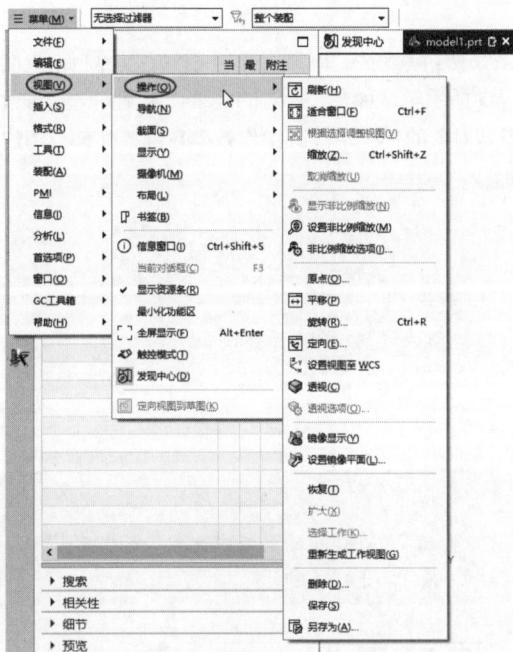

图 1-41

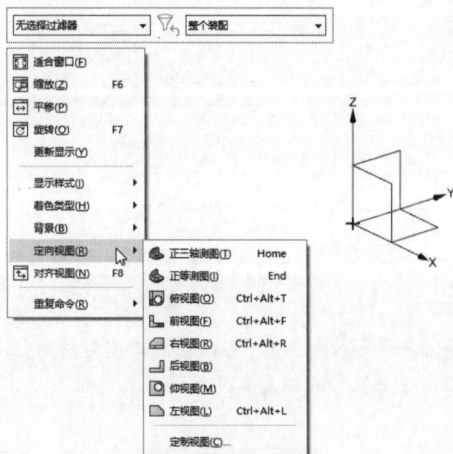

图 1-42

用户也可以结合键盘和鼠标来操作视图。

- 缩放视图：通过滚动鼠标中键可以自由缩放视图，另外，按Ctrl+鼠标中键也可以实现视图的缩放。
- 旋转视图：按鼠标中键可旋转视图，此外，按F7键同样可以起到旋转视图的作用。
- 平移视图：按Shift+鼠标中键可以平移视图，或者依次按鼠标中键和右键也可以实现视图的平移。

1.4.2 显示和隐藏对象操作

当工作区中的对象过多，导致操作不便时，可以对对象进行临时隐藏操作。操作完成后，再将这些对象显示出来。这种方式可以实现对对象的精准显示和控制，便于用户更准确地操作对象，从而提高操作效率和准确度。

利用上边框条中的"菜单"→"编辑"→"显示和隐藏"子菜单命令，如图1-43所示，可以轻松地进行对象的显示和隐藏操作。

1. 显示和隐藏

"显示和隐藏"命令通过窗口的方式来控制对象的显示和隐藏。在上边框条中执行"菜单"→"编辑"→"显示和隐藏"→"显示和隐藏"命令，会弹出"显示和隐藏"对话框，如图1-44所示。可以在该对话框中进行相关操作，以实现对特定对象的显示或隐藏。

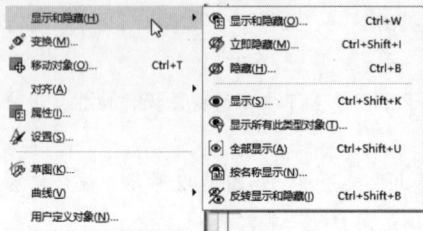

图 1-43   图 1-44

在"显示和隐藏"对话框中，可以直接单击"显示"按钮 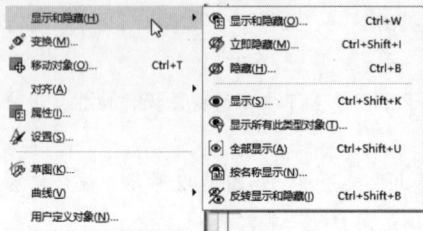 或"隐藏"按钮，以控制相应图形的显示和隐藏状态。例如，隐藏模型中的曲线，如图1-45所示。这种方式针对的是某一类型的对象进行显示和隐藏控制，无须手动选择，因此在需要控制特定类型对象的情况下，其操作效率较高。此外，用户还可以通过按快捷键Ctrl+W来快速执行"显示和隐藏"命令。

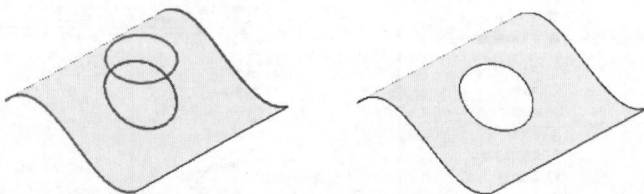

图 1-45

> **提示**
>
> 若是常用视图操作工具，可以在上边框条的右侧单击下三角按钮，在弹出的菜单中选中"视图组"复选框，即可将视图操作的相关工具显示在上边框条中，便于随时调用，如图1-46所示。

图 1-46

2. 立即隐藏

立即隐藏功能允许用户实时隐藏所选对象。执行"编辑"→"显示和隐藏"→"立即隐藏"命令，将弹出"立即隐藏"对话框，如图1-47所示。单击选择需要隐藏的对象，即可将所选对象隐藏，无须进行额外确认。

> **提示**
>
> 也可以先选取要隐藏的图素，然后按快捷键Ctrl+Shift+I快速执行"立即隐藏"命令，从而迅速对所选对象执行隐藏操作。

3. 隐藏

"隐藏"命令提供了灵活的操作方式，既可以通过类选取来选择要隐藏的对象，也可以直接选取具体对象进行隐藏。

在上边框条中执行"菜单"→"编辑"→"显示和隐藏"→"隐藏"命令，将弹出"类选择"对话框，如图1-48所示。用户可以利用该对话框进行对象的类选取，或者直接在界面中选取要隐藏的对象。选取完成后，单击"类选择"对话框中的"确定"按钮，即可完成隐藏操作。

提示

此命令也支持直接选取要隐藏的对象后，按快捷键Ctrl+B快速进行隐藏。这种操作的效果与立即隐藏相同，且省去了打开对话框的步骤，使操作更加便捷高效。

4. 显示

"显示"命令是"隐藏"命令的相反操作，它可以将之前隐藏的对象重新显示出来。要执行此命令，首先在上边框条中执行"菜单"→"编辑"→"显示和隐藏"→"显示"命令，将弹出"类选择"对话框。用户可以通过类选择的方式，或者直接在界面中选取要显示的对象。选择完毕后，在"类选择"对话框中单击"确定"按钮，即可完成显示操作。

5. 显示所有此类型对象

"显示所有此类型对象"命令用于选取特定类型的对象并将其全部显示出来。在上边框条中执行"菜单"→"编辑"→"显示和隐藏"→"显示所有此类型对象"命令，将弹出"选择方法"对话框，如图1-49所示。在该对话框中选择要显示的对象类型后，单击"确定"按钮，即可完成对该类型所有对象的显示操作。

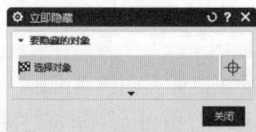
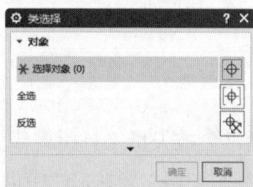
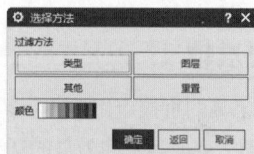

图1-47　　　　　　　　　图1-48　　　　　　　　　图1-49

6. 全部显示

全部显示命令能够一次性将所有隐藏的对象全部显示出来，无须进行任何选择操作。在上边框条中执行"菜单"→"编辑"→"显示和隐藏"→"全部显示"命令，即可实现全部隐藏对象的显示。此外，也可以通过按快捷键Ctrl+Shift+U来快速完成这一操作。

7. 反转显示和隐藏

"反转"命令用于对对象的显示和隐藏状态进行反转操作。具体来说，它会将当前显示在绘图区的对象隐藏起来，同时将所有先前隐藏的对象显示出来，实现一种对调反转的效果。用户可以通过按快捷键Ctrl+Shift+B来快速执行这一命令。值得注意的是，此快捷键具有切换功能，按下一次进行反转，再次按下则恢复原状。

1.5 基准工具

在使用UG进行建模和装配时，我们经常需要借助点构造器、矢量构造器、坐标系等工具。虽然这些工具不直接参与模型的构建，但它们在整个过程中起着至关重要的辅助作用。接下来，将对这些工具进行详细讲解。

1.5.1　基准平面

平面构造器在绘图过程中主要用于定义基准平面、参考平面或切割平面等。用户可以通过在"主页"选项卡的"构造"组中单击"基准平面"按钮◇来访问该功能，或者在上边框条中执行"菜单"→"插入"→"基准"→"基准平面"命令。执行该命令后，将弹出"基准平面"对话框，如图 1-50 所示。

图 1-50

在"基准平面"对话框中，单击类型栏会弹出一个下拉列表。该列表中共包含了 14 种创建基准平面的方法（不包括"自动判断"和"显示快捷方式"选项）。

1.5.2　基准轴

基准轴工具的直接应用并不频繁，通常会被矢量工具所替代。矢量在拉伸、创建基准轴、拔模等命令中，以及移动、变换等方向矢量的场景中经常使用。要在 UG 中创建基准轴，可以在"主页"选项卡的"构造"组中单击"基准轴"按钮，或在上边框条中执行"菜单"→"插入"→"基准"→"基准轴"命令。执行该命令后，将弹出"基准轴"对话框。在该对话框的类型栏中单击三角形下拉按钮，会弹出"类型"下拉列表，如图 1-51 所示。

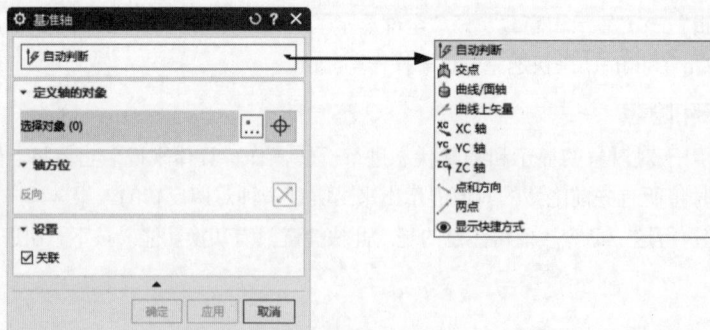

图 1-51

矢量工具通常不会直接调出，而是嵌入在其他工具内部使用。要在 UG 中访问矢量工具，可以在上边框条中执行"菜单"→"编辑"→"移动对象"命令，这将弹出"移动对象"对话框。

在"移动对象"对话框中，选择"距离"作为运动类型，然后单击"矢量对话框"按钮，这将进一步弹出"矢量"对话框，如图 1-52 所示。该"矢量"对话框与轴对话框类似，主要用于定义矢量的方向。

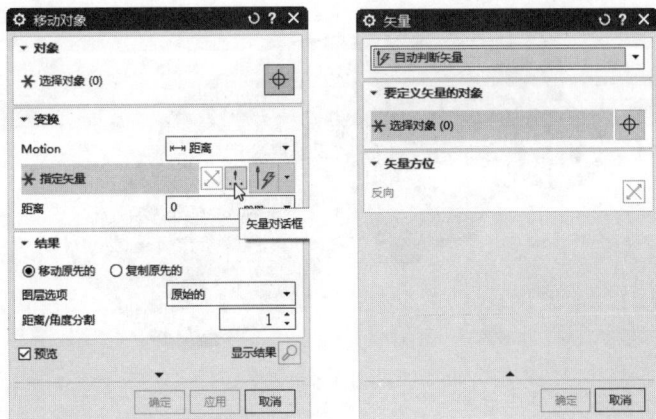

图 1-52

1.5.3　基准坐标系

基准坐标系工具用于在 UG 中创建基准 CSYS。要访问此工具，可以在"主页"选项卡的"构造"组中单击"基准坐标系"按钮，或者在上边框条中执行"菜单"→"插入"→"基准"→"基准坐标系"命令。执行这些操作后，将弹出"基准坐标系"对话框，在该对话框中，用户可以选择所需的坐标系类型选项，如图 1-53 所示。

图 1-53

技术要点

基准坐标系与普通坐标系的不同之处在于，创建基准坐标系时不仅会建立 WCS（工作坐标系），还会同时建立 3 个基准平面：XY 面、YZ 面、ZX 面，以及 3 个基准轴：X 轴、Y 轴、Z 轴。

1.6　入门案例——减速器上箱体设计

减速器是安装在原动机和工作机之间的一种独立闭式传动装置，其主要作用是降低转速并增大转矩，以满足工作需求。在某些特定场合，它也可以用来提高转速，这时被称为"增速器"。减速器主要由传动零件、箱体和附件组成，具体包括齿轮、轴承的组合、箱体以及各种附件。本例将重点介绍减速器上箱体的建模过程。减速器的上箱体模型如图 1-54 所示。

图 1-54

操作步骤如下。

01 打开本例源文件 jiansuqi-TOP.prt.prt。

02 在功能区的"主页"选项卡的"特征"组中单击"拉伸"按钮🧊，弹出"拉伸"对话框。按如图 1-55 所示的操作步骤创建拉伸特征 1。

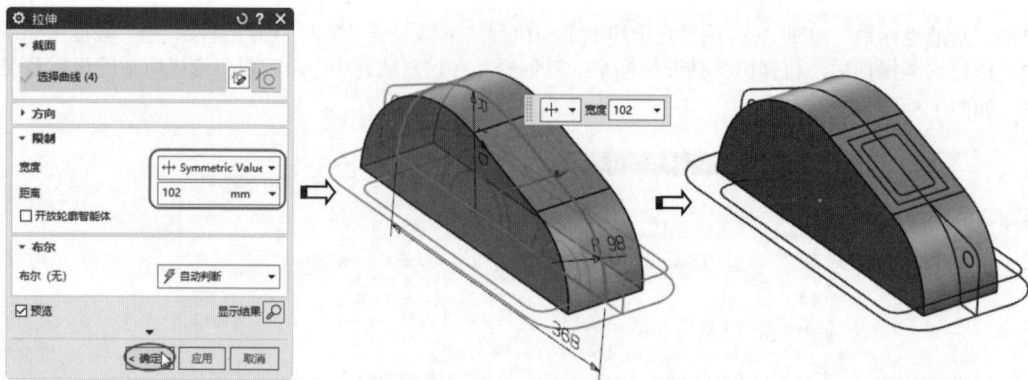

图 1-55

03 在"特征"组中单击"抽壳"按钮🐚，弹出"抽壳"对话框。选取一个面后设置"厚度"值为 4mm，单击"确定"按钮完成抽壳特征 1 的创建，如图 1-56 所示。

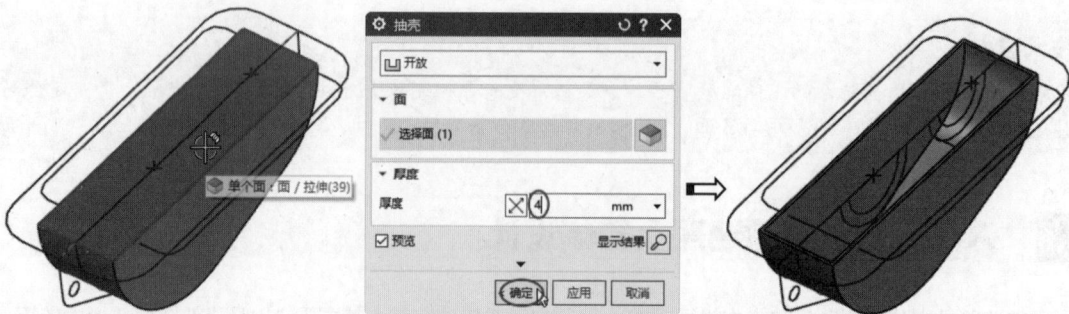

图 1-56

04 使用"拉伸"工具，选择如图 1-57 所示的截面，创建对称距离为 13mm 的拉伸特征 2（与拉伸特征 1 要合并）。

05 继续使用"拉伸"工具，选择如图1-58所示的草图曲线创建出向 +ZC 轴拉伸距离为 12mm 的拉伸特征 3。

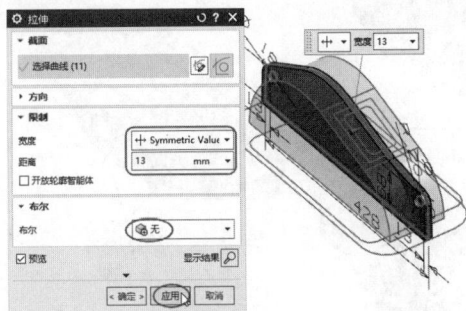

图 1-57

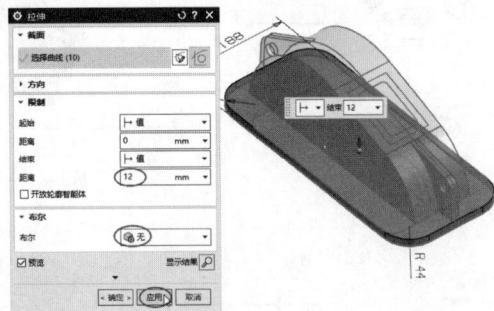

图 1-58

06 继续使用"拉伸"工具，选择如图1-59所示的截面，创建向 +ZC 轴拉伸 25mm 的拉伸特征 4。

07 继续使用"拉伸"工具，选择如图1-60所示的截面，以默认拉伸方向创建对称距离为 196mm 的拉伸特征 5（两个半圆环实体特征）。

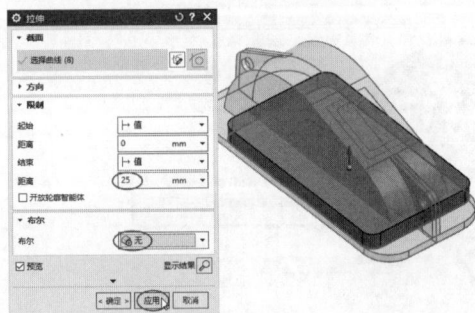

图 1-59

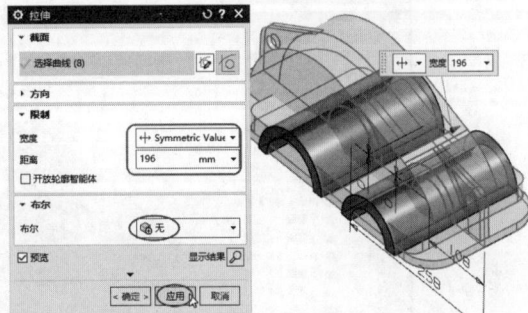

图 1-60

08 在"基本"组中单击"合并"按钮，弹出"合并"对话框。选取拉伸特征 3 为目标，选取拉伸特征 4 为工具，单击"确定"按钮将两个拉伸特征合并，如图1-61所示。

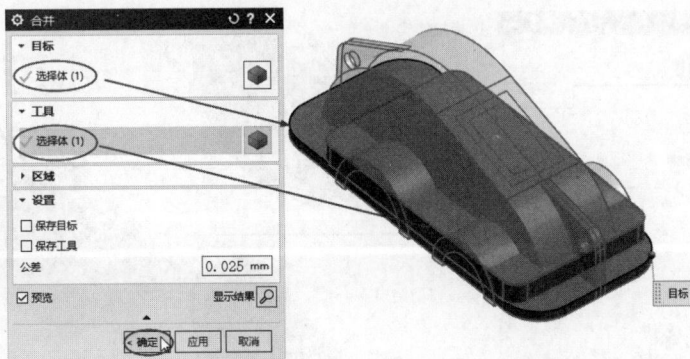

图 1-61

09 在"特征"组的"更多"库中单击"拆分体"按钮，弹出"拆分体"对话框。然后按如图1-62所示的操作步骤将合并的实体特征进行拆分操作。

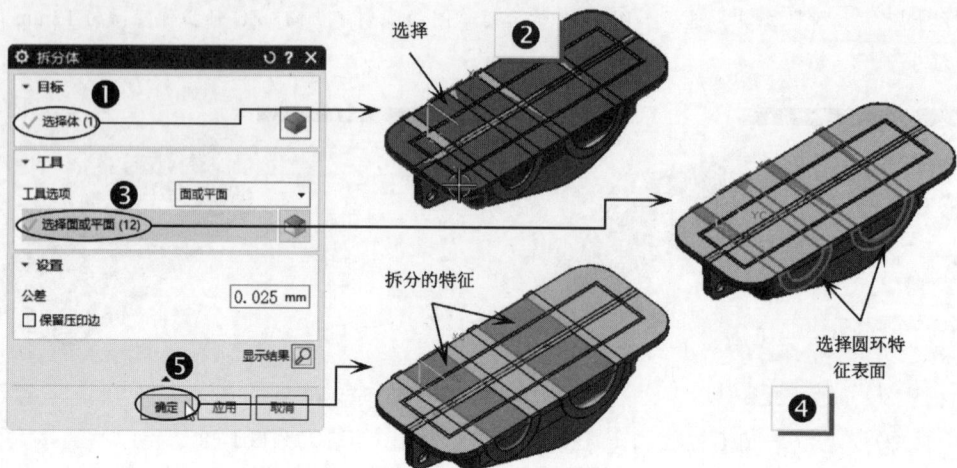

图 1-62

10 拆分后，将小的实体特征隐藏，如图1-63所示。

图 1-63

11 在"特征"组的"更多"库中单击"修剪体"按钮🕲，然后按如图1-64所示的操作步骤将拉伸特征2修剪。

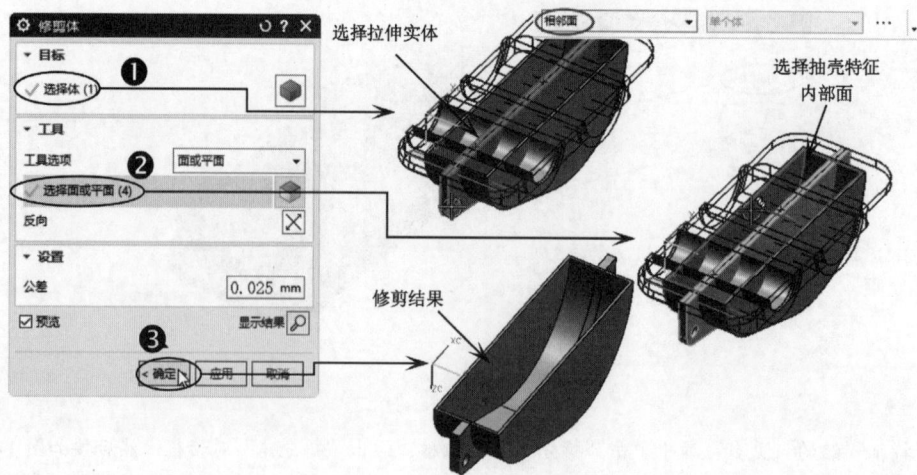

图 1-64

12 使用"修剪体"工具，选择如图 1-65 所示的目标体和工具面，对拉伸特征 1 进行修剪。

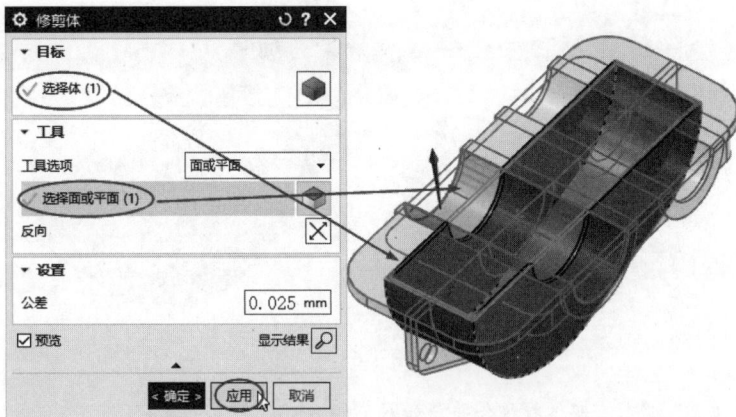

图 1-65

13 继续使用"修剪体"工具，对拉伸特征 1 再次进行修剪，如图 1-66 所示。

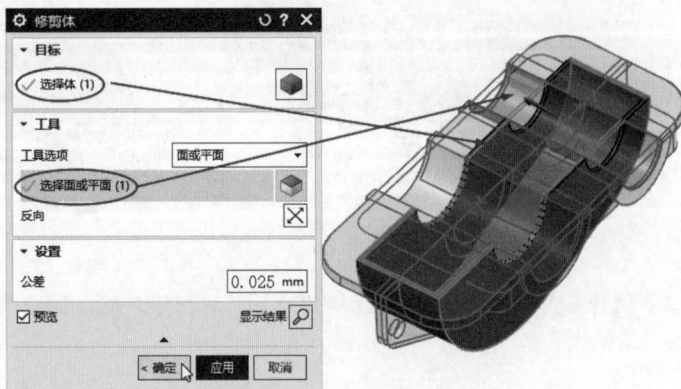

图 1-66

14 使用"合并"工具，将如图 1-67 所示的 5 个特征合并。

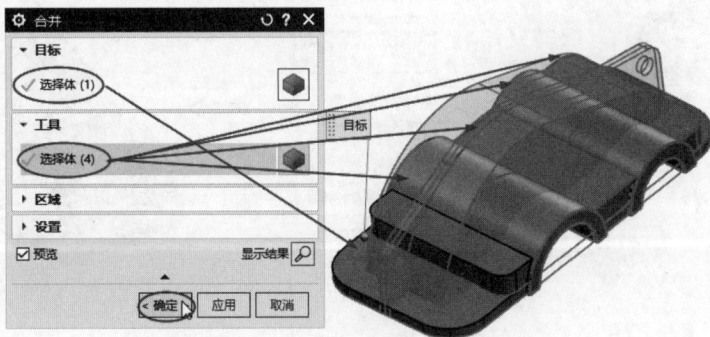

图 1-67

15 使用"修剪体"工具，利用拉伸特征 1 的内部面修剪合并的实体特征，如图 1-68 所示。

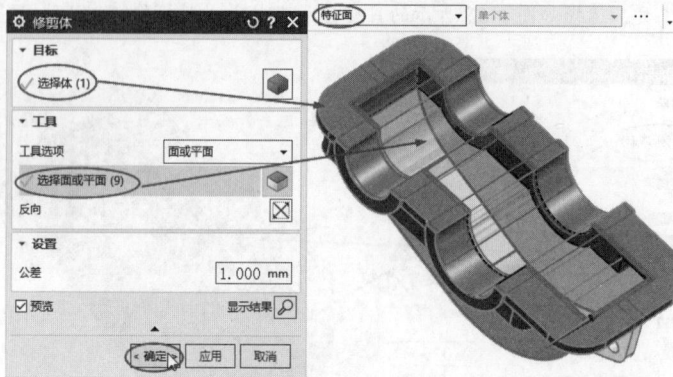

图 1-68

16 使用"合并"工具，将所有实体特征合并，如图 1-69 所示。

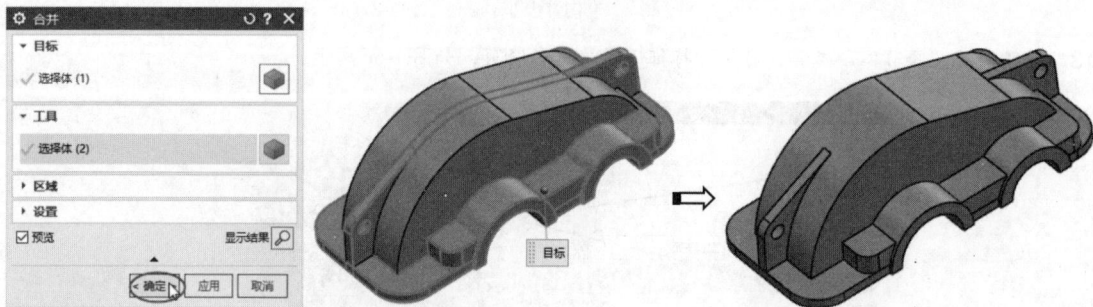

图 1-69

17 使用"拉伸"工具，选择如图 1-70 所示的截面向默认方向进行拉伸，且拉伸的对称距离为 10mm，并进行布尔求差（减去）运算。

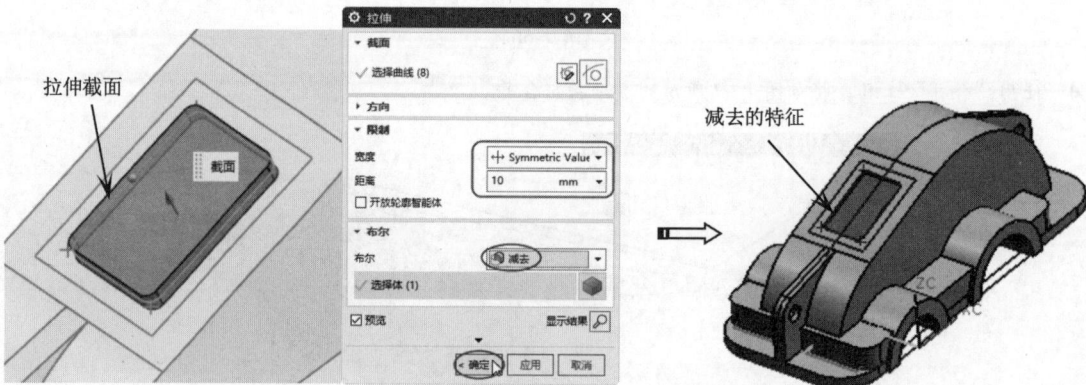

图 1-70

18 使用"拉伸"工具，选择如图 1-71 所示的截面向默认方向进行拉伸，且拉伸距离为 5mm，并进行布尔合并运算。

19 在"特征"组中单击"孔"按钮，弹出"孔"对话框。然后按如图 1-72 所示的步骤，指定草绘点的草图平面。

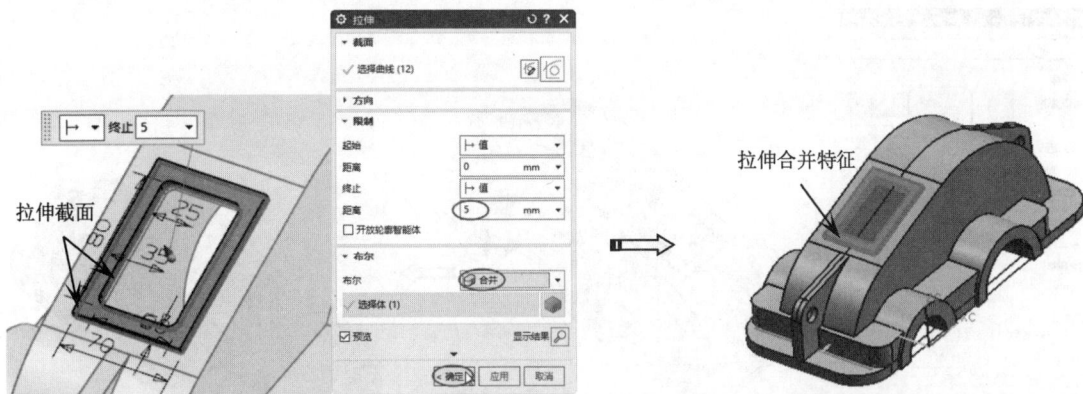

图 1-71

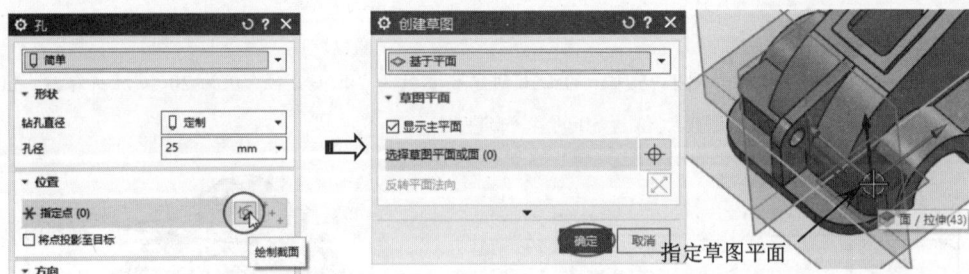

图 1-72

20 进入草图模式后，绘制如图 1-73 所示的点草图。

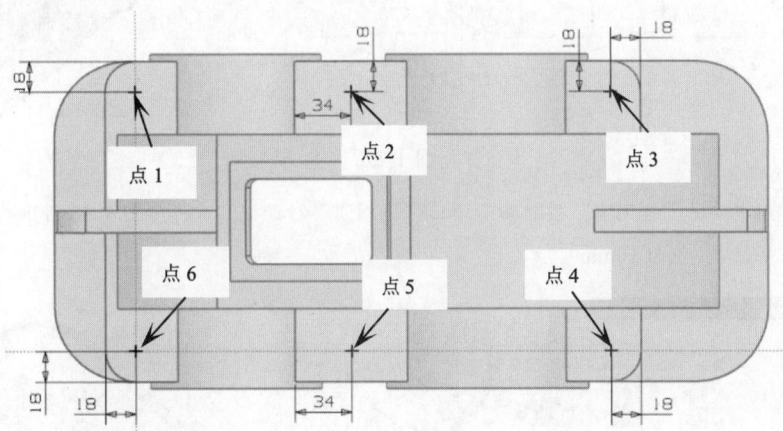

图 1-73

21 绘制草图后单击"完成"按钮退出草绘模式，然后在"孔"对话框中按如图 1-74 所示的操作步骤完成沉头孔的创建。

提示

在创建孔位置点时，除了可以通过"孔"对话框进入草绘模式来操作，还可以先利用"草图"工具绘制点草图，随后再利用"孔"工具来创建所需的孔。

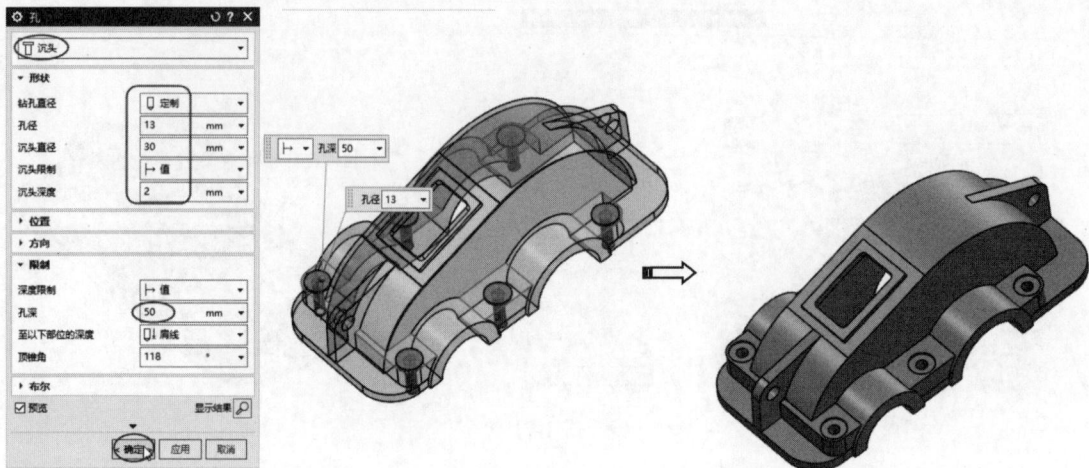

图 1-74

22 同理，使用"孔"工具，在如图 1-75 所示的面上创建孔参数为"沉头直径"值为 20、"沉头深度"值为 2、"孔直径"值为 13、"孔深度"值为 50 的 4 个沉头孔。

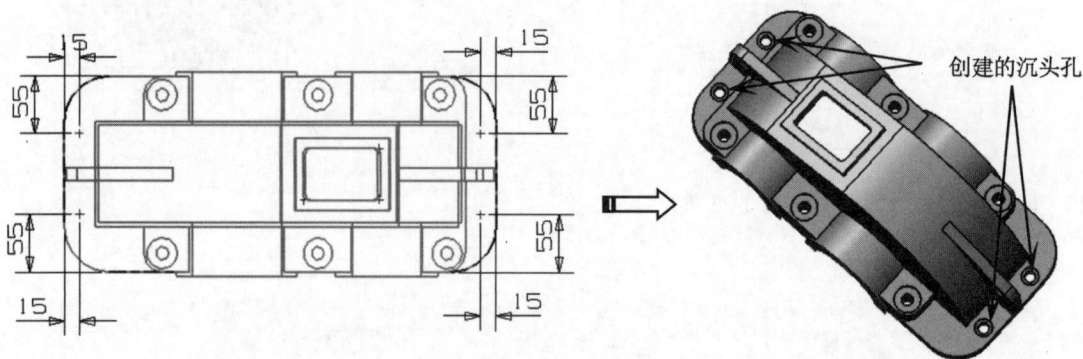

图 1-75

23 在"基本"组中单击"边倒圆"按钮，弹出"边倒圆"对话框。选择如图 1-76 所示的边进行倒圆角处理，且"半径1"值为 10mm。

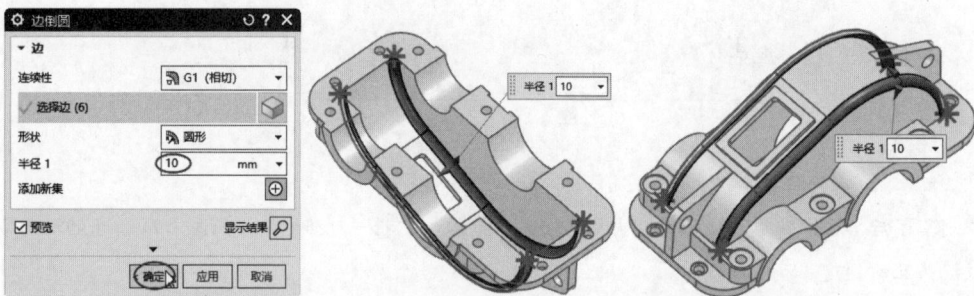

图 1-76

24 同理，再选择如图 1-77 所示的边进行倒圆角处理，且"半径1"为 5mm。

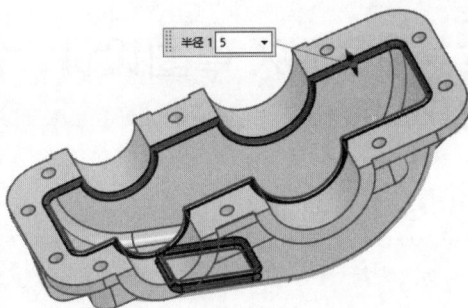

图 1-77

25 至此，上箱体的建模工作全部完成，最后将结果数据全部保存。

第 2 章　UG NX 草图设计

草图（Sketch）是特定平面上的曲线和点的集合，设计者可根据自身思路自由绘制曲线的大致轮廓，随后通过设定的条件约束来精确界定图形的几何形态。所创建的草图还可以利用实体造型工具执行拉伸、旋转等操作，从而生成与草图相关联的实体模型。当对草图进行修改时，与之关联的实体模型也会自动进行更新。

2.1　草图绘制基础

草图绘制（简称草绘）功能是 UG NX2024 提供的一种极为便捷的绘图工具。用户可以首先根据自身的设计意图，迅速勾勒出零件的粗略二维轮廓，随后利用草图的尺寸约束和几何约束功能，精确确定二维轮廓曲线的尺寸、形状以及相互位置。

2.1.1　选择草图平面

在绘制草图之前，首先要根据需求选择适当的草图工作平面（简称草图平面）。草图平面是用于承载草图对象的平面，它可以是坐标平面，例如 XC-YC 平面（也即 XY 平面，其中 C 代表轴向）。此外，它也可以是实体上的某个特定平面，如长方体的一个面。同时，基准平面也可以作为草图平面。因此，草图平面具有极高的灵活性，可以是任意平面，这意味着草图可以附着在任意平面上，从而为设计者提供了广阔的设计空间和无限的创作自由。

1.　创建或者指定草图平面

在"主页"选项卡的"构造"组中单击"草图"按钮，将弹出如图 2-1 所示的"创建草图"对话框。同时，在绘图区域，3 个基准平面和基准坐标系将以高亮度显示。

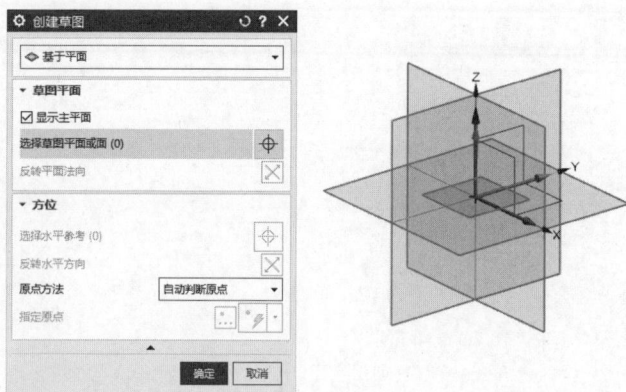

图 2-1

2.　草图平面类型

在"创建草图"对话框的"类型"下拉列表中（图 2-2），包含两个平面类型选项："基于平面"和"基于路径"，用户可以选择其中的一种作为新建草图的附着类型。

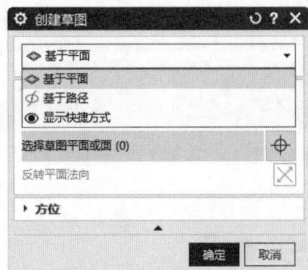

图 2-2

(1)　"基于平面"类型

在选定的平面或基准平面上绘制草图时，用户可以自定义草图的方向、草图原点等参数。该类型中所包含的选项及按钮具体含义如下。

- "草图平面"选项区：此区域用于选择草图平面，并决定是否显示主平面（即 3 个基准面）。
- 显示主平面：选中此复选框，将会显示 UG 工作系统中的 3 个基准面。
- 选择草图平面或面：此选项涵盖了图形区域内的所有平面，包括基准平面和模型表面。若主平面（3 个基准面）已显示，可以直接选择其中之一作为草图平面，如图 2-3（a）所示；如图 2-3（b）所示为选择模型表面作为草图平面的示例；用户还可以选择基准坐标系中的 3 个平面来确定草图平面，如图 2-3（c）所示。

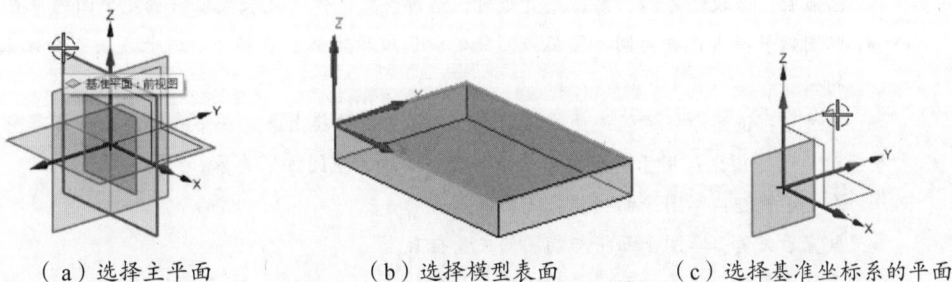

（a）选择主平面　　　　　　（b）选择模型表面　　　　　（c）选择基准坐标系的平面

图 2-3

- "反转平面法向"按钮：单击⊠按钮可改变草图的方向。
- "方位"选项区：此区域用于控制参考平面中 X 轴、Y 轴的方向。
- 选择水平参考：确定草图平面后，默认的水平参考面是与该平面垂直的面，可以是基准面，或者由用户自主选择其他平面。
- 反转水平方向：单击"反转水平方向"按钮⊠，可以改变水平参考的方向。例如，若默认指向 X 轴正方向，单击此按钮后将指向 X 轴负方向。
- "原点方法"下拉列表：用于设置草图平面坐标系的原点位置，也称为"草图原点"。
- 指定原点：通常默认为草图坐标系原点，但用户也可以利用原点创建工具来自定义草图原点的位置。

(2)　"基于路径"类型

当需要为特征（例如变化的扫掠）构建输入轮廓时，可以选择"基于路径"类型来绘制草图。如图 2-4 所示，这是一个完全约束的、基于轨迹的草图绘制示例，以及由此产生的变化扫掠效果。

选择"基于路径"类型后，系统将在选定的曲线轨迹路径上创建草图平面。这些草图平面可以垂直于轨迹、平行于轨迹、平行于某个矢量或通过特定轴。然后，用户可以在这些草图平面上创建所需的草图。"基于路径"类型的详细选项设置如图 2-5 所示。

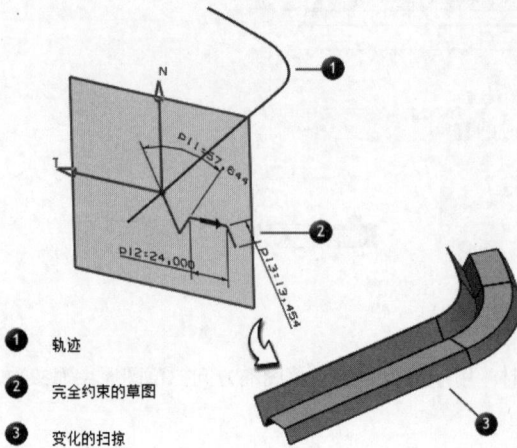

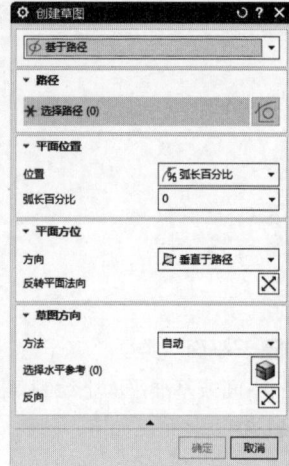

❶ 轨迹

❷ 完全约束的草图

❸ 变化的扫掠

图 2-4   图 2-5

各功能选项含义如下:

- "路径"选项区:指在其上将要创建草图平面的曲线轨迹。
- "平面位置"选项区:用于确定草图平面在轨迹曲线上的具体位置。
- "位置"下拉列表:提供多种定位方式。
  - » 圆弧长:当轨迹为圆、圆弧或直线时,通过设定具体的弧长数值来确定平面的位置。
  - » %圆弧长:当轨迹为圆、圆弧或直线时,通过设定弧长占整个轨迹长度的百分比来确定平面的位置。
  - » 通过点:适用于任意轨迹曲线,通过点构造器在路径上选定一个点,据此创建草图平面。
- "平面方位"选项区:用于确定草图平面与轨迹曲线的空间方位关系。
  - » 垂直于轨迹:草图平面将与轨迹曲线垂直。
  - » 垂直于矢量:草图平面将与指定的矢量垂直。
  - » 平行于矢量:草图平面将与指定的矢量平行。
  - » 通过轴:草图平面将通过或平行于指定的轴矢量。
- "草图方位"选项区:用于确定草图平面内工作坐标系的 XC 轴和 YC 轴的方位。
  - » 自动:采用程序默认的方位设置。
  - » 相对于面:通过选择一个面来确定坐标系的方位。通常,这个面需要与草图平面保持平行或垂直关系。
  - » 使用曲线参数:依据轨迹曲线的参数来确定坐标系的方位。

2.1.2 草图附着工具

在草图任务环境中,草图工具主要用于对创建的草图进行确认、重命名、视图定向、草图评估以及更换模型等操作,如图 2-6 所示。接下来,将逐一介绍这些操作工具。

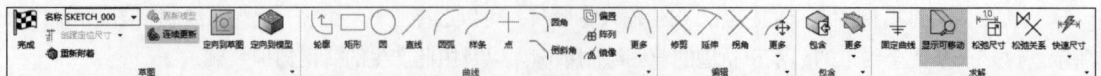

图 2-6

1.　完成草图

功能区"草图"组中的"完成"命令，用于确认已创建的草图并退出草图环境。

2.　定向到草图

"定向到草图"功能用于将视图调整为草图的俯视视角。在创建草图过程中，若视图发生变化导致难以观察对象时，可以通过此功能将视图切换至俯视状态，以便于更好地进行草图绘制和编辑，如图2-7所示。

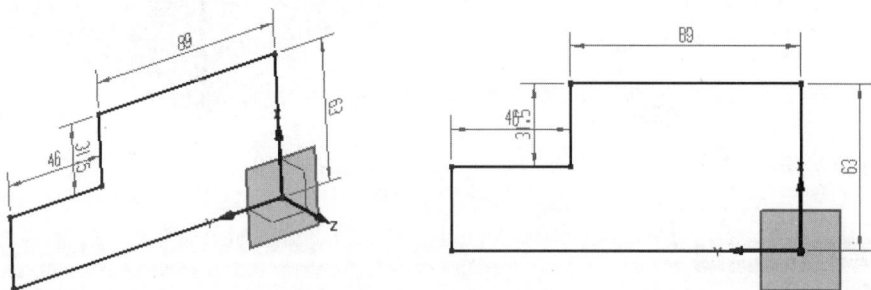

图 2-7

3.　定向到模型

"定向到模型"功能用于将视图调整至进入草图环境前的状态。这样做是为了便于观察和分析所绘制的草图与整体模型之间的关系。例如，如果进入草图环境前的视图是默认的轴测视图，那么使用该功能后，视图将恢复至此状态，如图2-8所示。

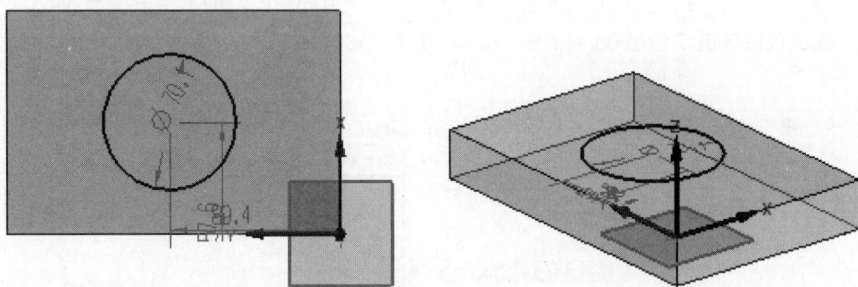

图 2-8

4.　重新附着

"重新附着"功能允许用户将草图重新关联到其他基准平面、普通平面或轨迹上，同时还可以调整草图的方位。在"草图生成器"组中单击"重新附着"按钮 后，会弹出"重新附着草图"对话框，用户可以在其中进行相应的设置，如图2-9所示。

通过该对话框，可以重新选择要附着的实体表面或基准面。单击"确定"按钮后，草图将会附着到新的参考平面上，如图2-10所示。

技术要点

"重新附着草图"对话框的功能与先前介绍的"创建草图"对话框的功能是一致的，因此，这里不再对"重新附着"对话框的功能选项进行重复介绍。

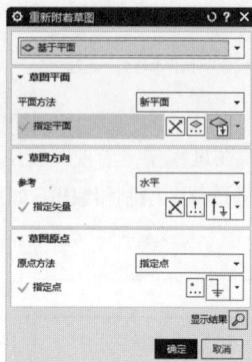

图 2-9

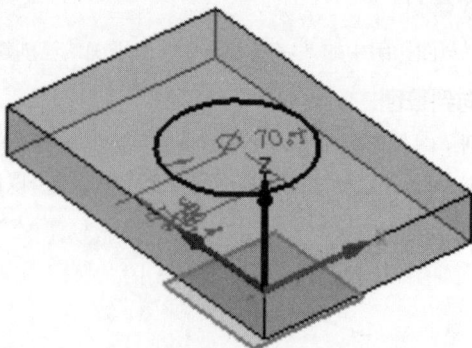

图 2-10

2.2 草图绘制命令

草图绘制命令可用于绘制各种常见的图形元素, 包括轮廓、直线、圆、圆弧、圆角、倒斜角、矩形、多边形、椭圆、拟合曲线、艺术样条以及二次曲线等。

2.2.1 轮廓

使用"轮廓"命令, 可以以线串模式创建由一系列连续的直线或圆弧组成的图形。这意味着, 每一条曲线的终点都会自动成为下一条曲线的起点。在进入草图任务环境后, 执行"菜单"→"插入"→"曲线"→"轮廓"命令, 或者直接单击"主页"选项卡中"基本"组的"轮廓"按钮 ↖, 即可弹出"轮廓"对话框, 如图 2-11 所示。

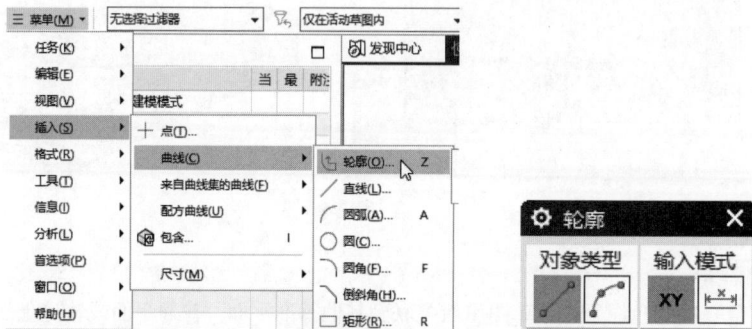

图 2-11

在"轮廓"对话框中, "对象类型"选项区与"输入模式"选项区的选项含义如下。

- 直线 ✎: 绘制类型为直线。
- 圆弧 ✎: 绘制类型为圆弧。
- 坐标模式 XY: 以直角坐标参数输入方式来绘制曲线。
- 参数模式 ⊢ˣ⊣: 以极坐标参数输入方式来绘制曲线。

例 2-1: 轮廓线绘图

本例将使用"轮廓"命令绘制如图 2-12 所示的草图, 具体的操作步骤如下。

01 在"基本"组中单击"轮廓"按钮 ，弹出"轮廓"对话框。保持默认的"坐标模式" xy 设置，在"对象类型"选项区中先单击"直线"按钮／并绘制直线，再单击"圆弧"按钮 ，切换到圆弧绘制类型，并依次交替绘制出如图 2-13 所示的轮廓。

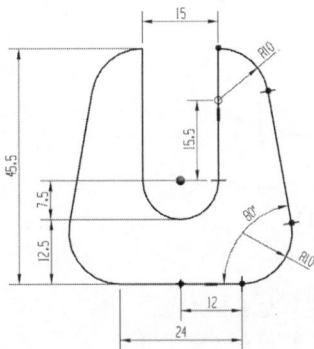

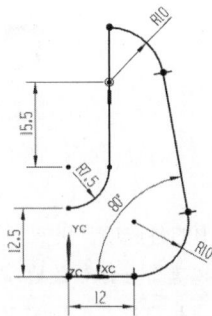

图 2-12   图 2-13

02 在"曲线"组中单击"镜像"按钮 ，弹出"镜像曲线"对话框。选取要镜像的曲线和中心线（草图纵轴），单击"确定"按钮，完成镜像曲线的创建，如图 2-14 所示。

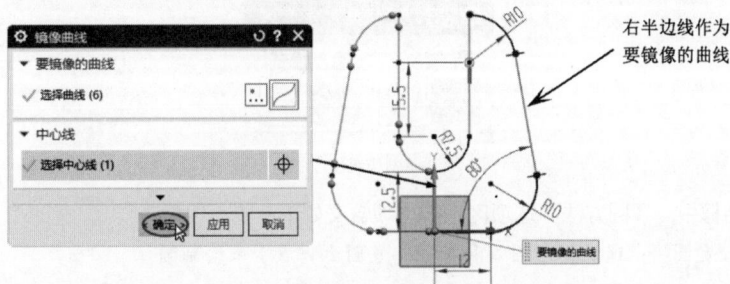

图 2-14

03 选取竖直线和圆弧，在图形区顶部的几何约束导航栏中单击"设为相切"按钮 ，完成相切约束的创建，如图 2-15 所示。

04 在"主页"选项卡的"求解"组中单击"快速尺寸"按钮 ，弹出"快速尺寸"对话框。选取要标注的对象，然后拉出尺寸并单击来确定尺寸标注的位置，即可完成尺寸标注，如图 2-16 所示。

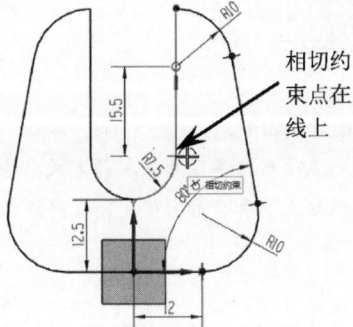

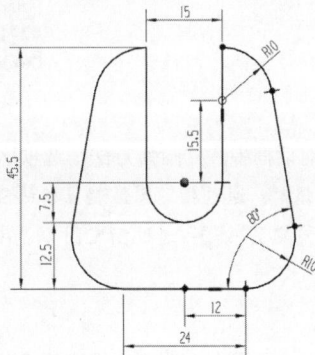

图 2-15   图 2-16

2.2.2　直线

使用"直线"命令，可以通过确定两个端点的位置和方向来绘制直线段。单击"曲线"组中的"直线"按钮／，会弹出"直线"对话框。接下来，在图形区域中指定两个点，以确定直线段的长度和方向，如图2-17所示。

图 2-17

"直线"对话框中的各选项含义如下。

- 坐标模式 XY：以直角坐标参数输入方式确定直线的起点和终点。
- 参数模式 ：以极坐标参数输入方式确定直线的长度和角度。

2.2.3　圆

单击"曲线"组中的"圆"按钮○，弹出"圆"对话框，如图2-18所示。

图 2-18

在"圆"对话框中，"圆方法"选项区中的选项含义如下。

- 圆心和直径定圆◎：通过指定圆心和直径（或圆上一点）来绘制圆。
- 三点定圆◎：通过指定圆上的任意3个点来绘制圆。

2.2.4　圆弧

单击"曲线"组中的"圆弧"按钮／，弹出"圆弧"对话框，如图2-19所示。在"圆弧"对话框中，"输入模式"选项区的两个选项与"直线"对话框中的相同。

图 2-19

在"圆弧"对话框中，"圆弧方法"选项区中的选项含义如下。

- 三点定圆弧／：通过指定圆弧起点、终点和圆上一点（确定半径的点）的方式来绘制圆弧。
- 中心和端点定圆弧／：通过指定圆心、半径（圆弧起点）和扇形角度（圆弧终点）来绘制圆弧。

2.2.5　圆角

使用"圆角"命令可以在图形中选取两条相交曲线来绘制圆角曲线。单击"曲线"组中的"圆角"按钮）、弹出"圆角"对话框，如图2-20所示。

图 2-20

在"圆角"对话框中，"圆角方法"选项区和"选项"选项区中的选项含义如下。

- 修剪◻：在创建圆角曲线的同时修剪原相交曲线。
- 取消修剪◻：在创建圆角曲线时不修剪原相交曲线。
- 删除第三条曲线▣：在选取矩形的两条平行边来创建完全圆角曲线时，会将与平行边垂直相交的边（第三条曲线）删除，并以圆角曲线代替。
- 创建备选圆角◻：可以选择备选圆角曲线（也就是补弧）。

例 2-2：绘制圆图形

使用"直线"和"圆"命令绘制如图 2-21 所示的图形，具体的操作步骤如下。

01 在"曲线"选项卡的"基本"组中单击"直线"按钮／，绘制竖直直线和水平直线，如图 2-22 所示。

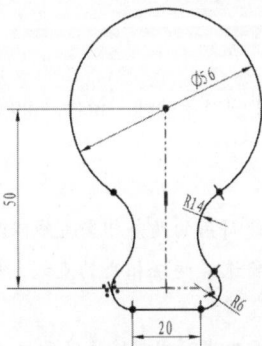

图 2-21

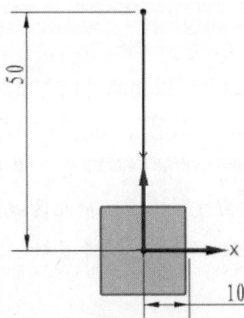

图 2-22

02 在"曲线"组中单击"圆"按钮○，在两条直线的端点分别绘制直径为 56 和 12 的圆，然后单击"圆角"按钮◝，在圆与圆之间创建半径为 14 的圆角曲线，如图 2-23 所示。

03 在"曲线"组中单击"镜像"按钮，弹出"镜像曲线"对话框。选取直径为 12 的圆和圆角曲线作为要镜像的曲线，再选取长度为 50 的竖直直线作为镜像中心线，单击"确定"按钮，完成镜像曲线的创建，如图 2-24 所示。

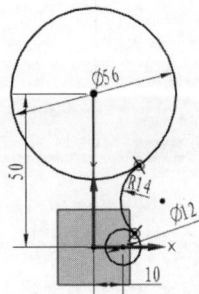

图 2-23

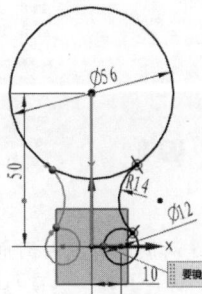

图 2-24

04 在"曲线"选项卡的"基本"组中单击"直线"按钮 /，选取两个小圆的第三象限点作为直线起点与端点，绘制水平切线，如图 2-25 所示。

05 在"编辑"组中单击"修剪"按钮 ✕，移动鼠标指针到要修剪的曲线上，或者直接单击选取要修剪的曲线，即可将其删除，如图 2-26 所示。

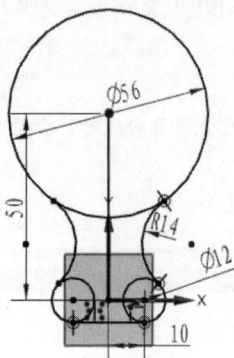
图 2-25

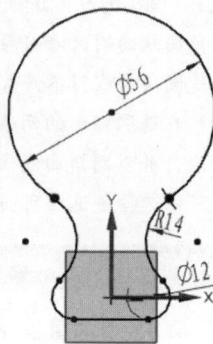
图 2-26

2.2.6 倒斜角

使用"倒斜角"命令可以在两条相交直线的交点位置创建倒斜角曲线。单击"曲线"组中的"倒斜角"按钮 ﹨，弹出"倒斜角"对话框，如图 2-27 所示。

"倒斜角"对话框中的部分选项含义如下。

- "要倒斜角的曲线"选项区：此区域用于定义需要创建斜角的两条相交直线以及曲线的修剪方式。
  - » 选择直线：选中"选择直线"选项后，用户需要选择两条相交的直线，作为创建斜角曲线的源曲线。
  - » 修剪输入曲线：选中此复选框，可以在创建斜角曲线时同时修剪源曲线。
- "偏置"选项区：此区域内的"倒斜角"下拉列表中提供了 3 种定义倒斜角的方式，包括"对称""非对称"以及"偏置和角度"。
  - » 对称：创建两侧具有相同倒角距离的斜角曲线，如图 2-28 所示。

图 2-27

图 2-28

- » 非对称：创建两侧具有不同倒角距离的斜角曲线，如图 2-29 所示。其中，先选择的直线对应"距离 1"的参考线，后选择的直线对应"距离 2"的参考线。
- » 偏置和角度：以一条边作为参考线，允许用户自定义倒角的距离和角度，如图 2-30 所示。

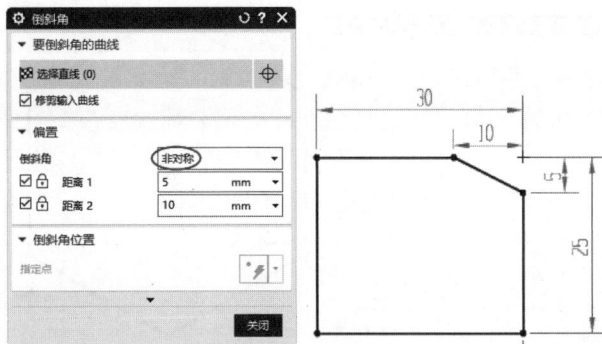

图 2-29

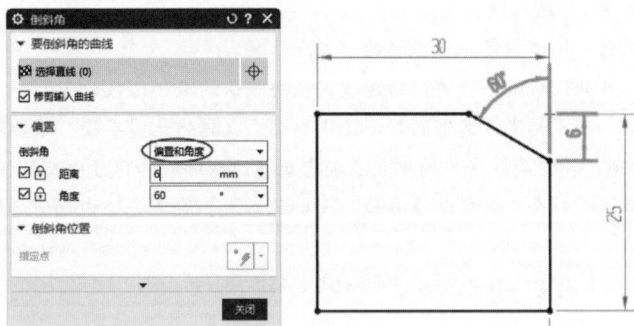

图 2-30

- "倒斜角位置"选项区：此区域用于设置倒斜角曲线的位置。

2.2.7 矩形

使用"矩形"命令，可以通过 3 种不同的方法来绘制矩形。单击"曲线"组中的"矩形"按钮□，会弹出"矩形"对话框。通过该对话框，可以选择 3 种矩形绘制方法中的任意一种来控制矩形的创建，如图 2-31 所示。

图 2-31

3 种矩形方法介绍如下。

- 按 2 点□：此方法通过指定矩形的两个对角点来绘制矩形。
- 按 3 点□：此方法需要指定矩形的 3 个角点以创建矩形。其中，第一个角点和第二个角点用于确定矩形的宽度和旋转角度，而第三个角点则用于确定矩形的高度。
- 从中心□：此方法要求指定矩形的中心点、一条边的中点以及一个角点来绘制矩形。矩形的中心点用于确定矩形的位置，边中点用于确定矩形的角度和宽度，而角点则用于确定矩形的高度。

2.2.8 多边形

使用"多边形"命令，可以绘制具有指定边数的正多边形。在"曲线"组的"更多"库中单击"多边形"按钮○，将弹出"多边形"对话框，通过该对话框即可创建多边形，如图 2-32 所示。

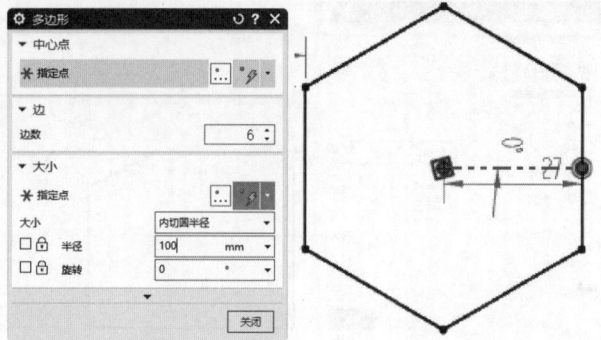

图 2-32

"多边形"对话框中部分选项区含义如下。

- "中心点"选项区：用于指定正多边形的中心点位置。
- "边"选项区：在此区域输入多边形的边数，系统默认的最小边数为3。
- "大小"选项区：用于指定多边形的外形尺寸类型，包括内切圆半径、外接圆半径和边长。
  » 指定点：通过指定某一条边的中点来确定正多边形的旋转角度以及外接圆和内切圆的半径值。
- "大小"下拉列表：包含3种定义正多边形大小的方式，分别是"内切圆半径""外接圆半径"和"边长"。
  » 内切圆半径：指定内切于正多边形的圆的半径。
  » 外接圆半径：指定外接于正多边形的圆的半径。
  » 边长：指定正多边形某一条边的长度。该值与顶点到中心点的距离相等。
- 半径：当选择"内切圆半径"或"外接圆半径"选项时，此文本框用于输入具体的内切圆半径值或外接圆半径值。
- 旋转：当选择"内切圆半径"或"外接圆半径"选项时，通过此文本框可以指定正多边形的旋转角度值。
- 长度：当选择"边长"选项时，此文本框用于输入正多边形中某一条边的具体长度值。

2.2.9　椭圆

使用"椭圆"命令，可以绘制出基于中心点、长半轴值（大半径）及短半轴值（小半径）的椭圆形。单击"曲线"组中"更多"库的"椭圆"按钮 ◯，会弹出"椭圆"对话框，进而可以创建椭圆形，如图 2-33 所示。

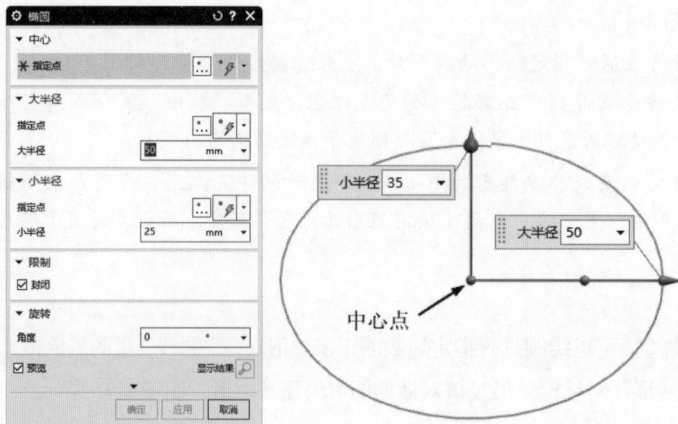

图 2-33

"椭圆"对话框中的部分选项区含义如下。

- "中心"选项区：用于指定椭圆的中心位置。
- "大半径"选项区：用于指定椭圆的长半轴长度，可以通过指定点或直接输入大半径值的方式来确定。
- "小半径"选项区：用于指定椭圆的短半轴长度，可以通过指定点或直接输入小半径值的方式来确定。
- "限制"选项区：在此选项区中，若选中"封闭"复选框，则会创建完整的椭圆形；若取消选中"封闭"复选框，则可以通过输入起始角度值与终止角度值来创建部分椭圆形。
- "旋转"选项区：在该选项区的"角度"文本框中，可以输入长半轴绕中心点逆时针旋转的角度值。

2.2.10　拟合曲线

单击"曲线"组中"更多"库的"拟合曲线"按钮，会弹出"拟合曲线"对话框，进而可以创建拟合曲线，如图2-34所示。

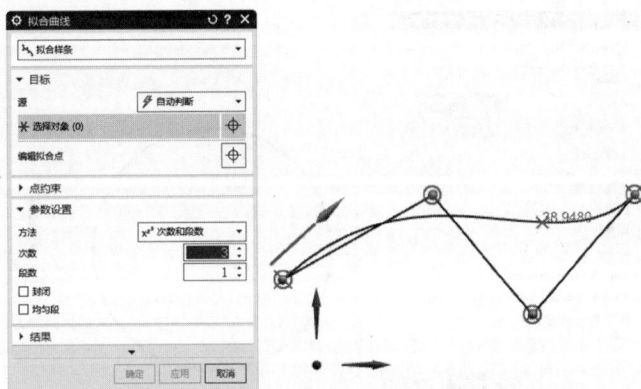

图 2-34

在"拟合曲线"对话框中，包含以下4种创建拟合曲线的类型。

- 拟合样条：该功能可以对样条曲线或一系列的点进行平滑拟合处理，从而生成光顺的曲线，如图2-35所示。

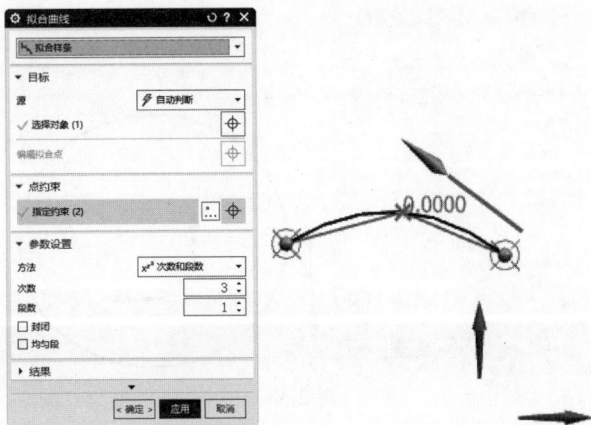

图 2-35

- 拟合直线：通过选取一连串的点、点集、点组及点构造器等，该功能可以将这些点拟合成一条直线，如图2-36所示。

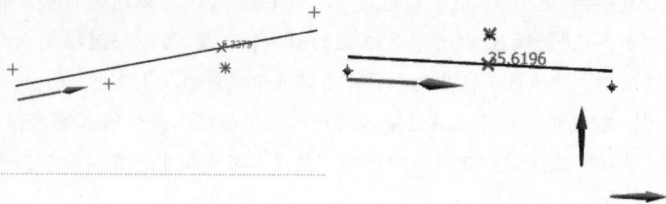

图 2-36

- 拟合圆：可以通过选取的点、点集、点组及点构造器来指定一系列的点，进而生成拟合的圆。需要注意的是，选取的点的数量应不少于 3 个，如图 2-37 所示。

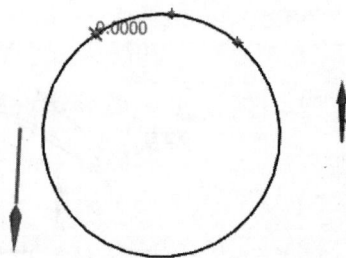

图 2-37

- 拟合椭圆：与拟合圆类似，该功能允许用户通过选取的点、点集、点组及点构造器来指定一系列的点，并生成拟合的椭圆。同样，点的数量应不少于 3 个，如图 2-38 所示。

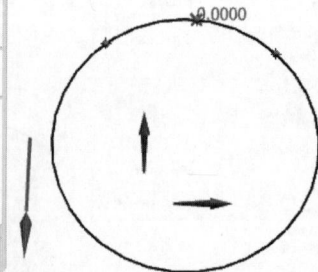

图 2-38

2.2.11　艺术样条

使用"样条"命令，可以通过拖放定义点或极点，并在定义点指定斜率或曲率约束，来动态创建和编辑样条曲线。单击"曲线"组中的"样条"按钮 ╱，会弹出"艺术样条"对话框，进而创建艺术样条曲线，如图 2-39 所示。

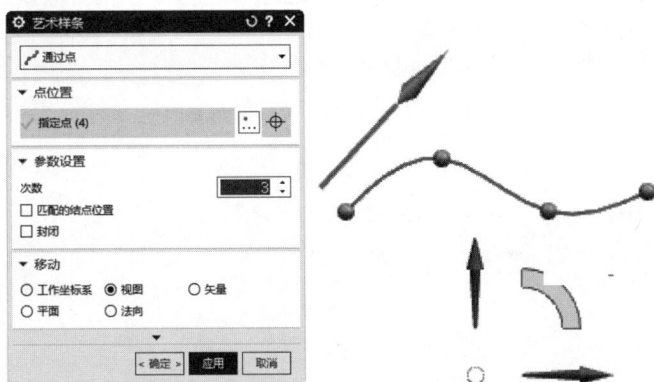

图 2-39

"艺术样条"对话框中的部分选项含义如下。

- "类型"下拉列表：用于指定创建样条曲线的方式，包括"通过点"和"根据极点"两种方式。
    - » 通过点：通过用户选取的点来创建样条曲线。
    - » 根据极点：通过用户选取的控制点来拟合生成样条曲线。
- "点位置"选项区：用于指定样条曲线需要通过的点。
- "参数化"选项区：用于指定样条曲线的相关参数，包括阶次、匹配的节点位置和样条曲线是否封闭等。
    - » 阶次：用于指定样条曲线的阶次。
    - » 匹配的节点位置：此复选框仅在"类型"被设置为"通过点"时才启用。选中此复选框后，系统将在通过点的位置放置节点。
    - » 样条曲线是否封闭：选中此复选框后，生成的曲线起点和终点将会重合，并且相切，从而构成一个封闭的曲线。
- "移动"选项区：此选项区中的选项用于控制样条点的移动方向。用户可以通过工作坐标系、视图、矢量、平面和法向等方式来定义移动方向。

技巧点拨

在使用"通过点"方式创建样条曲线时，所定义的点数必须大于"参数化"选项区中的"次数"（即曲线的阶次），否则将无法成功创建通过点的曲线。

2.2.12 二次曲线

单击"曲线"组中"更多"库的"二次曲线"按钮⁀，会弹出"二次曲线"对话框，进而创建二次曲线，如图 2-40 所示。

"二次曲线"对话框中的部分选项含义如下。

- 指定起点：用于确定二次曲线的起始点。
- 指定终点：用于确定二次曲线的终止点。
- 指定控制点：此点是将起点的切线和终点的切线延伸后相交的交点，用于控制二次曲线的形状。
- Rho 值：表示曲线的锐度。Rho 值的范围在 0~1 之间。当 0<Rho<0.5 时，生成的二次曲线为椭圆形状；当 $0.5 \leq$ Rho<1 时，二次曲线为双曲线；而当 Rho 值恰好等于 0.5 时，则产生抛物线形状的二次曲线。

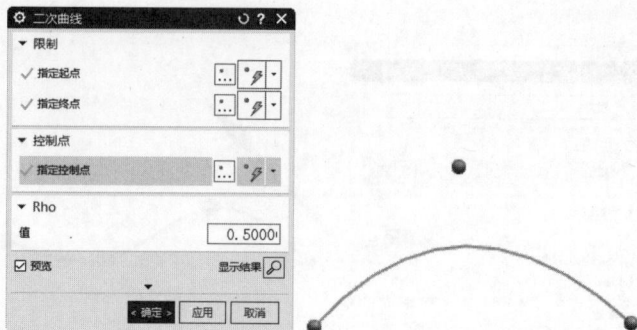

图 2-40

2.3 修剪和延伸

修剪和延伸是完成草图绘制的重要操作命令。在使用多个命令绘制草图形状之后，通常需要对图形进行修剪，以便获得理想的结果。

2.3.1 快速修剪

使用"修剪"命令，可以将曲线修剪至与其最近相交的物体上，这个相交点可以是实际相交的交点，也可以是虚拟相交的交点。在"编辑"组中单击"修剪"按钮✕，会弹出"修剪"对话框，如图 2-41 所示。

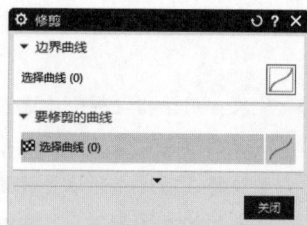

图 2-41

"修剪"对话框中的部分选项区含义如下。

- "边界曲线"选项区：用于选取作为修剪依据的边界曲线。用户可以预先定义边界条件，也可以选择让系统自动选取。
- "要修剪的曲线"选项区：在此区域中，用户需要选取希望进行修剪的曲线。可以通过单击来选取单条曲线，也可以按住鼠标左键并拖动，以路径选取的方式穿过多条需要修剪的曲线。与鼠标指针移动路径相交的所有曲线都将被系统自动修剪掉。

图 2-42 所示为修剪曲线的示意图。

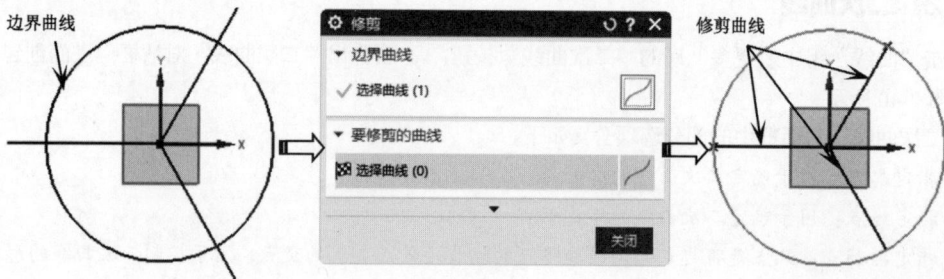

图 2-42

2.3.2　快速延伸

使用"延伸"命令，可以将曲线延伸至与其预期相交的另一条曲线上。这里的相交可以是实际相交，也可以是虚拟相交。在"基本"组中单击"延伸"按钮 ⟋，会弹出"延伸"对话框，如图 2-43 所示。操作时，首先选择作为延伸目标的边界曲线（即要延伸到的曲线），然后再选择要延伸的曲线，系统会自动完成曲线的延伸操作。

图 2-44 所示为快速延伸曲线的示意图。

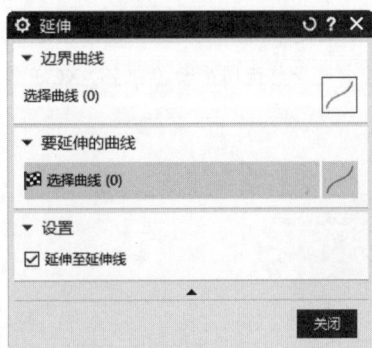

图 2-43

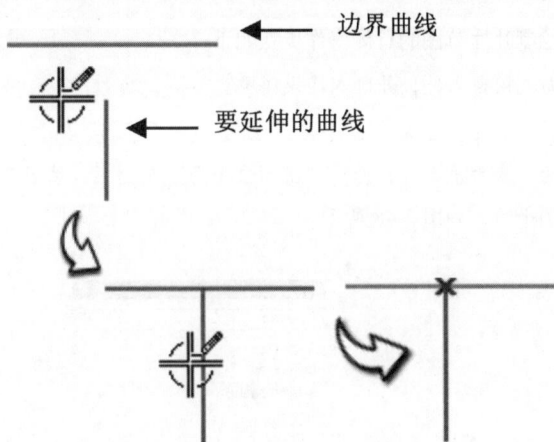

图 2-44

2.3.3　制作拐角

使用"拐角"命令，可以将两条尚未相交但预期会相交的曲线进行延伸或修剪，使它们在一个公共交点上相交，从而创建出拐角。如果选中了"自动判断约束"选项，系统将在该交点处自动创建一个重合约束。

在"基本"组中单击"拐角"按钮 ✕，将弹出"拐角"对话框，如图 2-45 所示。制作拐角的详细操作过程如图 2-46 所示。

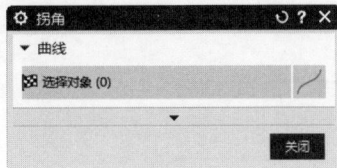

图 2-45

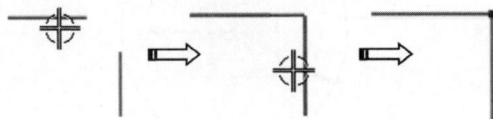

图 2-46

2.3.4 修剪配方曲线

使用"修剪配方曲线"命令，可以关联地修剪那些投影到草图内或与草图相交的曲线。这些投影或相交的多条曲线被称为"配方链"。

在以下示例中，除圆弧外的曲线是被关联并投影到草图中的配方链；而圆弧则作为边界曲线，用于定义修剪的边界。配方链中被修剪掉的部分将作为参考线显示，如图 2-47 所示。

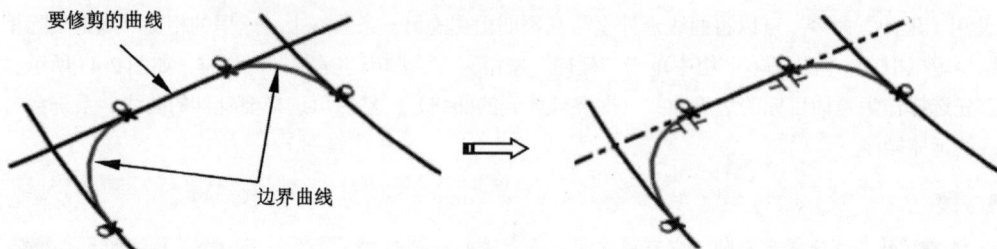

图 2-47

绘制叶片草图的具体操作步骤如下。

01 新建模型文件，并进入建模环境。

02 在"主页"选项卡的"构造"组中单击"草图"按钮，弹出"创建草图"对话框。设置"草图类型"为"基于平面"，选中"显示主平面"复选框，然后在图形区中选择前视图平面（即 ZC-XC）作为草图平面，如图 2-48 所示。

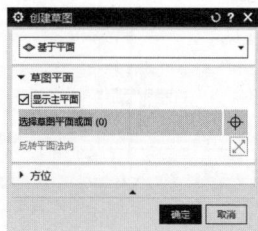
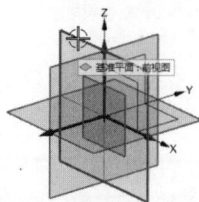

图 2-48

03 单击"确定"按钮，指定草图平面。

04 使用"圆"命令以原点为圆心绘制一个直径为 50 的圆，如图 2-49 所示。

05 使用"直线"命令，然后捕捉原点为起点，绘制一条水平向右的长度为 50 的直线，如图 2-50 所示。

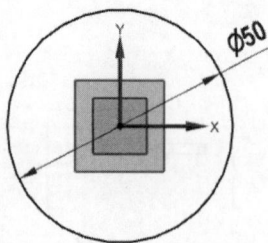
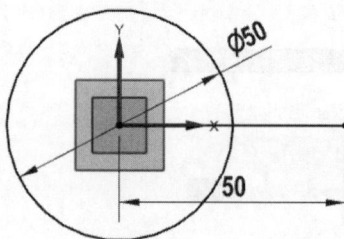

图 2-49   图 2-50

06 使用"圆弧"命令，以默认的"三点定圆弧"方式 ，选取直线的两个端点作为圆弧的两个端点，然后在浮动文本框中输入圆弧的"半径"为25。随后，在直线的上方单击来确定第三点，完成圆弧的绘制，如图2-51所示。

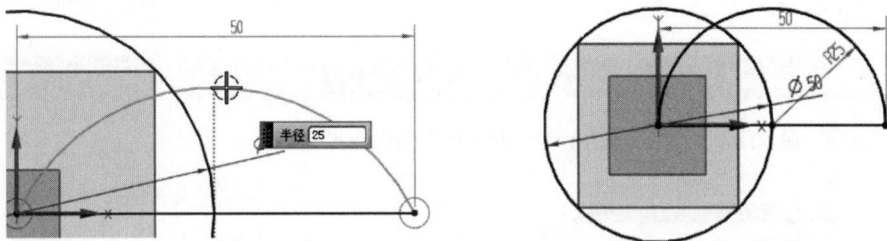

图 2-51

07 使用"修剪"命令对图形中要修剪的曲线进行修剪，如图2-52所示。

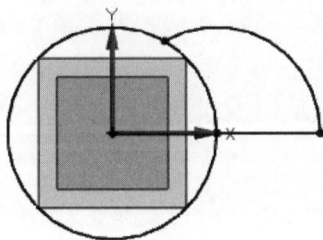

图 2-52

08 在"编辑"组中单击"阵列"按钮 ，弹出"阵列曲线"对话框。选取圆弧和直线作为要阵列的曲线，再设置"布局"为"圆形"及其阵列参数，最后单击"确定"按钮，完成曲线的阵列，如图2-53所示。

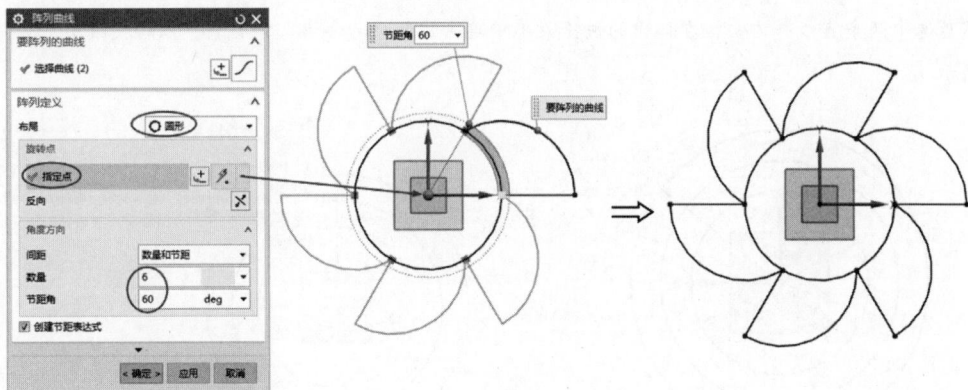

图 2-53

09 单击"完成"按钮 ，退出草图任务环境，完成草图的绘制。

2.4　创建曲线的副本

在草图中，也存在用于创建曲线副本对象的命令（也称为"复制曲线"），即通过源曲线来生成新曲线的命令。接下来，将介绍一些常用的曲线复制命令。

2.4.1 镜像曲线

"镜像"命令用于将草图中的曲线通过中心线镜像到另一侧，从而生成新的曲线。在草图任务环境中，可以执行"插入"→"曲线"→"镜像"命令，或者直接单击"曲线"组中的"镜像"按钮，弹出"镜像曲线"对话框，如图 2-54 所示。

例 2-4：镜像曲线

使用"镜像"命令绘制如图 2-55 所示的图形，具体的操作步骤如下。

图 2-54

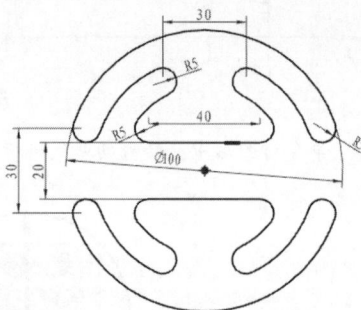

图 2-55

01 在"主页"选项卡的"构造"组中单击"草图"按钮，选择默认的 XC-YC 平面作为草图平面并进入草图任务环境。

02 在"曲线"组中单击"圆"按钮○，以坐标系原点为圆心，绘制 3 个同心圆，直径分别是 100、80 和 60，如图 2-56 所示。

03 在"曲线"选项卡的"基本"组中单击"直线"按钮╱，过圆心绘制一条水平直线和一条竖直直线，然后选中两条直线并右击，在弹出的快捷菜单中单击"转换为参考"按钮，以转换线型，如图 2-57 所示。

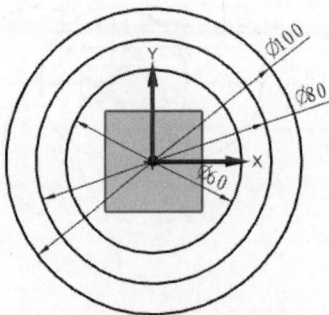

图 2-56

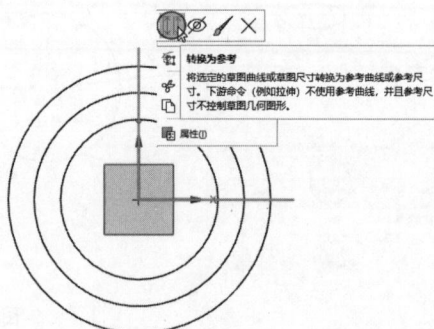

图 2-57

04 在"编辑"组中单击"修剪"按钮✕，修剪多余曲线，修剪结果如图 2-58 所示。

05 在"曲线"组中单击"圆角"按钮，在浮动文本框中输入"半径"值为 5，并按 Enter 键确认，然后选取圆弧曲线来绘制圆角曲线，如图 2-59 所示。

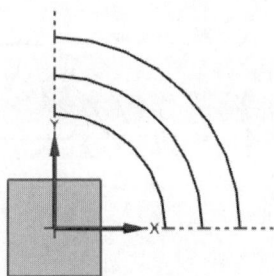

图 2-58

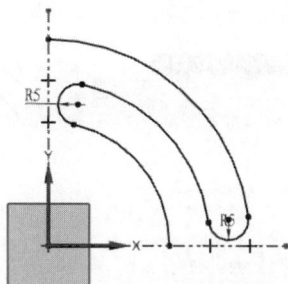

图 2-59

06 在"求解"组中单击"快速尺寸"按钮，弹出"快速尺寸"对话框。利用尺寸约束工具约束两个小圆角的圆心位置，如图2-60所示。

07 在"曲线"组中单击"直线"按钮/，绘制一条水平直线，与X轴的平行距离为10，如图2-61所示。

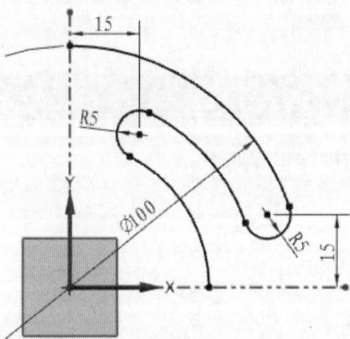

图 2-60

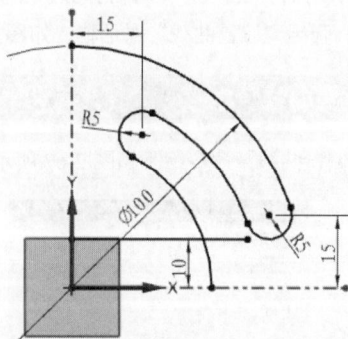

图 2-61

08 在"曲线"组中单击"圆角"按钮，创建半径为5的圆角曲线，结果如图2-62所示。

09 在"曲线"组中单击"镜像"按钮，弹出"镜像曲线"对话框。选取前面绘制的所有实线（虚线不要选）作为要镜像的曲线，再选取竖直线（虚线）作为镜像中心线，单击"应用"按钮，完成曲线的镜像，结果如图2-63所示。

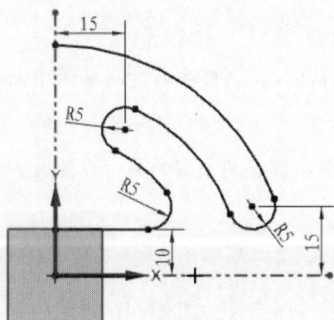

图 2-62

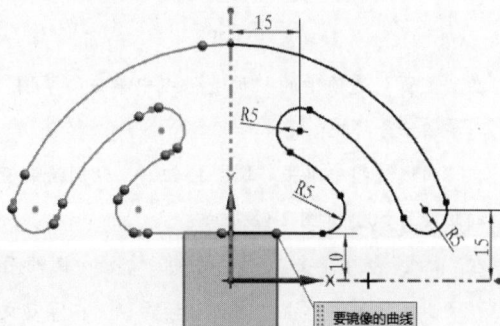

图 2-63

10 在未关闭"镜像曲线"对话框的情况下，继续选择要镜像的曲线和镜像中心线（水平直线），单击"确定"按钮，完成曲线的镜像，如图2-64所示。最终绘制完成的图形如图2-65所示。

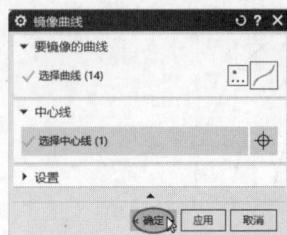
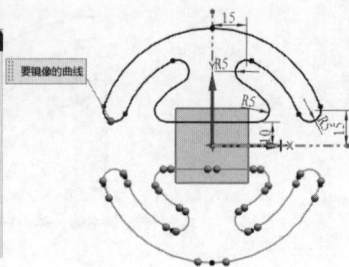

图 2-64

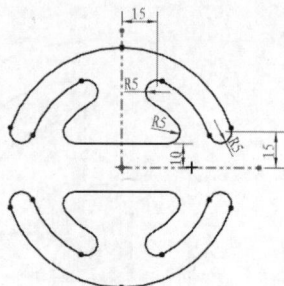

图 2-65

2.4.2　偏置曲线

　　"偏置曲线"命令用于将草图中的曲线按照指定的距离和数量进行偏置，以生成新的曲线。在草图任务环境中，可以执行"插入"→"来自曲线集的曲线"→"偏置曲线"命令，或者直接单击"曲线"组中的"偏置"按钮，弹出"偏置曲线"对话框，如图 2-66 所示。

例 2-5：偏置曲线

　　使用"偏置曲线"命令绘制如图 2-67 所示的图形，具体的操作步骤如下。

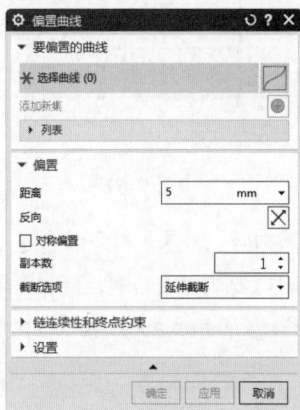

图 2-66

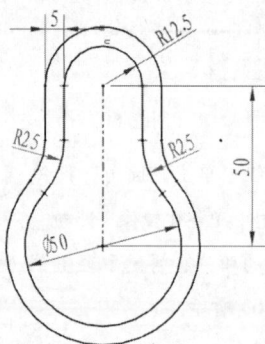

图 2-67

01　在"主页"选项卡的"构造"组中单击"草图"按钮，选择默认的 XC-YC 平面作为草图平面并进入草图任务环境。

02　在"曲线"组中单击"圆"按钮○，分别绘制直径为 50 和 25 的两个圆，两个圆的圆心在竖直方向上的距离为 50，如图 2-68 所示。

03　在"曲线"组中单击"直线"按钮／，沿小圆的两个象限点分别向下绘制两条竖直直线，如图 2-69 所示。

04　在"曲线"组中单击"圆角"按钮，在浮动文本框中输入"半径"值为 25 并按 Enter 键确认，然后选取竖直直线和大圆来创建圆角曲线，如图 2-70 所示。

05　在"编辑"组中单击"修剪"按钮×，按住鼠标左键并移至要修剪的曲线上，或者直接单击要修剪的曲线，即可将其删除，结果如图 2-71 所示。

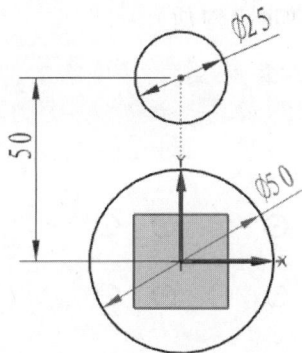

图 2-68

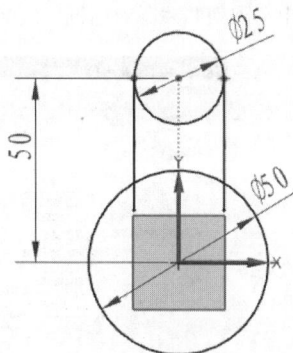

图 2-69

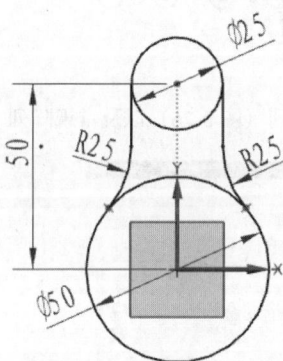

图 2-70

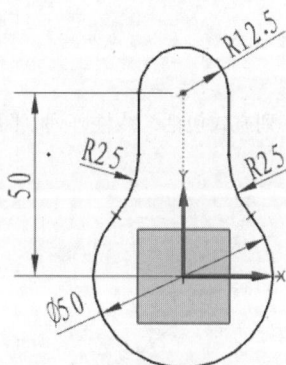

图 2-71

06 在"曲线"组中单击"偏置"按钮，弹出"偏置曲线"对话框。选取上一步完成的曲线作为要偏置的曲线，再指定偏置方向（曲线外）和偏置距离，单击"确定"按钮，完成偏置曲线的创建，如图 2-72 所示。最终绘制完成的图形如图 2-73 所示。

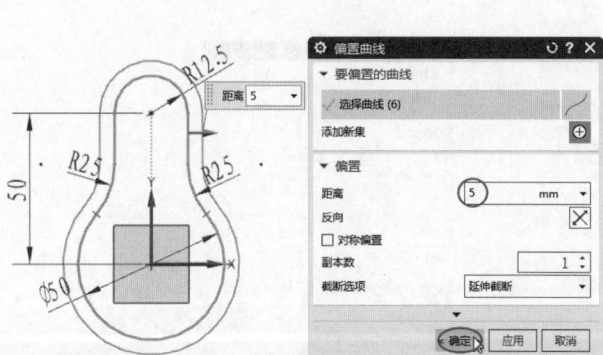

图 2-72

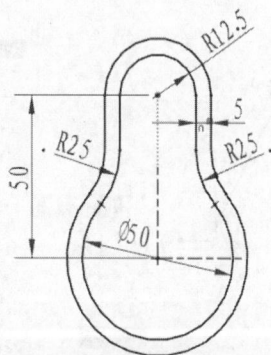

图 2-73

2.4.3 阵列曲线

"阵列"命令用于将草图中的曲线按照特定规律进行复制和排列，从而生成多条新的曲线。在草图任务环境中，可以通过执行"插入"→"曲线"→"阵列"命令，或者直接单击"基本"组中"更多"库的"阵列"按钮 ⾃，弹出"阵列曲线"对话框，进而创建阵列曲线，如图 2-74 所示。

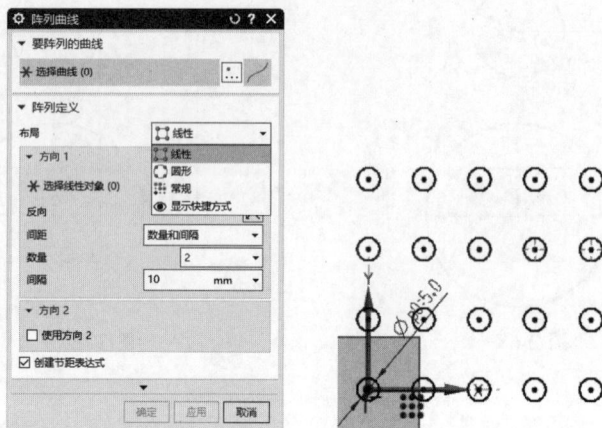

图 2-74

草图曲线的阵列方式包括：线性阵列（图 2-75）、圆形阵列（图 2-76）以及常规阵列（图 2-77）。

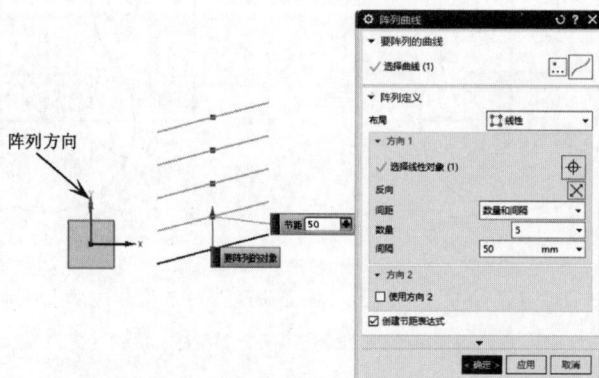

图 2-75

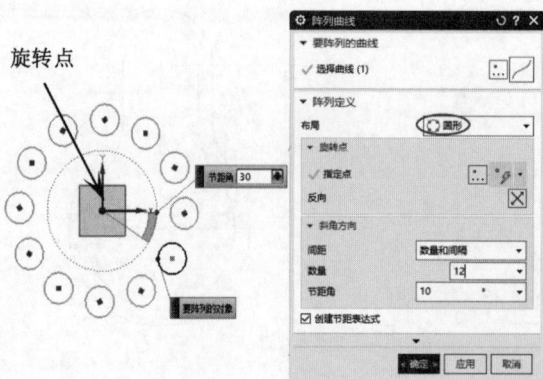

图 2-76

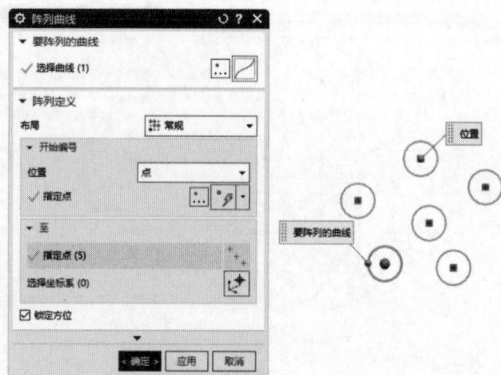

图 2-77

例 2-6：阵列曲线

使用"阵列"命令绘制如图 2-78 所示的图形，具体的操作步骤如下。

01 在"主页"选项卡的"构造"组中单击"草图"按钮⬡，选择默认的 XC-YC 平面作为草图平面并进入草图任务环境。

02 在"曲线"组中单击"圆"按钮○，绘制直径为 40 的圆。然后单击"直线"按钮╱，在圆的第一象限点绘制竖直直线，再绘制两条水平直线作为修剪参考线，结果如图 2-79 所示。

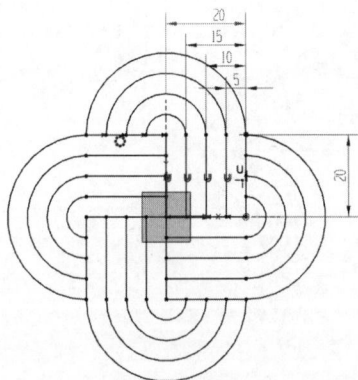

图 2-78

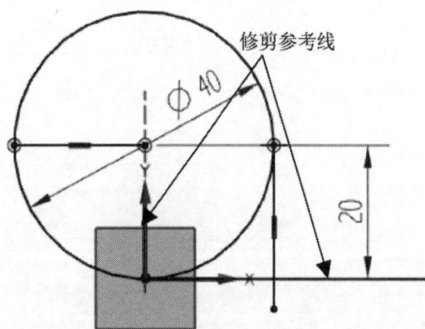

图 2-79

03 在"编辑"组中单击"修剪"按钮✕，利用修剪参考线来修剪圆和竖直线，结果如图 2-80 所示。

04 选中两条参考线并按 Delete 键删除，结果如图 2-81 所示。

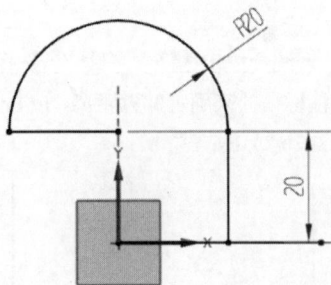

图 2-80

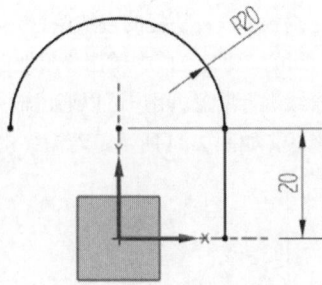

图 2-81

05 在"曲线"组中单击"偏置"按钮⬡，弹出"偏置曲线"对话框。选取要偏置的曲线；再指定偏置方向和偏置距离，单击"确定"按钮，完成偏置曲线的创建，如图 2-82 所示。

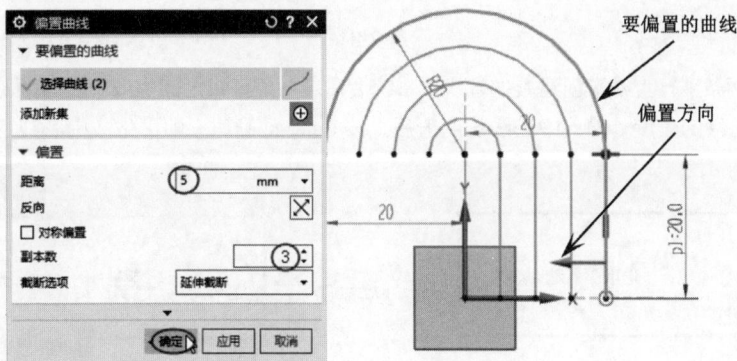

图 2-82

06 在"编辑"组中单击"阵列"按钮，弹出"阵列曲线"对话框。选取阵列对象，将布局方式设置为"圆形"，指定坐标系原点为阵列中心点，并设置阵列参数，单击"确定"按钮，完成阵列曲线的创建，如图 2-83 所示。至此，完成了图形的绘制。

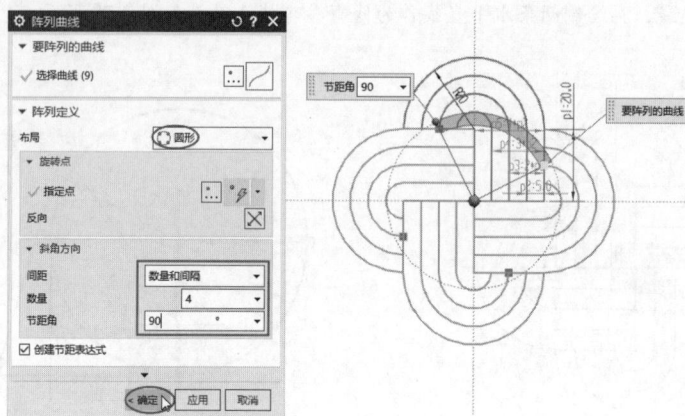

图 2-83

2.4.4 派生直线

"派生直线"命令允许用户选取直线作为参考线，以此生成新的直线。请注意，"派生直线"命令仅适用于直线，它提供了一种快捷的直线偏置方式。

在"基本"组的"更多"库中单击"派生直线"按钮后，系统会提示选择参考线。若选择了一条直线，程序将基于该直线进行偏置。用户可以通过输入偏置值或拖动鼠标指针来确定偏置距离。按 Enter 键确认后，即可生成派生直线，如图 2-84 所示。若需终止命令，可按鼠标中键或 Esc 键。

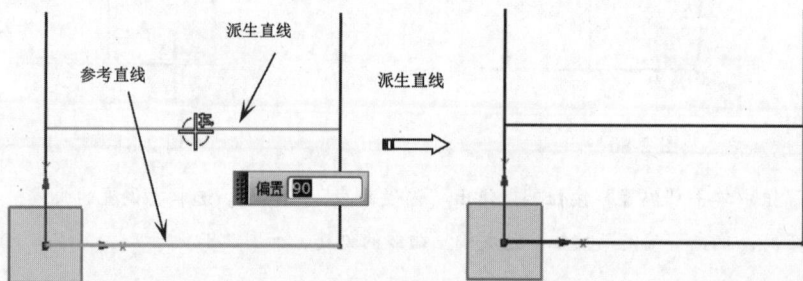

图 2-84

若依次选择两条平行直线来创建派生直线，系统会在这两条直线之间生成中心线预览。此时，系统会提示用户指定中心线的长度。输入中心线长度值后，按 Enter 键确认，即可生成中心线（即派生直线），如图 2-85 所示。

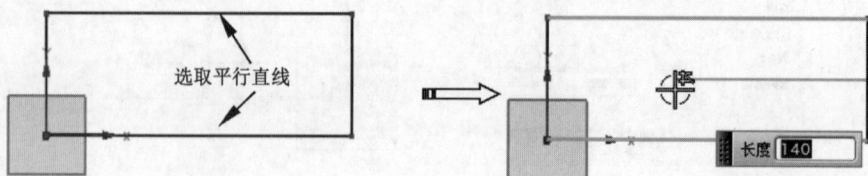

图 2-85

若依次选取两条非平行直线来创建派生曲线，系统会将这两条直线的交点作为起始点，进而创建角平分线。输入直线长度值后，按 Enter 键进行确认，即可生成角平分线（即派生直线），如图 2-86 所示。

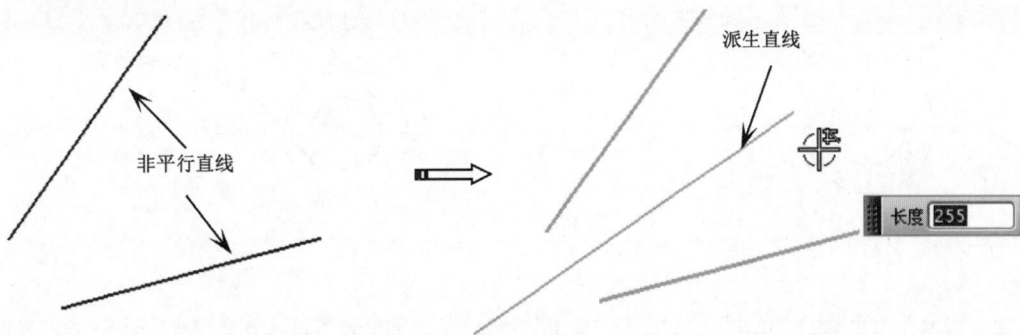

图 2-86

例 2-7：利用派生直线绘制草图

通过绘制如图 2-87 所示的图形，可以掌握如下内容。

（1）绘制基本图元。

（2）修改草图。

（3）创建尺寸约束。

（4）应用几何约束。

01 在"主页"选项卡的"构造"组中单击"草图"按钮，选择默认的 XC-YC 平面作为草图平面并进入草图任务环境。

02 在"曲线"组中单击"圆"按钮○，按照如图 2-88 所示的绘制圆的方式，以坐标系原点为圆心绘制两个同心圆，如图 2-88 所示。

03 在"求解"组中单击"快速尺寸"按钮，对草图进行尺寸约束，两个圆的直径分别为 12 和 21，如图 2-89 所示。

图 2-87

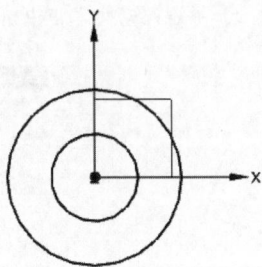

图 2-88

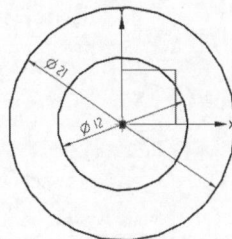

图 2-89

04 在"曲线"组中单击"直线"按钮╱和"轮廓"按钮，绘制一条通过圆心的直线和一条折线，并对它们进行尺寸约束。然后选中两条直线，单击自动弹出的快捷菜单中的"转换为参考"按钮，将其转换为参考线（虚线），如图 2-90 所示。

05 在"曲线"组的"更多"库中单击"派生直线"按钮，分别在两条参考线的两侧创建两条派生直线，偏置距离均为 7.5，如图 2-91 所示。

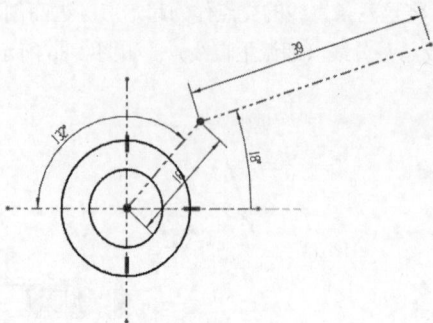

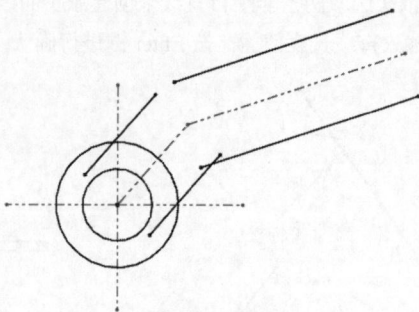

图 2-90 图 2-91

06 在"编辑"组中单击"延伸"按钮✎和"修剪"按钮✗，延伸并修剪派生直线，结果如图 2-92 所示。

07 在"曲线"组中单击"直线"按钮╱，绘制连接两条派生直线端点的直线，并使用"派生直线"命令绘制与端点连接直线的偏置距离为 18 的派生直线，然后拖动此派生直线端点以适当拉长，最后将拉长的派生直线转换为参考线，如图 2-93 所示。

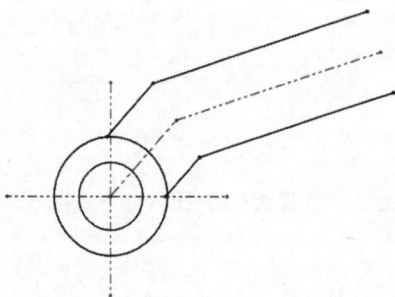

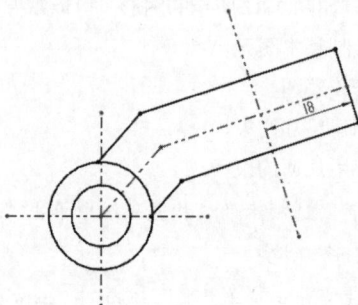

图 2-92 图 2-93

08 使用"派生直线"命令创建如图 2-94 所示的派生直线，偏移距离为 2，然后将其转换为参考线。

09 在"曲线"组中单击"矩形"按钮▭，按照图 2-95 所示的绘制矩形的方式，以刚刚绘制的派生直线和步骤 07 绘制的参考线的交点为中心，并在浮动文本框中输入数值，完成矩形 1 的绘制。

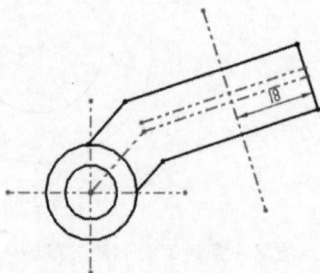

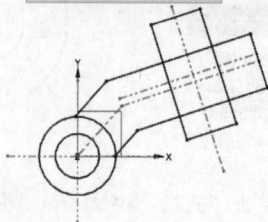

图 2-94 图 2-95

10 在"编辑"组中单击"修剪"按钮✗，修剪图形，修剪后的结果如图 2-96 所示。

11 在"曲线"组中单击"矩形"按钮▭，以步骤 09 绘制的矩形宽度边的中点为中心，绘制如图 2-97 所示的矩形 2。

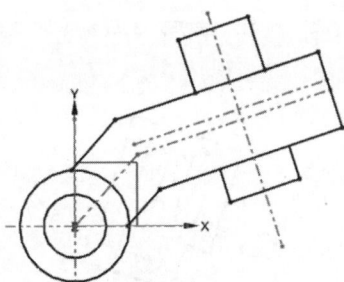

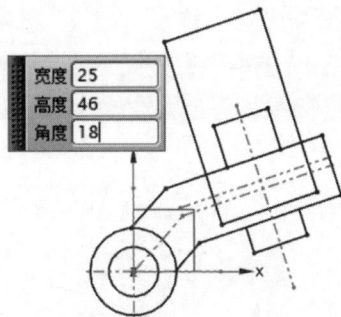

图 2-96　　　　　　　　　　　　　　　　　图 2-97

12 在"编辑"组中单击"延伸"按钮 ⟋ 和"修剪"按钮 ╳，延伸并修剪矩形，如图 2-98 所示。

13 绘制一条直线，与其下方直线的距离为5，并将其转换为参考线。然后在"曲线"组中单击"圆"按钮 ○，在弹出的"圆"对话框中选择以圆心和直径定圆的方法绘制直径为6的圆孔，如图 2-99 所示。

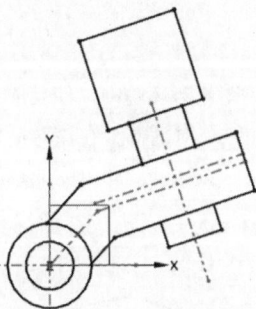

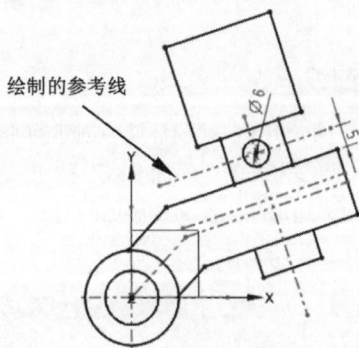

绘制的参考线

图 2-98　　　　　　　　　　　　　　　　　图 2-99

14 先延伸参考线，再绘制3条派生直线，并将3条派生直线转换成参考线，如图 2-100 所示。

15 在"曲线"组中单击"圆"按钮 ○，分别以3条派生直线的两个交点为圆心，绘制直径为5的圆。然后单击"直线"按钮 ⟋，绘制两个圆的两条外公切线。最后单击"修剪"按钮 ╳，修剪多余的曲线，完成键槽图形的绘制，如图 2-101 所示。

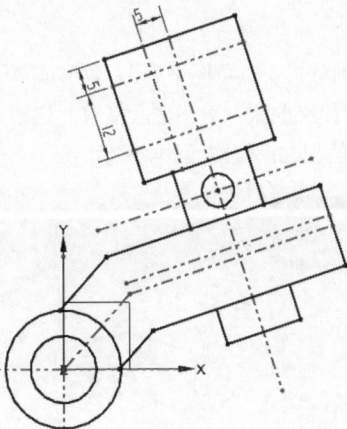

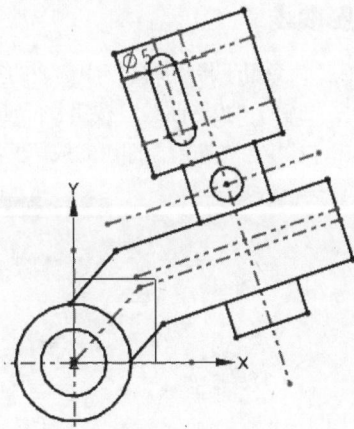

图 2-100　　　　　　　　　　　　　　　　　图 2-101

16 在"曲线"组中单击"镜像"按钮，弹出"镜像曲线"对话框。选择如图 2-102 所示的参考线作为镜像中心线，然后选择键槽图形作为要镜像的曲线，单击"确定"按钮，完成镜像曲线的创建。至此，完成了图形的绘制。

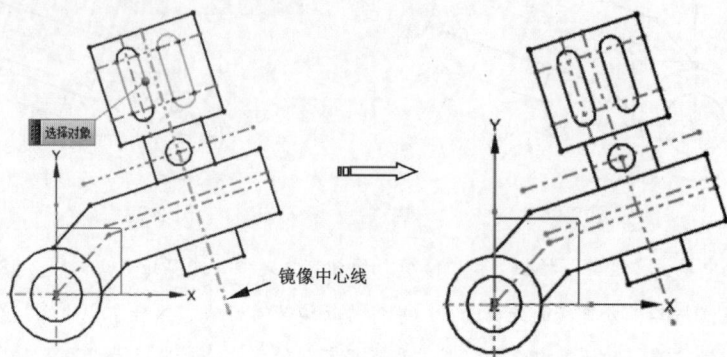

图 2-102

2.4.5　添加曲线

"添加曲线"命令用于将建模环境中创建的曲线或点复制到草图任务环境中，使其成为草图曲线。单击"包含"组中"更多"库的"添加曲线"按钮，会弹出"添加曲线"对话框。在该对话框中，选择建模环境中已创建的正多边形曲线作为要添加的对象，然后单击"确定"按钮，即可完成草图曲线的添加。整个过程如图 2-103 所示。

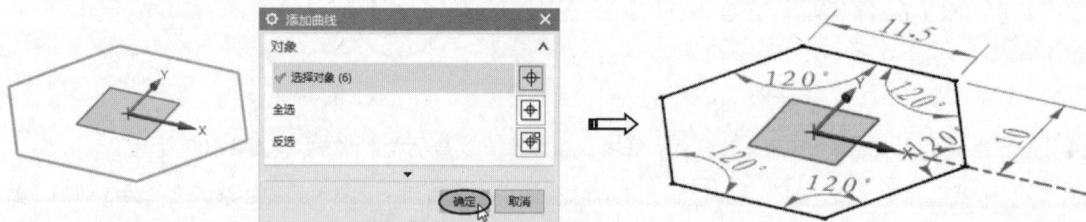

图 2-103

2.4.6　投影曲线

"投影曲线"命令用于将建模环境中选取的实体边或曲线投影到草图平面上，以形成草图曲线。单击"包含"组中"更多"库的"投影曲线"按钮，便会弹出"投影曲线"对话框。接着，选取实体边作为投影的参考线，单击"确定"按钮后，即可完成草图投影曲线的创建，如图 2-104 所示。

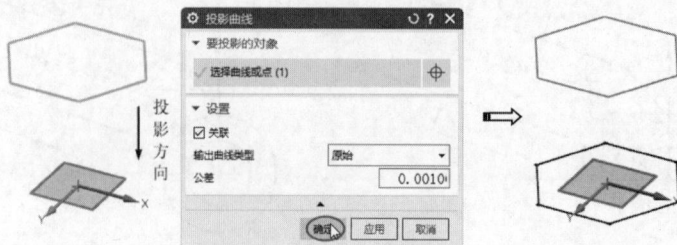

图 2-104

2.5 尺寸约束

尺寸约束即为草图标注尺寸，以确保草图满足设计要求并使其固定。在 UG NX2024 中，共有 5 种尺寸约束类型，如图 2-105 所示。

2.5.1 快速尺寸标注

快速尺寸标注几乎涵盖了所有的尺寸标注类型。在"求解"组中单击"快速尺寸"按钮，便会弹出"快速尺寸"对话框，如图 2-106 所示。接下来，将对该对话框中的各标注方法进行详细介绍。

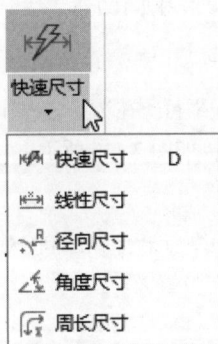

图 2-105

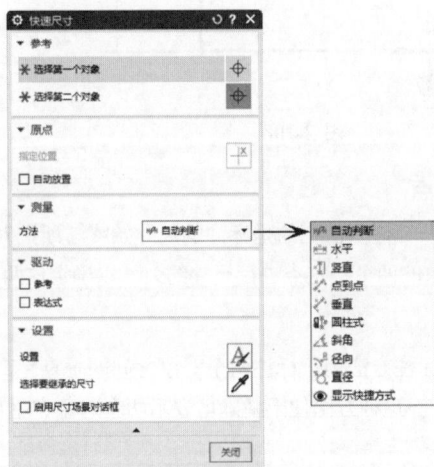

图 2-106

1. 自动判断

"自动判断"标注方法指的是程序能自动判断并选择对象来进行尺寸标注。这种标注方式的优点是灵活性高，可以从一个对象中标注出多个尺寸约束。然而，由于它几乎涵盖了所有尺寸标注类型，其针对性相对较弱，有时可能会造成一些不便。如图 2-107 所示，当使用这种标注方法选择相同的对象进行尺寸约束时，可以得到 3 种不同的标注结果。

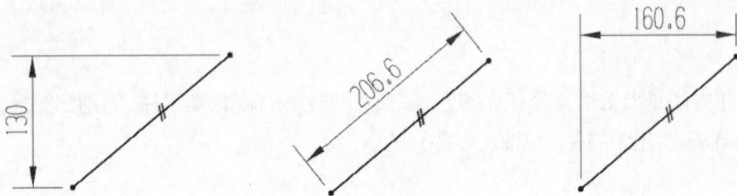

图 2-107

2. 水平

"水平"标注方法是指所标注的尺寸始终与工作坐标系的 XC 轴保持平行。当选择这种标注方法时，程序会对选定对象进行水平方向的尺寸约束。在进行此类尺寸标注时，用户需要在图形区域中选择同一对象或不同对象的两个控制点，程序随后会在这两点之间生成水平尺寸。值得注意的是，在进行水平标注时，尺寸约束所限制的距离恰好位于所选的两个端点之间，如图 2-108 所示。

3. 竖直

"竖直"标注方法指的是所标注的尺寸始终与工作坐标系的 YC 轴保持平行。当选择这种标注方法时，程序会对所选对象进行竖直方向的尺寸约束，如图 2-109 所示。

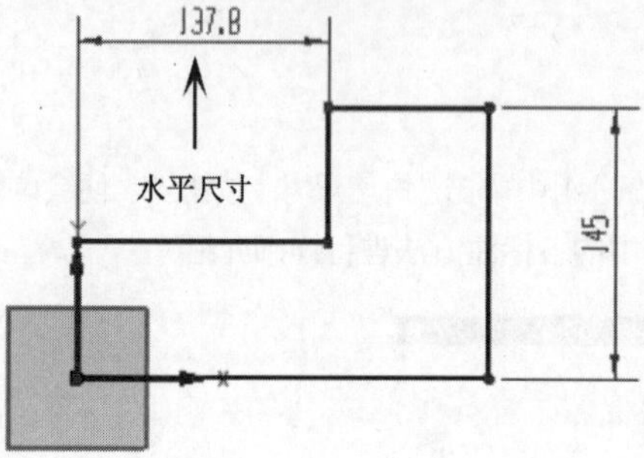

图 2-108 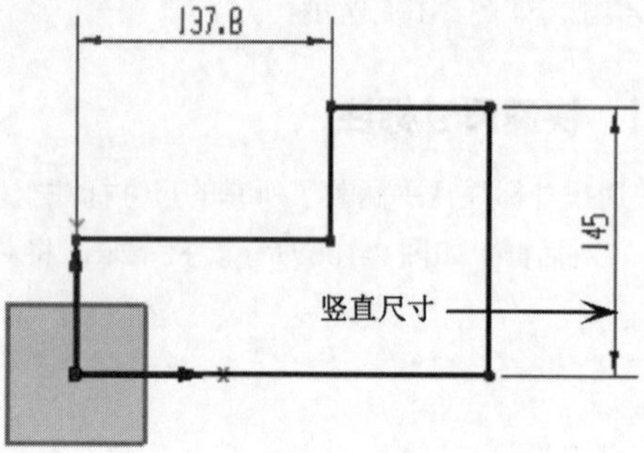　　　　　　　　　　　　　　图 2-109

4. 点到点

"点到点"标注方法指的是标注的尺寸始终与所选对象的两点连线平行。在选择这种标注方法时，程序会对所选对象的两个特定点进行尺寸约束，以确定这两点之间的距离，如图 2-110 所示。

5. 垂直

"垂直"标注方法用于标注两个对象之间的垂直距离，即尺寸线始终与第一个选择的对象保持垂直，如图 2-111 所示。这种方法便于精确地表示两个对象在垂直方向上的相对位置关系。

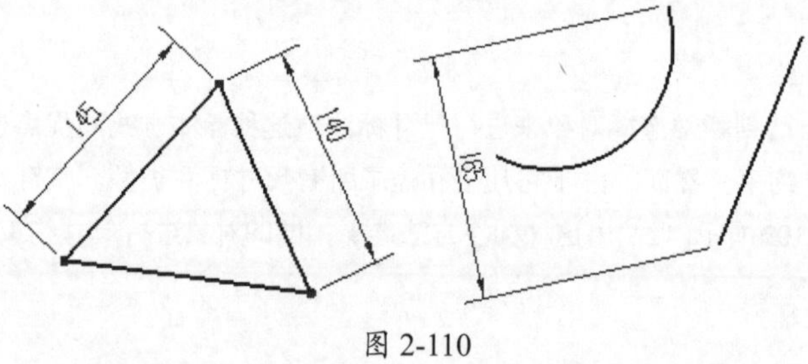

图 2-110 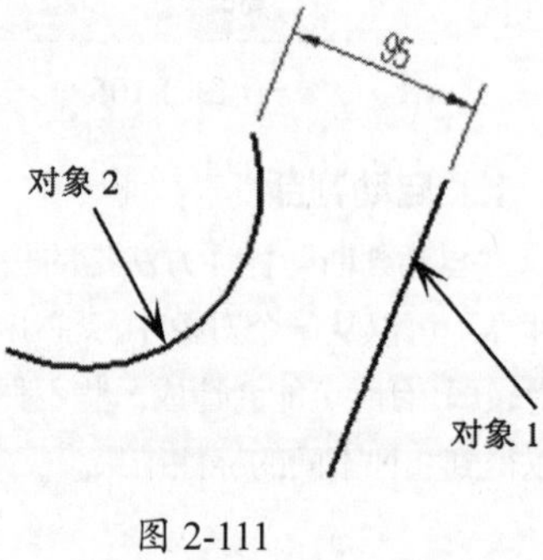　　　　　　　　　　　　　　图 2-111

6. 圆柱式

"圆柱式"标注方法是指采用直径标注的方式来标注圆柱体（或轴类零件）的剖面图形，如图 2-112 所示。这种方法能够清晰地表示出圆柱体（或轴类零件）的直径。

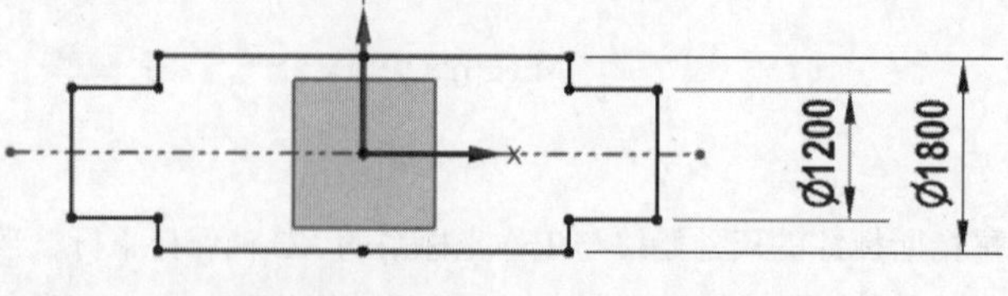

图 2-112

7. 斜角

"斜角"标注方法用于标注两条直线或其延伸部分相交形成的夹角角度，如图 2-113 所示。

8. 径向

"径向"标注方法用于标注圆或圆弧的半径尺寸，如图 2-114 所示。

9. 直径

"直径"标注方法用于标注圆或圆弧的直径尺寸，如图 2-115 所示。这种方法能够直接显示圆或圆弧的直径值，便于理解和测量。

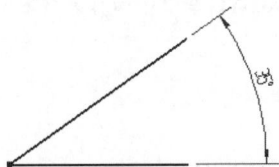
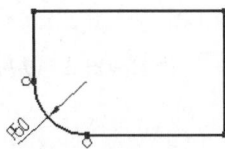
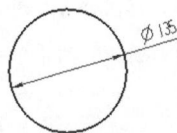

图 2-113   图 2-114   图 2-115

2.5.2 其他标注类型

在其他 4 种标注类型（线性尺寸、径向尺寸、角度尺寸和周长尺寸）中，有 3 种类型的标注方法部分包含在"快速尺寸"对话框的标注方法列表中。线性尺寸的标注方法涵盖"自动判断""水平""竖直""点到点""垂直"以及"圆柱式"，如图 2-116 所示。径向尺寸的标注方法则包括"自动判断""径向"以及"直径"，如图 2-117 所示。至于周长尺寸的标注，其方法包括"自动判断""圆弧长""直线长度"以及"样条曲线长度"。

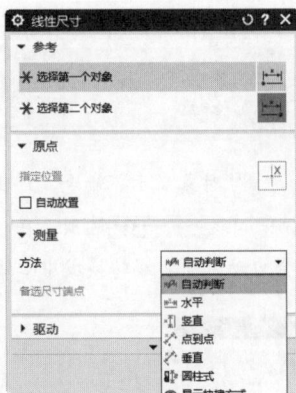
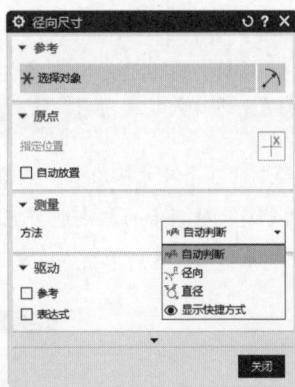

图 2-116   图 2-117

技巧点拨

"径向尺寸"对话框中的"径向"标注方法指的是半径标注。

例 2-8：利用尺寸约束绘制扳手草图

以绘制扳手草图为例，下面将详细说明在草图任务环境中如何利用尺寸约束来绘制草图。扳手草图的具体形态如图 2-118 所示。接下来是绘制该扳手草图的详细步骤。

（1）绘制尺寸基准线（中心线）。

（2）绘制已知线段。

（3）绘制中间线段。

（4）绘制连接线段。

（5）尺寸约束。

1. 绘制尺寸基准线

01 在 UG 欢迎界面中单击"新建"按钮 🖳，创建一个名称为"扳手草图"的模型文件。

02 在"主页"选项卡的"构造"组中单击"草图"按钮 ✍，并以默认的 XC-YC 基准平面作为草图平面，进入草图任务环境。

03 在"曲线"组中单击"直线"按钮 /，绘制如图 2-119 所示的尺寸基准线。

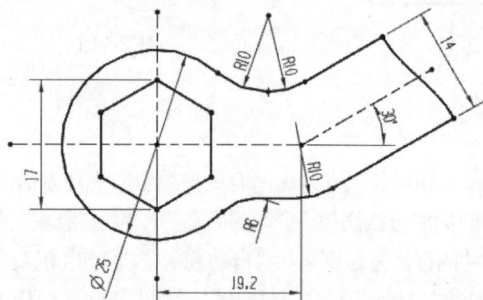
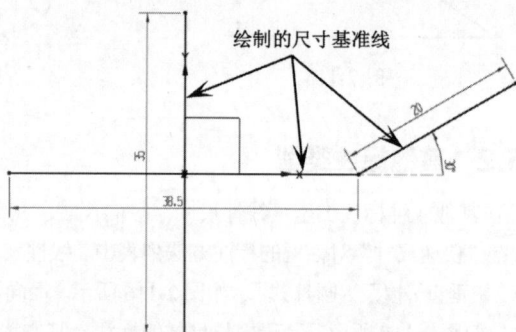

图 2-118   图 2-119

技巧点拨

在建模环境中绘制直线时，可以通过输入直线端点的坐标值来精确确定直线的位置，也可以先随意绘制直线，随后利用尺寸约束或几何约束对直线进行尺寸和位置的重新定义。

---

04 选中步骤 03 绘制的 3 条尺寸基准线，然后执行"编辑"→"对象显示"命令，弹出"编辑对象显示"对话框。在"常规"选项卡的"线型"下拉列表中选择中心线 ┠━━━━━━┨ 选项，在"宽度"下拉列表中选择 ——— 0.13 mm 选项，最后单击"确定"按钮，程序会自动将粗实线转换成中心线，如图 2-120 所示。

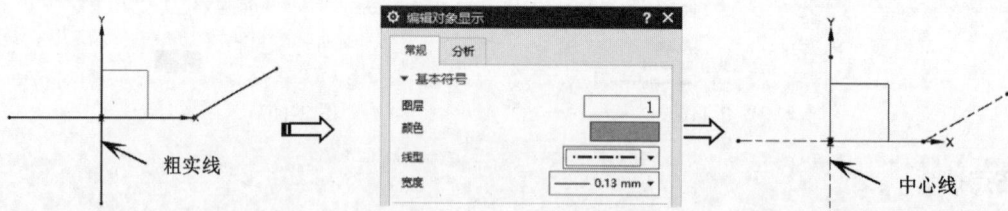

图 2-120

技巧点拨

这种线型转换的结果与使用"转换为参考"命令进行转换所得到的结果是相同的。

---

05 选择 3 条中心线。在"求解"组中单击"完全固定"按钮 ⊥，程序会自动将中心线固定在所在位置，如图 2-121 所示。

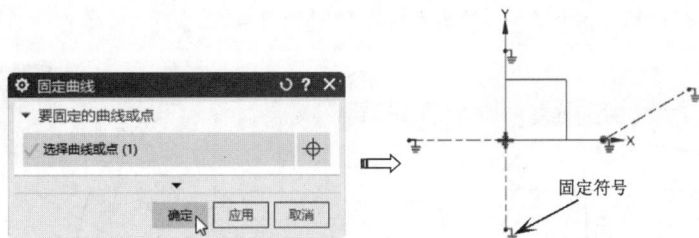

图 2-121

2. 绘制已知线段、中间线段和连接线段

01 在"曲线"组中单击"圆"按钮◯，在尺寸基准中心绘制直径为 17 的圆，如图 2-122 所示。

02 使用"轮廓"命令在圆内绘制六边形，并且六边形的端点均在圆上，如图 2-123 所示。

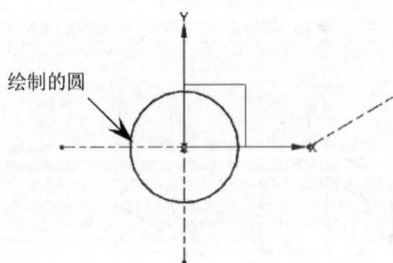

图 2-122

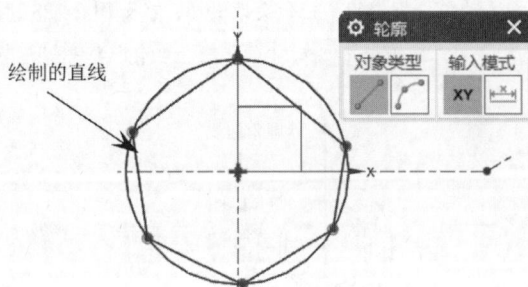

图 2-123

03 使用"约束"命令使六边形的各边长度都相等，并且至少让其中一条边与 Y 轴平行，如图 2-124 所示。

> **技巧点拨**
>
> 若要准确地捕捉曲线上的点，则可以先在上边框条上单击"曲线上的点"按钮。

04 使用"圆"命令，以基准中心为圆心绘制直径为 25 的大圆，如图 2-125 所示。

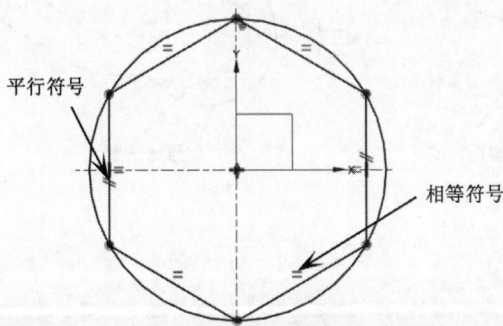

图 2-124

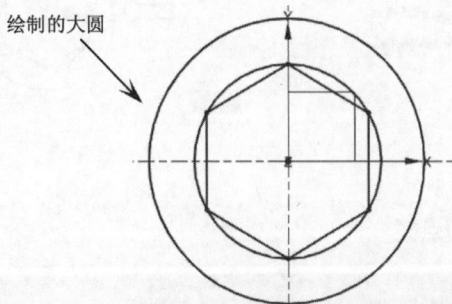

图 2-125

05 在"曲线"组的"更多"库中单击"派生直线"按钮，选择尺寸基准线作为参考线，绘制距离为 7 的 4 条派生直线，这 4 条直线中包括两条已知线段和两条中间线段，如图 2-126 所示。

06 在"曲线"组中单击"圆角"按钮，弹出"圆角"对话框。在浮动文本框中输入"半径"值为 10，然后在如图 2-127 所示的 3 个位置上绘制半径为 10 的圆角曲线。

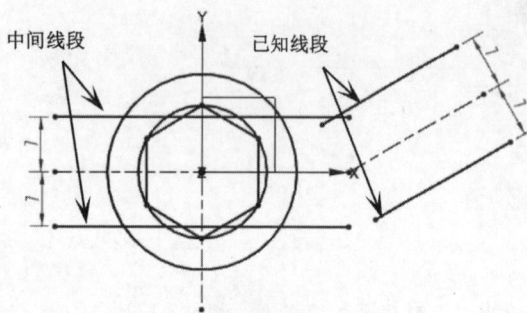

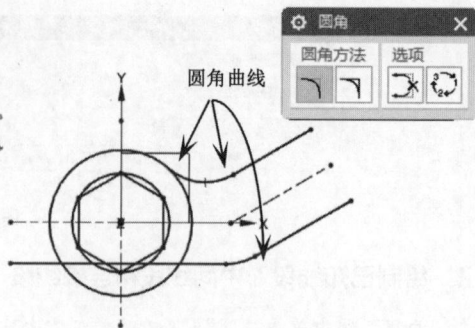

图 2-126   图 2-127

07 将浮动文本框中的半径值更改为 6, 在如图 2-128 所示的位置绘制半径为 6 的圆角曲线。

08 在"曲线"组中单击"样条"按钮 ∕, 弹出"艺术样条"对话框, 在草图中绘制如图 2-129 所示的样条曲线。

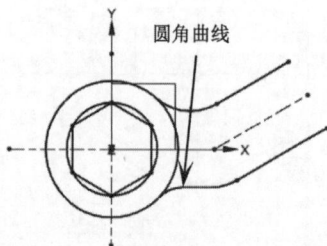

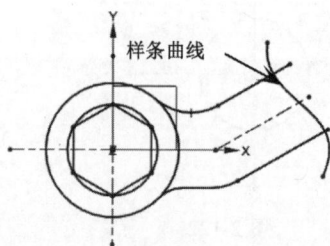

图 2-128   图 2-129

09 在"编辑"组中单击"修剪"按钮 ✕, 弹出"修剪"对话框。按信息提示选择图形中要修剪的曲线, 修剪多余的曲线, 如图 2-130 所示。

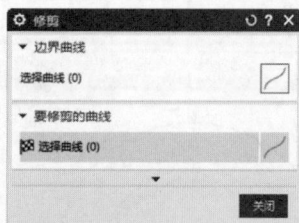

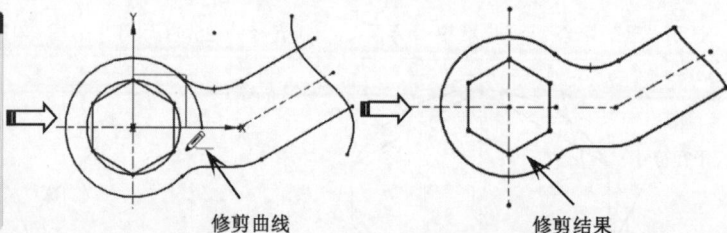

图 2-130

技巧点拨

在使用"修剪"命令对曲线进行修剪时, 位于修剪边界内部的曲线部分将不会被自动修剪。若需要删除这部分曲线, 可以按 Delete 键进行删除。

3. 添加尺寸约束

01 在"求解"组中单击"快速尺寸"按钮 ⊢┥ 或其他尺寸约束按钮, 为绘制的草图曲线添加尺寸约束, 绘制完成的扳手草图如图 2-131 所示。

02 单击"完成"按钮 ▧, 退出草图任务环境并结束草图绘制操作。

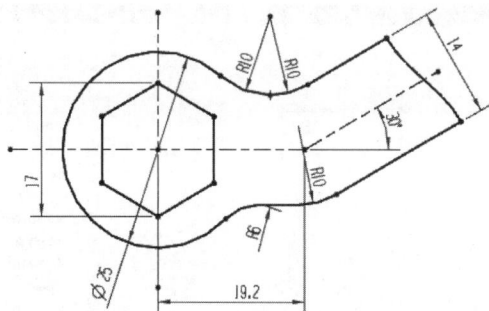

图 2-131

2.5.3　临时尺寸约束

临时尺寸，也称为"候选尺寸"，是 UG NX2024 提供的一项便捷功能，用于快速进行尺寸约束。当用户需要为某一曲线添加尺寸约束时，只需选取该曲线，随后程序会显示多个临时尺寸（即候选尺寸）供选择，如图 2-132 和图 2-133 所示。这一功能大大简化了尺寸约束的操作流程。

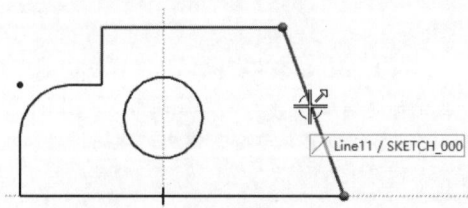

图 2-132

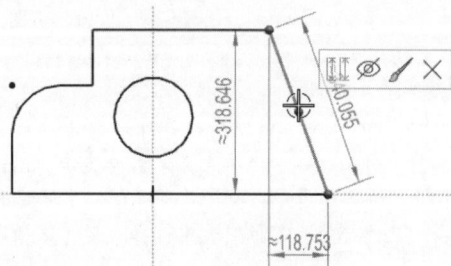

图 2-133

临时尺寸通常显示为近似值，因此在尺寸前会带有一个 ≈ 符号。用户可以选择其中一个临时尺寸并进行修改。修改完成后，单击信息提示对话框中的"是"按钮，该临时尺寸就会转变为强制性的尺寸约束，如图 2-134 所示。

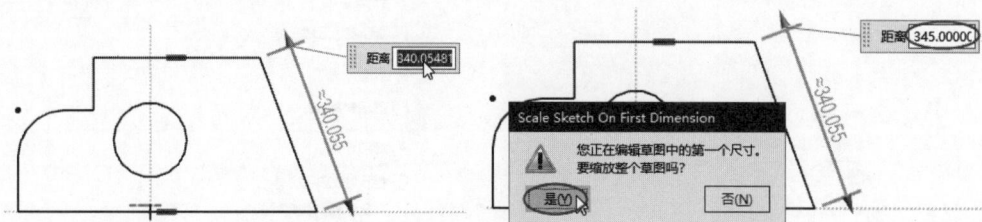

图 2-134

技巧点拨

默认情况下，在 UG NX2024 中，可以一次性设置文字类型、文字大小及单位等参数。具体设定方法如下：在建模环境下（注意，需要退出草图环境），执行"首选项"→PMI命令，会弹出"PMI首选项"对话框。接下来，在该对话框的左侧列表中选择"尺寸"节点，然后在右侧显示的选项中进行详细设定。建议将小数位数设置为3位，并选择毫米为单位。对于文本字体样式，建议选择 Arial 或 GB_长仿宋，并将文字高度值设置得稍大，以便于阅读。笔者建议设置为4，其他选项保持默认即可，具体设置如图 2-135 所示。

图 2-135

技巧点拨

默认情况下，UG NX2024 草图任务环境中的尺寸值是以表达式形式显示的。然而，表达式主要在参数化建模中使用，对于常规建模而言并不需要显示。因此，我们通常需要将其切换为值的形式。具体设置方法如下：在草图任务环境中，执行"任务"→"草图属性"→"草图设置"命令，弹出"草图设置"对话框。接着，在"尺寸标签"下拉列表中选择"值"选项即可，如图 2-136 所示。

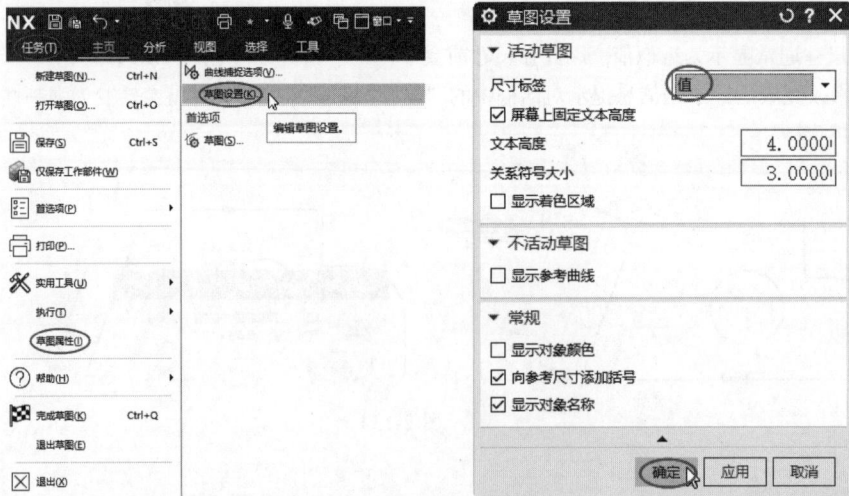

图 2-136

同样地，对于其他类型的曲线，如圆、矩形、椭圆、圆弧等，用户也可以先选中相应的曲线，然后选择并编辑临时尺寸，以快速添加尺寸约束。这种方法相比使用"快速尺寸"工具来添加尺寸约束，效率要高得多。

2.6 几何约束

在绘制草图的过程中，如果未给所绘制的几何对象添加约束，即未能有效控制几何对象的自由度，那么这些几何对象将会是不稳定的，并且可能会产生偏差。

2.6.1 常见几何约束类型

几何约束类型通常用于定位草图对象以及确定草图对象之间的关系。在草图任务环境中，草图对象的几何约束类型多达 15 种。这些几何约束类型位于图形区顶部的几何约束导航栏中，如图 2-137 所示。

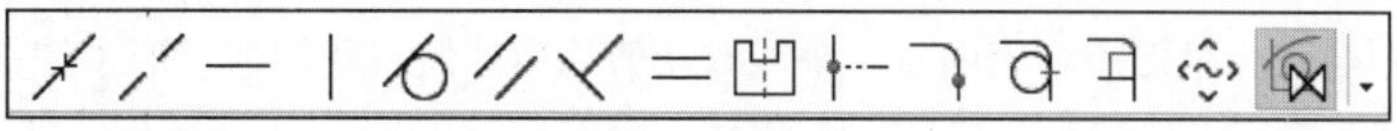

图 2-137

草图对象的几何约束类型的含义如下。

- 设为重合：该约束定义选择的点完全重合。
- 设为共线：该约束定义选择的对象为共线。
- 设为点在线串上：该约束定义选择的点在抽取的线串上。
- 设为中点对齐：该约束定义选择的对象在直线的中心点上。
- 设为水平：该约束定义选择的直线为水平直线（平行于工作坐标的 XC 轴）。
- 设为竖直：该约束定义选择的直线始终呈竖直状态。
- 设为平行：该约束定义选择的对象平行。
- 设为垂直：该约束定义选择的对象垂直。
- 设为相等：该约束定义两个对象的长度、半径、弧长相等。
- 设为相切：该约束定义选择的对象为相切。
- 设为与线串相切：该约束可使草图与配方曲线（包含相交曲线和投影曲线）相切。
- 设为垂直于线串：该约束可使草图与配方曲线（包含相交曲线和投影曲线）垂直。
- 设为均匀比例：该约束定义选择的对象呈均匀分布。
- 设为对称：该约束定义选择的对象为镜像关系。
- 创建持久关系：此按钮是建立强制约束关系的开关按钮。

几何约束的添加方式一般分为手动约束和自动约束。

1. 手动约束

手动约束是指用户自行选择对象并对其施加约束。当选定某条曲线并意图为其添加几何约束时，几何约束导航栏会自动高亮展示与该曲线相匹配的多个约束类型。例如，若选中一条直线，几何约束导航栏会突出显示“设为水平”和“设为竖直”这两个约束按钮，而其他不适用的约束按钮则会呈现灰色且无法使用，如图 2-138 所示。在提供的可选约束中，用户只需单击某个约束按钮，即可为所选曲线添加相应的几何约束。

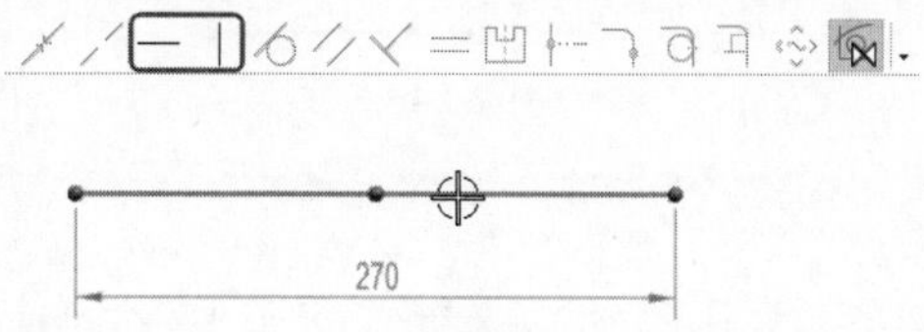

图 2-138

2. 自动判断约束

自动判断约束是指将约束类型自动应用到草图对象中，或者在绘制草图时根据系统自动判断的约束来绘制线条。完成图形绘制后，有时我们会发现图形中没有显示任何几何约束。这实际上是软件升级改版后的设计，因为在旧版本 UG 中，绘制图形后会显示许多约束符号，这影响了图形的整体美观。因此，在 UG NX2024 版本中，取消了约束符号的自动显示。那么，如何判断绘制的图形是否已自动添加了几何约束呢？例如，当绘制一个矩形时，虽然矩形表面看起来没有任何约束，但当我们为矩形中的某条曲线添加尺寸约束时，系统会自动判断它为水平的约束符号，如图 2-139 所示。

图 2-139

因此，这提醒操作者在绘制图形后，务必检查是否有自动添加的几何约束。如果没有，就需要手动添加几何约束。

2.6.2 松弛关系和持久关系

所谓"关系"，指的是两个曲线对象在添加了几何约束之后所形成的相互制约的联系。尺寸约束和几何约束均存在两种关系，即松弛关系和持久关系。

1. 松弛关系

松弛关系是指将现有的几何约束转变为临时几何约束，用户可以对这些临时几何约束进行调整。例如，若要让一条原本竖直的直线不再保持竖直状态（即去除其竖直约束），可以选中该直线。选中后，直线上会显示两个端点和一个中点。接着，在"主页"选项卡的"求解"组中单击"松弛关系"按钮，然后选中一个端点并拖动，此时会发现原本竖直的直线的"设为竖直"约束失效了。此时，通过拖动端点，可以任意改变直线的位置，如图 2-140 所示。

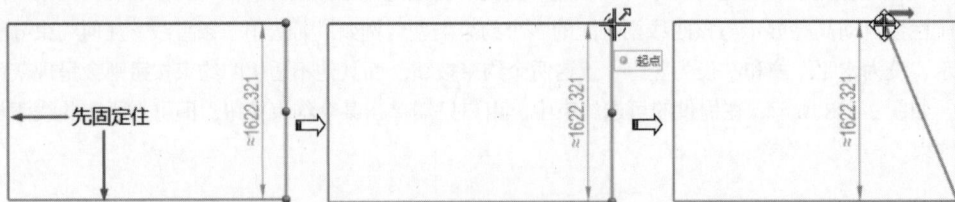

图 2-140

"松弛尺寸"功能用于解除尺寸约束关系，即将固定尺寸转变为临时尺寸，从而允许通过拖动图形曲线来改变图形。在默认情况下，一旦图形添加了尺寸约束，拖动图形中的曲线时，图形本身并不会发生变化，如图 2-141 所示。然而，在"求解"组中单击"松弛尺寸"按钮 后，再拖动图形中的曲线时，尺寸就会随之改变，图形也会相应地发生变化，如图 2-142 所示。

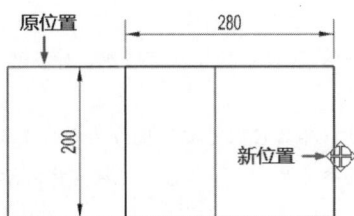

图 2-141

图 2-142

2. 持久关系

"持久关系"是一种强制性约束关系，施加这种关系后，图形将不会因误操作而发生改变。持久关系的开关按钮位于几何约束导航栏中。在默认情况下，"创建持久关系"按钮 是未激活状态，这意味着图形中所有曲线对象的几何约束均为非持久关系。

提示

请注意，非持久关系并非之前所提及的松弛关系。非持久关系和持久关系决定的是后续绘制的图形是否可以被修改。在非持久关系下，自动添加的几何约束是可以更改的。然而，在持久关系下，几何约束是无法更改的，即使使用"松弛关系"工具也无法改变这一点。

例如，在非持久关系下，当绘制一个矩形图形时，系统会自动添加水平和竖直的几何约束关系。若给其中一条水平线添加尺寸约束并修改其尺寸，会发现原本的竖直线变成了斜线，即竖直的约束关系被自动取消了，如图 2-143 所示。

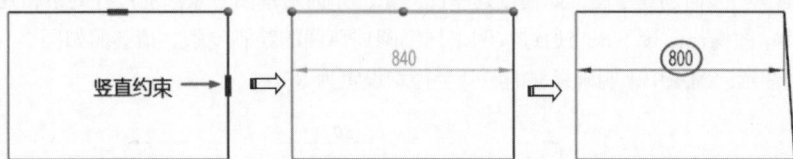

图 2-143

当在几何约束导航栏中单击"创建持久关系"按钮 后，该导航栏中所有的几何约束类型都会转变为持久关系的约束类型。若选中矩形中的竖直的直线并重新添加竖直约束（此时实际添加的是持久关系的几何约束），在尝试修改尺寸时，系统会弹出"警报"对话框，如图 2-144 所示，表明持久关系的几何约束是无法编辑的，除非先删除这种持久关系。

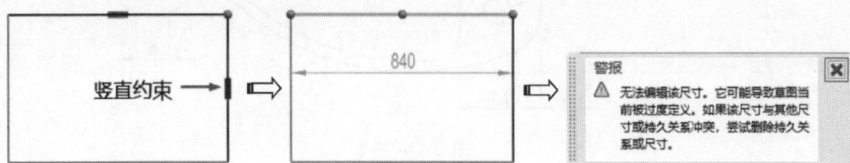

图 2-144

2.6.3　转换至 / 自参考对象

使用"转换至 / 自参考对象"命令，可以将草图曲线（注意，不是点）或草图尺寸从活动对象转换为参考对象，或者从参考对象转换为活动对象。执行"工具"→"转换至 / 自参考对象"命令，会弹出"转换至 / 自参考对象"对话框，如图 2-145 所示。该对话框中的部分选项含义如下。

- 选择对象：选择一个或多个要进行转换的对象。
- 选择投影曲线：转换所有草图曲线投影的输出曲线。如果投影曲线的数量增加，那么新曲线将以相同的活动状态或参考状态被添加到草图中。
- 参考曲线或尺寸：如果待转换的对象是曲线或标注尺寸，那么它们将被转换为参考曲线或参考尺寸。
- 活动曲线或驱动尺寸：如果待转换的对象是参考曲线或参考尺寸，那么它们将被转换为活动曲线（实线）或驱动尺寸。

在通常情况下，使用双点画线这种线型来表示参考曲线，如图 2-146 所示。

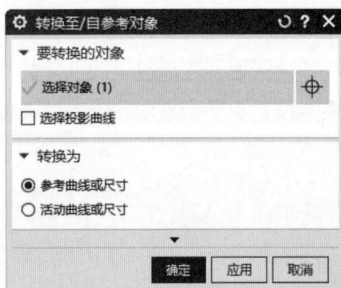

图 2-145

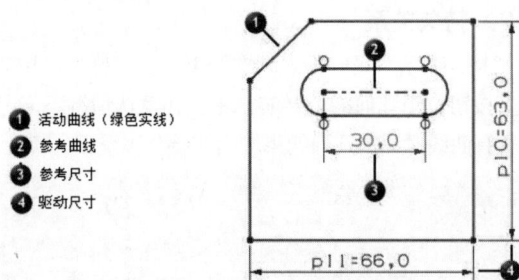

① 活动曲线（绿色实线）
② 参考曲线
③ 参考尺寸
④ 驱动尺寸

图 2-146

2.7　综合案例——绘制垫片草图

为了更好地说明如何创建草图、如何创建草图对象、如何对草图对象添加尺寸约束和几何约束，以及如何进行相关的草图操作，接下来将通过实例来详细阐述草图的绘制步骤。请参照如图 2-147 所示的图纸进行草图绘制，注意，图纸中未明确标注的圆弧半径均设定为 R3。

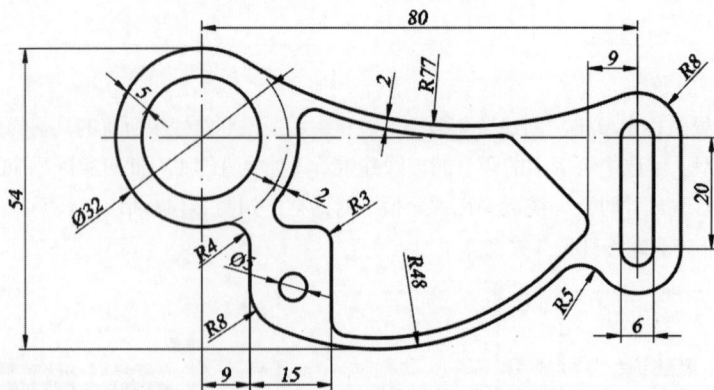

图 2-147

1.　绘图分析

此图形结构相对特殊，许多尺寸并非直接给出，而是需要通过分析得出，否则容易出现错误。由于图形内部存在一个完整的封闭环，该部分图形自身也是一个完整图形。然而，这个内部图形的定位尺寸参考均来源于外部图形中的"连接线段"和"中间线段"。因此，绘图的顺序应该是先绘制外部图形，再绘制内部图形。此外，从标注的定位尺寸可以轻易确定，绘制的参考基准中心位于∅32圆的圆心。作图顺序的图解如图2-148所示。

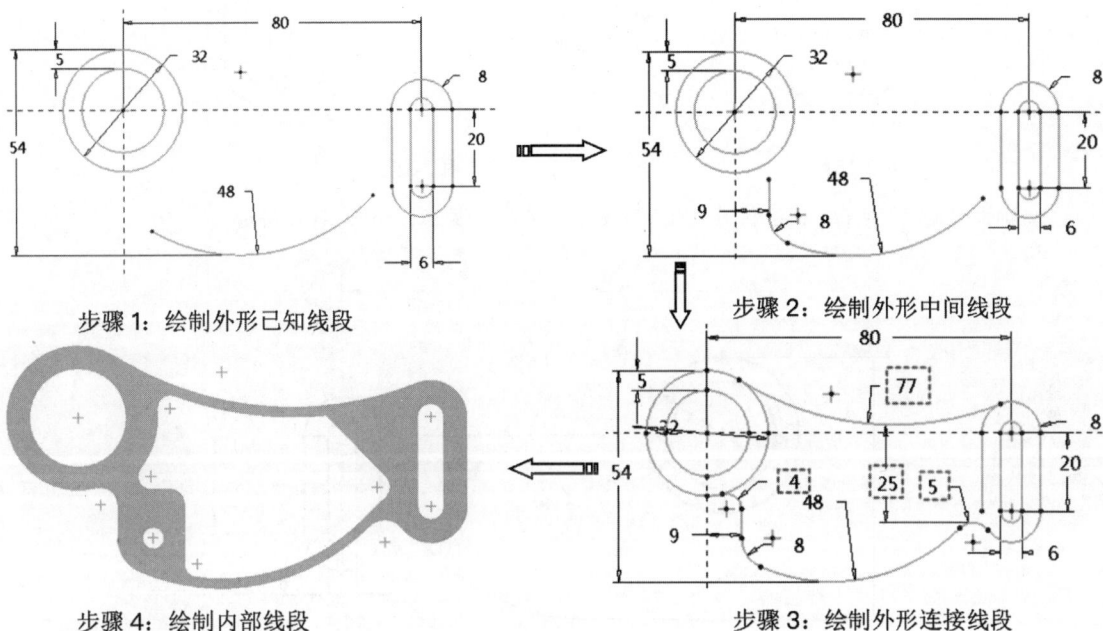

步骤1：绘制外形已知线段

步骤2：绘制外形中间线段

步骤4：绘制内部线段

步骤3：绘制外形连接线段

图 2-148

2. 设计步骤

01 新建模型文件。在"主页"选项卡的"构造"组中单击"草图"按钮，选择顶部基准面作为草图平面并进入草绘环境，如图2-149所示。

02 绘制图形基准中心线。本例以坐标系原点作为∅32圆的圆心，绘制的基准中心线如图2-150所示。

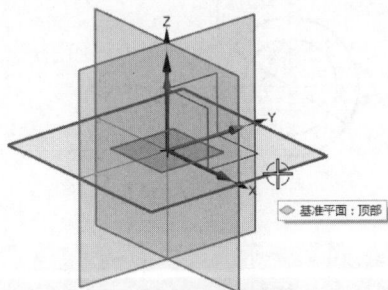

图 2-149

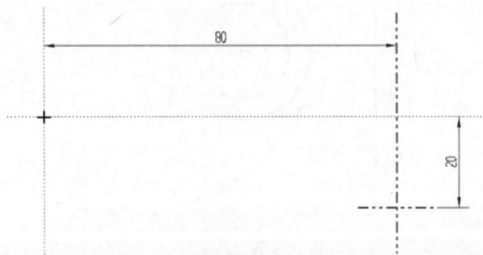

图 2-150

03 绘制外部轮廓的已知线段（既有定位尺寸也有定形尺寸的线段）。

- 单击"圆"按钮○，在坐标系原点绘制两个同心圆，进行尺寸约束，如图2-151所示。
- 单击"直线"按钮／、"圆"按钮○、"偏置"按钮、"修剪"╳按钮等，绘制出右侧部分的已知线段，然后修剪多余曲线，如图2-152所示。

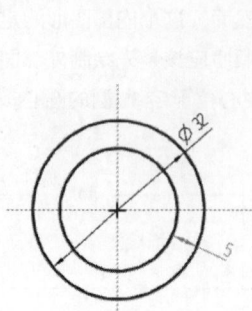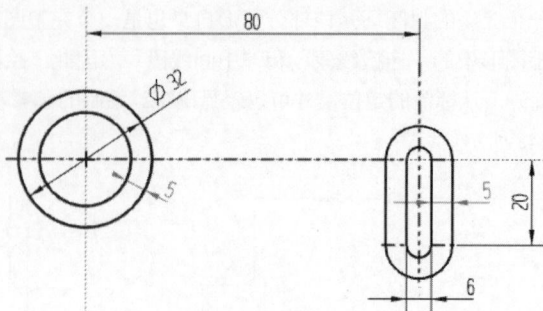

图 2-151   图 2-152

- 单击"圆弧"按钮 ⟋，绘制下方的已知线段（R48）的圆弧，如图 2-153 所示。

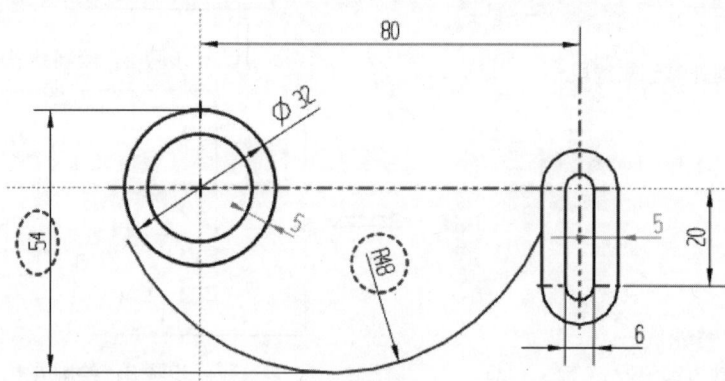

图 2-153

04 接着绘制外部轮廓的中间线段（只有定位尺寸的线段）。

- 单击"直线"按钮 ⟋，绘制标注距离为 9 的竖直直线，如图 2-154 所示。
- 单击"圆角"按钮 ⟍，在竖直直线与圆弧（半径为 48mm）交点处创建圆角（半径为 8mm），如图 2-155 所示。

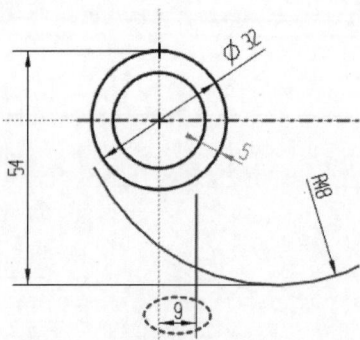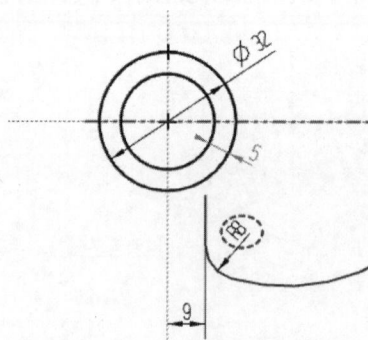

图 2-154   图 2-155

技术要点

原本这段圆角曲线（R8 的圆弧）被归类为连接线段，但由于其圆心同时也是内部∅ 5 圆的圆心，并起到了定位作用，因此这段圆角曲线又被视为"中间线段"。

05 绘制外部轮廓的连接线段。

- 使用"直线"工具／绘制一条水平直线，此直线与∅32的圆相切，如图2-156所示。

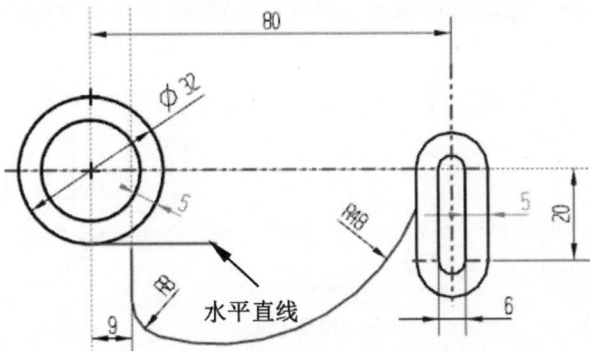

图 2-156

- 单击"圆角"按钮⌐，创建第一段连接线段曲线（圆角为R4）。
- 单击"圆弧"按钮╱，创建第二段连接线段圆弧曲线（圆为R77），两端与相接圆分别相切，如图2-157所示。

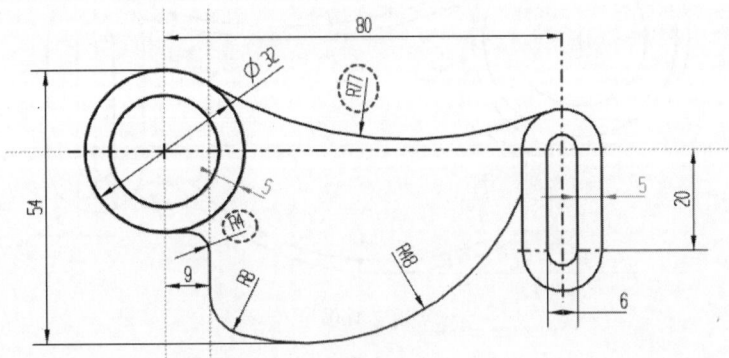

图 2-157

- 单击"圆"按钮○，绘制∅10的圆，作水平辅助构造线，先将上水平构造线与R77圆弧进行相切约束，接着设置两条水平构造线之间的尺寸约束（尺寸为25），最后将∅10圆分别与R48圆弧、水平构造线和R8圆弧进行相切约束，如图2-158所示。

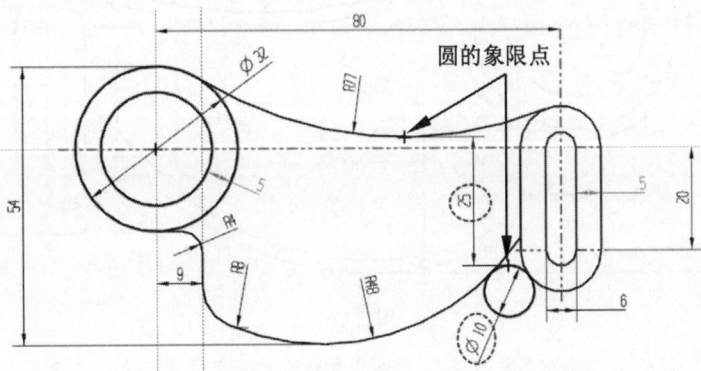

图 2-158

- 修剪 ∅ 10 圆，并重新尺寸约束修剪后的圆弧，如图 2-159 所示。

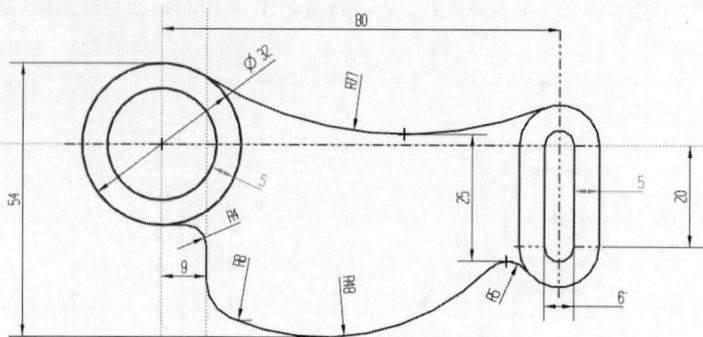

图 2-159

06 绘制内部图形轮廓。

- 单击"偏置"按钮◰，偏置出如图 2-160 所示的内部轮廓中的中间线段。

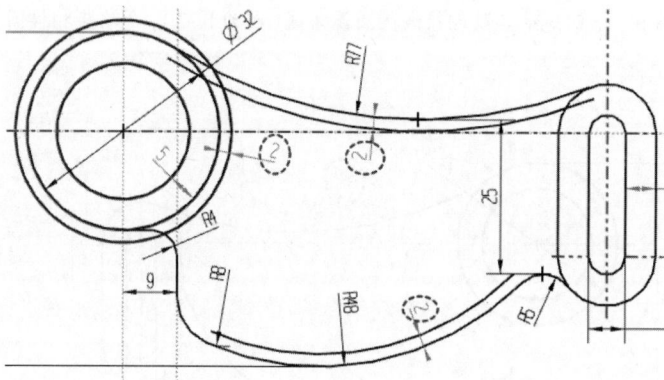

图 2-160

- 单击"直线"按钮╱，绘制 3 条直线，其中直线 3 与偏置的圆弧曲线相切，如图 2-161 所示。

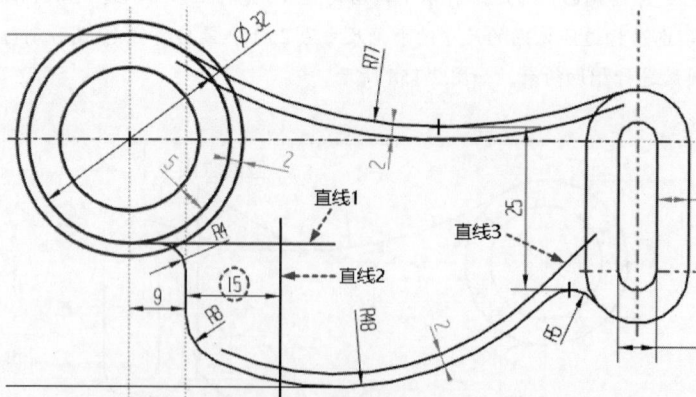

图 2-161

- 单击"直线"按钮╱，绘制第 4 条直线，利用垂直约束使直线 4 与直线 3 垂直，如图 2-162 所示。

- 单击"圆角"按钮 ，创建内部轮廓中相同半径（R3）的圆角，如图 2-163 所示。

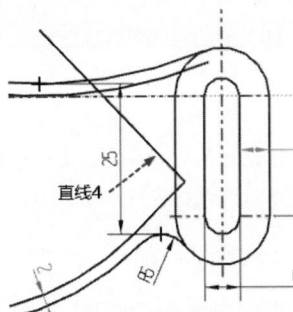

图 2-162

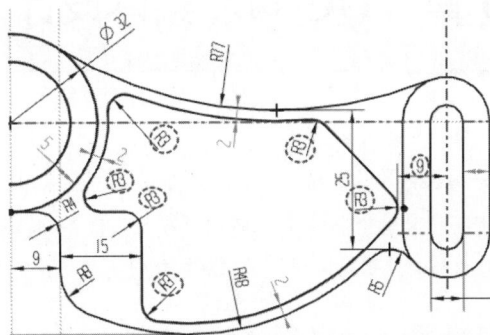

图 2-163

- 单击"修剪"按钮 修剪图形，结果如图 2-164 所示。

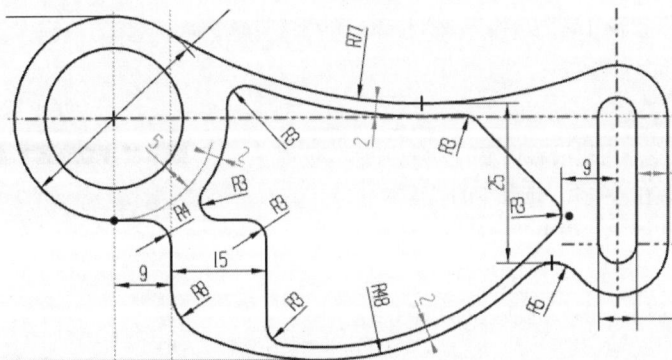

图 2-164

- 单击"圆"按钮○，在左下角圆角为 R8 的圆心位置上绘制∅ 5 的圆，如图 2-165 所示。至此，完成了本例草图的绘制。

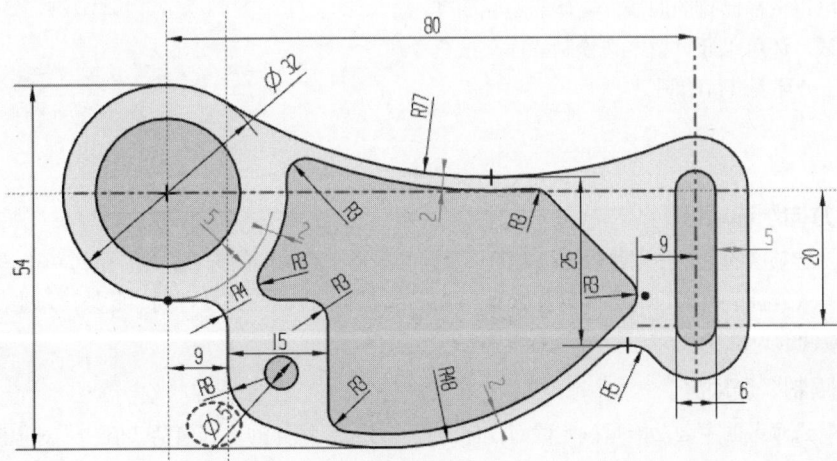

图 2-165

第 *3* 章 UG NX 实体设计

相较于单一的实体建模和参数化建模方法，UG 采用了混合建模方法，这是一种以特征为基础的实体建模技术。本章将深入介绍 UG 的实体特征建模，内容广泛涵盖实体特征建模的基础应用知识，涉及常见的基本特征设计技巧、建模设置技巧以及辅助建模工具等多个方面。

3.1 基于截面的扫描型特征

扫描型特征是构成部件非解析形状毛坯的基石。在"基本"组中，用于创建扫描特征的命令有"拉伸""旋转""沿引导线扫掠"以及"管"。接下来，将逐一介绍这些命令。

3.1.1 拉伸

使用"拉伸"命令，可以沿着指定的矢量方向拉伸截面以生成特征。在"主页"选项卡的"基本"组中单击"拉伸"按钮🏠，将弹出"拉伸"对话框，如图 3-1 所示。

在"拉伸"对话框中，部分选项区的功能介绍如下。

1. "截面"选项区

截面指的是拉伸特征的截面曲线，它既可以是开放的曲线，也可以是封闭的曲线。在创建拉伸特征时，除了可以选择已有的曲线、实体的边或面等作为截面曲线，还可以通过单击"绘制截面"按钮进入草图任务环境进行绘制。

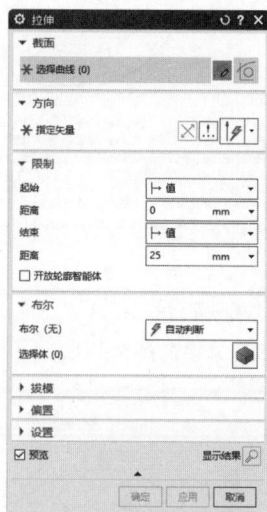

图 3-1

2. "方向"选项区

"方向"选项区的主要作用是确定拉伸的矢量方向以及修改拉伸的矢量方向。通过单击"矢量对话框"按钮，或者从矢量下拉列表中选择矢量类型，用户可以确定拉伸的矢量方向。此外，单击"反向"按钮可以改变拉伸的矢量方向。

3. "限制"选项区

"限制"选项区的主要功能是确定截面拉伸的具体方式。拉伸的方式包括"值""对称值""直至下一个""直至选定""直至延伸部分"以及"贯通"，如图 3-2 所示。

"限制"选项区的部分选项含义如下。

- 起始：表示拉伸特征开始拉伸的位置。
- 距离（起始）：表示从拉伸特征的起始位置到截面曲线的距离。

- 结束：表示拉伸特征终止的位置。
- 距离（结束）：表示拉伸特征的终止位置到截面曲线的距离。

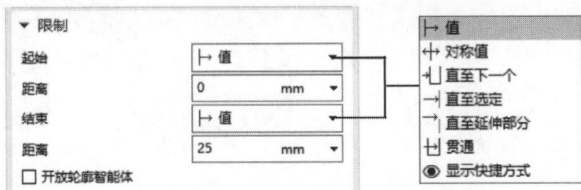

图 3-2

4. "布尔"选项区

"布尔"选项区主要用于控制拉伸特征与其他参照实体或特征之间的布尔合并、减去、相交或不进行布尔运算等操作，如图 3-3 所示。

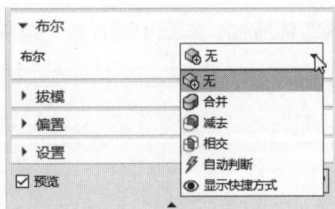

图 3-3

5. "拔模"选项区

"拔模"选项区用于设置截面曲线在拉伸过程中与拉伸矢量方向所形成的夹角。如图 3-4 所示，拉伸截面共有 6 种拔模方式。

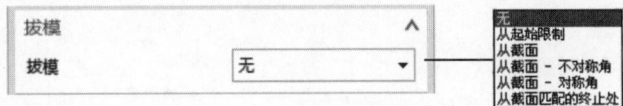

图 3-4

6. "偏置"选项区

"偏置"选项区主要用于控制截面曲线在与拉伸矢量垂直的方向上是否进行偏置。"偏置"选项区如图 3-5 所示。

图 3-5

"偏置"选项区包括"无""单侧""两侧"和"对称"4 种偏置方法，其含义如下。

- 无：指截面曲线不进行偏置。
- 单侧：仅在截面曲线的内侧或外侧进行偏置。
- 两侧：在截面曲线的内侧和外侧同时进行偏置，内侧与外侧的偏置值可单独设置。
- 对称：在截面曲线的内侧和外侧同时进行偏置，但内侧与外侧的偏置值始终相等。

图 3-6 所示为截面曲线的 4 种不同偏置方法。

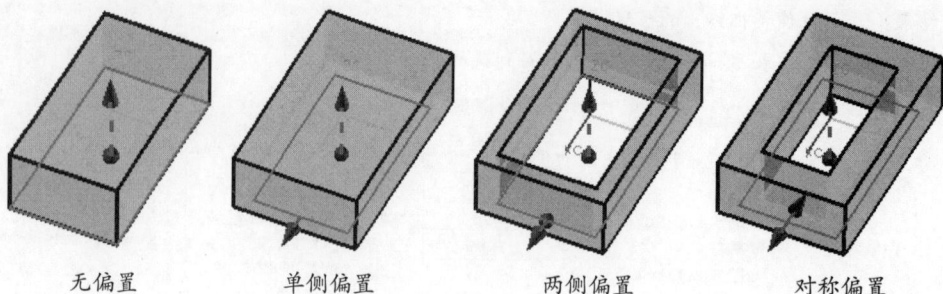

| 无偏置 | 单侧偏置 | 两侧偏置 | 对称偏置 |

图 3-6

7. "设置"选项区

"设置"选项区用于确定输出的拉伸特征是片体还是实体。"设置"选项区的具体设置如图 3-7 所示。若截面曲线为开放曲线，则始终输出片体特征。而当截面曲线为封闭曲线时，可以在"体类型"下拉列表中选择：若选择"实体"选项，则生成实体特征；若选中"片体"选项，则生成片体特征。

图 3-7

3.1.2 旋转

利用"旋转"命令，可以通过绕轴旋转截面来创建回转体特征。在"主页"选项卡的"基本"组中单击"旋转"按钮，会弹出"旋转"对话框，如图 3-8 所示。

在以下情况下旋转可以得到实体。

- 一个封闭的截面，且"体类型"设置为"实体"。
- 一个开口的截面，且总的旋转角度达到 360°。
- 一个开口的截面，并伴随任何值的偏置。

在以下情况下旋转可以得到片体。

- 一个封闭的截面，且"体类型"设置为"片体"。
- 一个开口的截面，旋转角度小于 360°，且没有偏置。

图 3-9 展示了从 0°到 180°旋转的截面（绕轴旋转）。

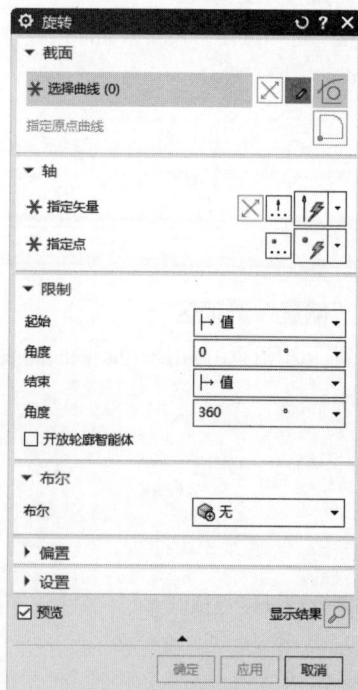

图 3-8

由于"旋转"对话框中的选项设置与"拉伸"对话框中的选项设置相似，因此不再赘述。

若想在截面两侧创建偏置特征，可以利用"偏置"选项来生成实体。图 3-10 展示了偏置旋转特征的创建流程图解。

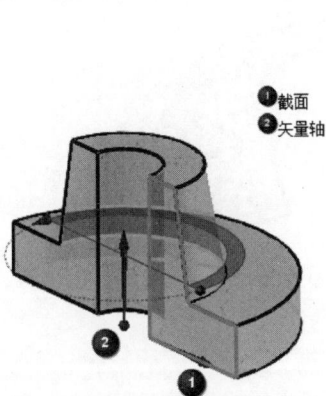

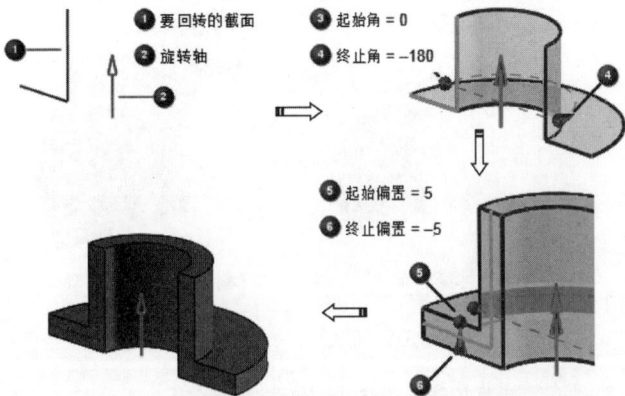

图 3-9　　　　　　　　　　　　　　　　图 3-10

3.1.3　沿引导线扫掠

利用"沿引导线扫掠"命令，可以沿着特定的引导线扫掠截面，从而创建所需的特征。在"曲面"选项卡的"基本"组的"更多"库中单击"沿引导线扫掠"按钮，便会弹出"沿引导线扫掠"对话框，如图 3-11 所示。

"沿引导线扫掠"命令的强大之处在于，它允许我们通过沿一条引导线扫掠一个截面来构建扫掠体，如图 3-12 所示。

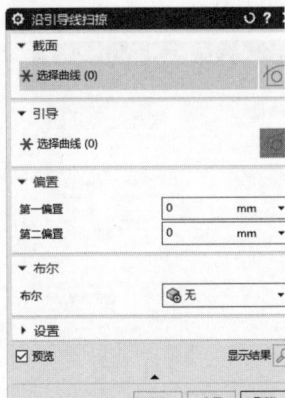

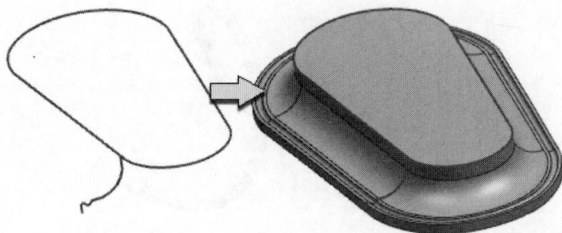

图 3-11　　　　　　　　　　　　　　　图 3-12

"沿引导线扫掠"对话框的主要功能如下。

- 选择用于扫掠的截面，并确定包含连接的草图、曲线或边的引导对象。
- 选择包含尖角的引导对象，以满足特定设计需求。
- 根据设计目标，选择创建实体或片体。

"沿引导线扫掠"对话框中的部分选项含义如下。

- 选择曲线（"截面"选项区）：用于创建扫掠特征的截面曲线。
- 选择曲线（"引导线"选项区）：确定扫掠特征的扫掠轨迹曲线。

- 第一偏置：通过输入数值来生成截面的第 1 条偏置曲线。
- 第二偏置：通过输入数值来生成截面的第 2 条偏置曲线。创建截面的偏置曲线有助于生成沿引导线扫掠的管道特征。图 3-13 展示了未指定偏置和已指定偏置的状态。

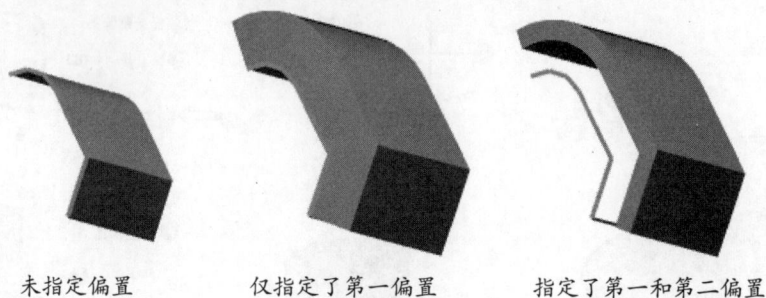

未指定偏置　　　　　仅指定了第一偏置　　　　指定了第一和第二偏置

图 3-13

- 布尔：允许选择布尔合并、减去或相交运算。
- 体类型：确定输出特征的体类型，包括实体和片体两种类型。
- 尺寸链公差：指在沿引导线扫掠过程中产生的轨迹尺寸误差。
- 距离公差：由于截面偏置而产生的误差。

3.1.4　管道

利用"管"命令，可以通过沿曲线扫掠圆形截面来创建体，并通过调整截面的直径来确定管道的具体尺寸。管道作为扫掠特征的一个典型例子，其截面是依据输入的尺寸参数来确定的。使用"管"命令，我们能够轻松创建出线扎、线束、布管、电缆或管道组件等，如图 3-14 所示。在"曲面"选项卡的"基本"组的"更多"库中单击"管"按钮，便会弹出"管"对话框，如图 3-15 所示。

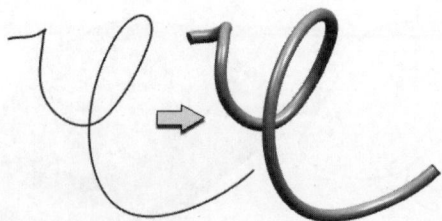

图 3-14

图 3-15

技巧点拨

若要使用"管"命令创建扫掠体，则必须先创建曲线。

3.2　细节特征

细节特征是通过在已有特征上进行局部修改而获得的新特征，也被称作"构造特征"。

3.2.1 孔

"孔"命令用于在实体表面创建圆形或异形切割特征，常用于制作螺纹底孔、螺丝过孔、定位销孔以及工艺孔等。要使用该命令，可以执行"插入"→"设计特征"→"孔"命令，或者直接单击"基本"组中的"孔"按钮⬡，随后会弹出"孔"对话框，如图 3-16 所示。

图 3-16

3.2.2 抽壳

"抽壳"命令允许用户通过选定一个实体面，并以预设的厚度对该实体进行修改，从而将一个实体块状体转变为壳体结构。在产品造型设计中，"抽壳"命令常被用来构建壳体类产品。用户只需在"主页"选项卡的"基本"组中单击"抽壳"按钮⬡，便会弹出"抽壳"对话框，如图 3-17 所示。图 3-18 展示了通过该命令创建的抽壳特征。

图 3-17

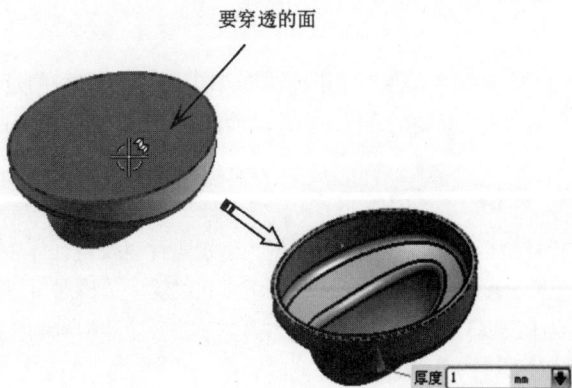

图 3-18

3.2.3　螺纹

螺纹，这种在旋转表面（典型如圆柱面）上沿螺旋线形成的连续凸起与沟槽，拥有相同的剖面，它不仅具有紧固连接的功能，还根据位置的不同分为外螺纹和内螺纹。具体来说，当这种结构出现在旋转体的外表面时，称为"外螺纹"；相应地，若出现在旋转体的内表面，则被称为"内螺纹"。

在软件操作界面中，可以在"基本"组的"更多"库中单击"螺纹"按钮▦，进而弹出"螺纹"对话框，如图 3-19 所示。该对话框为用户提供了两种螺纹类型选择："符号"和"详细"，这两种类型的具体界面效果如图 3-20 所示。

图 3-19

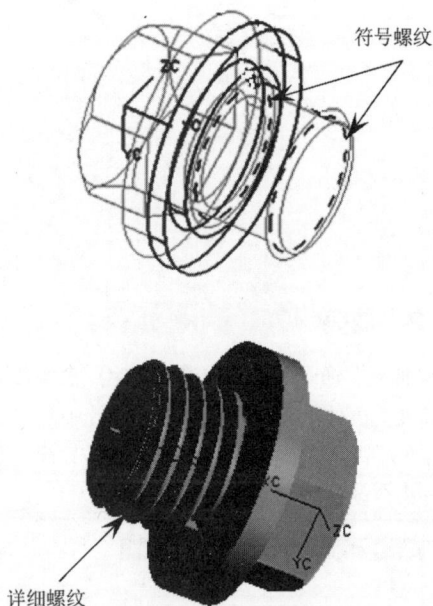

图 3-20

"符号"螺纹类型主要用于创建符合国际标准的螺纹特征，而"详细"螺纹类型则用于自行计算圆柱体并给出适合该旋转体的螺纹参数，从而创建非标准的螺纹特征。

3.2.4　拔模

在设计塑料和铸件产品时，针对大型覆盖件以及特征体积落差较大的零件，为确保脱模顺畅，通常需要设计拔模斜度。而"拔模"命令正用于此目的。拔模对象可以包括表面、边缘、相切表面以及分割线。在进行实体拔模时，应首先选定实体类型，随后按照相应的拔模步骤进行操作，并设置必要的拔模参数，从而完成对实体的拔模处理。

要在软件中进行拔模操作，可以在"主页"选项卡的"基本"组中单击"拔模"按钮▦，此时会弹出"拔模"对话框，如图 3-21 所示。

图 3-21

"拔模"对话框中包含4种拔模类型，分别是"面""边""与面相切"和"分型边"，它们的含义如下。

- 面：此类型用于从固定平面开始，与拔模方向形成一定角度，对指定的实体表面进行拔模。通过"面"类型创建的拔模特征如图 3-22（a）所示。
- 边：此类型从固定边开始，与拔模方向形成一定角度，对指定的实体表面进行拔模。通过"边"类型创建的拔模特征如图 3-22（b）所示。
- 与面相切：此类型用于与拔模方向形成一定角度对实体进行拔模，同时确保拔模面与指定的实体表面保持相切。这适用于拔模后仍需保持相切关系的情况。通过"与面相切"类型创建的拔模特征如图 3-22（c）所示。
- 分型边：此类型使用指定的角度和参考点，沿着所选的边缘组进行拔模。通过"分型边"类型创建的拔模特征如图 3-22（d）所示。

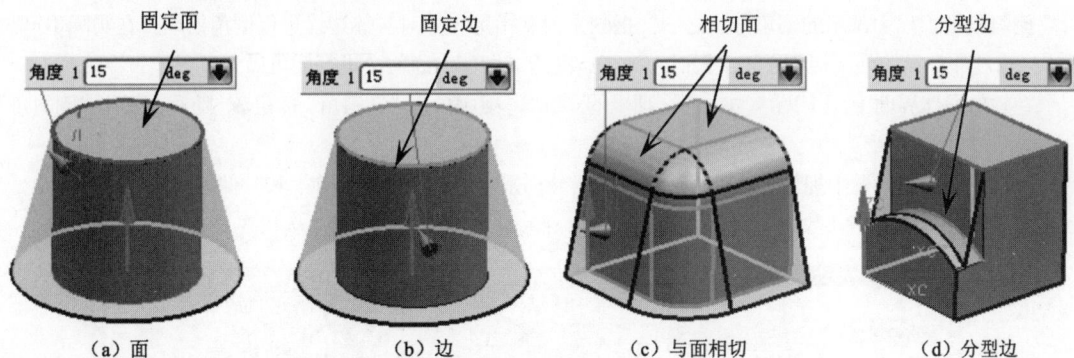

图 3-22

3.2.5　边倒圆

倒圆角是指根据指定的半径对实体或片体的边缘进行圆角处理，以修饰实体或片体的外观。"边倒圆"命令用于对两个面之间的陡峭边缘进行倒圆角操作，其中半径可以是常量，也可以是变量。在软件界面中，可以在"曲面"选项卡的"基本"组中单击"边倒圆"按钮，从而弹出"边倒圆"对话框，如图 3-23 所示。

利用"边倒圆"对话框中的各项选项，可以创建具有多种特点的圆角特征，如可变半径、拐角处的倒角、拐角突然停滞以及长度限制等，如图 3-24 所示。

图 3-23

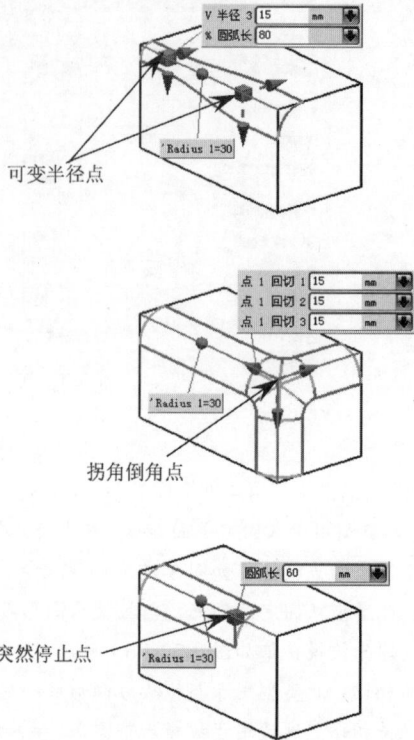

图 3-24

3.2.6 倒斜角

倒斜角是工程中常用的倒角方式之一，指的是根据指定尺寸对实体边缘进行倒角处理。在实际生产过程中，当零件产品的外围棱角过于尖锐时，为了避免造成划伤，通常会进行倒角操作。

在软件操作界面上，可以在"主页"选项卡的"基本"组中单击"倒斜角"按钮，随后会弹出"倒斜角"对话框，如图 3-25 所示。

"倒斜角"对话框中提供了 3 种横截面类型，分别是"对称""非对称"和"偏置和角度"。

● 对称：选择这种类型时，将创建一个斜边对称的斜角特征，具体效果如图 3-26 所示。

图 3-25

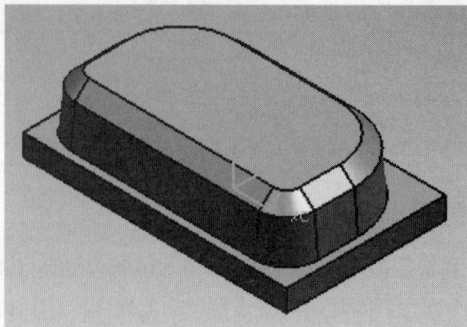

图 3-26

- 非对称：若选择此类型，会出现如图 3-27 所示的选项。在该对话框中输入相应的参数后，会生成如图 3-28 所展示的斜角特征。

图 3-27

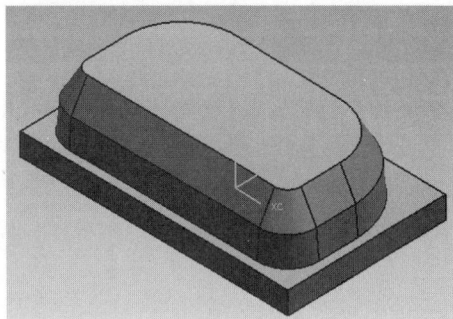

图 3-28

- 偏置和角度：当选择这种类型时，会出现如图 3-29 所示的"倒斜角"对话框。在该对话框中输入相应参数并单击"确定"按钮后，会生成如图 3-30 所示的斜角特征。

图 3-29

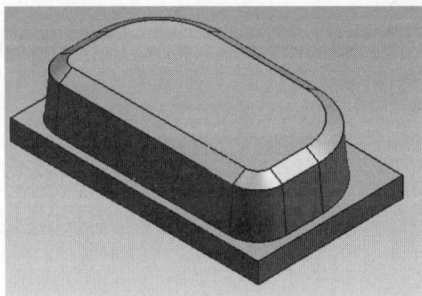

图 3-30

3.3 关联复制

关联复制主要用于创建与原始实体特征参数相关联的副本。所创建的副本与原始特征完全相关联，因此，原始特征的任何变化都会即时反映在关联复制的特征中。关联复制可以通过多种方式实现，例如阵列特征、阵列面、镜像特征以及生成实例几何特征等。

3.3.1 阵列特征

"阵列特征"命令用于将指定的一个或一组特征按照一定的规律进行复制，从而建立一个特征阵列。在这个特征阵列中，各个成员之间保持相关性，即当其中一个成员被修改时，阵列中的其他成员也会相应发生变化。"阵列特征"命令非常适合用于创建具有相同参数且按照一定规律排列的特征。

在软件操作界面的"主页"选项卡的"基本"组中单击"阵列特征"按钮 ，随后会弹出如图 3-31 所示的"阵列特征"对话框。在"阵列特征"对话框中，提供了 7 种阵列布局类型供用户选择，它们分别是线性阵列、圆形阵列、多边形阵列、螺旋阵列、沿阵列、常规阵列以及参考阵列。这些布局类型能够满足用户在创建特征阵列时的多样化需求。

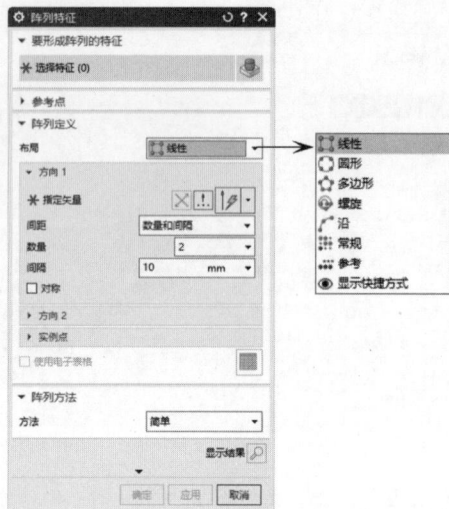

图 3-31

1. 线性阵列

对于线性阵列，可以指定在一个或两个方向上对称的阵列，同时也能够选择在多个列或行中以交错方式排列的阵列，如图 3-32 所示。

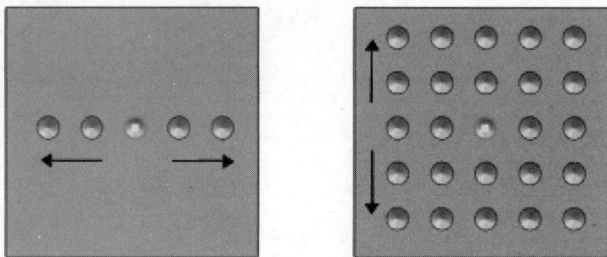

图 3-32

如图 3-33 所示为线性阵列的示意图。

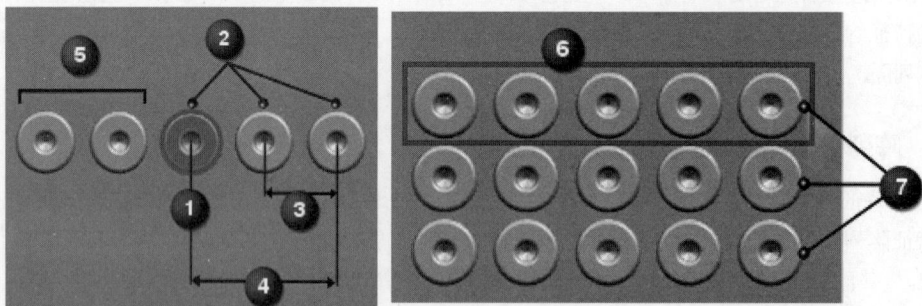

①方向 1　②数量　③节距　④跨距　⑤对称　⑥方向 =2　⑦数量 =3

图 3-33

在"阵列特征"对话框的"阵列方法"选项区中，提供了"变化"和"简单"两个选项。图 3-34 展示了"变化"阵列方法与"简单"阵列方法之间的输出对比。

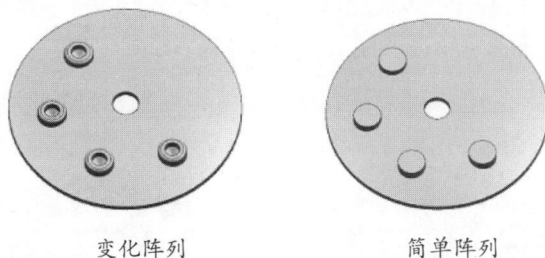

变化阵列　　　　　　　　简单阵列

图 3-34

2. 圆形阵列

圆形阵列是指选定一个主特征，然后围绕一个参考轴并以参考点为旋转中心，根据指定的数量和旋转角度复制出多个成员特征。此外，圆形阵列还允许控制阵列的方向。圆形阵列的参数选项及其图解，如图 3-35 所示。

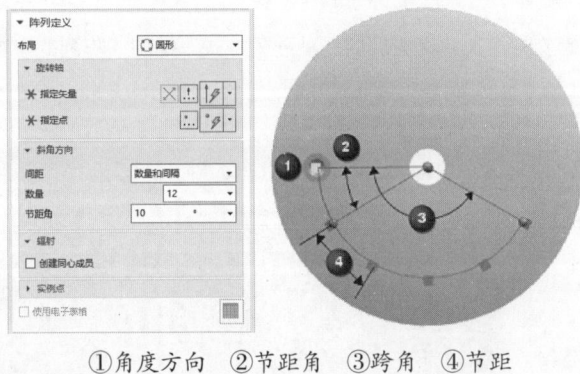

①角度方向　②节距角　③跨角　④节距

图 3-35

3. 多边形阵列

多边形阵列与圆形阵列相似，都需要指定旋转轴和轴心。多边形阵列的参数选项及其图解，如图 3-36 所示。

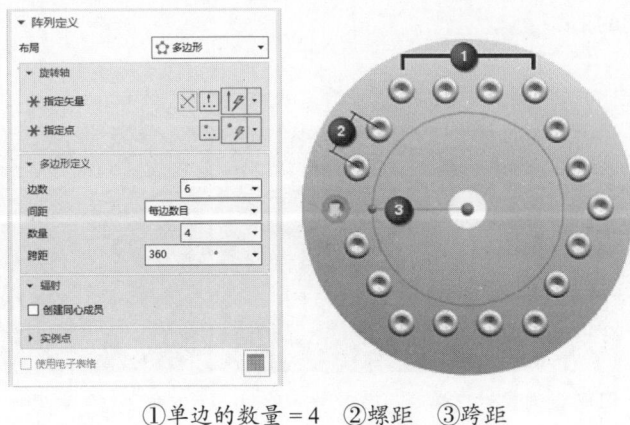

①单边的数量=4　②螺距　③跨距

图 3-36

多边形阵列和圆形阵列都具有创建同心成员的功能。只需在"辐射"选项组中选中"创建同心成员"复选框，即可生成如图3-37和图3-38所示的圆形及多边形同心阵列。

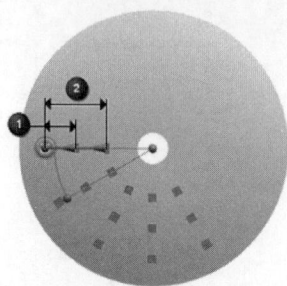
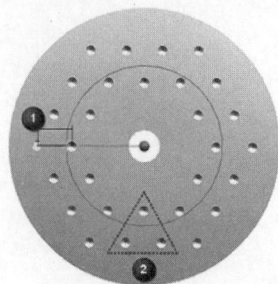

①节距　②跨距

①跨距　②间距

图 3-37

图 3-38

4. 螺旋阵列

螺旋阵列是通过使用螺旋路径来定义布局的一种阵列方式。螺旋式阵列的参数选项及其图解如图3-39所示。

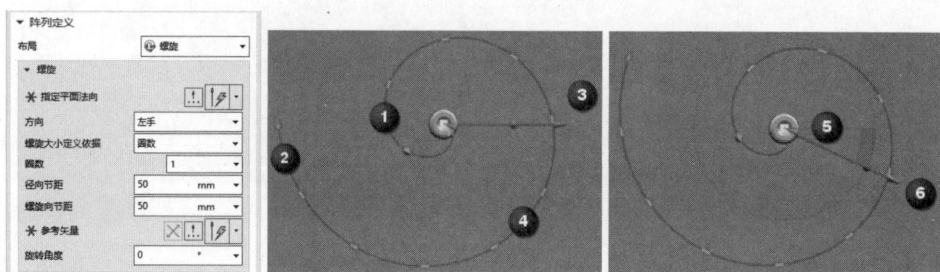

①方向　②大小增量　③径向节距　④螺旋向节距　⑤参考矢量　⑥螺旋角度

图 3-39

5. 沿阵列

沿阵列是指根据连续曲线链以及可选的第二条曲线链或矢量来定义布局的一种阵列方式。沿阵列的参数选项及其图解如图3-40所示。

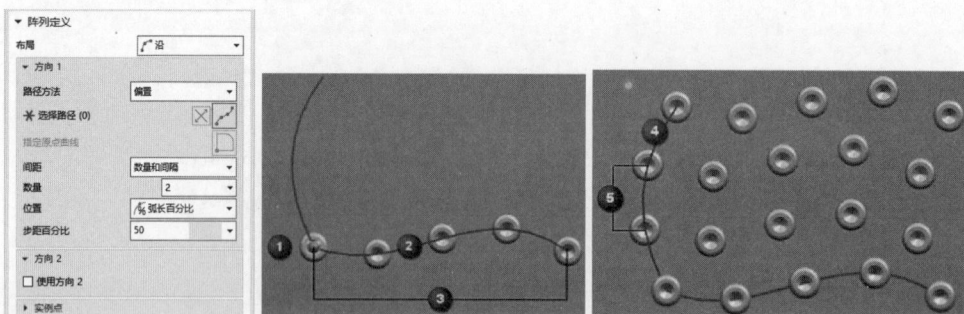

①阵列对象　②路径　③数量和跨距　④方向2　⑤步距

图 3-40

沿阵列的路径方法有3种，分别是偏置、刚性和平移。

- 偏置（默认）：这种方法使用与路径最近的距离垂直于路径来投影输入特征的位置，并沿着该路径进行投影，如图3-41所示。
- 刚性：在此方法中，输入特征的位置会被投影到路径的起始位置，并沿着路径进行投影。在此过程中，距离和角度会保持在创建实例时的刚性状态，如图3-42所示。

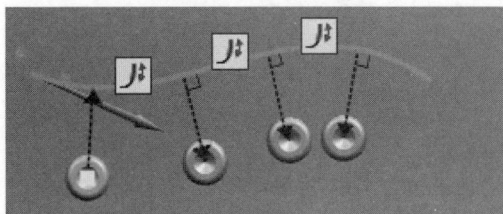

图 3-41

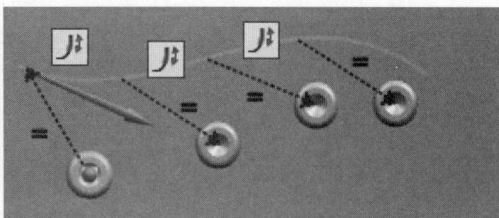

图 3-42

- 平移：该方法会在线性方向上将路径移动到输入特征的参考点，然后沿着平移后的路径计算间距，如图3-43所示。

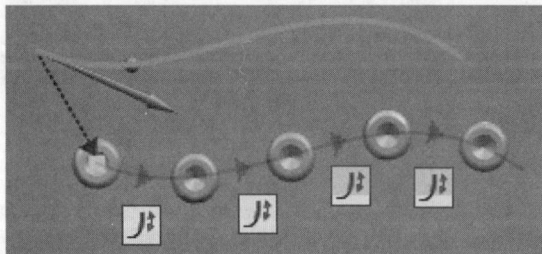

图 3-43

6. 常规阵列

常规阵列是通过使用一个或多个目标点或坐标系所定义的位置来确定布局的一种阵列方式。关于常规阵列的参数选项及其图解，如图3-44所示。

①起点位置　②指定点位置　③方位（遵循图样）

图 3-44

技巧点拨

在默认情况下，对话框中展示的是常用且默认的基本选项。如果希望进行更多高级选项的设置，可以在对话框底部单击"展开"按钮 ▼。

7. 参考阵列

参考阵列是指利用现有的阵列来定义新的阵列布局。参考阵列的参数选项及其图解如图 3-45 所示。

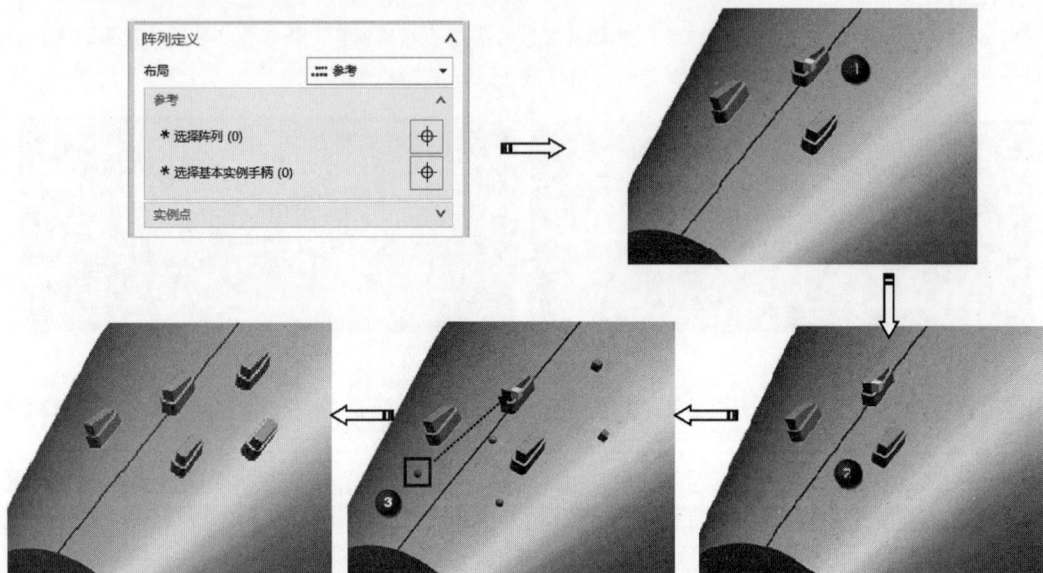

①选择阵列对象　②选择阵列　③选择基本实例手柄

图 3-45

例 3-1：创建变化的阵列

创建变化的阵列的具体操作步骤如下。

01 打开本例的配套资源文件 3-1.prt。

02 在"主页"选项卡的"基本"组中单击"阵列特征"按钮，弹出"阵列特征"对话框。然后选择小圆柱作为阵列对象。

03 在"阵列定义"选项区的"布局"下拉列表中选择"圆形"选项，激活"指定矢量"选项，然后选择 Z 轴作为旋转矢量，如图 3-46 所示。

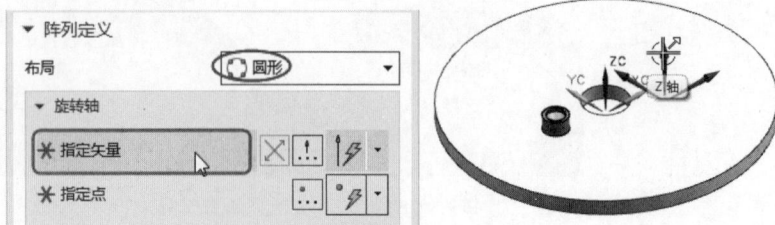

图 3-46

04 选择如图 3-47 所示的圆柱边，自动搜索其圆心作为旋转中心点。

05 在"角度方向"选项组中输入"数量"值为 6，"节距角"值为 30，如图 3-48 所示。

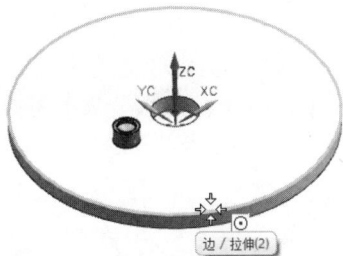

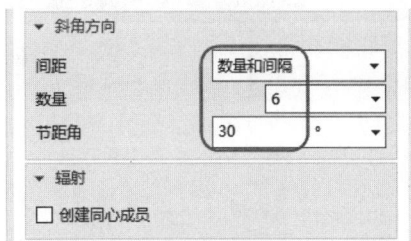

| 图 3-47 | 图 3-48 |

06 选中"创建同心成员"复选框，选择"数量和间隔"选项，并输入"数量"值为 3，"间隔"值为 10，同时查看阵列预览，如图 3-49 所示。

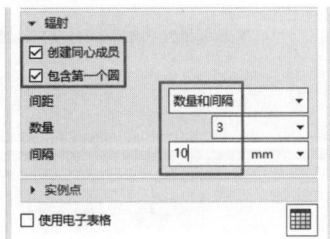

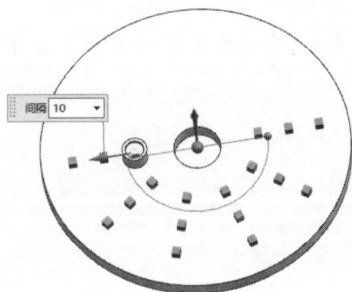

图 3-49

07 单击"确定"按钮，完成特征的阵列，结果如图 3-50 所示。

08 在"部件导航器"中右击"阵列特征（圆形）"选项，并在弹出的快捷菜单中选择"可回滚编辑"选项，如图 3-51 所示，弹出"阵列特征"对话框。

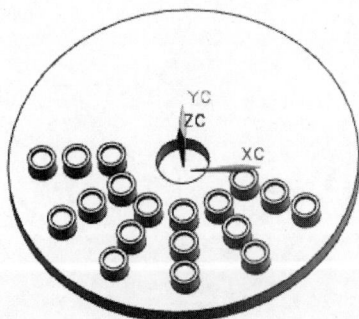

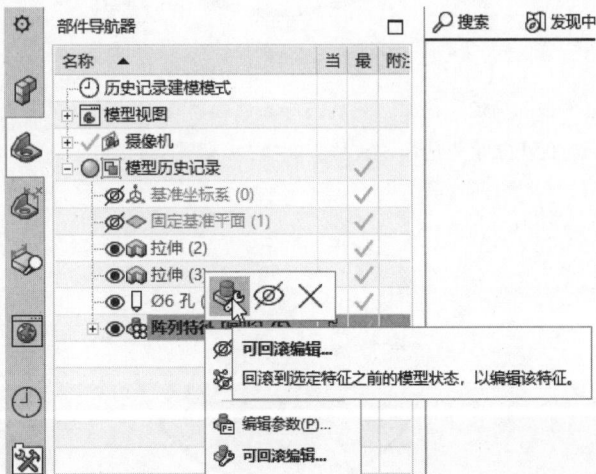

| 图 3-50 | 图 3-51 |

09 在"阵列特征"对话框底部单击"展开"按钮▼▼▼，展开全部选项。在"阵列定义"选项区的"实例点"选项组中激活"选择实例点"选项，然后选择阵列中要编辑的对象，如图 3-52 所示。

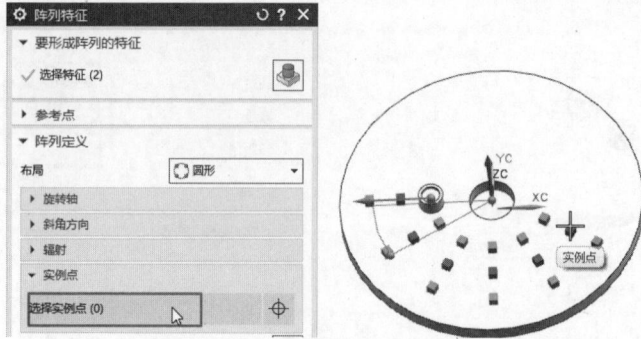

图 3-52

10 右击选中的实例点，在弹出的快捷菜单中选择"编辑变化"选项，弹出"变化"对话框，在该对话框中将"拉伸"特征的高度值由 5 修改为 10，将"孔"特征的直径值由 6 修改为 2，如图 3-53 所示。

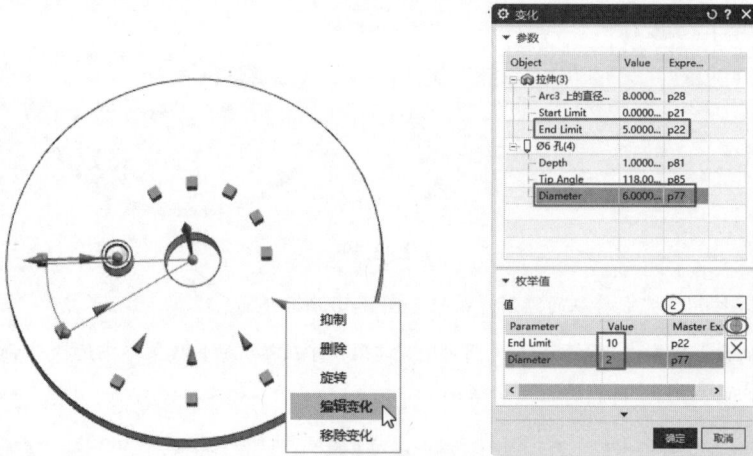

图 3-53

11 单击"确定"按钮，完成实例点的编辑。继续选择第一行的实例点作为编辑对象，然后右击，在弹出的快捷菜单中选择"旋转"选项，如图 3-54 所示。

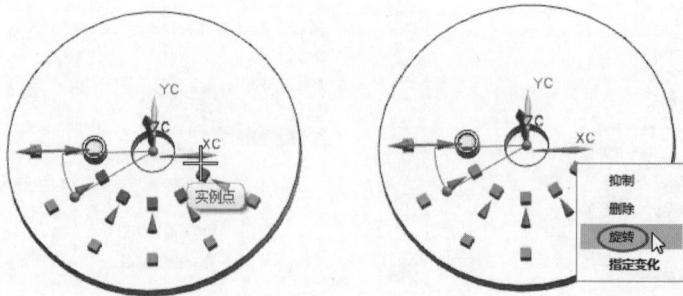

图 3-54

12 弹出"旋转"对话框。在该对话框中输入"角度"值为 150，单击"确定"按钮，完成旋转操作，如图 3-55 所示。

13 单击"阵列特征"对话框中的"确定"按钮，完成阵列特征的编辑，如图 3-56 所示。

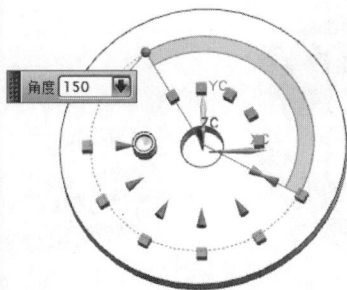

图 3-55

图 3-56

例 3-2: 创建常规阵列

使用"阵列特征"命令创建如图 3-57 所示的瓶盖模型,具体的操作步骤如下。

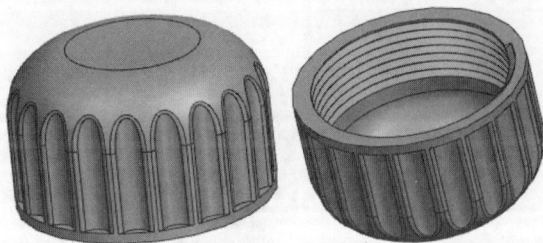

图 3-57

01 执行"插入"→"设计特征"→"圆柱"命令,弹出"圆柱"对话框。指定原点为轴点,Z 轴为矢量方向,输入圆柱体的"直径"值为50,"高度"值为"30",单击"确定"按钮,完成圆柱体的创建,结果如图 3-58 所示。

02 在"曲面"选项卡的"基本"组中单击"边倒圆"按钮⬙,弹出"边倒圆"对话框,选取要倒圆角的边,输入圆角"半径"值为12,然后单击"确定"按钮,完成边倒圆操作,如图 3-59 所示。

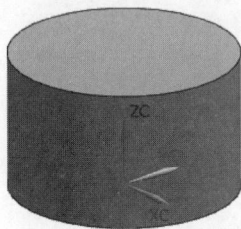

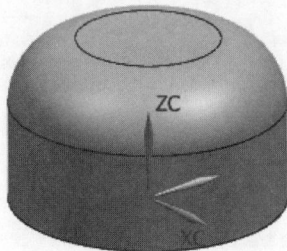

图 3-58

图 3-59

03 在"主页"选项卡的"基本"组中单击"抽壳"按钮⬙,弹出"抽壳"对话框。选取要移除的面,再输入抽壳"厚度"值为4,完成抽壳特征的创建,如图 3-60 所示。

04 在"曲线"选项卡中单击"圆弧 / 圆"按钮⌒,弹出"圆弧 / 圆"对话框。选择"从中心开始的圆弧 / 圆"类型,在"限制"选项组中选中"整圆"复选框,然后设置中心点坐标为 26,0,0、"半径"值为 3,单击"确定"按钮完成圆的创建,如图 3-61 所示。

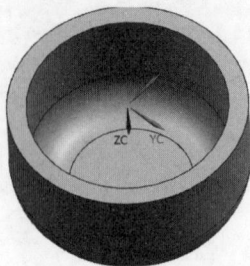 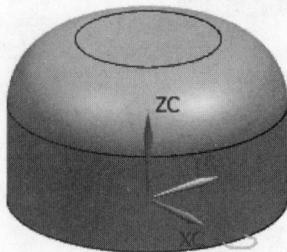

图 3-60   图 3-61

05 在"主页"选项卡的"基本"组中单击"拉伸"按钮📎,弹出"拉伸"对话框。选取刚才绘制的圆,
指定矢量并输入参数,完成拉伸特征的创建,如图 3-62 所示。

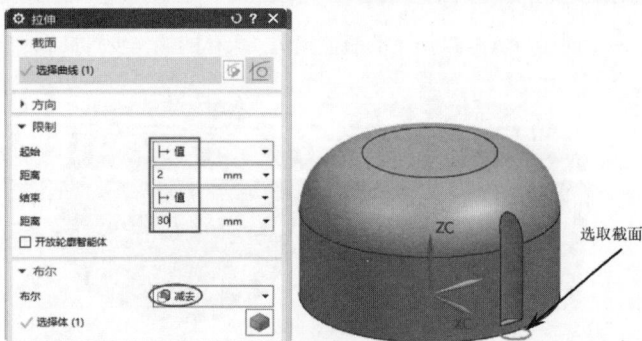

图 3-62

06 在"主页"选项卡的"基本"组中单击"阵列特征"按钮📎,弹出"阵列特征"对话框。选取要阵列的对象,
指定阵列布局为"圆形",选取旋转轴矢量和轴点,设置阵列参数,完成圆形阵列的创建,如图 3-63 所示。

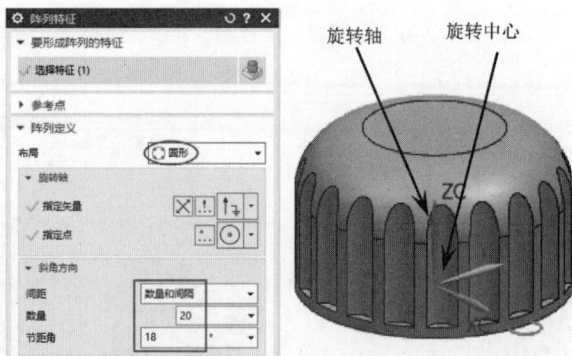

图 3-63

07 在"基本"组中单击"边倒圆"按钮📎,弹出"边倒圆"对话框。选取要倒圆角的边,输入圆角半径值为 1,
然后单击"确定"按钮,完成边倒圆操作,如图 3-64 所示。

08 在"主页"选项卡的"基本"组中单击"阵列特征"按钮📎,弹出"阵列特征"对话框。选取要阵列的对象,
指定阵列布局为"参考",选取参考的阵列,单击"确定"按钮,完成参考阵列的创建,如图 3-65 所示。

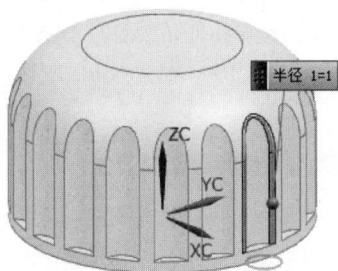

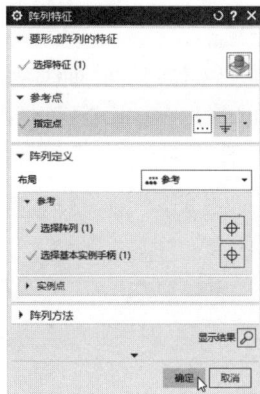

图 3-64   图 3-65

09 执行"插入"→"设计特征"→"螺纹"命令，弹出"螺纹"对话框。设置螺纹类型为"详细"，选取螺纹放置面为抽壳的内圆柱面，设置螺纹参数，完成螺纹的创建，如图3-66所示。

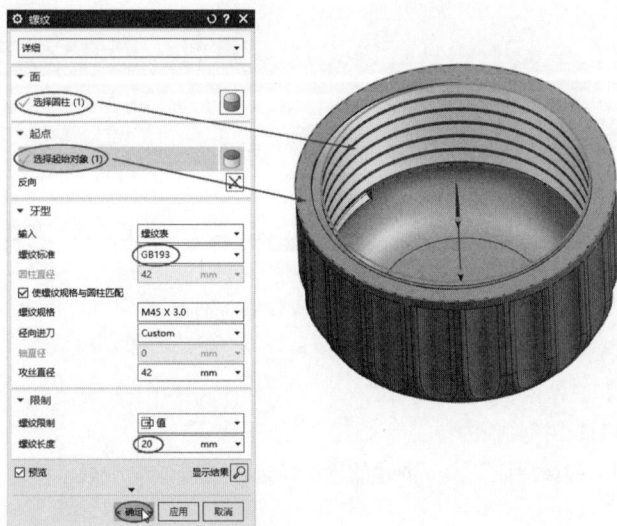

图 3-66

10 隐藏曲线。按快捷键Ctrl+W，弹出"显示和隐藏"对话框。单击"草图"栏中的"隐藏"按钮 ━，即可将所有的曲线隐藏，效果如图3-67所示。

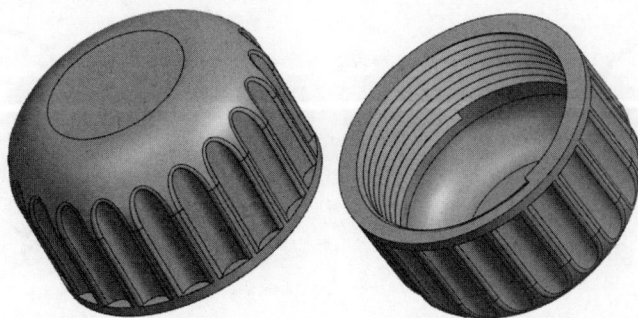

图 3-67

3.3.2　镜像特征与镜像几何体

"镜像特征"命令用于将特征（包括实体、曲面、曲线等）根据指定平面进行镜像复制。而"镜像几何体"命令则仅用于将实体（不包括曲面和曲线）根据指定平面进行镜像复制。

在"主页"选项卡的"基本"组中单击"镜像特征"按钮🛸，将弹出"镜像特征"对话框，如图3-68所示。而在"主页"选项卡的"基本"组的"更多"库中单击"镜像几何体"按钮🔄，则会弹出"镜像几何体"对话框，如图3-69所示。

图 3-68　　　　　　　　　　　　图 3-69

对于创建的镜像几何体，其自身并不建立独立参数，而是与参照体保持关联。镜像几何体与参照体之间的关联性具体表现如下。

- 如果参照体中的单个特征参数发生改变，并因此导致参照体发生变化，那么这些改变的参数将自动反映到镜像体中。
- 如果编辑相关的基准面参数，镜像体也会随之发生相应的改变。
- 如果删除参照体或基准面，镜像体也会被随之删除。
- 当移动参照体时，镜像体也会随之移动。

此外，还可以在镜像体中添加新的特征。

图3-70展示了使用"镜像特征"命令创建的镜像特征。而图3-71则展示了通过"镜像几何体"命令创建的镜像体。

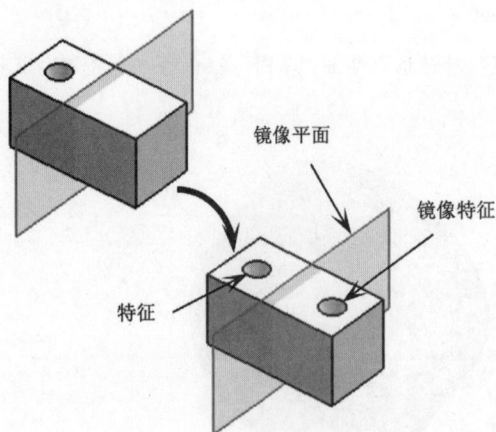
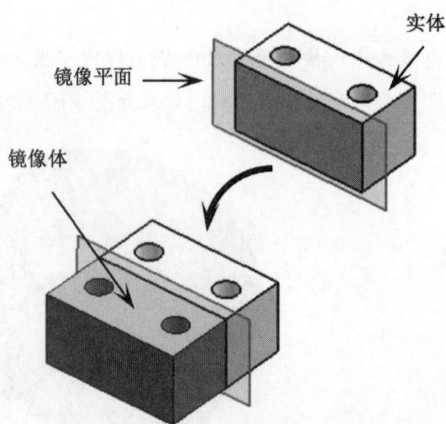

图 3-70　　　　　　　　　　　　图 3-71

3.3.3 抽取几何特征

"抽取几何特征"命令用于从当前的几何体中抽取所需的点、曲线、面以及体特征，并创建出与源对象完全相同的副本特征。这些抽取的副本特征既可以选择与源对象保持关联，也可以选择取消关联。

执行"插入"→"关联复制"→"抽取几何特征"命令，或者在"主页"选项卡的"基本"组的"更多"库中单击"抽取几何特征"按钮 ，将弹出"抽取几何特征"对话框，从而进行几何体的抽取操作，如图3-72所示。

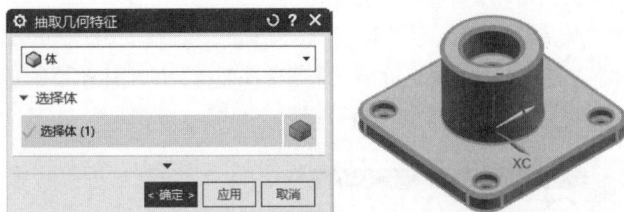

图 3-72

3.4 修剪操作

修剪操作是对实体特征或实体进行切割、分割，以及对实体面进行分割的操作。其目的是获得所需的部分实体或实体面。

3.4.1 修剪体

"修剪体"命令允许通过选取面、基准平面或其他几何体来切割或修剪一个或多个目标体。在执行此命令时，需要注意选择保留或舍弃的侧面。

执行"插入"→"修剪"→"修剪体"，或者在"主页"选项卡的"基本"组的"更多"库中单击"修剪体"按钮 ，将弹出"修剪体"对话框，可以在其中对所选的实体进行修剪操作，如图3-73所示。

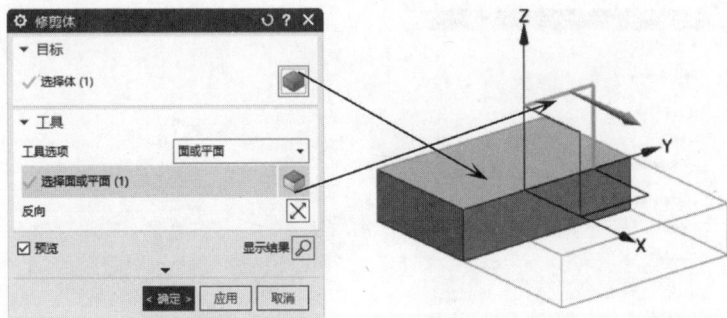

图 3-73

技巧点拨

使用"修剪体"命令在实体表面或片体表面进行修剪时，必须确保修剪面完全贯穿实体，否则无法完成修剪操作。同时，若采用基准平面作为修剪工具，需要注意该平面为无边界的无限延伸面，且实体必须与该基准平面垂直。

修剪体操作需要满足以下要求。

- 至少选择一个目标体作为修剪对象。
- 可以从同一个体中选择单个或多个面，也可以选择基准平面来修剪目标体。
- 可以定义新的平面来执行目标体的修剪操作。

3.4.2 拆分体

"拆分体"命令允许通过选取面、基准平面或其他几何体来分割一个或多个目标体。分割操作的结果是将原始目标体根据所选的几何形状切割成两个部分。

在 NX 软件中，要执行此命令，可以在"主页"选项卡的"基本"组的"更多"库中单击"拆分体"按钮 ⬛，将弹出"拆分体"对话框。在此对话框中，需要选择要拆分的实体和用作分割工具的面或几何体，然后单击"确定"按钮，即可完成对所选实体的拆分操作，如图 3-74 所示。

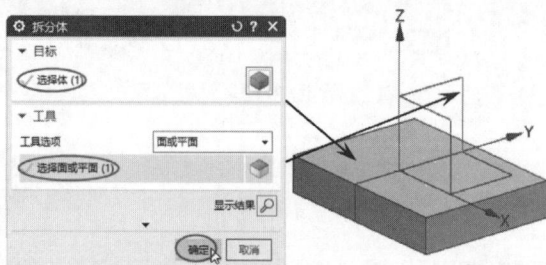

图 3-74

3.4.3 分割面

"分割面"命令允许通过选取曲线、直线、面、基准面或其他几何体等，对一个或多个实体表面进行分割操作。

执行"插入"→"修剪"→"分割面"命令，或者在"主页"选项卡的"基本"组的"更多"库中单击"分割面"按钮 ⬛，将弹出"分割面"对话框，可以在其中对所选的面进行分割操作，如图 3-75 所示。

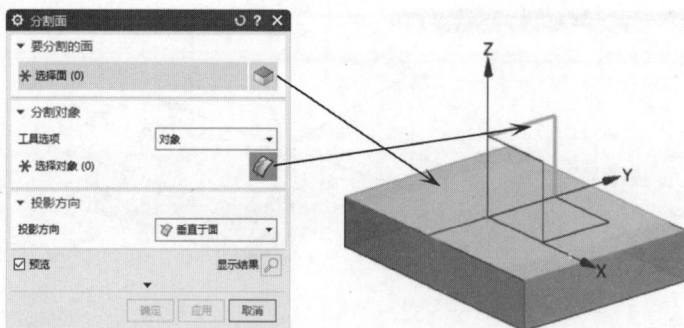

图 3-75

3.5 综合案例——吸尘器手柄建模

吸尘器手柄是塑料制品，其壳体通过实体特征抽壳技术成型，其中包含外壳主体、加强筋、BOSS 柱，以及方孔、侧孔、槽等多个特征。为确保吸尘器手柄的手感顺滑、外观流畅，其壳体设计必须保证曲率的连续性，即面与面之间应通过圆弧相切的方式连接。为了简化吸尘器手柄的建模流程，本例已预先构建并保存了壳体中各个特征的构造曲线，这些曲线数据存储在配套的资源文件夹中。吸尘器手柄壳体的模型如图 3-76 所示。

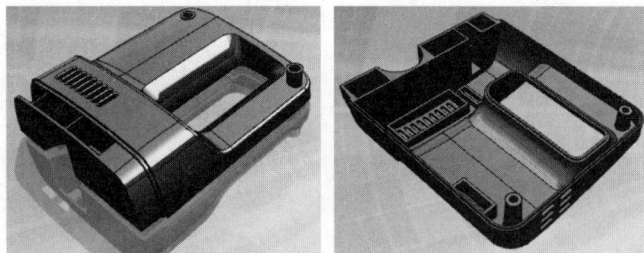

图 3-76

1. 设计过程分析

在设计具有父子关系的模型时，通常的做法是先构建模型的主要部分，然后添加其他较小的特征。如果这些小特征之间没有明确的父子关系，那么它们的构建顺序就可以灵活调整。以下是对吸尘器模型设计过程的分析。

- 主体部分：可以选择曲面建模或实体建模的方式。在本例中，选择使用实体建模方法。
- 方孔与侧孔：孔特征可以通过"孔"命令或"拉伸"命令来创建。对于一系列尺寸相同的孔，可以使用"阵列特征"命令来高效地完成创建。
- 加强筋：它的作用是增强壳体的结构强度。一般来说，加强筋的厚度会小于外壳的厚度。通常，我们会使用"拉伸"命令来构建加强筋特征。
- BOSS 柱：作为螺钉连接的固定点，它可以通过"旋转"命令或"拉伸"命令来构建。在模具设计中，为了确保细长的 BOSS 柱在脱模过程中不会受损，通常需要进行拔模处理。
- 槽：吸尘器手柄底部平面上的槽特征与手柄的外形方向一致，因此，可以使用"拉伸"命令进行偏置操作，然后通过布尔减去运算来完成槽特征的构建。

在构建吸尘器手柄模型时，需要遵循父子关系的构建顺序，即首先构建主体部分，然后再逐步添加其他较小的特征。

2. 构建主体

01 打开本例的配套资源文件 xichenqi.prt，手柄构造曲线如图 3-77 所示。

02 使用"拉伸"命令，选择如图 3-78 所示的曲线，创建拉伸结束距离为 65mm 的拉伸特征 1。

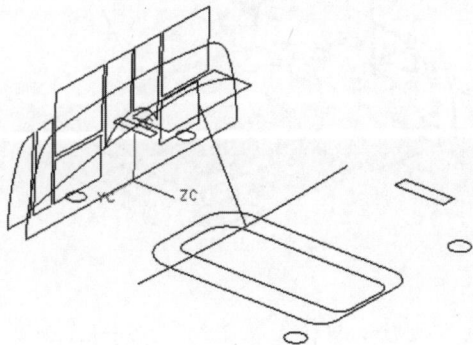

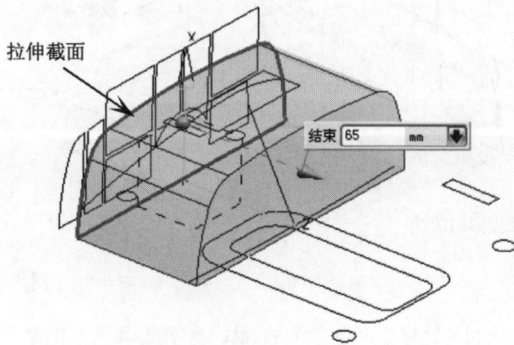

图 3-77　　　　　　　　　　　　　　　图 3-78

03 使用"扫掠"命令，选择如图 3-79 所示的截面曲线和引导线，创建扫掠曲面特征。

04 使用"修剪体"命令，选择如图 3-80 所示的目标体和工具面，创建修剪体特征 1。

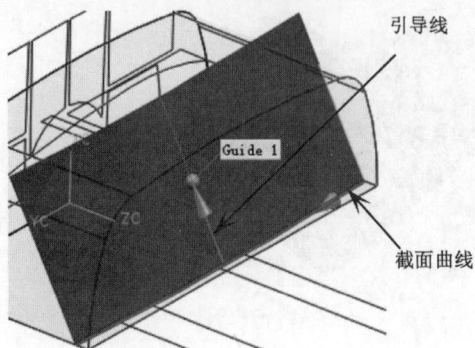

图 3-79

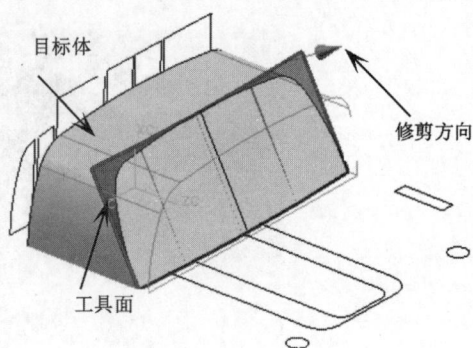

图 3-80

05 使用"拉伸"命令，选择如图 3-81 所示的曲线，创建拉伸结束距离为 153mm 的拉伸特征 2。

06 使用"合并"命令，将修剪体特征 1 和步骤 05 创建的拉伸特征 2 合并。

07 使用"边倒圆"命令，选择如图 3-82 所示的实体边，创建圆角半径 1 为 15mm 的圆角特征 1。

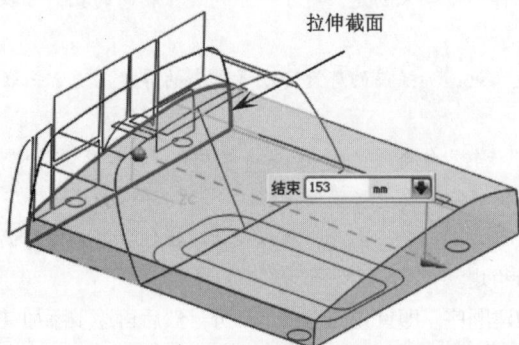

图 3-81

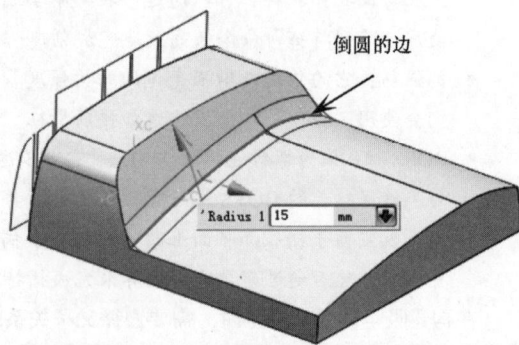

图 3-82

08 使用"投影曲线"命令，将如图 3-83 所示的草图曲线投影到拉伸实体的弧形面上。

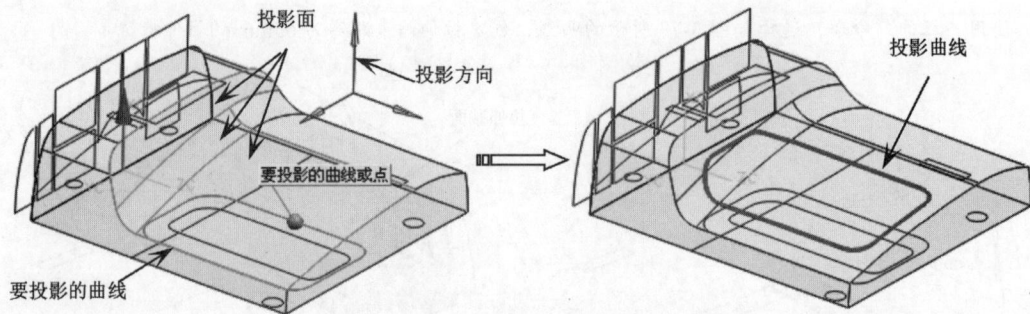

图 3-83

09 使用"镜像"命令，以 YC-ZC 基准平面作为镜像平面，将投影曲线镜像至基准平面的另一侧，如图 3-84 所示。

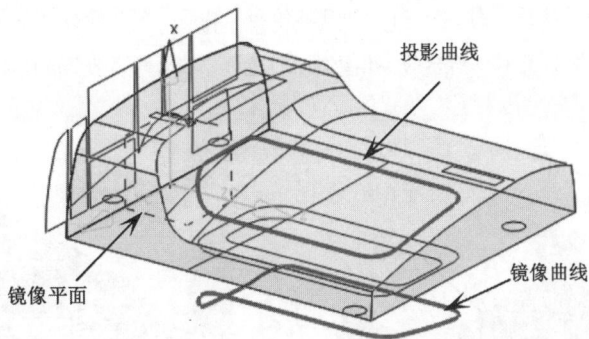

图 3-84

10 使用"通过曲线组"命令，按照如图 3-85 所示的操作步骤，选择 3 个截面（投影曲线、草图曲线和镜像曲线），创建通过曲线组的曲面特征。

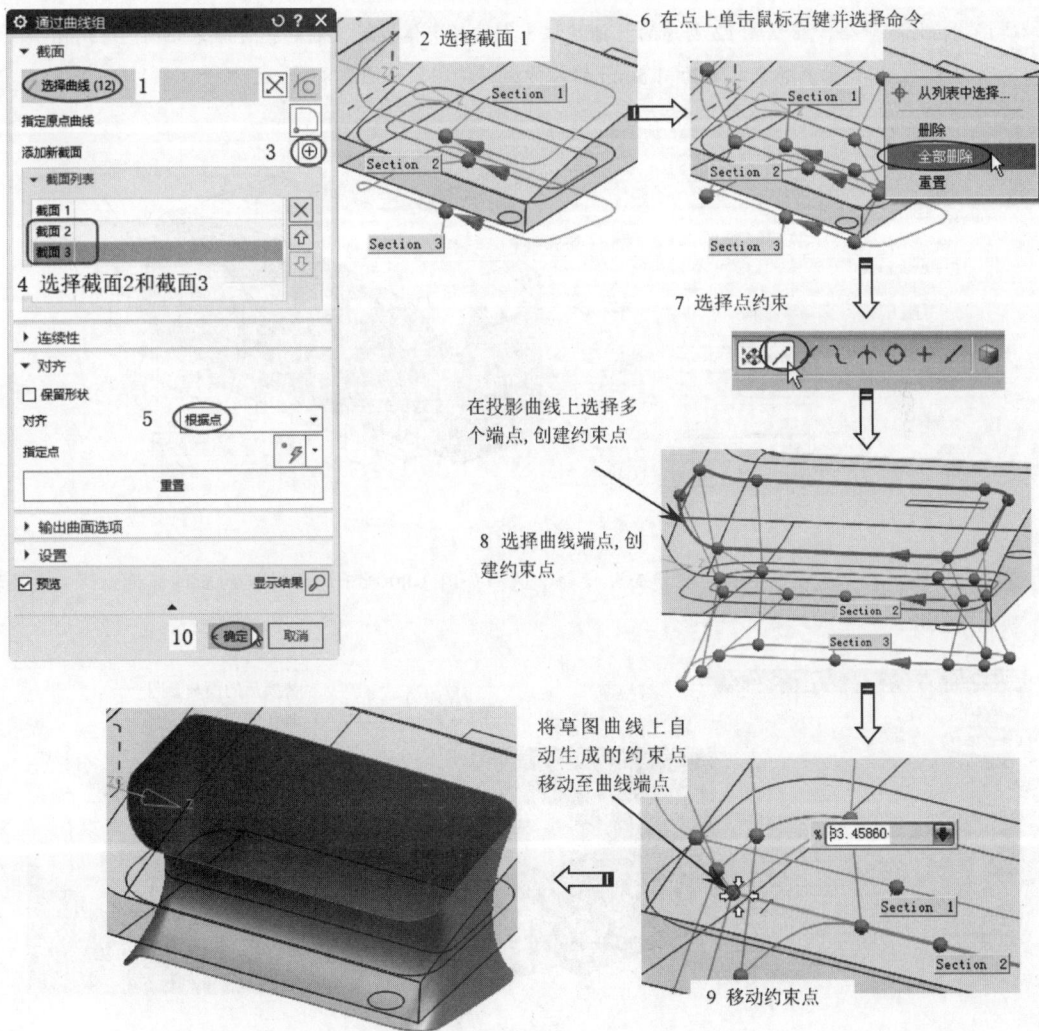

图 3-85

11 使用"修剪体"命令，选择如图 3-86 所示的目标体和工具面，创建修剪体特征 2。

12 使用"拉伸"命令，选择如图 3-87 所示的实体边缘，创建拉伸结束距离为 2mm、单侧偏置结束距离为-2mm 的拉伸特征 3。

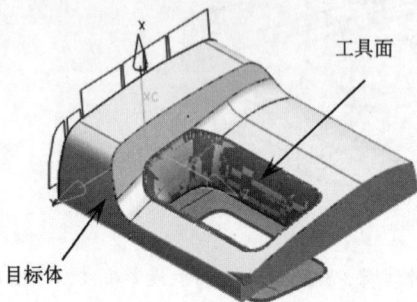

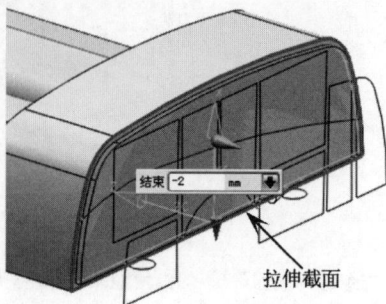

图 3-86   图 3-87

13 使用"拉伸"命令，在步骤 12 创建的拉伸特征 3 上选择实体边缘，创建拉伸结束距离为 15mm，拔模角度为 5°，单侧偏置结束距离为-1.5mm 的拉伸拔模特征，如图 3-88 所示。

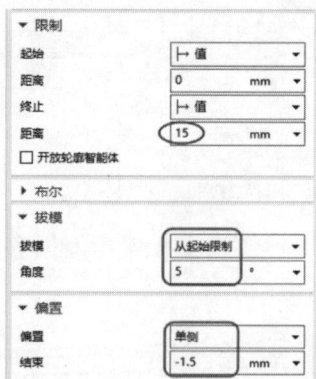

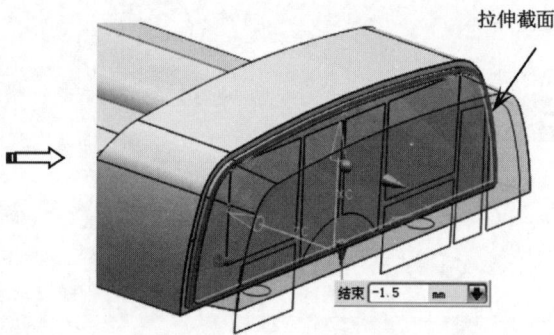

图 3-88

14 单击"同步建模"选项卡中的"替换面"按钮，选择如图 3-89 所示的要替换的面与替换面，完成替换实体面操作。

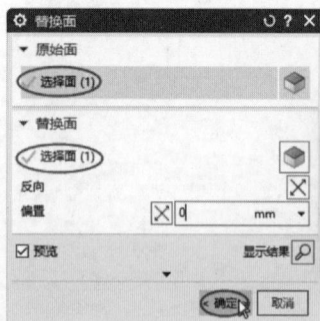

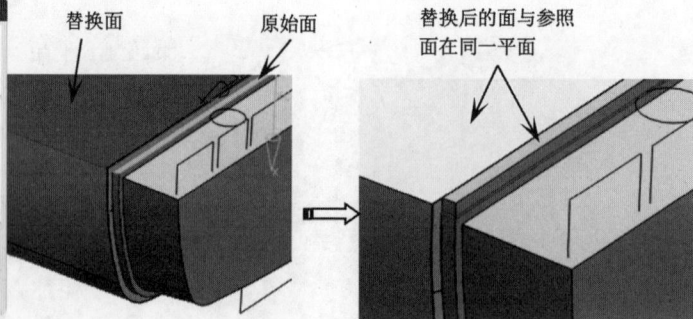

图 3-89

15 同理，将具有拔模斜度的面替换为步骤 14 中创建的"要替换的面"，结果如图 3-90 所示。

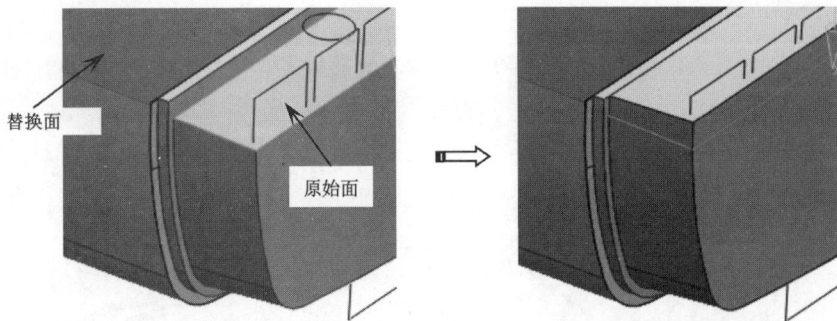

图 3-90

16 使用"边倒圆"命令，选择如图 3-91 所示的边，创建圆角半径 1 为 15mm 的圆角特征 2。

17 同理，使用"边倒圆"命令，选择如图 3-92 所示的边，创建圆角半径 1 为 3mm 的圆角特征 3。

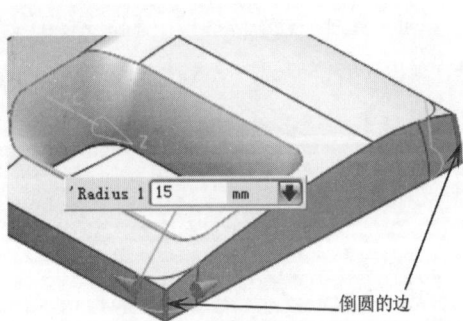

图 3-91

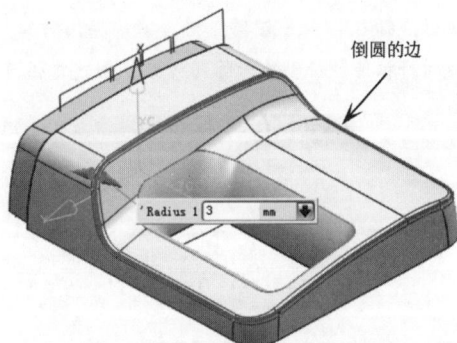

图 3-92

18 使用"抽壳"命令，选择手柄主体的水平面作为要抽壳的面，并设置抽壳厚度为 3mm，创建抽壳特征，如图 3-93 所示。

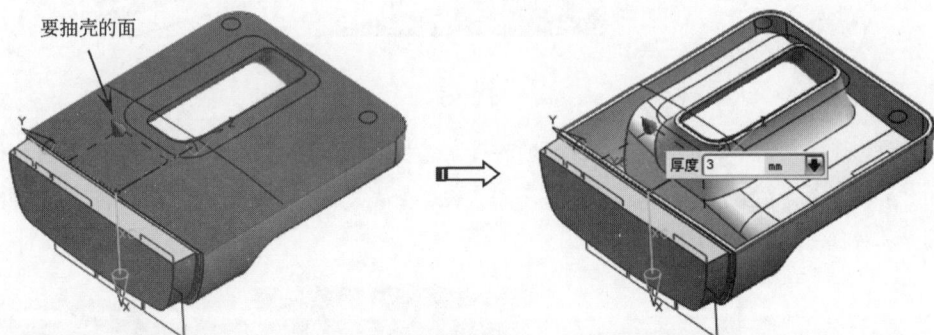

图 3-93

19 使用"合并"命令，将已创建的实体特征合并，得到吸尘器手柄的主体模型。

20 为了便于后续的设计操作，可以将已创建特征的曲线、曲面隐藏。

3. 构建方孔与侧孔

　　主体模型上方的孔可通过"拉伸"命令来创建。在构建了一个键槽特征之后，可以利用"阵列特征"命令将其阵列复制。此外，侧孔则将采用"孔"命令来进行构建。

01 将视图切换至右视图。

02 使用"拉伸"命令，选择如图 3-94 所示的草图曲线，创建拉伸结束距离为 60mm 的减材料拉伸特征 1。

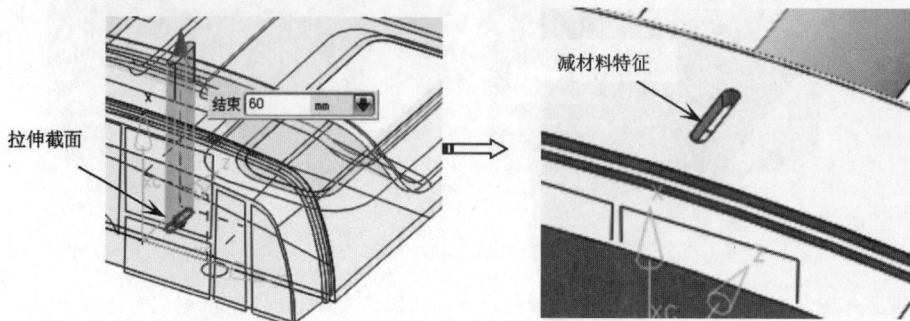

图 3-94

03 执行"插入"→"关联复制"→"阵列特征"命令，弹出"阵列特征"对话框。选择步骤 02 创建的减材料拉伸特征 1 作为阵列对象，创建线性阵列特征，如图 3-95 所示。

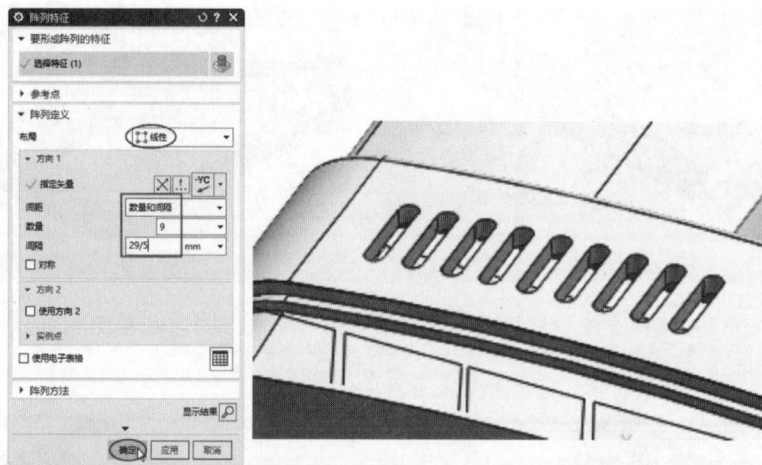

图 3-95

04 使用"边倒圆"命令，选择如图 3-96 所示的阵列特征的边缘创建圆角半径 1 为 1mm 的圆角特征。

05 使用"孔"命令，在主体模型侧面绘制一个点，然后在该点上创建一个直径为 36mm、深度为 30mm 的简单孔特征，如图 3-97 所示。

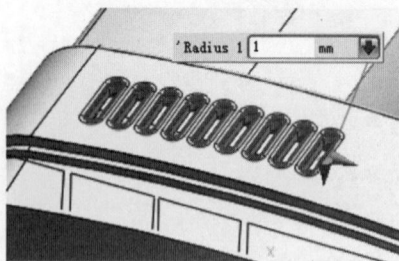

图 3-96

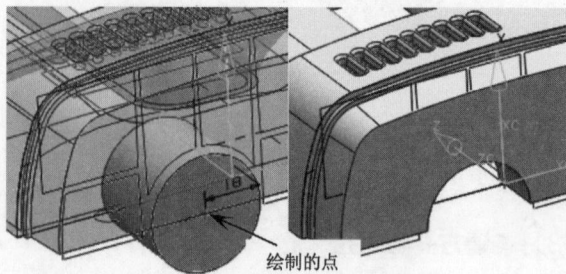

图 3-97

06 使用"拉伸"命令，选择手柄主体的另一个侧面作为草图平面，进入草图任务环境绘制如图3-98所示的草图，再创建拉伸结束距离为5mm的减材料拉伸特征2。

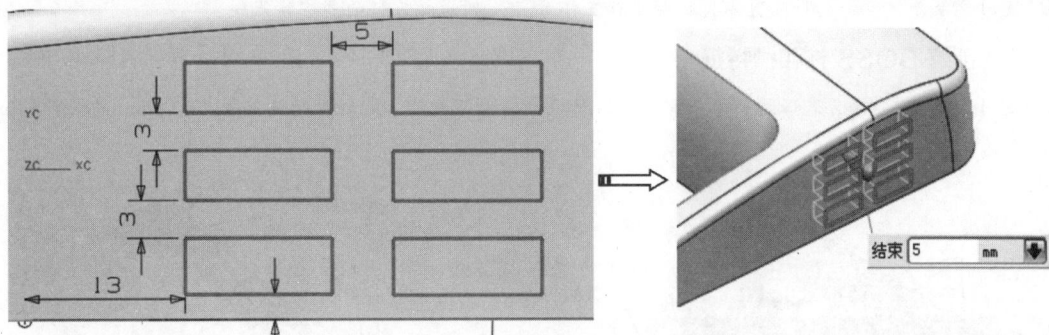

图 3-98

4. 构建加强筋特征

加强筋特征的构建主要通过"拉伸"命令来完成。

01 使用"拉伸"命令，选择如图3-99所示的草图曲线，创建拉伸结束距离为16mm的减材料拉伸特征1。

02 使用"拉伸"命令，选择如图3-100所示的草图曲线，创建拉伸结束距离为20mm的减材料拉伸特征2。

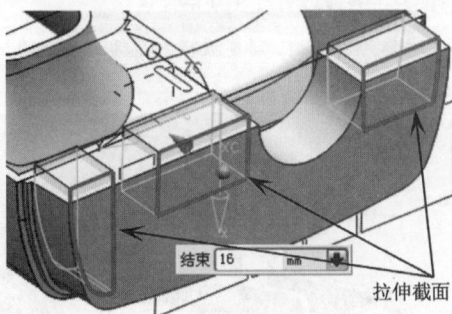

图 3-99

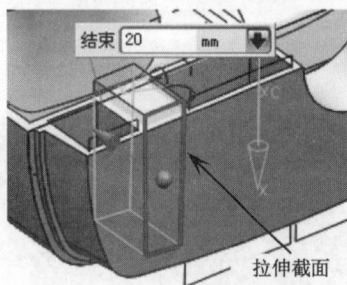

图 3-100

03 使用"拉伸"命令，选择如图3-101所示的草图曲线，创建拉伸结束距离为13mm的减材料拉伸特征3。

04 使用"拉伸"命令，选择如图3-102所示的草图曲线，创建拉伸结束距离为20mm且两侧偏置为2mm的加材料拉伸特征。

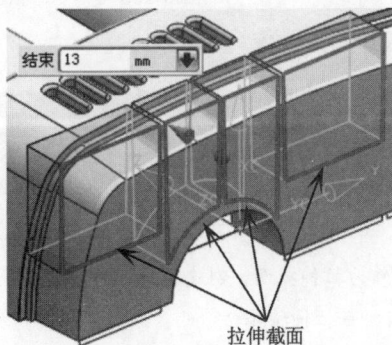

图 3-101

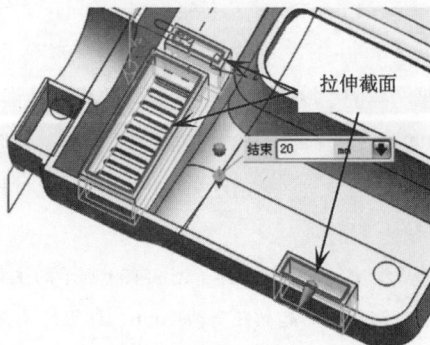

图 3-102

05 使用"修剪体"命令，选择3个加强筋特征作为修剪目标体，选择加强筋所在的实体表面作为修剪工具面，然后创建修剪体特征，如图 3-103 所示。

06 使用"合并"命令，将修剪体特征与手柄主体合并，加强筋特征全部构建完成。

5. 创建 BOSS 柱和槽特征

01 使用"拉伸"命令，选择两个草图曲线，创建拉伸结束距离为 30mm 且两侧偏置为-2.5mm 的拉伸特征，如图 3-104 所示。

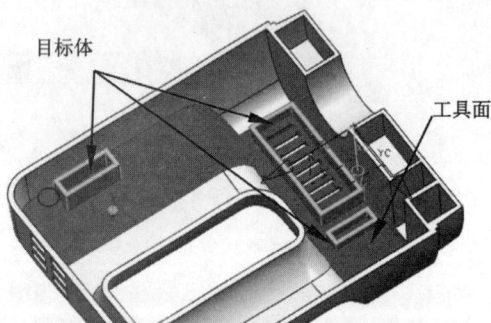
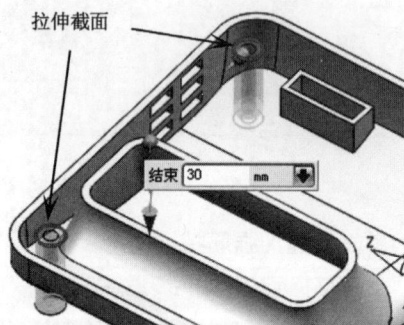

图 3-103   图 3-104

02 使用"修剪体"命令，选择如图 3-105 所示的目标体和工具面，创建修剪体特征。

03 使用"拔模"命令，以"边"类型选择修剪体特征上边缘作为固定边，创建拔模角度为-2 deg 的拔模特征，如图 3-106 所示。

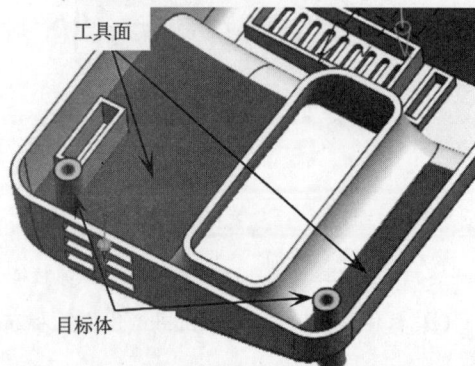
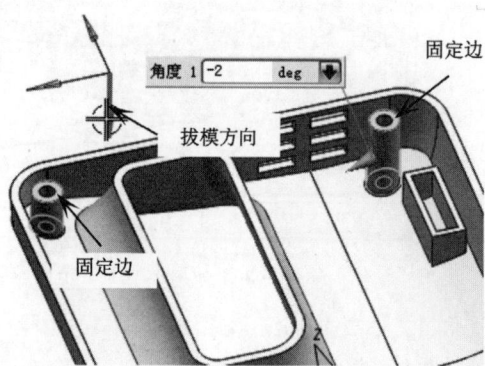

图 3-105   图 3-106

04 使用"合并"命令，将拔模后的修剪体特征与手柄主体合并。

05 使用"拉伸"命令，选择草图圆曲线作为拉伸截面，然后创建拉伸起始距离为 5mm，结束距离为 30mm，并且单侧偏置为-1mm 的减材料拉伸特征 1，如图 3-107 所示。

06 使用"边倒圆"命令，为步骤 05 创建的减材料拉伸特征边缘创建半径为 1mm 的圆角特征，如图 3-108 所示。

07 使用"拉伸"命令，选择如图 3-109 所示的主体模型边缘作为拉伸截面，创建拉伸结束距离为 1.5mm，并且两侧偏置的起始距离为 1mm，结束距离为 2mm 的减材料拉伸特征 2。

08 使用"拉伸"命令，选择如图 3-110 所示的孔边缘作为拉伸截面，创建拉伸结束距离为 1.5mm，并且两侧偏置的起始距离为-1.5mm，结束距离为 4mm 的减材料拉伸特征 3。

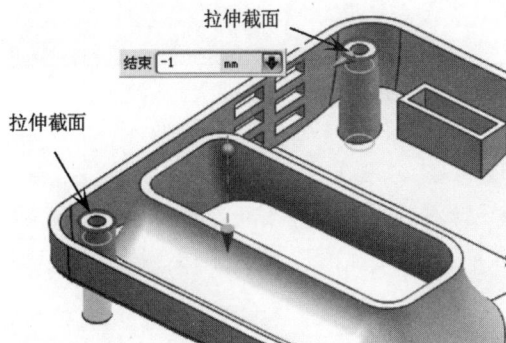

图 3-107

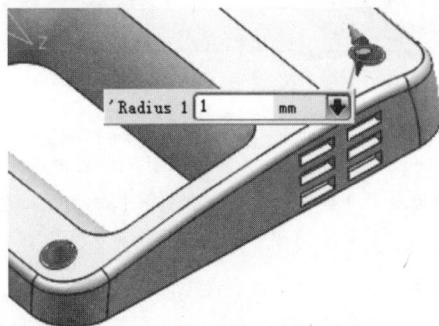

图 3-108

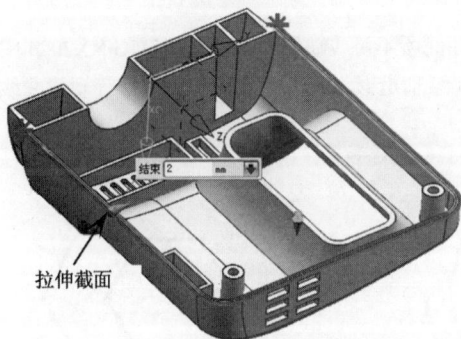

图 3-109

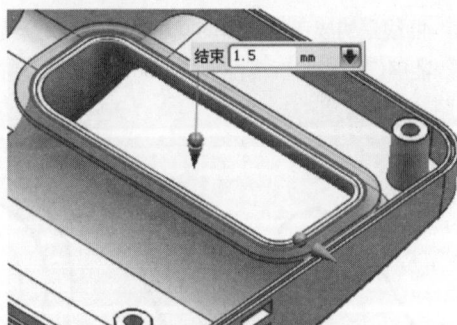

图 3-110

09 在 BOSS 柱特征与槽特征创建完成后，吸尘器手柄壳体设计工作全部结束。最后，将结果保存即可。

第*4*章 UG NX 曲线设计

在工业产品造型设计过程中，造型曲线是构建曲面的基石。曲线的平滑度和曲率均匀性越高，所得到的曲面效果便越佳。此外，借助不同类型的曲线作为参考，我们能够创造出多样化的曲面效果。举例来说，规则曲线可用于构建规则曲面，而不规则曲线则能带来各异的自由曲面效果。本章将深入阐述产品造型曲线的基本概念，并探讨曲面造型的实际应用。

4.1 曲线设计概述

曲线是构成三维实体的基石，同时也是产品造型中构建曲面所不可或缺的"骨架"。在 UG NX2024 中，用户能够创建诸如直线、圆弧、圆和样条等简单曲线，并且还能绘制矩形、多边形、文本和螺旋形等规律曲线，如图 4-1 所示。

图 4-1

4.1.1 曲线基础知识

曲线可以视作一个点在空间中连续运动的轨迹。根据点的运动轨迹是否处于同一平面上，可以将曲线划分为平面曲线和空间曲线，而依据点的运动是否遵循一定的规律，曲线又可被分为规则曲线和不规则曲线。

1. 曲线的投影性质

由于曲线是由一系列点组成的，因此，将曲线上的点进行投影，并将这些投影点在同一平面上依次光滑连接，即可获得该曲线的投影，这是绘制曲线投影的通用方法。如果能描绘出曲线上的特殊点（例如最高点、最低点、最左点、最右点、最前点和最后点等），那么，曲线的表示将会更加精确。通常，曲线的投影仍然是一条曲线。如图 4-2 所示，当曲线 L 向投影平面投影时，会形成一个投影柱面。这个柱面与投影平面的交线一定是一条曲线，因此，曲线的投影仍然是一条曲线。曲线上任意一点的投影都位于该曲线在同一投影平面上的投影上。例如，在图 4-2 中，点 D 属于曲线 L，那么它的投影 d 必然属于曲线的投影 l。此外，曲线上某点的切线的投影与该曲线在同一投影平面的投影，在切点的投影处仍然是相切的。

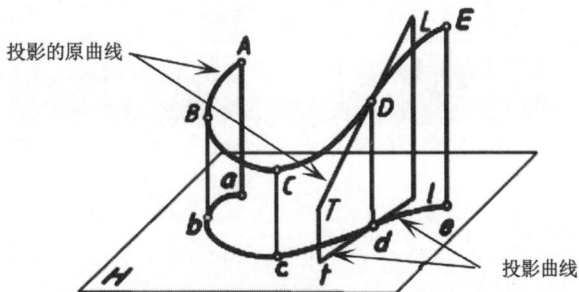

图 4-2

2. 曲线的阶次

由含有不同幂指数变量的项所组成的数学表达式被称为"多项式"。多项式中最高幂指数被称为多项式的阶次。例如：$5x^3+6x^2-8x=10$（阶次为3），$5x^4+6x^2-8x=10$（阶次为4）。

曲线的阶次是判断曲线复杂程度的一个指标，并非精确程度。简而言之，曲线的阶次越高，其形态越复杂，相应的计算量也会越大。采用低阶次的曲线通常更加灵活，且更易于接近其极点，这有助于提高后续操作（如显示、加工、分析等）的运行速度，并便于与其他CAD系统进行数据交换（因为许多CAD系统仅支持三次曲线）。

使用高阶次曲线往往存在以下缺点：灵活性降低，可能引发不可预测的曲率变化，导致在与其他CAD系统交换数据时信息丢失，以及使后续操作的运行速度变慢。因此，通常推荐使用低阶多项式，这也是UG、Pro/E等CAD软件默认采用较低阶次的原因。

3. 规则曲线

顾名思义，规则曲线指的是遵循特定规则分布的曲线。依据其结构分布的特点，我们可以将规则曲线划分为平面规则曲线和空间规则曲线。当曲线上的所有点都位于同一平面时，该曲线被称为"平面规则曲线"。圆、椭圆、抛物线和双曲线等都属于常见的平面规则曲线。而如果曲线上存在任意4个连续的点不共面，那么，该曲线则被称为"空间规则曲线"。常见的空间规则曲线包括圆柱螺旋线和圆锥螺旋线，如图4-3所示。

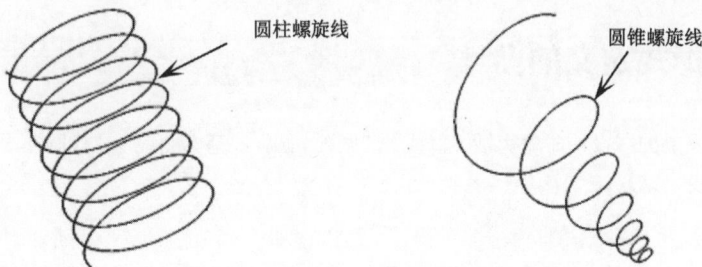

图 4-3

4. 不规则曲线

不规则曲线，又称"自由曲线"，指的是那些形状较为复杂、无法用二次方程精确描述的曲线。不规则曲线在汽车、飞机、轮船等行业的计算机辅助设计中得到了广泛应用。其获取方式主要有两种：一种是通过已知的离散点来确定曲线，这通常利用样条曲线和草绘曲线来实现，如图4-4所示，在曲面上绘制样条曲线；另一种方法是对已知的自由曲线进行交互式修改，以满足设计要求，即通过对样条曲线或草绘曲线进行编辑来获得所需的自由曲线。

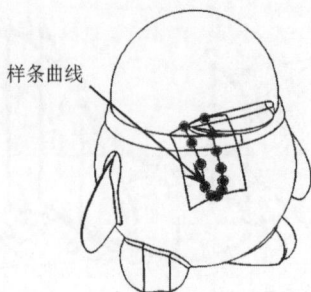

图 4-4

4.1.2 UG 曲线设计命令

几何体是经由"点→线→面→体"的设计流程才得以形成的。因此，设计出优质的曲面，其基础在于精确构造曲线，必须避免曲线重叠、交叉、断点等缺陷，否则会在后续设计中引发一系列问题。

在某些情况下，需要通过拉伸、旋转曲线等操作来构建实体特征；而在其他情况下，则可能需要利用曲线来创建曲面，以进行复杂的实体造型。在特征建模过程中，曲线也常被用作辅助线（例如定位线）。此外，所建立的曲线还可以被添加到草图中进行参数化设计。

UG NX2024 提供了基本曲线功能，这包括曲线的构建和编辑。在建模环境中，关于曲线构建与编辑的"曲线"选项卡如图 4-5 所示。

图 4-5

总的来说，UG 曲线设计命令包含两种曲线定义类型：一种是以数学形式定义的曲线，另一种是通过点、极点或用参数定义的曲线。

4.2 以数学形式定义的曲线

以数学形式定义的曲线设计命令包括"直线""圆弧/圆""基本曲线""椭圆""双曲线""抛物线"以及"一般二次曲线"等。

4.2.1 直线

使用"直线"命令，可以创建具有关联性的曲线特征。所生成的直线类型取决于所组合的约束类型；通过组合不同类型的约束条件，我们能够创建出多种类型的直线。在执行"直线"命令时，既可以在自定义的平面上创建直线，也可以选择让系统自动判定一个支持平面。同时，还可以施加诸如平行、法向、相切等约束条件，从而通过这些限制来精确定义直线的长度和位置。

例 4-1：在两点之间创建直线

本例要求在两点之间创建直线，因此需要确定这两个点的位置或坐标。

01 打开本例的配套资源文件 4-1.prt。

02 在"曲线"选项卡的"基本"组中单击"直线"按钮╱，弹出"直线"对话框。

03 选择曲面左下角的端点作为直线起点，然后选择曲面右上角的端点作为直线终点，单击"确定"按钮，完成直线的创建，如图4-6所示。

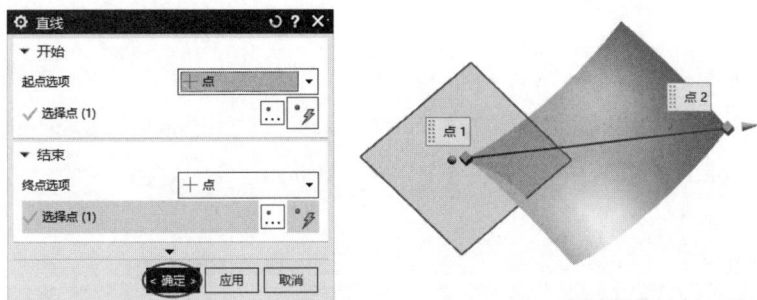

图 4-6

例4-2：创建平行于坐标轴的直线

本例要求创建一条平行于坐标轴的直线，且已知该直线的起点位置。

01 新建名称为4-2的模型文件。

02 在"曲线"选项卡的"基本"组中单击"直线"按钮╱，弹出"直线"对话框。

03 选取基准坐标系的原点作为直线起点。然后在"结束"选项区的"终点选项"下拉列表中选择"XC沿XC"选项，在"限制"选项区设置"终止限制"的"距离"值为100mm，单击"确定"按钮，完成直线的创建，如图4-7所示。

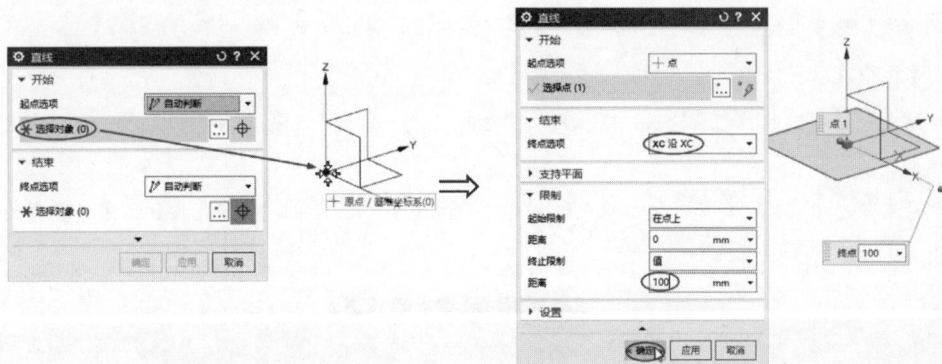

图 4-7

例 4-3：创建与实体表面垂直的直线

本例要求创建与实体表面垂直的直线，具体的操作步骤如下。

01 打开本例的配套资源文件 4-3.prt。

02 在"曲线"选项卡的"基本"组中单击"直线"按钮 ╱，弹出"直线"对话框。

03 在图形区中选取实体模型的一个顶点作为直线起点。

04 在"结束"选项区的"终点选项"下拉列表中选择"法向"选项，然后选取实体表面作为法向参考。

05 在"限制"选项区设置"终止限制"的"距离"值为 100mm，单击"确定"按钮，完成直线的创建，如图 4-8 所示。

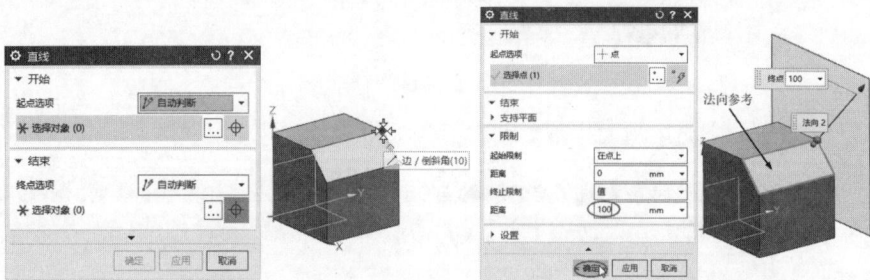

图 4-8

技巧点拨

实体的表面既可以是平面，也可以是曲面。

例 4-4：创建与直线或实体边线呈一定角度的直线

本例要求创建与直线或实体边线成一定角度的直线，具体的操作步骤如下。

01 打开本例的配套资源文件 4-4.prt。

02 在"曲线"选项卡的"基本"组中单击"直线"按钮 ╱，弹出"直线"对话框。

03 在图形区中选取实体模型的一个顶点作为直线起点。

04 在"结束"选项区的"终点选项"下拉列表中选择"成一角度"选项，再选取实体上的一条边作为角度参考。

05 在"结束"选项区的"角度"文本框中输入旋转角度为 70°，单击"确定"按钮，完成直线的创建，如图 4-9 所示。

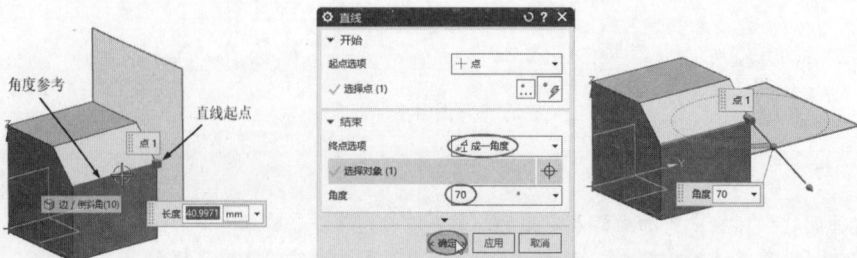

图 4-9

技巧点拨

在"终点选项"下拉列表中选择"自动判断"选项后，可以直接选取参考线或实体边线，系统会自动采用"成一角度"模式。

例 4-5：创建与已知圆或圆弧相切的直线

本例要求创建与已知圆或圆弧相切的直线，具体的操作步骤如下。

01 打开本例的配套资源文件 4-5.prt。

02 在"曲线"选项卡的"基本"组中单击"直线"按钮／，弹出"直线"对话框。

03 在图形区中选取实体模型的一个顶点作为直线起点。

04 在"结束"选项区的"终点选项"下拉列表中选择"相切"选项，再选取实体上的一条圆曲线作为相切参考。

05 单击"确定"按钮，完成直线的创建，如图 4-10 所示。

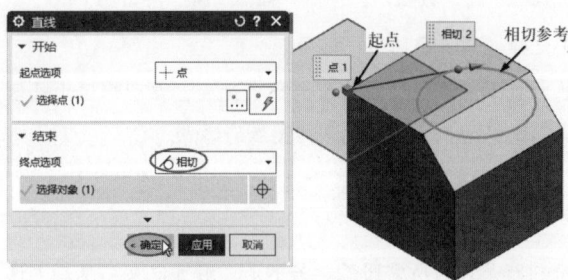

图 4-10

技巧点拨

如果直线有多个解，则可以单击"备选解"按钮切换。

4.2.2 圆弧 / 圆

使用"圆弧 / 圆"命令，可以在指定的支持平面上创建圆弧曲线或圆曲线。由于所创建的圆弧或圆的类型取决于所组合的约束类型，因此，通过组合不同类型的约束，可以创建出多种类型的圆弧。创建圆弧 / 圆主要有两种方式：一是通过三点来画圆弧，二是从中心起始绘制圆弧或圆，如图 4-11 所示。

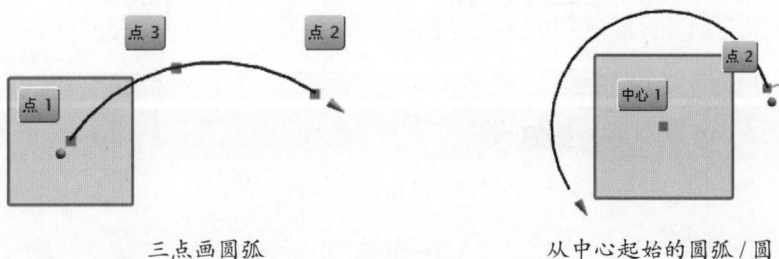

三点画圆弧　　　　从中心起始的圆弧 / 圆

图 4-11

画圆弧的相关参数含义如下。

- 起点：圆弧的起始点，可以通过自动判断、指定点或相切来确定。
- 端点：圆弧的终止点，可以通过自动判断、指定点、相切或指定半径来确定。
- 中点：圆弧上的一个特定点，其位置可以通过自动判断、指定点、相切或指定半径来确定。
- 半径：指圆弧所在圆的半径，通常在配合终点或中点使用时需要输入。
- 支持平面：指圆弧所在的平面，可以通过选择自动平面、锁定已有平面或使用平面工具来确定。
- 限制：用于定义圆弧的起始和终止角度，可以通过指定点、输入具体数值或选择特定对象来限制。
- 设置：涉及直线的关联性设置以及创建备选圆角的选项。
- 补弧：在绘制圆弧时，此设置用于决定圆弧某一部分的取舍。

例 4-6：创建过两点指定半径的圆弧

本例要求创建过两点（已知位置）指定半径的圆弧，具体的操作步骤如下。

01 打开本例的配套资源文件 4-6.prt。

02 在"基本"组中单击"圆弧/圆"按钮，弹出"圆弧/圆"对话框。

03 在"类型"下拉列表中选择"三点画圆弧"选项。

04 保持默认的"起点"选项区和"端点"选项区的选项设置，在图形区中选取已知两条直线的端点分别作为圆弧的起点和终点。选择右侧直线的端点为圆弧的终点。

05 在"中点"选项区的"中点选项"下拉列表中选择"半径"选项，输入"半径"值为 100mm，并按 Enter 键确认。

06 此时根据预览的圆弧来判断是否为所需圆弧。若不是，则可以在"限制"选项区中单击"补弧"按钮，将此时预览的圆弧切换为补弧。在确认无误后，单击"确定"按钮，完成圆弧的创建，如图 4-12 所示。

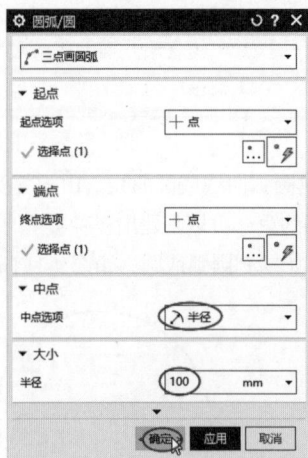

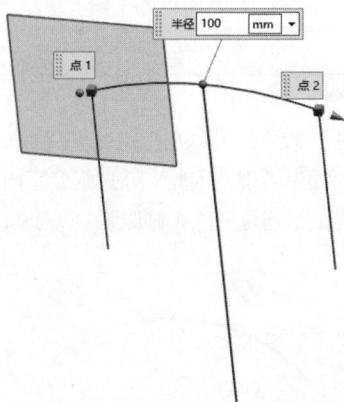

图 4-12

技巧点拨

如果需要创建整圆，则可以在"限制"选项区中选中"整圆"复选框。"限制"选项区在默认状态下是收拢的，需要在"圆弧/圆"对话框底部（在"确定"按钮之上）单击"更多"按钮 展开该选项区。

例4-7：创建过一点且相切于曲线的整圆

本例要求创建过一点且相切于曲线的整圆，具体的操作步骤如下。

01 打开本例的配套资源文件4-7.prt。

02 在"基本"组中单击"圆弧/圆"按钮 ⌒，弹出"圆弧/圆"对话框。

03 在"类型"下拉列表中选择"从中心起始的圆弧/圆"选项。

04 在图形区中选取直线的端点作为圆弧中心点。在"通过点"选项区的"终点选项"下拉列表中选择"相切"选项，并到图形区中选取已知圆弧作为相切参考。

05 在"限制"选项区中选中"整圆"复选框，单击"确定"按钮，完成整圆的创建，如图4-13所示。

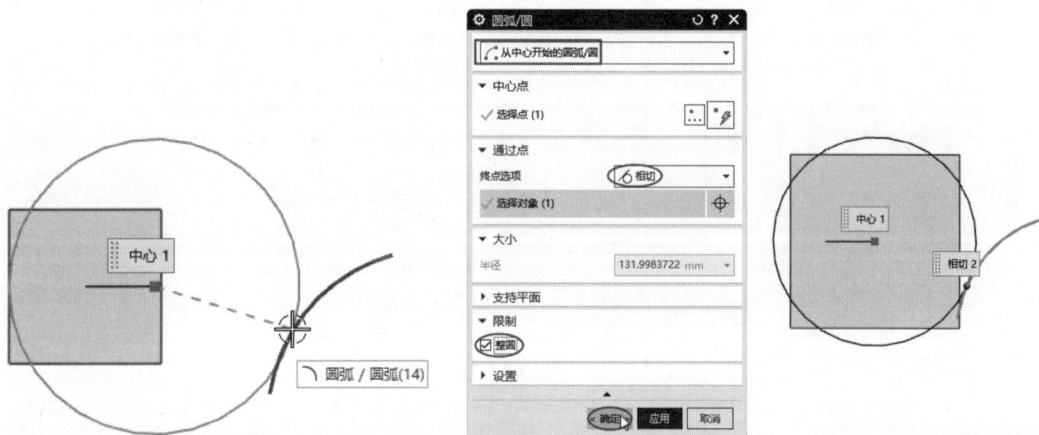

图4-13

4.2.3　椭圆

椭圆是机械制图领域常用的一种曲线，其定义是椭圆上任意一点到椭圆内两个定点的距离之和保持相等。椭圆具有两根轴：长轴和短轴，且这两根轴的中点都位于椭圆的中心。椭圆的最长直径即为长轴，而最短直径则为短轴。长半轴和短半轴分别指的是长轴和短轴长度的一半，如图4-14所示。

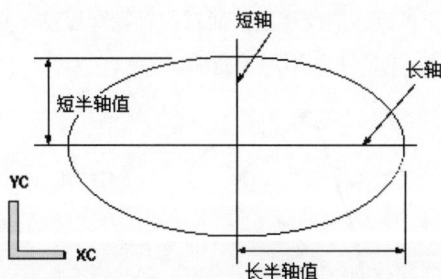

图4-14

技巧点拨

在初次打开UG NX2024建模环境界面时，"曲线"选项卡的"基本"组中不会显示"矩形""多边形""椭圆""曲线倒斜角"及"编辑圆角"等命令按钮，需要用户自行将这些命令调出来。

创建椭圆的具体操作步骤如下。

01 新建名称为 4-8 的模型文件。

02 执行"插入"→"曲线"→"椭圆"命令，弹出"点"对话框。

03 在输入椭圆圆心坐标值或在图形区中指定椭圆的圆心位置后，单击"确定"按钮，弹出"椭圆"对话框。在"椭圆"对话框中输入椭圆参数，单击"确定"按钮，完成椭圆的创建，如图 4-15 所示。

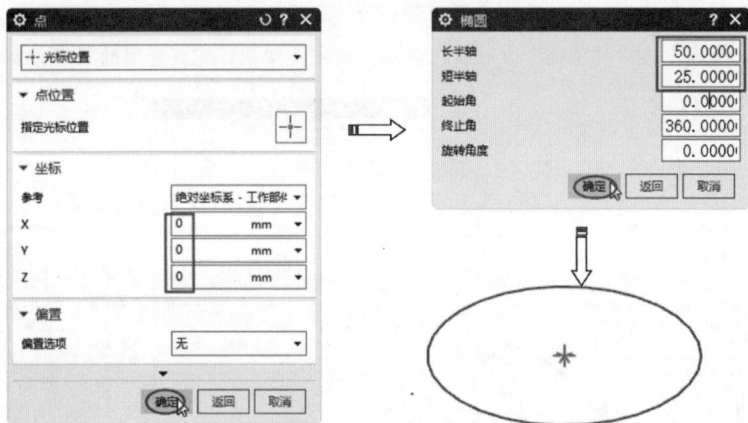

图 4-15

技巧点拨

"椭圆"命令是旧版本命令，在新版本中不再显示，可以通过"定制"工具将该命令调出并放置在菜单中，也可以搜索"椭圆"命令，搜索到该命令后右击，在弹出的快捷菜单中选择"在菜单上显示"选项，将其放置于菜单中。

4.2.4 双曲线

双曲线由两条曲线组成，它们分别位于对称轴的两侧。在 UG NX 中，仅需构造其中一条曲线即可，如图 4-16 所示。双曲线的中心位于渐近线的交点上，而对称轴则穿过这一交点。双曲线是通过从 XC 轴正方向绕中心旋转而来的，且它位于一个平行于 XC-YC 平面上。

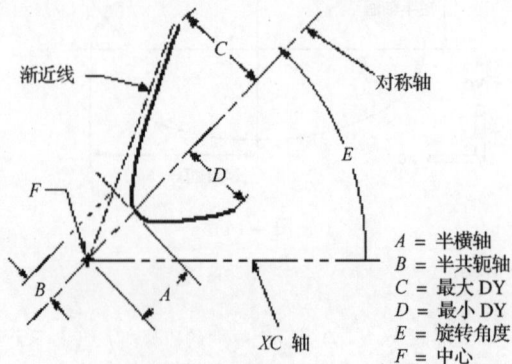

A = 半横轴
B = 半共轭轴
C = 最大 DY
D = 最小 DY
E = 旋转角度
F = 中心

图 4-16

技巧点拨

双曲线具有横轴和共轭轴两根轴，参数 A 和 B 分别指的是这两根轴长度的一半。双曲线的宽度受到最大 DY 和最小 DY 两个限制参数的约束，这两个参数决定了双曲线的长度。而半横轴与 XC 轴之间的夹角则定义了旋转角度 E，该角度是从 XC 轴正方向开始沿逆时针方向进行旋转的。

例 4-9：创建双曲线

创建双曲线的具体操作步骤如下。

01 新建名称为 4-9 的模型文件。

02 执行"插入"→"曲线"→"双曲线"命令，弹出"点"对话框。

技巧点拨

在默认的功能区选项卡中，"双曲线"命令并不位于"基本"组内。若要使用该命令，需要在选项卡空白处右击，并从弹出的快捷菜单中选择"定制"选项。随后，在弹出的"定制"对话框中，将"双曲线"命令拖至"基本"组下的"更多"库中。此外，用户也可以将定制的命令放置到其他选项卡或组中。对于功能区中未显示的命令按钮，均可采用此方法来进行调用。

03 在输入双曲线的中心点坐标值后，单击"确定"按钮，弹出"双曲线"对话框。

04 在"双曲线"对话框中输入双曲线的参数，并单击"确定"按钮，完成双曲线的创建，如图 4-17 所示。

图 4-17

4.2.5　抛物线

抛物线是与一个固定点（称为"焦点"）的距离等于与一条固定直线（称为"准线"）的距离的所有点的集合，如图 4-18 所示。默认情况下，抛物线的对称轴是平行于 XC 轴的。

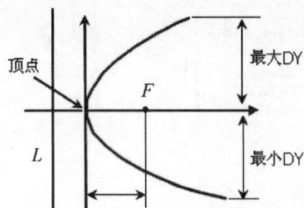

图 4-18

例 4-10：创建抛物线

创建抛物线的具体操作步骤如下。

01 新建名称为 4-10 的模型文件。

02 执行"插入"→"曲线"→"抛物线"命令，弹出"点"对话框。

03 在输入抛物线的中心点坐标值后，单击"确定"按钮，弹出"抛物线"对话框。

04 在"抛物线"对话框中输入抛物线的参数，并单击"确定"按钮，完成抛物线的创建，如图 4-19 所示。

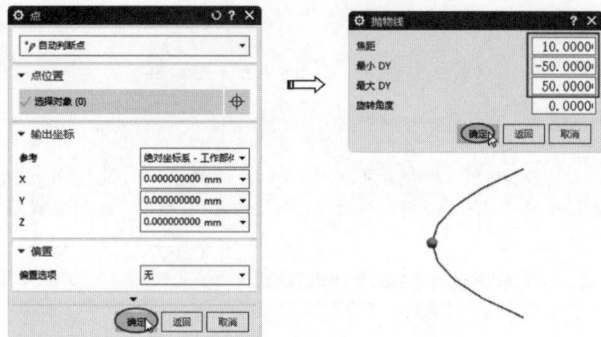

图 4-19

4.2.6 矩形

使用"矩形"命令，可以通过确定矩形的两个对角点位置来创建矩形，该矩形默认创建在 XC-YC 平面上。请注意，在新版软件中，"矩形"命令需要用户自行搜索才能在菜单中显示。

例 4-11：创建矩形

创建矩形的具体操作步骤如下。

01 新建名称为 4-11 的模型文件。

02 执行"插入"→"曲线"→"矩形"命令，弹出"点"对话框。在"点"对话框中输入矩形的第一角点的坐标值，或者直接在图形区中指定该点的位置。

03 单击"确定"按钮，在"点"对话框中输入矩形的第二角点的坐标值。

04 单击"点"对话框中的"确定"按钮，完成矩形的创建，如图 4-20 所示。

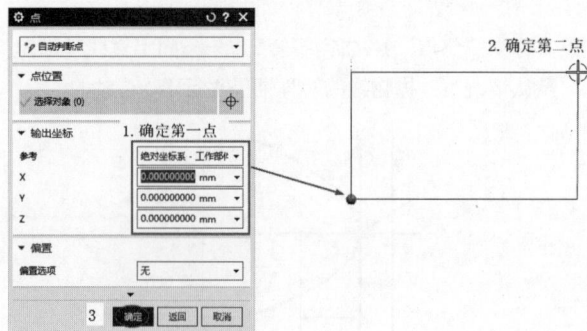

图 4-20

4.2.7　多边形

使用"多边形"命令可以创建边数从 3 到 N 的多边形，这些多边形都是正多边形（即边长相等）。多边形的创建方式共有 3 种，如图 4-21 所示。各种创建方式的含义如下。

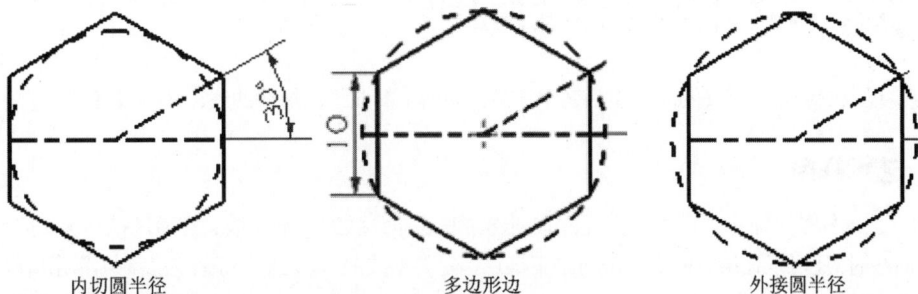

图 4-21

- 内切圆半径：根据从原点到多边形各边最短的距离来计算半径。
- 多边形边：根据多边形侧边的长度来计算整个多边形的尺寸。
- 外接圆半径：根据从原点到多边形各个顶点的距离来计算半径。

例 4-12：创建多边形

创建多边形的具体操作步骤如下。

01 新建名称为 4-12 的模型文件。

02 执行"插入"→"曲线"→"多边形"命令，弹出"多边形"对话框。"多边形"命令也需要用户自行调取并将其显示在菜单中。

03 输入多边形的"边数"值为 6，单击"确定"按钮，然后选择多边形的创建方式为"内切圆半径"，并输入"内切圆半径"和"方位角"值，最后通过"点"对话框指定多边形的中心点，操作步骤如图 4-22 所示。

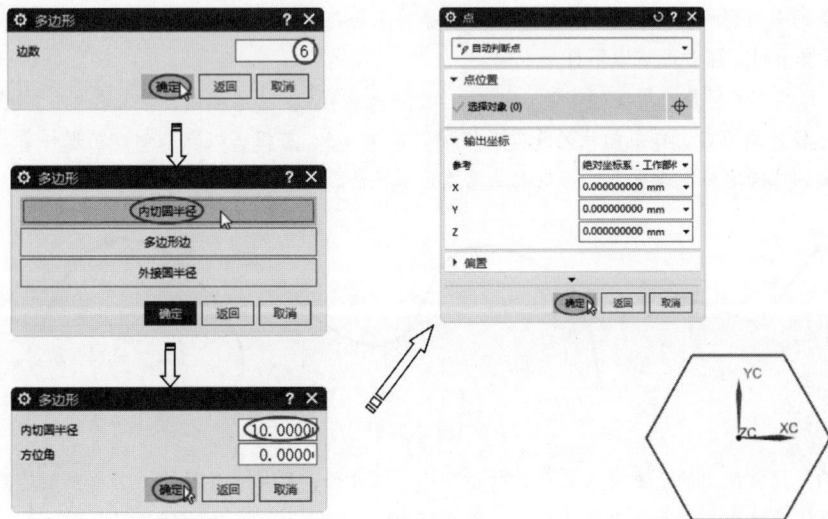

图 4-22

技巧点拨

方位角是直线从 XC 轴逆时针旋转所得到的角度。

4.3 过点、极点或用参数定义的曲线

过点、极点或用参数定义的曲线包括艺术样条、曲面上的曲线、规律曲线、螺旋线等。

4.3.1 艺术样条

使用"艺术样条"命令，可以以交互方式创建关联或非关联的样条曲线。在通过拖动定义点或极点来创建样条曲线时，还可以在给定的点处或对结束极点指定斜率或曲率。艺术样条作为设计中常用的样条曲线，与其他样条曲线相比，具有控制方便、易于编辑和简单易懂的优点。艺术样条的创建方式有两种：一种是通过点来创建，另一种是根据极点来创建，如图 4-23 所示，具体解释如下。

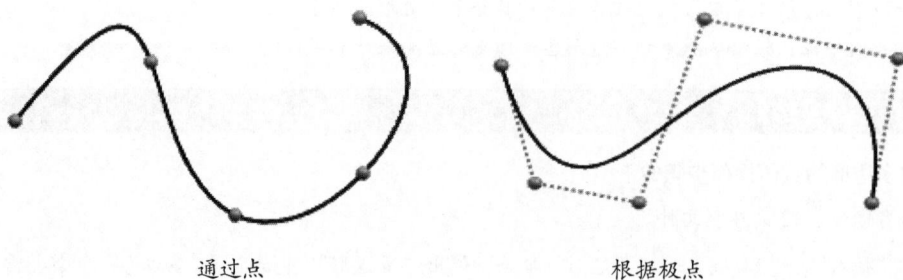

通过点　　　　　　　　根据极点

图 4-23

- 通过点创建的艺术样条会经过指定的点。该方法是通过指定艺术样条的各个数据点，来生成一条穿过这些定义点的艺术样条。
- 在根据极点创建艺术样条时，所指定的数据点实际上是艺术样条的极点或控制点。艺术样条受到这些极点的引力影响，但通常情况下，艺术样条并不会经过这些极点（两端点除外）。

创建艺术样条时，需要理解以下几个术语。

- 阶次：影响艺术样条平滑度的因子。阶次越低，曲线越弯曲；阶次越高，曲线越平滑，如图 4-24 所示。对于一般产品而言，样条曲线的阶次最好控制在 3 ~ 5。若根据极点来创建艺术样条，则所指定的点数必须比阶次多 1 或更多，否则无法创建艺术样条。

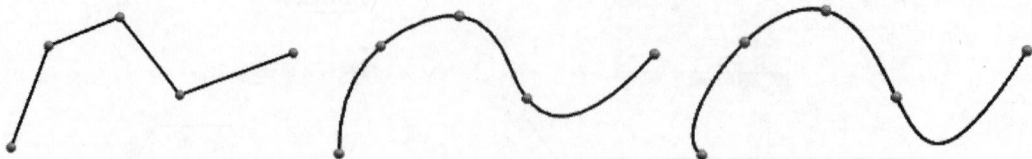

图 4-24

- 封闭的：通常使用的艺术样条是开放的，即从一端开始，到另一端结束。若需要创建封闭的艺术样条，则需要选中"封闭的"复选框，如图 4-25 所示。

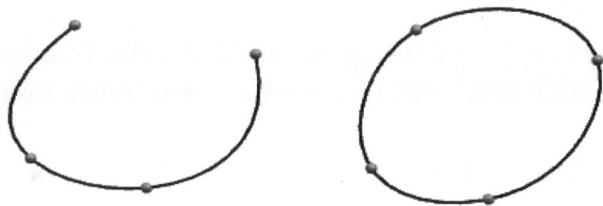

图 4-25

- 单段：指艺术样条的分段数目。此选项仅在通过极点方式创建艺术样条时可用。开启后，艺术样条将由一段曲线组成，形状变化较大，且仅包含两个节点。
- 匹配的节点位置：通过调整内部节点的位置来实现曲线的平滑。此选项仅在通过点方式创建艺术样条时可用。

例 4-13：创建艺术样条

本例要求创建过两点且相切于已知曲线的艺术样条，具体的操作步骤如下。

01 打开本例的配套资源文件 4-13.prt。

02 在"基本"组的"更多"库中单击"艺术样条"按钮，弹出"艺术样条"对话框。

03 单击左侧直线端点处，以确定艺术样条的第1点。在弹出的约束工具条中单击 G1 按钮，随后依次选取第2点和第3点（右侧直线端点），并再次单击 G1 按钮。

04 单击"确定"按钮，完成艺术样条的创建，操作步骤如图 4-26 所示。

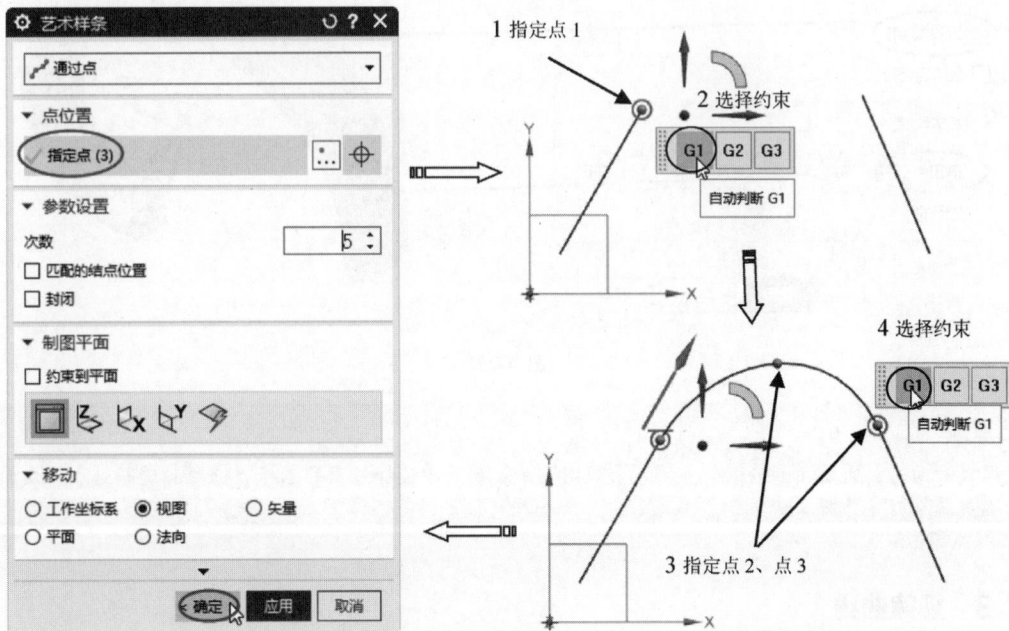

图 4-26

技巧点拨

如需撤销或添加约束，直接右击并选择相应选项即可。

4.3.2 曲面上的曲线

使用"曲面上的曲线"命令，可以在一个或多个曲面上直接创建样条曲线。此命令主要用于在过渡曲面或圆角曲面上定义相切控制线，或者用于定义修剪边。通过"曲面上的曲线"命令创建曲线具有以下优势。

- 根据其他对象，使用 G0、G1 和 G2 连续性对曲面上的曲线进行相应的约束。
- 可以在曲面上创建一条样条曲线，而不必将曲线投影到曲面上。
- 在曲面的 U、V 参数方向上约束曲线。
- 在创建过程中使用一整套编辑工具使曲线成型，可以方便地添加、编辑和删除曲线控制点。
- 在曲线编辑过程中可以拖动点手柄重定位样条通过点。

例 4-14：创建曲面上的曲线

创建曲面上的曲线的具体操作步骤如下。

01 打开本例的配套资源文件 4-14.prt。

02 在"基本"组的"更多"库中单击"曲面上的曲线"按钮⬡，弹出"曲面上的曲线"对话框。

03 在图形区的模型上选取要创建样条曲线的参考面，在"样条约束"选项区中选择"指定点"选项，并在曲面上依次指定样条曲线通过的点，可以通过拖动点来改变样条曲线的形状。

04 单击"确定"按钮，完成曲面上的曲线的创建，如图 4-27 所示。

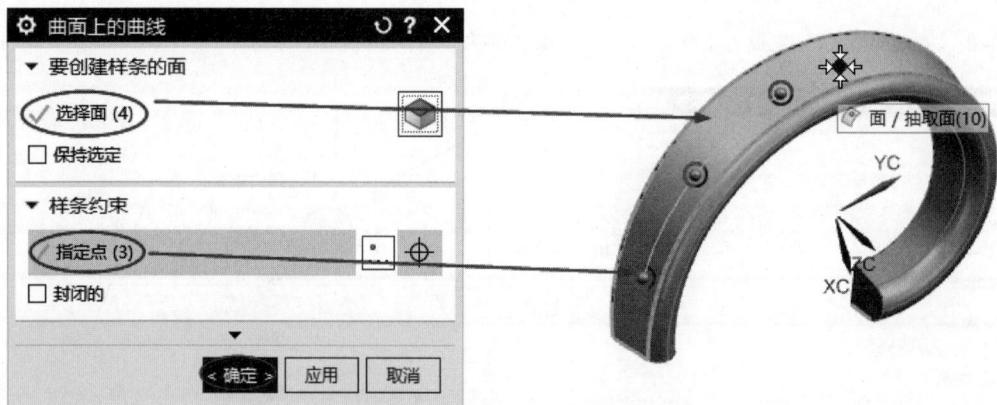

图 4-27

技巧点拨

在选取参考面时，需要在上边框条中的"面规则"下拉列表中选择"面的选择"选项，进而选取相切面、区域面或单个面等作为参考面。

4.3.3 规律曲线

使用"规律曲线"命令，可以通过定义 X、Y 和 Z 分量来创建具有特定规律的曲线，例如渐开线、正弦线等。要创建规律曲线，需要分别定义 X、Y 和 Z 分量，并为每个分量制定相应的规律。规律曲线的规律类型共有 7 种，具体见表 4-1。请注意，"规律曲线"命令需要在功能区中显示出来才能使用。

表 4-1　规律曲线的规律类型

图　标	对　话　框	名　称	含　义
	规律曲线 ⟳ ? ✕ ▾ X规律 规律类型　恒定 值　0　mm	恒定	规律函数通过常数定义
	规律曲线 ⟳ ? ✕ ▾ X规律 规律类型　线性 起点　0　mm 终点　0　mm	线性	规律函数以线性变化率，在一个值到另一个值的范围内变化
	规律曲线 ⟳ ? ✕ ▾ X规律 规律类型　三次 起点　0　mm 终点　0　mm	三次	规律函数以三次变化率，在一个值到另一个值的范围内变化
	规律曲线 ⟳ ? ✕ ▾ X规律 规律类型　沿脊线的线性 ✳ 选择脊线 (0)　✕ ✳ 指定新的位置　··· ▾ 沿脊线的值 点　5　mm 位置　弧长 脊线上的位置　0　mm ▸ 列表	沿脊线的线性	规律函数以线性变化率，沿脊线定义的点对应的数值变化。操作步骤如下： (1) 选择脊线。 (2) 输入脊线上的点。 (3) 选择输入规律值。 (4) 根据需要重复步骤 2、3。 (5) 单击"确定"按钮
	规律曲线 ⟳ ? ✕ ▾ X规律 规律类型　沿脊线的三次 ✳ 选择脊线 (0)　✕ ✳ 指定新的位置 ▸ 沿脊线的值	沿脊线的三次	规律函数以三次变化率，沿脊线定义的点对应的数值变化。操作步骤同上
	规律曲线 ⟳ ? ✕ ▾ X规律 规律类型　根据规律曲线 ✳ 选择规律曲线 (0) 选择基线 (0) 反向　✕	根据规律曲线	规律函数通过选择一条光顺的曲线来定义，操作步骤如下： (1) 选择一条存在的规律曲线。 (2) 选择一条基线，辅助选定所创建的曲线的方向。 (3) 根据脊线上的点定义点
	规律曲线 ⟳ ? ✕ ▾ X规律 规律类型　根据方程 参数　t 函数　xt4	根据方程	规律函数使用现有的表达式来定义，操作步骤如下： (1) 以参数的形式使用表达式变量 t。 (2) 将参数方程输入表达式中。 (3) 选择"根据方程"选项，识别所有的参数表达式并创建曲线

技巧点拨

所有的规律曲线都是通过组合使用这些选项来创建的（例如，X分量可能采用线性规律，Y分量可能遵循等式规律，而Z分量则可能采用常数规律）。通过灵活地组合不同的选项，可以精确控制每个分量以及整个样条曲线的数学特征。

例4-15：创建正弦线

本例要求创建长为10mm，振幅为5、周期为3、相位角为0的正弦线，具体的操作步骤如下。

01 新建名称为4-15的模型文件。

02 选择模板为"建模"，自定义文件名称和文件夹。单击"确定"按钮，退出"新建"对话框，进入建模模块。

03 执行"工具"→"表达式"命令，或者在"工具"选项卡的"实用工具"组中单击 ≡ 表达式(X) 按钮，弹出"表达式"对话框。

04 在"名称"列双击文本框并输入t，在"公式"列双击文本框并输入1，完成表达式t=1。在对话框左侧的"操作"选项区中单击"新建表达式"按钮（或者在右侧的列中右击，在弹出的快捷菜单中选择"新建表达式"选项），以此类推，输入如图4-28所示的内容。最后单击"确定"按钮，完成所有表达式并关闭"表达式"对话框。

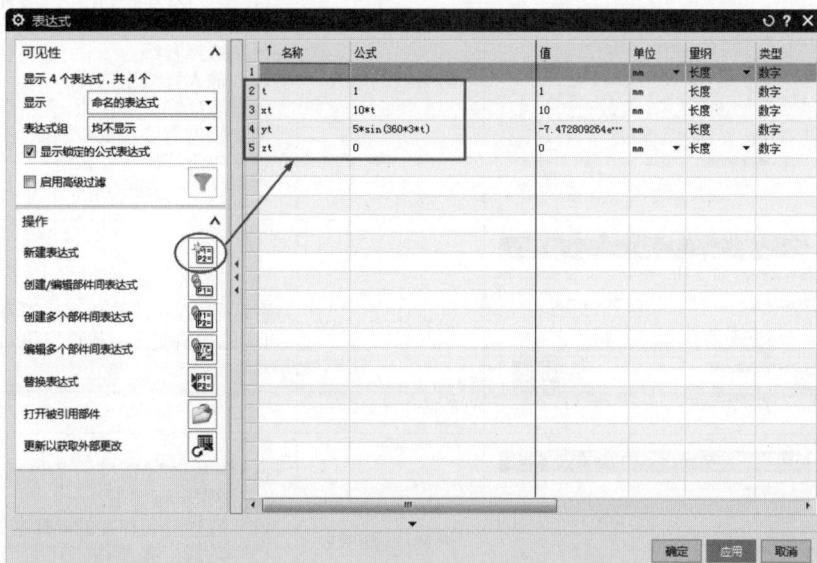

图4-28

技巧点拨

10*t代表x从0变化到10；5*sin(360*3*t)代表5倍振幅波动，3个周期。输入规律为0表示曲线在Z=0的XC-YC平面上。此外，当输入xt和yt的公式后，UG不能立即进行计算，需要先单击"确定"按钮，关闭对话框，再打开"表达式"对话框。

05 在"高级"组的"更多"库中单击"规律曲线"按钮，弹出"规律曲线"对话框。

06 由于已经定义了规律函数表达式，所以只需要选择"X规律"和"Y规律"的"规律类型"为"根据方程"即可，如图4-29所示。

07 保持对话框中其余参数及选项的默认设置，单击"确定"按钮，完成正弦线的创建，如图4-30所示。

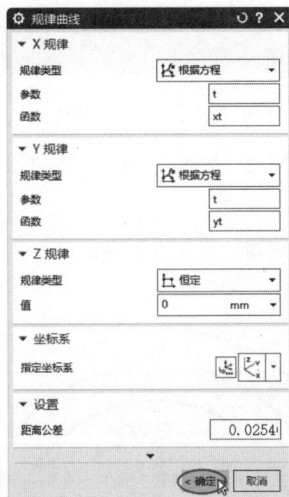

图 4-29

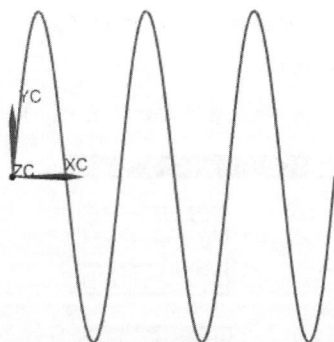

图 4-30

例4-16：创建渐开线

本例要求创建长半径从 0 逐圈增加 3mm，周期为 6 个的渐开线，具体的操作步骤如下。

01 新建名称为 4-16 的模型文件。

02 选择模板为"建模"，自定义文件名称和文件夹。单击"确定"按钮，退出"新建"对话框，进入建模模块。

03 执行"工具"→"表达式"命令，弹出"表达式"对话框。

04 在"名称"列的文本框中输入 t，在"公式"列的文本框中输入 1。单击"完成"按钮 ✓，完成表达式 t=1。以此类推，完成表达式 xt= 3* sin (360*6*t)*t 和表达式 yt= 3*cos(360*6*t)*t，如图4-31所示。单击"确定"按钮，退出"表达式"对话框。

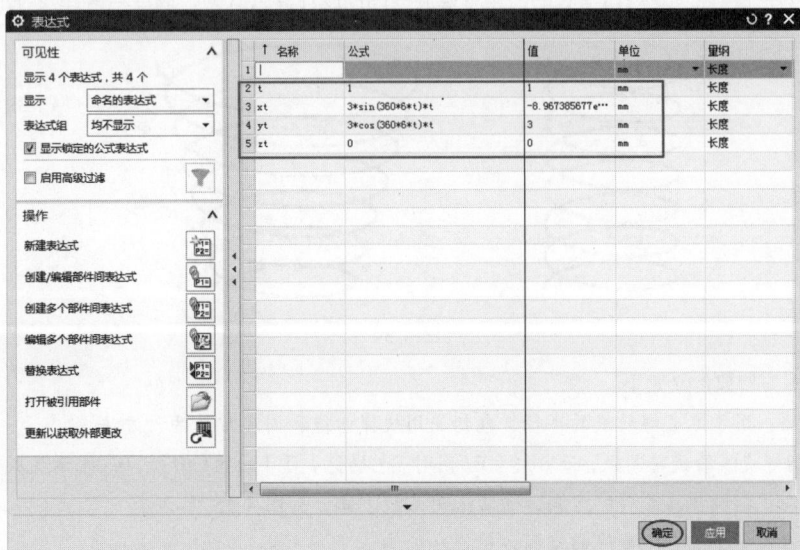

图 4-31

技巧点拨

360*6*t 代表 6 个周期，3*cos(360*6*t)*t 代表从 0 到 3mm 的振幅增加。t 的单位必须为恒定的，在长度单位为 mm 的情况下不支持（t*t（t*t*t））等高阶次。

05 在"高级"组的"更多"库中单击"规律曲线"按钮 XYZ，弹出"规律曲线"对话框。

06 由于已经定义了规律函数表达式，所以只需要选择"X规律"和"Y规律"的"规律类型"为"根据方程"即可，如图 4-32 所示。

07 保持对话框中其余参数及选项的默认设置，单击"确定"按钮，完成渐开线的创建，如图 4-33 所示。

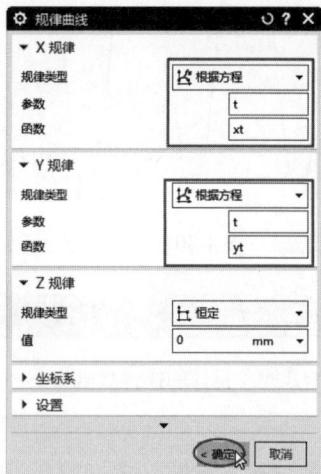

图 4-32

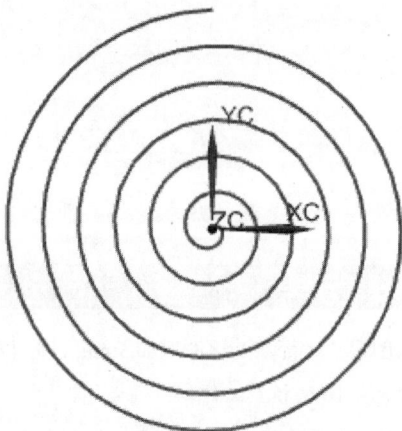

图 4-33

4.3.4 螺旋线

螺旋线是机械领域中常见的一种曲线，主要应用于弹簧等部件，如图 4-34 所示。通常，螺旋线的半径是固定的，但也存在按照一定规律增长的类型。螺旋线的高度计算公式为：高度 = 螺距 × 圈数。

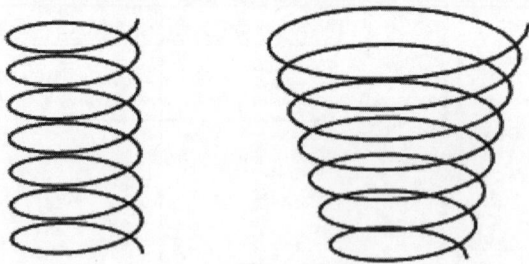

图 4-34

螺旋线的相关参数含义如下。

- 半径方法：用于定义螺旋线的半径，包括使用规律曲线和固定常数两种方法。
- 圈数：指螺旋线的旋转圈数，必须大于0。同时，也接受小于1的值（例如，0.5 表示生成半圈螺旋线）。
- 旋转方向：指螺旋线旋转的方向，通常采用右旋方向，如图 4-35 所示。
- 定义方位：用于确定螺旋线的空间方位。

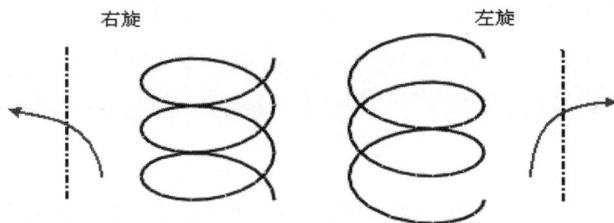

右旋　　　　　　　　　　左旋

图 4-35

例 4-17：创建螺旋线

创建螺旋线的具体操作步骤如下。

01 新建名称为 4-17 的模型文件。

02 执行"插入"→"曲线"→"螺旋线"命令，或者在"高级"组中单击"螺旋线"按钮 ，弹出"螺旋"对话框。

03 设置螺旋线的圈数、螺距、半径。单击"点构造器"按钮，弹出"点"对话框。输入螺旋线的原点坐标值或捕捉点。单击"确定"按钮，退出"点"对话框。回到"螺旋"对话框，单击"确定"按钮，退出"螺旋"对话框，完成螺旋线的创建，如图 4-36 所示。

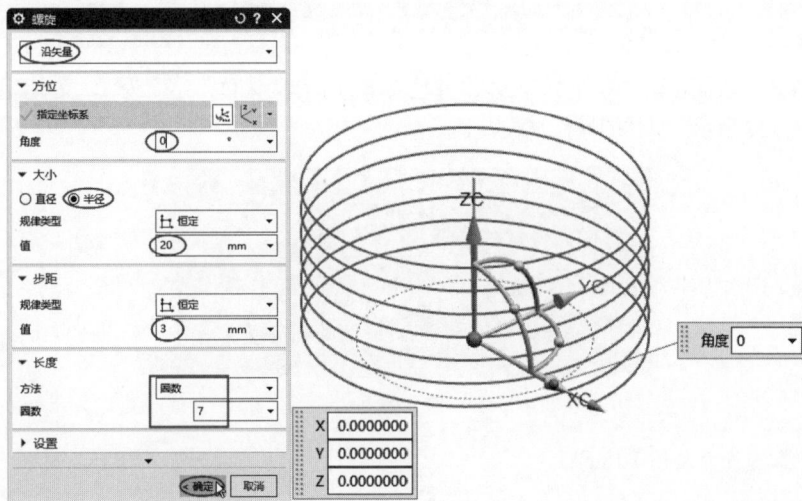

图 4-36

技巧点拨

如果需要定义任意方位的螺旋线，可以事先设置好工作坐标系，或者单击"定义方位"按钮，弹出"指定方位"对话框，在该对话框中确定螺旋线的 Z 轴方向、起始点位置和原点位置。

4.4　文本曲线

使用"文本"命令，可以根据本地 Windows 字体库生成 NX 曲线。通过此命令，可以选择 Windows

字体库中的任意字体，指定字符的各种属性（如加粗、倾斜、字体类型、字母表等），并立即在 NX 部件模型内将所选字符串转换为曲线。创建的文本可以灵活放置在平面、曲线或曲面上，具体放置方式如下。

- 在平面上：文本将被放置在任意指定的平面内。
- 在曲线上：文本会沿着曲线的切矢方向排列。
- 在面上：文本不仅沿曲线切矢排列，还会随着参照面的变化而调整其方位。

文本框功能主要用于确定锚点的位置和文本的尺寸。值得注意的是，文本框中的命令参数会根据文本类型的不同而有所调整。锚点位置指的是文本框在坐标系中的具体方位，它共有 9 种可能的位置，分别是：左上、中上、右上、左中、中心、右中、左下、中下和右下，如图 4-37 所示。

图 4-37

例 4-18：在零件表面创建文本

本例要求在零件表面创建"样件 1"文本，并且文本的字体为宋体，字高为 4。文本需要放置于表面中心位置，如图 4-38 所示，具体的操作方法如下。

图 4-38

01 打开本例的配套资源文件 4-18.prt。

02 在"曲线"选项卡的"基本"组中单击"直线"按钮╱，弹出"直线"对话框。

03 在零件模型的两条边上分别选取中点作为直线的起点和终点，单击"确定"按钮，完成直线的创建，如图 4-39 所示。

技巧点拨

创建直线的作用是找到零件的中心点。

04 在"基本"组的"更多"库中单击"文本"按钮**A**，弹出"文本"对话框。在鼠标指针处会自动产生文本的预览。

05 在"文本"对话框的"文本属性"文本框中输入"样件 1"，在"字体"下拉列表中选择"宋体"选项。

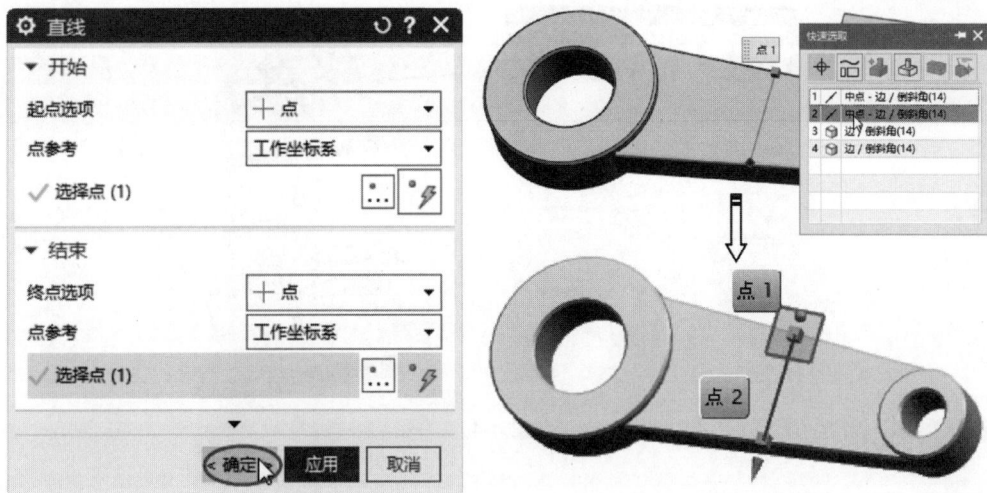

图 4-39

06 在"文本"对话框的"文本框"选项区的"锚点位置"下拉列表中选择"中心"选项，然后在图形区中单击直线的中点以放置文本。

07 在"文本框"选项区中展开"尺寸"选项组。设置文字的"长度"值为 14mm，"高度"值为 4mm，"W比例"值为 100，最后单击"确定"按钮，完成文本的创建，操作步骤如图 4-40 所示。

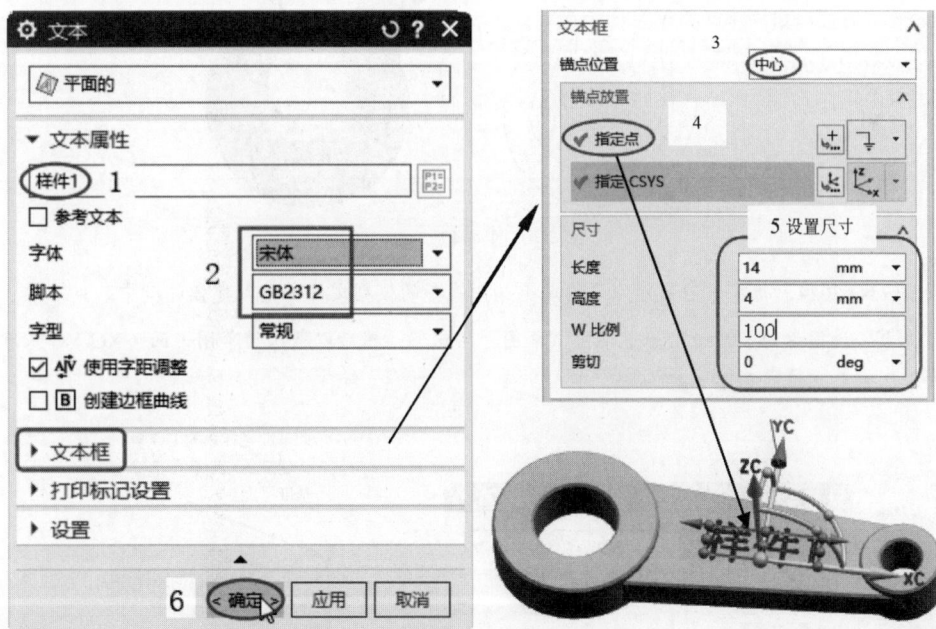

图 4-40

08 在"主页"选项卡的"基本"组中单击"拉伸"按钮🔲，弹出"拉伸"对话框。

09 选择文本作为拉伸截面曲线，在"限制"选项区的"距离"文本框中输入 0.5，并单击"确定"按钮，完成拉伸特征的创建，如图 4-41 所示。

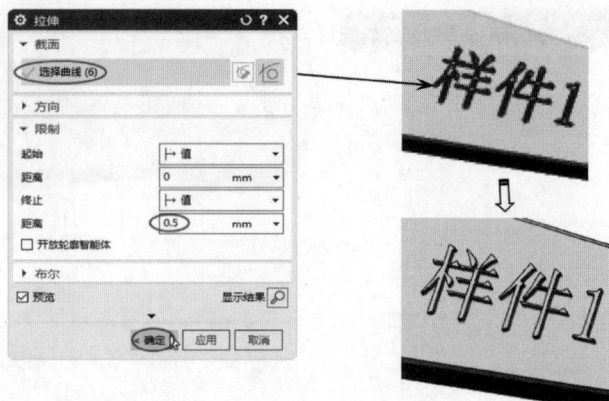

图 4-41

4.5 综合案例——构建吊钩曲线

下面以一个吊钩模型的创建实例来详细阐述造型曲线的构建方法。吊钩的曲线及其最终造型如图 4-42 所示。

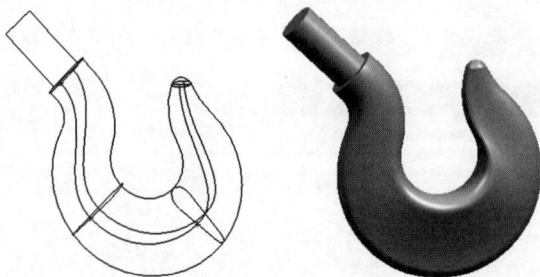

图 4-42

01 启动 UG NX2024，新建一个名称为"构建吊钩曲线"的模型文件并进入建模环境中。

02 在"主页"选项卡的"构造"组中单击"草图"按钮 ，然后以默认的草图平面（XC-YC 基准平面）进入草图任务环境，如图 4-43 所示。

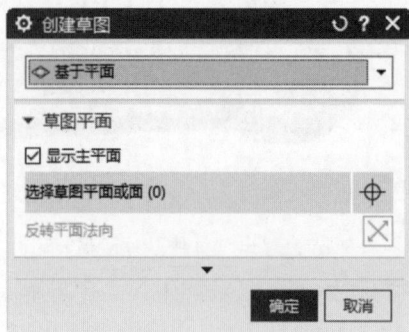

此基准坐标系为 UG 默认建立的，包含了 3 个基准平面

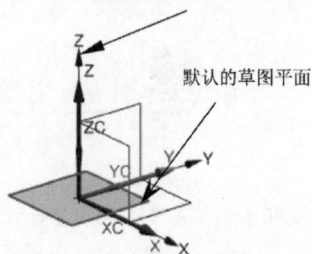

默认的草图平面

图 4-43

03 在草图任务环境中使用"直线""圆弧""圆"及"修剪"等命令，绘制如图4-44所示的草图。

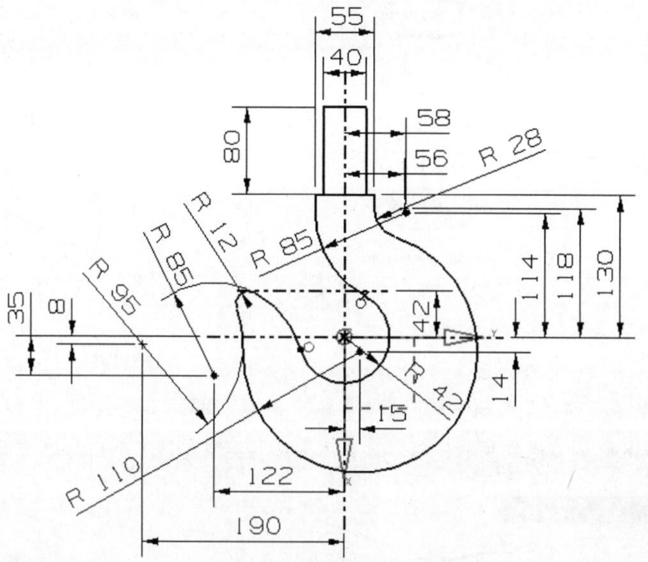

图 4-44

04 在草图绘制完成后，单击"完成"按钮🗙，退出草图任务环境。

05 在"主页"选项卡的"基本"组中单击"基准平面"按钮◇，在弹出的"基准平面"对话框的"类型"下拉列表中选择"曲线上"选项，选择如图4-45所示的参照线（平面剖切曲线），并在"曲线上的方位"选项区的"方向"下拉列表中选择"垂直于矢量"选项，单击"确定"按钮，在柄部位置创建第1个新基准平面。

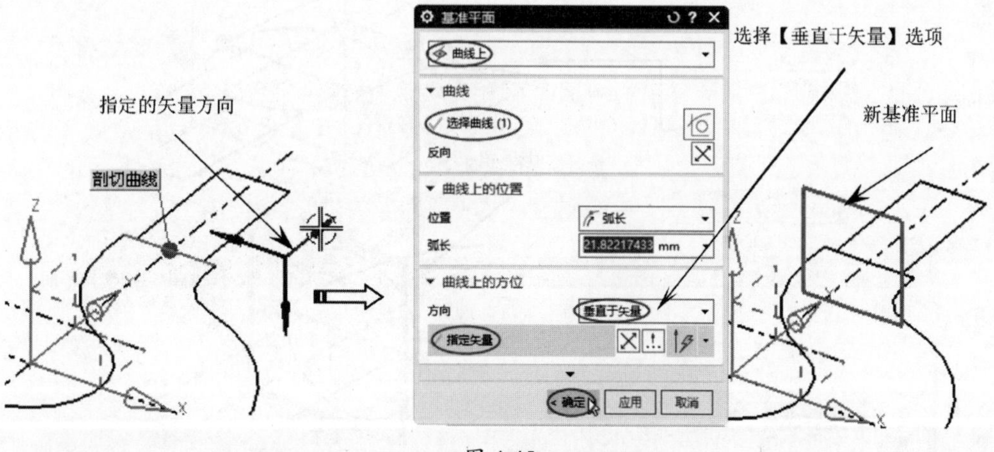

图 4-45

06 在"曲线"选项卡的"基本"组中单击"直线"按钮／，在钩尖位置选择圆弧草图的起点与终点，创建如图4-46所示的直线。

07 在"主页"选项卡的"基本"组中单击"基准平面"按钮◇，在弹出的"基准平面"对话框中的类型下拉列表中选择"点和方向"选项，选择如图4-47所示的通过点和方向矢量，在钩尖位置创建第2个新基准平面。

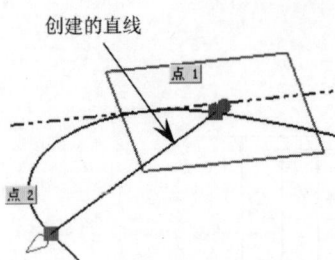

创建的直线

点1

点2

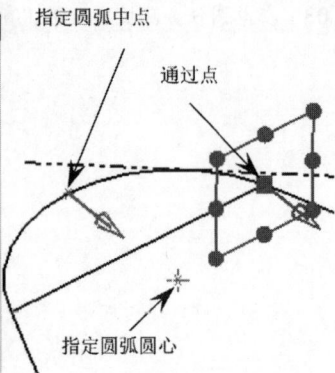

指定圆弧中点

通过点

指定圆弧圆心

图 4-46

图 4-47

08 创建手柄部曲线。在"曲线"选项卡的"基本"组中单击"圆弧/圆"按钮 ⌒ ，弹出"圆弧/圆"对话框。然后按照如图 4-48 所示的操作步骤，以"三点画圆弧"类型在第 1 个新基准平面中创建柄部的圆曲线。

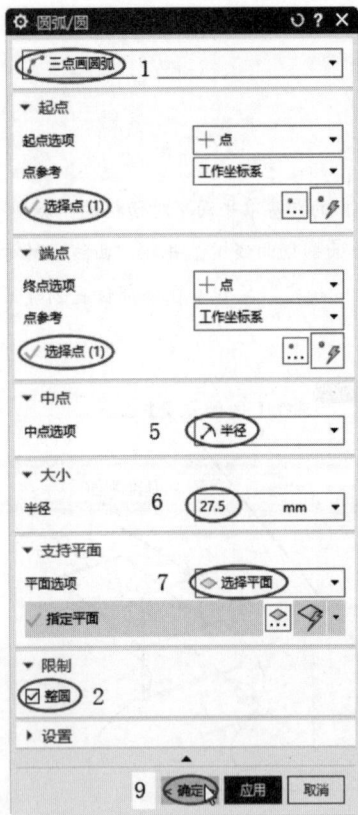

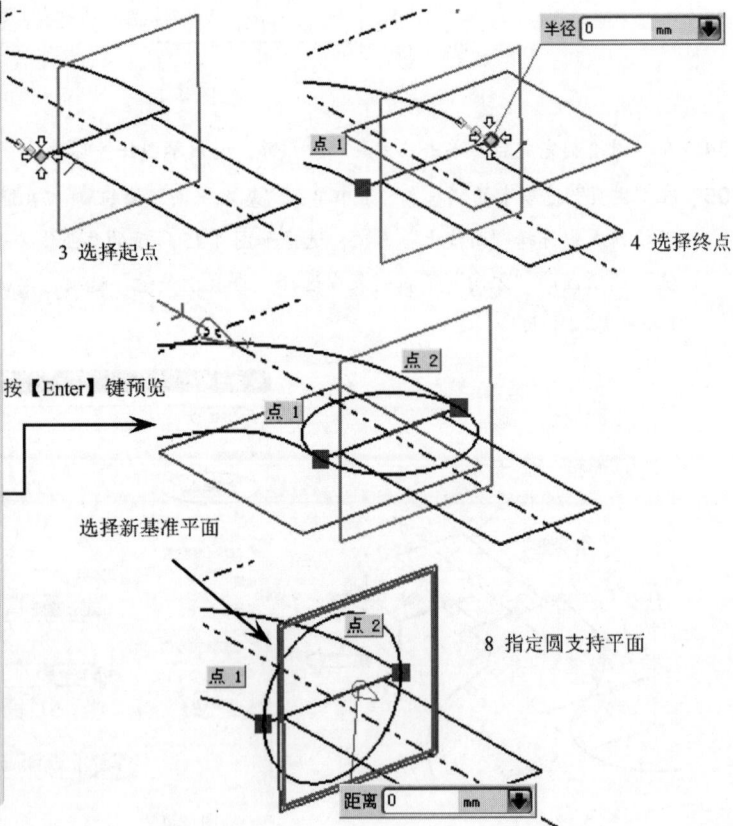

图 4-48

09 同理，以"从中心起始的圆弧/圆"类型创建钩尖的圆曲线，如图 4-49 所示。

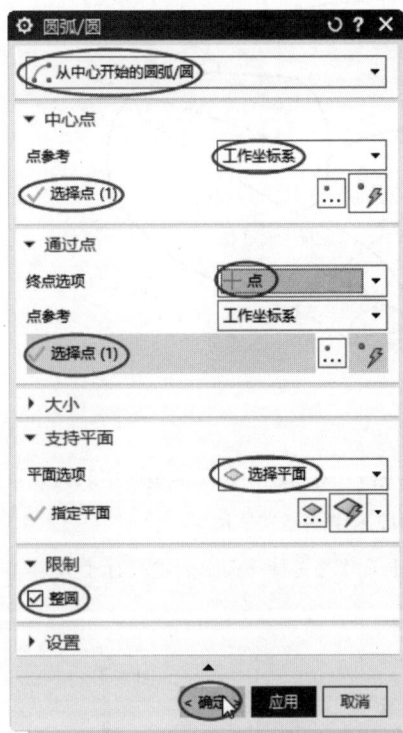
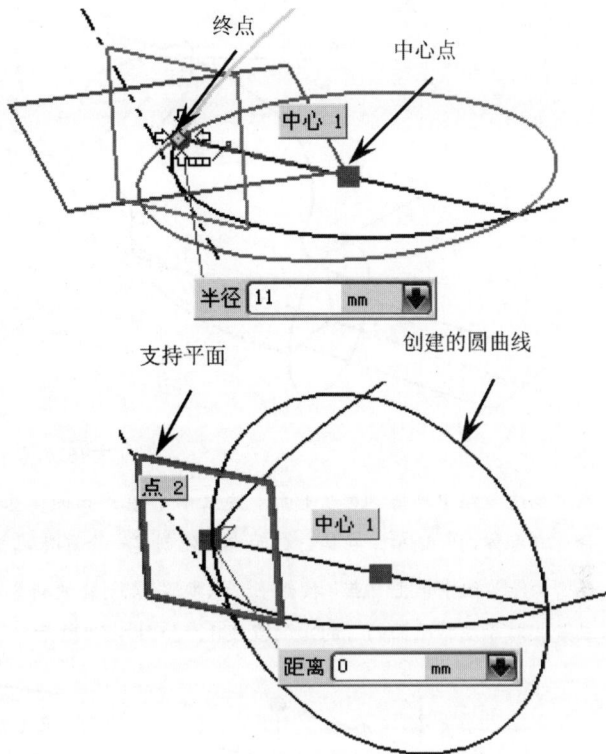

图 4-49

10 在"主页"选项卡的"构造"组中单击"草图"按钮✐，选择XC-ZC基准平面作为草图平面，然后在建模环境中绘制如图4-50所示的吊钩的控制截面曲线。

11 再次单击"草图"按钮✐，选择YC-ZC基准平面作为草图平面，然后在建模环境中绘制如图4-51所示的吊钩的另一条控制截面曲线。

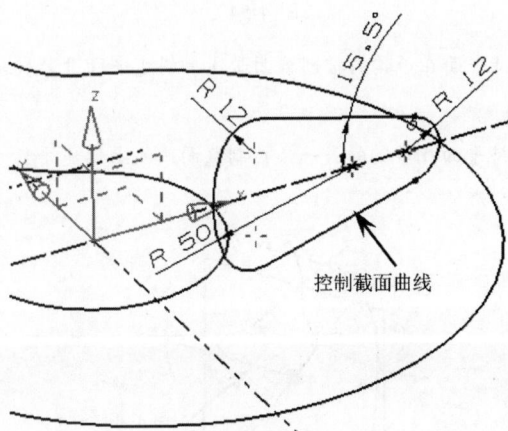

图 4-50

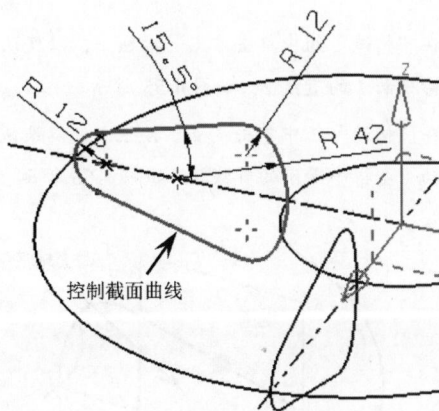

图 4-51

12 在"主页"选项卡的"构造"组中单击"点"按钮十，以"控制点"类型和"象限点"类型分别在4个吊钩的控制截面曲线中创建4个点，如图4-52所示。

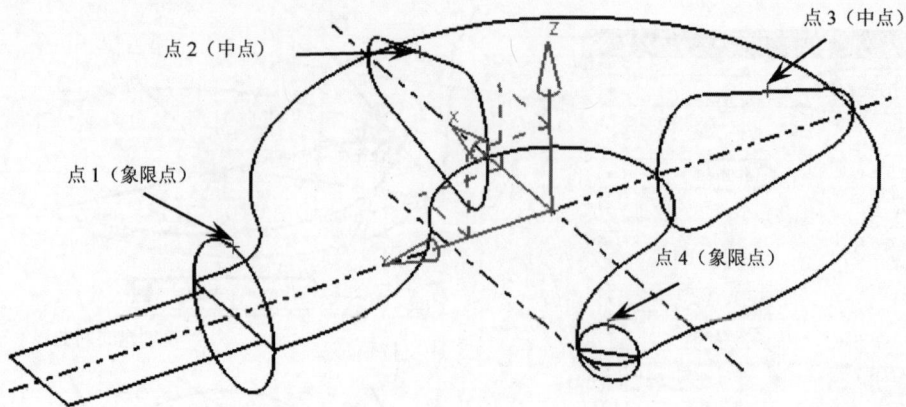

图 4-52

13 在"构造"组中单击"基准平面"按钮 ◇，在弹出的"基准平面"对话框中的"类型"下拉列表中选择"点和方向"选项，在钩尖截面中点处创建一个新基准平面，如图 4-53 所示。

14 在"构造"组中单击"点"按钮十，以步骤14创建的新基准平面作为支持平面，创建平行于 X 轴（该轴是相对于支持平面而言的）的直线 1，如图 4-54 所示。

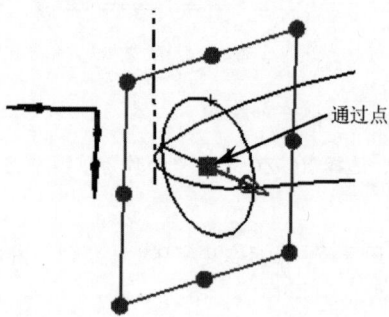

图 4-53

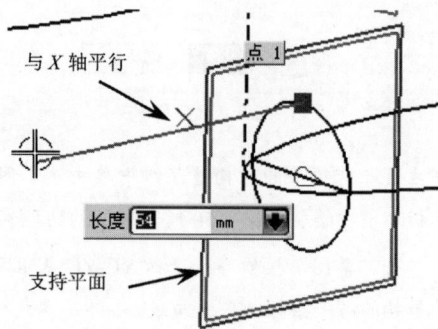

图 4-54

15 在"构造"组中单击"点"按钮十，以默认的支持平面在吊钩的控制截面曲线上创建平行于 Z 轴（支持平面）的直线 2，如图 4-55 所示。

16 在"构造"组中单击"点"按钮十，以默认的支持平面在吊钩的另一条控制截面曲线上创建平行于 X 轴（支持平面）的直线 3，如图 4-56 所示。

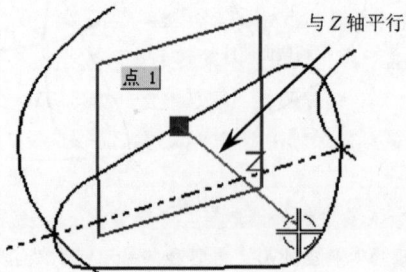

图 4-55

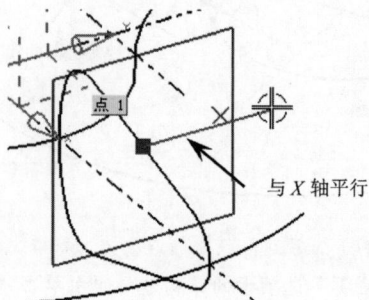

图 4-56

17 在"构造"组中单击"点"按钮十，以默认的支持平面在吊钩柄部的圆曲线上创建平行于 X 轴（支持平面）的直线 4，如图 4-57 所示。

18 在"曲线"选项卡的"派生"组中单击"桥接"按钮，弹出"桥接曲线"对话框。选择如图 4-58 所示的起始对象与终止对象，创建第 1 条桥接曲线。

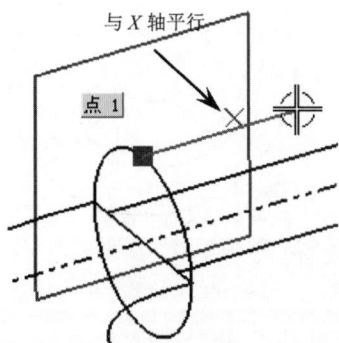

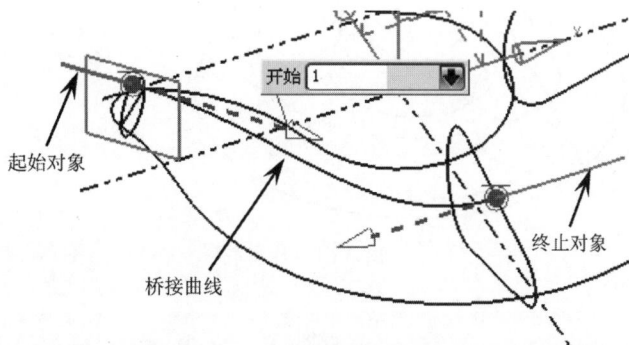

图 4-57   图 4-58

19 同理，再使用"桥接曲线"命令依次创建其余 2 条桥接曲线。创建第 2 条桥接曲线，如图 4-59 所示；创建第 3 条桥接曲线，如图 4-60 所示。

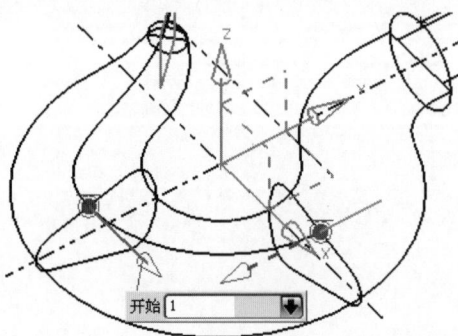

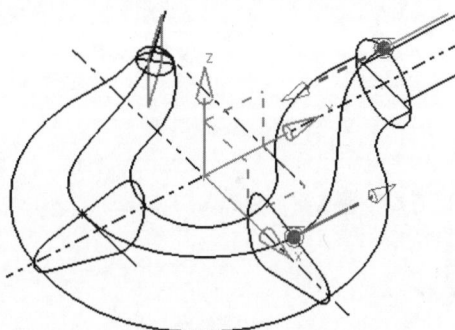

图 4-59   图 4-60

技巧点拨

在创建后面两条桥接曲线的过程中，起始对象或终止对象因桥接方向不同会产生不理想的曲线，这时需要在"桥接曲线"对话框中单击"反向"按钮，更改桥接方向。

20 在"曲线"选项卡的"派生"组的"更多"库中单击"镜像"按钮，将 3 条桥接曲线以 XC-YC 基准平面作为镜像平面，镜像至基准平面的另一侧，如图 4-61 所示。

21 将图形区中除实线外的其余辅助线、基准平面及虚线等隐藏，即可完成吊钩曲线的构建操作，最终结果如图 4-62 所示。

技巧点拨

从本例中不难看出，基准平面不仅可以作为绘制曲线、草图、形状的工作平面，还可以作为其他命令执行过程中的镜像参照。通过不断练习，用户将会发掘出越来越多的功能。

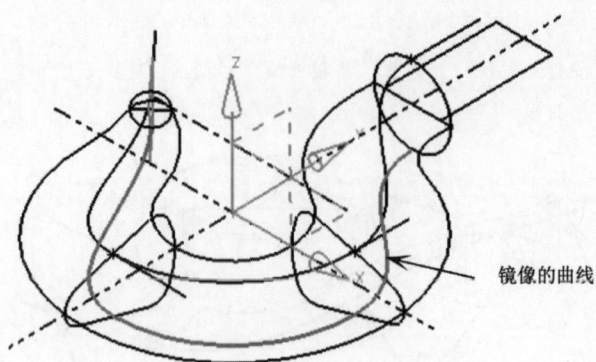

镜像的曲线

图 4-61

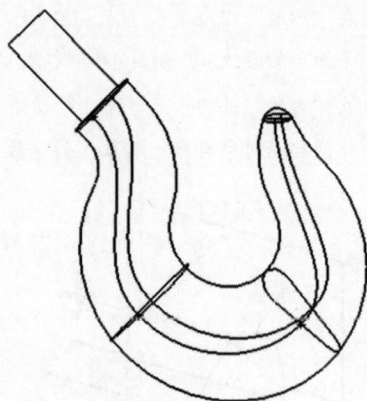

图 4-62

第 5 章　UG NX 曲面设计

在处理复杂的产品造型时，常规的实体建模功能往往无法满足设计需求，这就需要我们运用曲面造型功能。曲面造型功能能够应对形状复杂、奇特且变化无规律的外观设计。

本章将详细讲解 UG NX2024 的曲面造型设计基础命令，包括利用点数据构建曲面（常用于逆向工程）、网格曲面以及常规曲面等。

5.1　曲面概念及术语

UG NX2024 提供了多种创建曲面的命令。可以通过点来创建曲面，如"通过点""从极点"和"从点云"等命令；也可以通过曲线来创建曲面，如使用"直纹""通过曲线组"和"通过曲线网格"等命令；此外，还可以通过扫掠的方式得到曲面，如"扫掠"命令；最后，还可以通过曲面操作得到新的曲面，如"延伸片体""桥接曲面"和"修剪片体"等命令。这些命令在使用时都非常快捷方便，只需直接单击"曲面"选项卡上的相应命令按钮，即可进入对应的对话框。这些命令的另一个显著优点是，大多数命令都具有参数化设计的特点，这使得设计人员能够根据设计要求及时修改曲面。

在使用 UG 的自由曲面设计功能进行造型设计之前，有必要先了解一些相关的曲面概念及术语，包括全息片体、行与列、曲面阶次、曲面公差、补片、截面曲线以及引导线等。

- 全息片体：在 UG 中，大多数命令所构造的曲面都是参数化的特征，这些曲面特征被称作全息片体（或简称片体）。全息片体是全关联、参数化的曲面，其特点是由曲线生成，且曲面与曲线之间具有关联性。因此，当构造曲面的曲线被编辑修改后，曲面也会随之自动更新。

- 行与列：在 3D 软件中，曲线通常包括通过点创建的曲线、控制点曲线和 B 样条曲线等，而曲面正是由这些曲线构成的。我们可以将曲面想象成一块布，布上布满了经纬线。同样地，在曲面中也存在这样的经纬线，我们称为行与列。行定义了片体的 U 方向，而列则大致垂直于行，定义了片体的 V 方向。如图 5-1 所示，通过 6 个点定义了曲面的第一行。

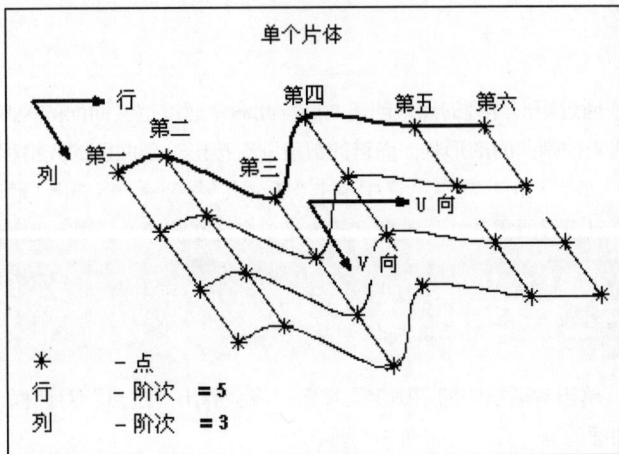

图 5-1

- 曲面阶次：阶次是一个数学概念，用于表示定义曲面的多项式方程的最高次数。在UG中，也采用了相同的概念来定义片体。每个片体都包含U、V两个方向的阶次，建立片体的阶次范围通常为2～24。需要注意的是，阶次过高可能会导致系统运算速度变慢，并增加数据转换时出错的概率。对于高阶片体而言，要使其形状发生明显的改变，通常需要将极点移动较长的距离。因此，从这个角度来看，高阶片体表现得更为"僵硬"，而低阶片体则更为"柔软"，且更容易紧密地跟随其极点的变化。

- 曲面公差：由于某些自由曲面特征在建立时会采用近似方法，因此需要使用公差来进行限制。曲面公差主要分为两种类型：距离公差和角度公差。距离公差是指建立的近似片体与理论上的精确片体之间所允许的最大距离误差；而角度公差则是指建立的近似片体的面法向与理论上的精确片体的面法向之间所允许的最大角度误差。

- 补片：补片是指用于构成曲面的基本单元或片段。在UG中，补片主要有两种使用方式：一种是由单个补片构成简单的曲面；另一种是由多个补片组合成复杂的曲面。在创建片体时，为了优化性能和获得更光滑的曲面效果，通常建议将用于定义片体的补片数量降到最低。

- 截面曲线：截面曲线是指用于控制曲面在U方向上方位和尺寸变化的曲线组。这些曲线可以是多条也可以是单条，并且它们不必是光顺的。此外，每条截面曲线内的子曲线数量也可以有所不同，但一般建议不要超过150条。

- 引导线：引导线主要用于控制曲面在V方向上的方位和尺寸变化。它们可以是样条曲线、实体的边缘或面的边缘等类型。引导线可以是单条曲线也可以是多条曲线组合而成的，并且最多可以选择3条引导线来进行操作。同时，这些引导线需要满足G1连续性的要求以确保曲面的平滑过渡。

5.2 通过点创建曲面

在UG中，通过点创建曲面指的是利用已导入的点数据来生成曲线和曲面的过程。具体来说，通过点创建曲面的方法包含3种：通过点构建曲面、从极点构建曲面以及从点云构建曲面。需要注意的是，通过这些方法所创建的曲面与原始点数据之间并不具备关联性，因此它们是非参数化的。这意味着，一旦使用上述方法创建了曲面，后续对点数据的修改并不会引起曲面的自动更新。此外，由于这种方法生成的曲面在光顺性方面往往表现不佳，因此，在常规的曲面建模工作中较少使用。然而，在处理逆向点云数据，即进行产品逆向设计时，通过点创建曲面的方法则显得尤为重要和实用。

5.2.1 通过点

"通过点"命令允许通过矩形阵列的点来创建曲面。此命令通过定义曲面的控制点来实现曲面的创建。控制点以组合成链的方式来控制曲面的形状，而链的数量则直接影响到曲面的光滑程度。

在"曲面"选项卡的"基本"组的"更多"库中单击"通过点"按钮，将弹出"通过点"对话框，如图5-2所示。在该对话框中，可以设置所需的补片类型（无论是单个还是多个），并可以调整补片的阶次。

技巧点拨

如果没有此命令，可以通过"定制"对话框调出。

在确定补片类型后，单击对话框中的"确定"按钮，将会弹出"过点"对话框。该对话框提供了4种方法来确定曲线链（即曲面的第一行），如图5-3所示。

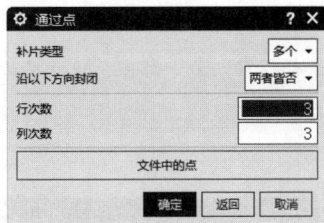

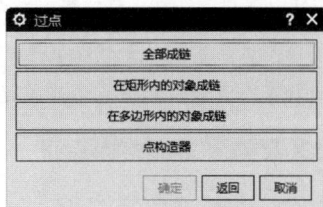

图 5-2　　　　　　　　　　　　　　图 5-3

"通过点"对话框中的各选项含义如下。

- 补片类型：包括"单个"和"多个"选项，如图 5-4 所示。对于"单个"补片类型，最小的行数或每行的点数是 2（对应最小阶次为 1），而最大的行数或每行的点数为 25（对应最高阶次为 24+1）。

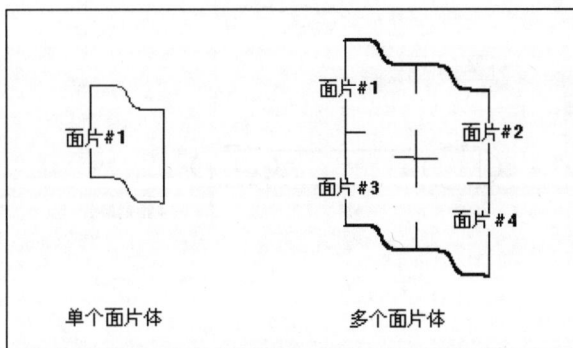

图 5-4

- 沿以下方向封闭：该选项允许沿着点数据阵列的特定方向（包括行方向和列方向）来创建封闭的曲面。
- 行次数：指的是点阵在行方向上的阶次。
- 列次数：指的是点阵在列方向上的阶次。
- 文件中的点：可以通过单击此按钮，从外部文件中导入创建的点数据。

例 5-1：使用"通过点"命令生成曲面

使用"通过点"命令生成曲面的具体操作步骤如下。

01 打开本例的配套资源文件 5-1.prt，如图 5-5 所示。

02 执行"插入"→"曲面"→"通过点"命令，弹出"通过点"对话框，如图 5-6 所示。

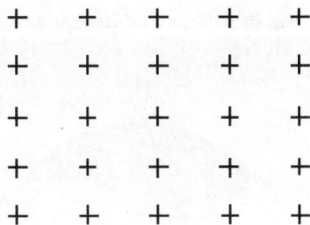

图 5-5

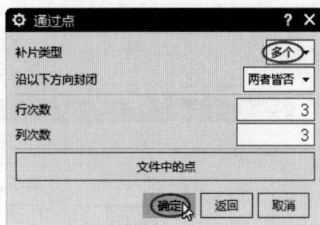

图 5-6

03 单击"确定"按钮，弹出"过点"对话框。单击"在矩形内的对象成链"按钮，弹出"指定点"对话框。

04 移动鼠标指针到图形区，单击第一行左上角，再移动鼠标指针到第一行右下角并单击，形成一个矩形，然后根据提示选择第一点和最后一点使其成链，如图5-7所示。

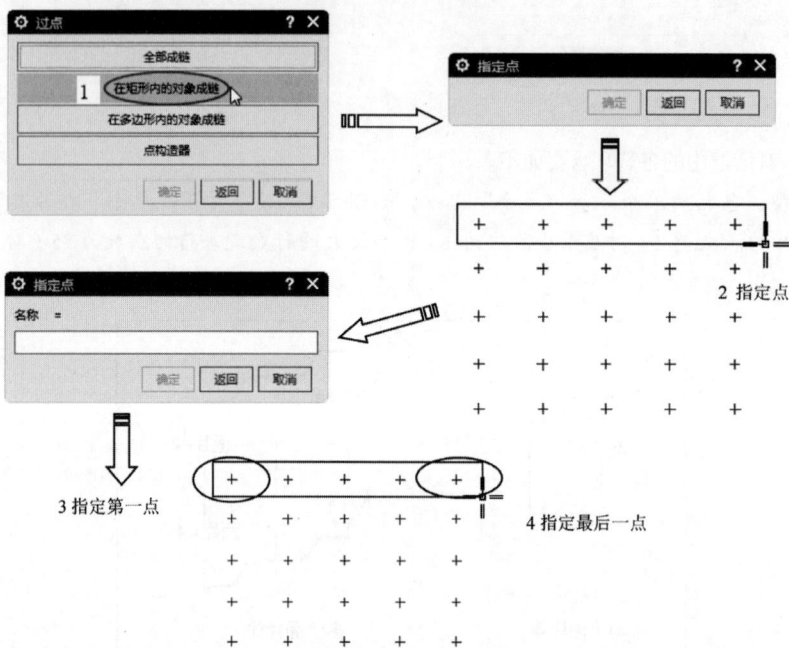

图 5-7

技巧点拨

由于采用了"在矩形内的对象成链"方式，为了方便选择点，需要将视图方位调整至正确位置，即俯视图。

05 参照步骤04同时选取第2行、第3行和第4行的点使其成链。

06 选取剩下的一行点使其成链，随后弹出"过点"对话框，如图5-8所示。

技巧点拨

"过点"对话框的弹出不仅取决于设定的行次数和列次数，还与实际创建的曲线链数量有关。举例来说，如果将"行次数"和"列次数"均设置为3，那么必须创建4条曲线链以满足要求。而如果将"行次数"和"列次数"值均设置为2，则仅需创建3条曲线链即可。

07 单击"所有指定的点"按钮，自动创建曲面，再单击"确定"按钮，退出"过点"对话框。创建的点曲面如图5-9所示。

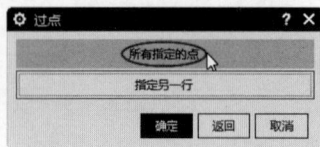

图 5-8

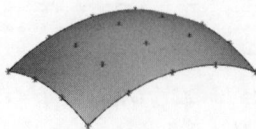

图 5-9

5.2.2 从极点

"从极点"命令允许通过定义一个矩形阵列的曲面极点来创建曲面。在"基本"组中单击"从极点"按钮🖉，会弹出"从极点"对话框，如图 5-10 所示。

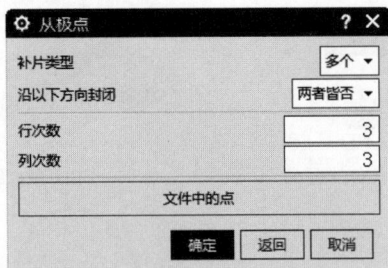

图 5-10

技巧点拨

与"通过点"命令不同的是，"从极点"命令要求用户选择极点来定义曲面的行，且所选的极点数必须满足曲面的阶次要求。例如，对于 3 阶的曲面，必须选择 4 个或更多的点来定义，如图 5-11 所示。

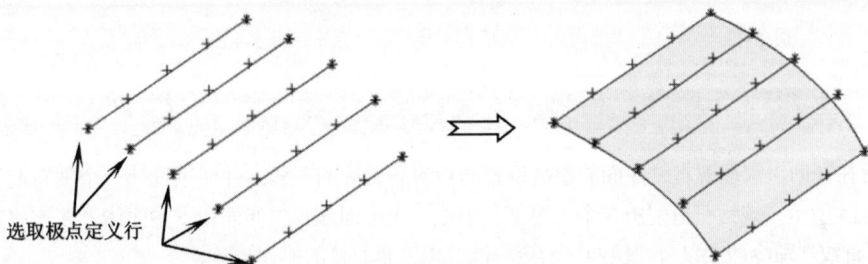

选取极点定义行

图 5-11

5.3 曲面网格划分

下面介绍的几个命令提供了 UG 中最基本的曲面构建功能，是产品设计过程中经常使用的重要工具。

5.3.1 直纹曲面

UG 中的"直纹"命令，也被称为"放样"，允许通过两条截面线串来生成曲面或实体。这些截面线串可以由单个或多个对象构成，其中包括曲线、实体边界或实体表面等各种几何体。

在"曲面"选项卡的"基本"组的"更多"库中单击"直纹"按钮◢，会弹出"直纹"对话框，如图 5-12 所示。

通过"直纹"对话框，用户需要选择两条截面线串来创建特征。这些选取的对象可以是多重或单一的曲线、片体边界或实体表面。如果选择了多重曲线，软件会根据所选的起始弧及其位置来定义向量方向，并按照选取的顺序生成片体。如果选取的截面曲线是开放的，那么会生成曲面；如果截面曲线是闭合的，则会生成实体，如图 5-13 所示。

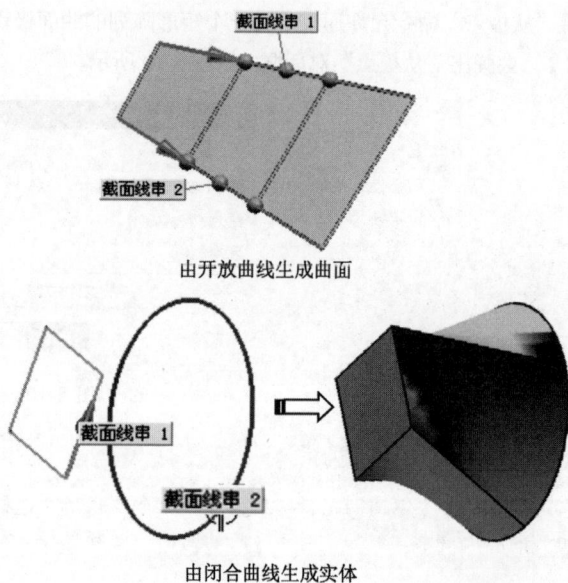

由开放曲线生成曲面

由闭合曲线生成实体

图 5-12   图 5-13

例 5-2：创建直纹曲面

本例旨在帮助大家理解直纹曲面的参数设置与点对齐之间的差异，并通过设计一个钻石造型来加以实践，如图 5-14 所示。该钻石造型由 3 个主要部分组成：上多面体、拉伸面和下多面体。要完成这个设计，需要使用"直纹"命令两次以及"拉伸"命令一次。以下是具体的操作步骤。

01 执行"插入"→"曲线"→"多边形"命令，弹出"多边形"对话框。

02 输入多边形的"边数"值为 8，单击"确定"按钮，如图 5-15 所示。

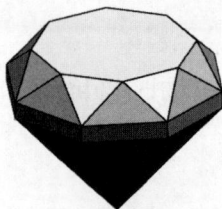

图 5-14   图 5-15

03 弹出"多边形"创建方式对话框，单击"外接圆半径"按钮，弹出"多边形"对话框，创建第 1 个八边形，如图 5-16 所示。

04 创建第 2 个八边形，如图 5-17 所示。

05 在"曲面"选项卡的"基本"组的"更多"库中单击"直纹"按钮◿，弹出"直纹"对话框。移动鼠标指针到图形区，选择截面线串 1，然后在"截面线串 2"选项区中激活"选择曲线"选项，或者按鼠标中键，选择截面线串 2，如图 5-18 所示。

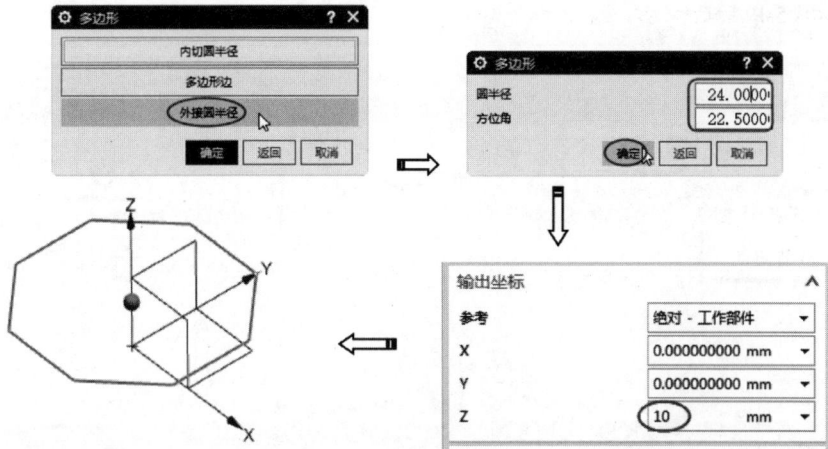

图 5-16

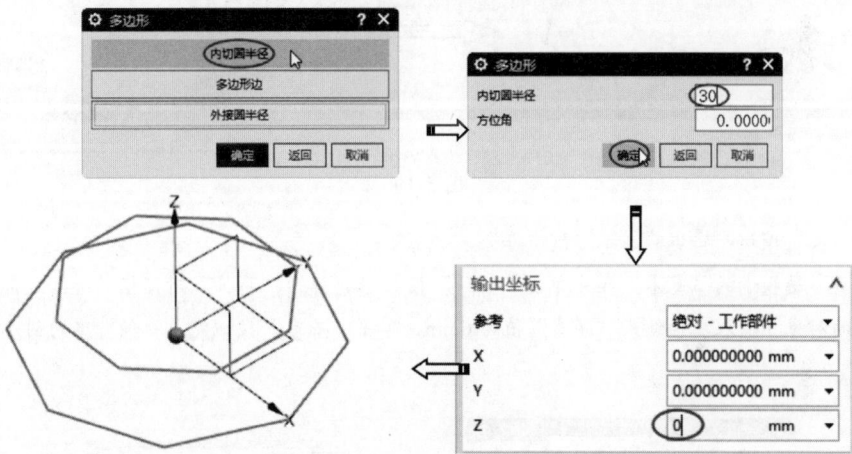

图 5-17

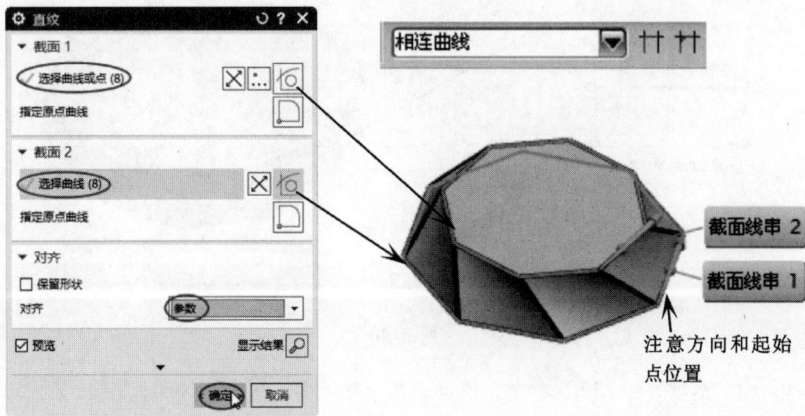

图 5-18

06 在"对齐"选项区的"对齐"下拉列表中选择"根据点"选项,激活"指定点"选项,在直线中间增加点以创建新的直纹边缘,并拖动点使一个面均匀地划分为两个三角形面,然后依次增加7个点,操作过程如图 5-19 所示。

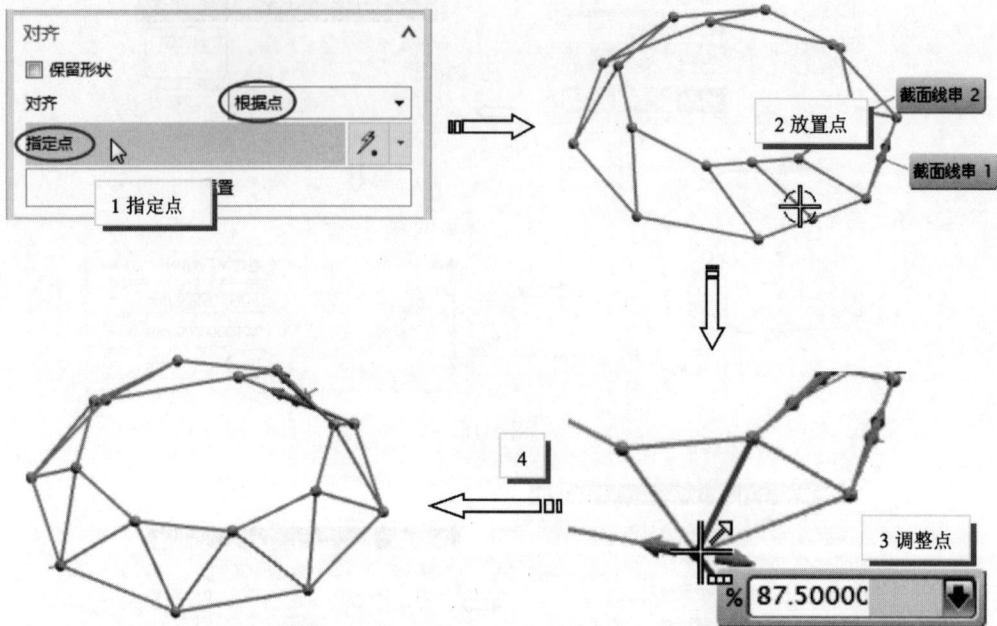

图 5-19

07 单击"确定"按钮，退出"直纹"对话框。

08 在"主页"选项卡的"基本"组中单击"拉伸"按钮，弹出"拉伸"对话框。选择底部面的边缘作为拉伸的对象。输入拉伸结束"距离"值为 6mm，单击"确定"按钮完成拉伸特征的创建，如图 5-20 所示。

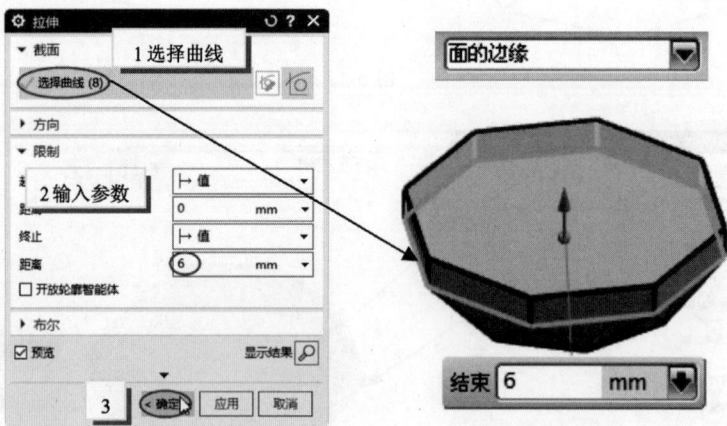

图 5-20

09 执行"插入"→"基准"→"点"命令，弹出"点"对话框，在坐标 X=0、Y=0、Z=-50 处创建一点。

10 在"曲面"选项卡的"基本"组的"更多"库中单击"直纹"按钮，弹出"直纹"对话框，移动鼠标指针到图形区，选择截面线串 1 为点，选择截面线串 2 为底部面边缘，单击"确定"按钮，完成钻石造型的创建，如图 5-21 所示。

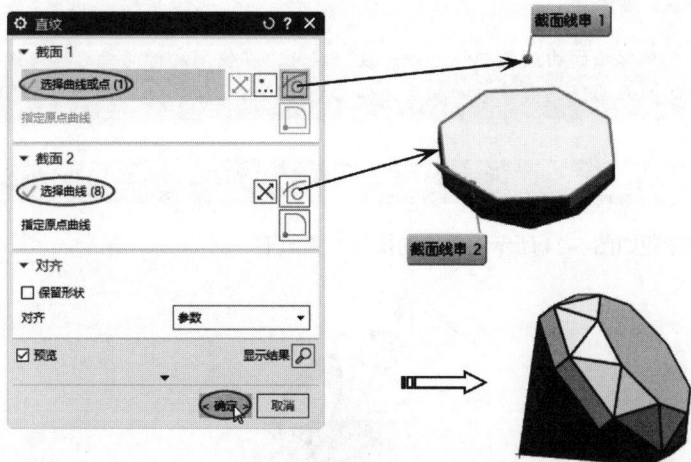

图 5-21

11 在"主页"选项卡的"基本"组中单击"合并"按钮🔘，弹出"合并"对话框。选择任意实体为目标体，选择其他实体为工具体，单击"确定"按钮，关闭"合并"对话框。

5.3.2 通过曲线组

"通过曲线组"命令允许通过一系列大致在同一方向上的轮廓曲线（也称为截面线串）来建立曲面或实体。使用此命令生成的特征与截面线串相关联，这意味着当截面线串被编辑或修改时，特征会自动更新。

在"曲面"选项卡的"基本"组中单击"通过曲线组"按钮🔘，会弹出"通过曲线组"对话框，如图5-22所示。而图5-23则展示了通过曲线组创建的曲面的示例。

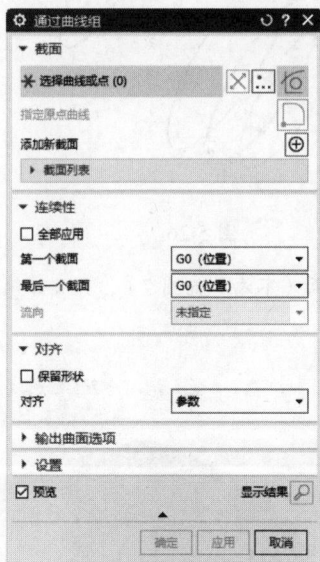

图 5-22

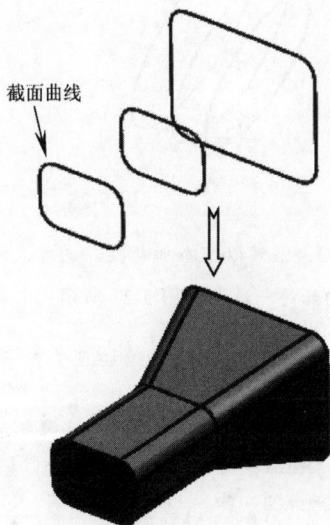

图 5-23

"通过曲线组"命令与"直纹"命令有相似之处，但两者也存在明显区别。主要在于，"直纹"命令仅限于使用两条相连的截面线串，而"通过曲线组"命令则更为灵活，最多允许使用150条截面线串来创建曲面或实体。

技巧点拨

在选择截面线串时，应确保截面曲线的矢量方向一致。因此，在使用鼠标指针选择曲线时，要特别注意选择的位置。如果选择的截面曲线的矢量方向相反，那么生成的曲面可能会发生扭曲变形。

例 5-3: 通过曲线组创建曲面

本例制作的沐浴露瓶如图 5-24 所示，具体的操作步骤如下。

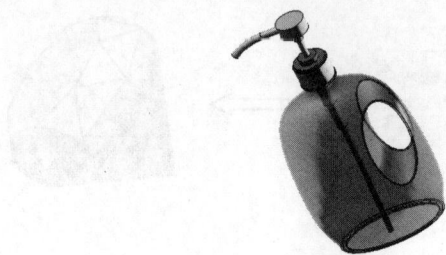

图 5-24

01 打开本例的配套资源文件 5-2.prt。

02 在"曲面"选项卡的"基本"组中单击"通过曲线组"按钮，弹出"通过曲线组"对话框。

03 按信息提示先选择椭圆 1 作为第 1 个截面，如图 5-25 所示。然后单击"添加新截面"按钮，选择椭圆 2 作为第 2 个截面，如图 5-26 所示。

图 5-25

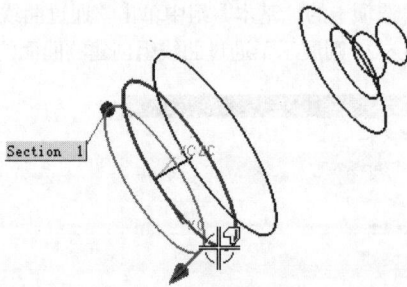

图 5-26

04 同步骤 03，继续以"添加新集"的方式添加其余椭圆为截面（不添加椭圆 7），并且必须保证截面的生成方向始终一致，如图 5-27 所示。

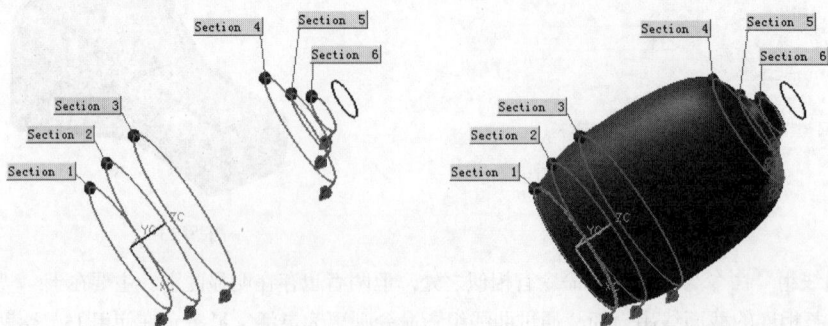

图 5-27

05 其余选项保持默认设置，单击"应用"按钮，完成实体 1 的创建。

06 在"主页"选项卡的"基本"组的"更多"库中单击"圆柱"按钮，弹出"圆柱"对话框。在"类型"下拉列表中选择"轴、直径和高度"选项，然后按信息提示在图形区中选择ZC方向上的矢量轴，激活"指定点"选项，再选择如图 5-28 所示的截面圆的圆心作为参考点。

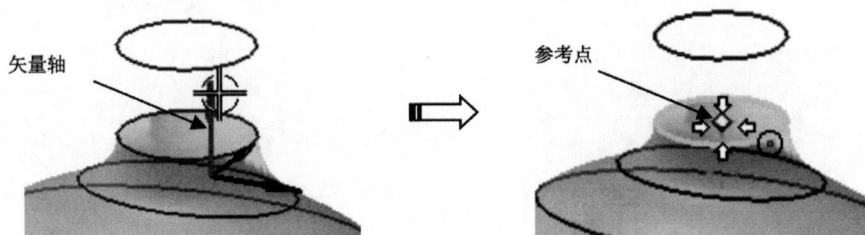

图 5-28

07 在"圆柱"对话框的"尺寸"选项区中输入圆柱的"直径"值为 30mm，"高度"值为 20mm，最后单击"确定"按钮，完成圆柱体的创建，如图 5-29 所示。

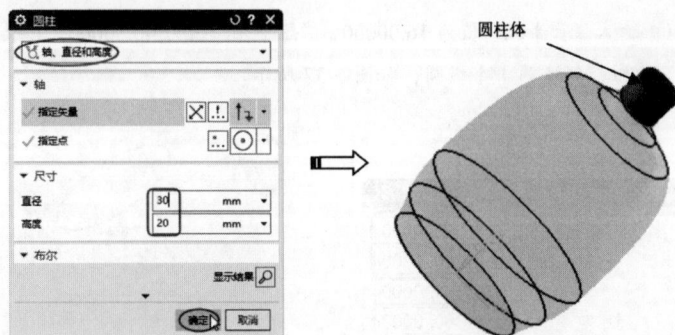

图 5-29

08 使用"合并"命令，将实体 1 和圆柱体合并，得到的整体就是瓶身主体。

09 在上边框条最右侧单击下三角按钮，并在弹出的菜单中单击"实用工具组"→WCS→"WCS 定向"按钮，然后在图形区中选中 XC 轴方向的手柄，并在浮动文本框内输入"距离"值为 40，按 Enter 键，工作坐标系会向 XC 轴正方向平移。在图形区中选中 ZC 轴方向的手柄，并在浮动文本框内输入"距离"值为 106.00，按 Enter 键，工作坐标系会向 ZC 轴正方向平移，如图 5-30 所示。

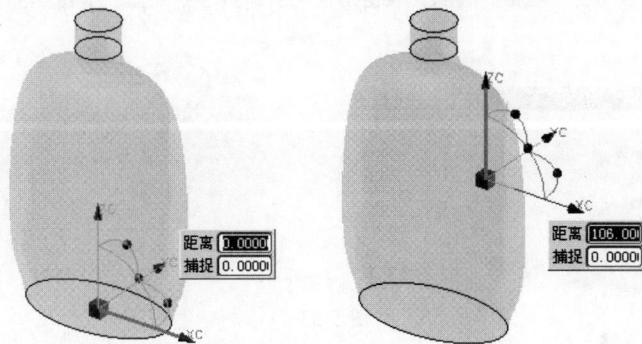

图 5-30

10 选中 YC-ZC 平面上的旋转手柄，然后在浮动文本框内输入"角度"值为 90.00，按 Enter 键，工作坐标系会绕 XC 轴旋转，如图 5-31 所示。

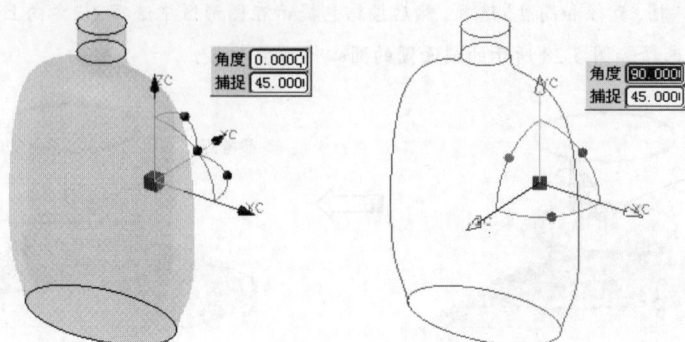

图 5-31

11 在"曲线"选项卡的"基本"组中单击"椭圆"按钮◯，弹出"点"对话框。在该对话框中输入椭圆圆心坐标，XC 为 0，YC 为 0，ZC 为 0，然后单击"确定"按钮，弹出"椭圆"对话框。

12 在"椭圆"对话框中输入"长半轴"值为 16.00000，"短半轴"值为 40.00000。其余参数保持默认设置，然后单击"确定"按钮，创建第 1 个椭圆，如图 5-32 所示。

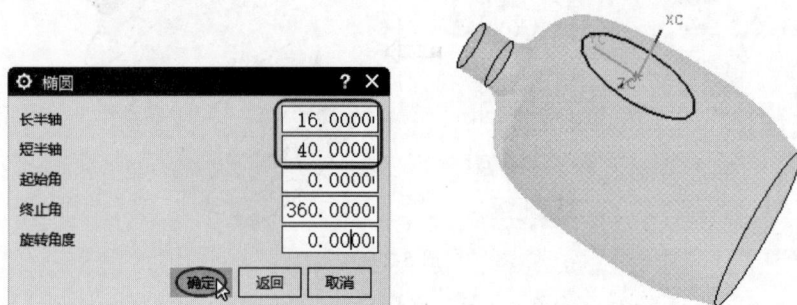

图 5-32

13 单击"椭圆"对话框中的"返回"按钮，返回"点"对话框。在"点"对话框中输入第 2 个椭圆的圆心坐标，XC 为-4，YC 为 0，ZC 为 40，然后单击"确定"按钮。

14 随后弹出"椭圆"对话框。在该对话框中输入第 2 个椭圆的参数值："长半轴"值为 22.00000，"短半轴"值为 55.00000，然后单击"确定"按钮，在图形区中创建第 2 个椭圆，如图 5-33 所示。

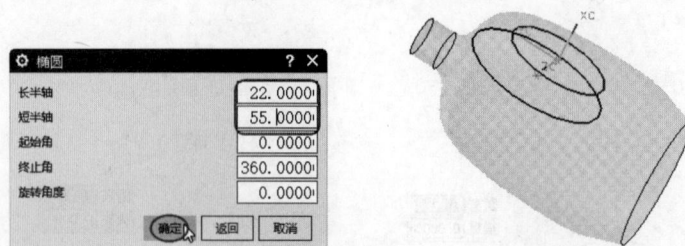

图 5-33

15 同理，在"点"对话框中输入第 3 个椭圆的圆心坐标，XC 为-4，YC 为 0，ZC 为-40，并在"椭圆"

对话框中输入第 3 个椭圆的参数值，"长半轴"值为 22.00000，"短半轴"值为 55.00000，然后单击"确定"按钮，在图形区中创建第 3 个椭圆，如图 5-34 所示。

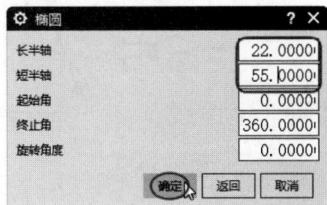

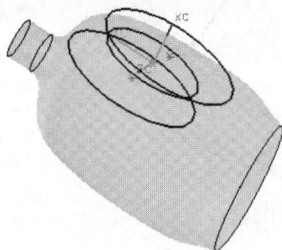

图 5-34

16 在"曲面"选项卡的"基本"组中单击"通过曲线组"按钮，弹出"通过曲线组"对话框。

17 以"添加新集"的方式选择和添加椭圆 3、椭圆 1 和椭圆 2 作为截面 1、截面 2 和截面 3，如图 5-35 所示。

18 其余选项保持默认设置，然后单击"确定"按钮，完成实体特征的创建，如图 5-36 所示。

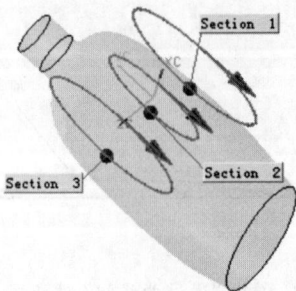

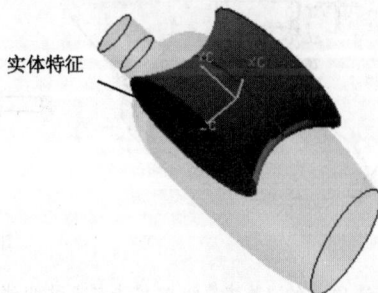

图 5-35   图 5-36

19 使用"减去"命令，以瓶身主体作为目标体，实体特征为工具体，创建手把形状，如图 5-37 所示。

图 5-37

20 将工作坐标系设为绝对坐标系，即在"WCS 定向"对话框中设置"类型"为"绝对 CSYS"。

21 使用"椭圆"命令，以绝对坐标系的原点作为椭圆的圆心，并且设置椭圆的"长半轴"值为 47.50000，"短半轴"值为 25.00000，创建如图 5-38 所示的椭圆。

22 执行"编辑"→"曲线"→"分割"命令，弹出"分割曲线"对话框。在此对话框中设置"类型"为"等分段"，然后选择步骤 21 创建的椭圆作为要分割的对象，单击"确定"按钮，椭圆会被分割成两段，如图 5-39 所示。

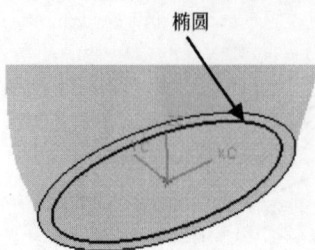
椭圆

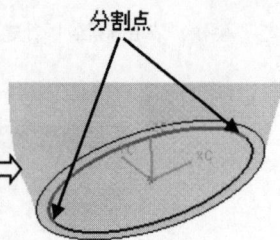
分割点

图 5-38   图 5-39

23 执行"插入"→"曲线"→"直线和圆弧"→"圆弧（点-点-点）"命令，弹出"圆弧（点-点-点）"对话框和浮动文本框。

24 按信息提示选择椭圆的两个分割点作为圆弧的起点和终点，然后在浮动文本框中输入圆弧的中点坐标XC 为 0，YC 为 0，ZC 为 5，最后单击鼠标中键，完成圆弧的创建，如图 5-40 所示。

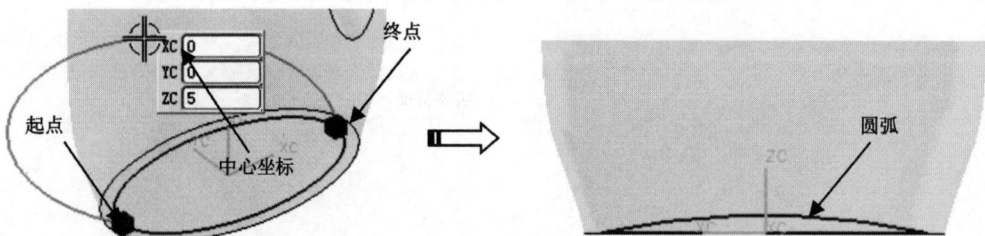

图 5-40

25 在"曲面"选项卡的"基本"组中单击"通过曲线组"按钮，弹出"通过曲线组"对话框。以"添加新集"的方式选择 3 段圆弧作为截面 1、截面 2 和截面 3，其余选项保持默认设置，单击"确定"按钮完成曲面的创建，如图 5-41 所示。

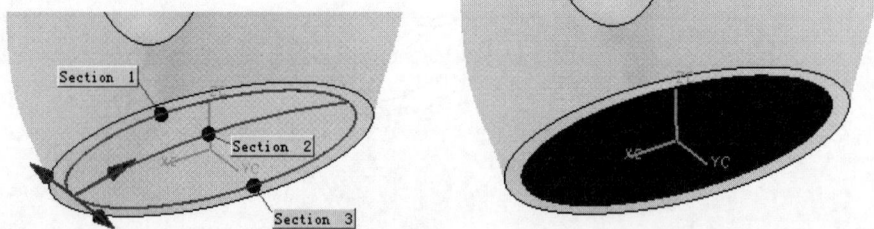

图 5-41

26 在"主页"选项卡的"基本"组的"更多"库中单击"修剪体"按钮，弹出"修剪体"对话框。按信息提示选择瓶身主体作为目标体，再选择步骤 25 创建的曲面作为工具面，保持默认的修剪方向，然后单击"确定"按钮，完成修剪体操作，如图 5-42 所示。

27 使用"基本"组中的"边倒圆"命令，选择手把位置上的左右两条边进行倒圆，输入圆角半径值为1mm，如图 5-43 所示。

28 选择底座形状上的内、外边进行倒圆，输入圆角半径值为 2.5mm，如图 5-44 所示。

图 5-42

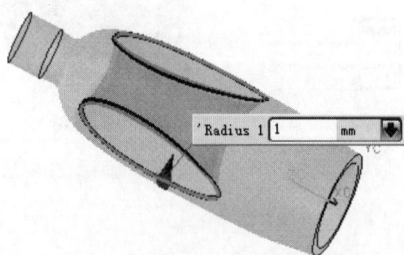

图 5-43

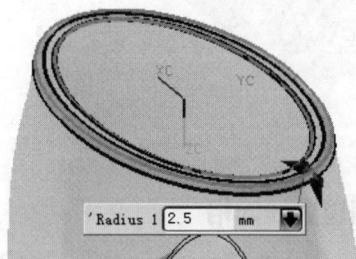

图 5-44

29 单击"基本"组中的"抽壳"按钮🔷，弹出"抽壳"对话框。在此对话框中设置"类型"为"移除面，然后抽壳"，并按信息提示选择瓶口端面作为要移除的面，输入抽壳厚度值为 1.5，然后单击"确定"按钮，完成抽壳操作，如图 5-45 所示。

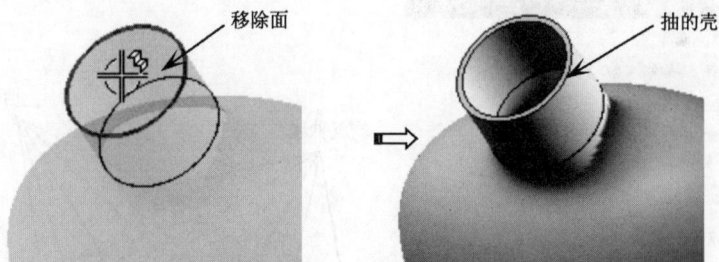

图 5-45

技巧点拨

瓶口螺纹特征属于外螺纹特征，然而 UG 所提供的螺纹创建命令仅限于内螺纹特征的创建。因此，要创建瓶口的外螺纹特征，需要结合使用"螺旋线"命令、"草图"命令以及"扫掠"命令来共同完成。

30 在"主页"选项卡的"基本"组中单击"拉伸"按钮🔷，弹出"拉伸"对话框。按信息提示选择瓶口处的一条边作为拉伸截面，如图 5-46 所示。

31 在"拉伸"对话框中设置如下拉伸参数：选择拉伸矢量为 ZC 轴；在"限制"选项区中输入起始距离值为 0mm、结束距离值为 2mm；在"布尔"选项区中选择"合并"选项；在"偏置"选项区中选择"两侧"选项，并输入偏置的"开始"值为 0mm，"结束"值为 3mm，如图 5-47 所示。

32 单击"确定"按钮，完成拉伸特征的创建，如图 5-48 所示。至此，完成了沐浴露瓶的造型。

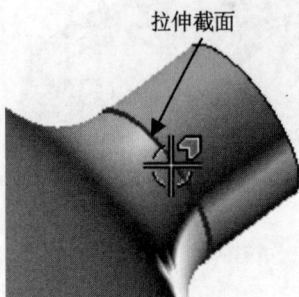

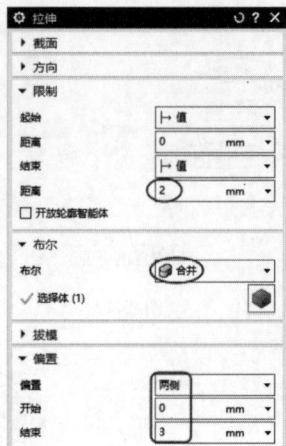

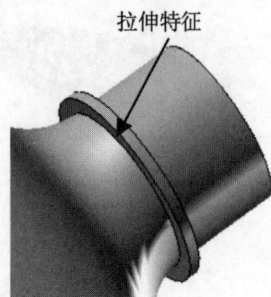

图 5-46   图 5-47   图 5-48

5.3.3　通过曲线网格

"通过曲线网格"命令被用于通过一个方向的截面曲线和另一个方向的引导线来创建曲面或实体。通常，第一组截面曲线被称为"主曲线"，而第二组引导线则被称为"交叉曲线"。值得注意的是，由于该命令没有对齐选项，因此在生成曲面时，主曲线上的尖角并不会产生锐边。

在"主页"选项卡的"基本"组中单击"通过曲线网格"按钮 🖉，随后会弹出"通过曲线网格"对话框，如图 5-49 所示。通过曲线网格命令所创建的曲面如图 5-50 所示。

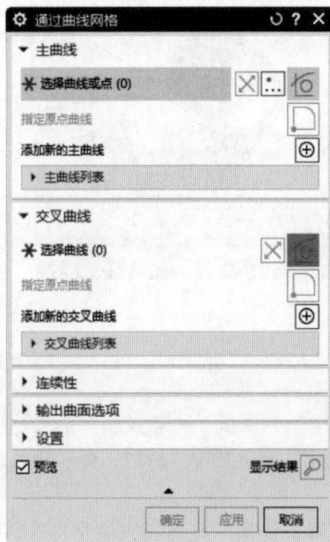

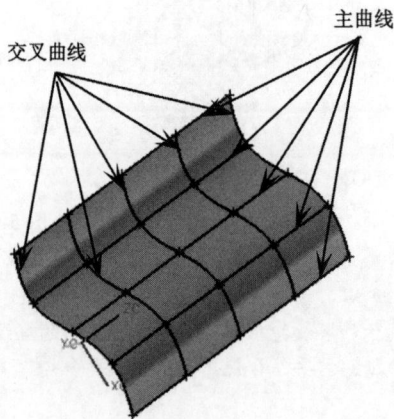

图 5-49   图 5-50

使用"通过曲线网格"命令创建曲面具备以下几个特点。

- 生成的曲面或实体与主曲线和交叉曲线相关联。
- 生成的曲面为双多次三项式，即曲面在行与列两个方向上均为 3 次。
- 主曲线封闭，可重复选择第 1 条交叉曲线作为最后一条交叉曲线，从而形成封闭实体。
- 在选择主曲线时，点可以作为第 1 条截面曲线和最后一条截面曲线。

例5-4：通过曲线网格创建曲面

本例使用"通过曲线网格"命令创建如图5-51所示的花形灯罩曲面，具体的操作步骤如下。

01 打开本例的配套资源文件5-3.prt，灯罩曲线如图5-52所示。

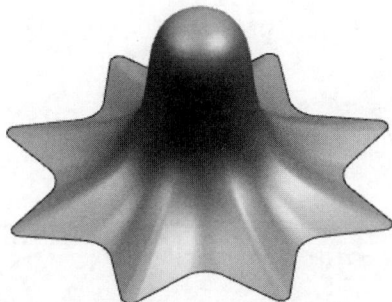 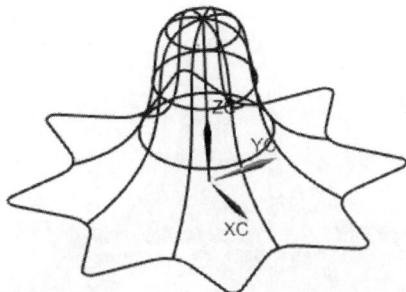

图 5-51 　　　　　　　　　　　　　图 5-52

02 在"主页"选项卡的"基本"组中单击"通过曲线网格"按钮，弹出"通过曲线网格"对话框。

03 选择主曲线，选择时单击"添加新的主曲线"按钮⊕逐一添加，如图5-53所示。

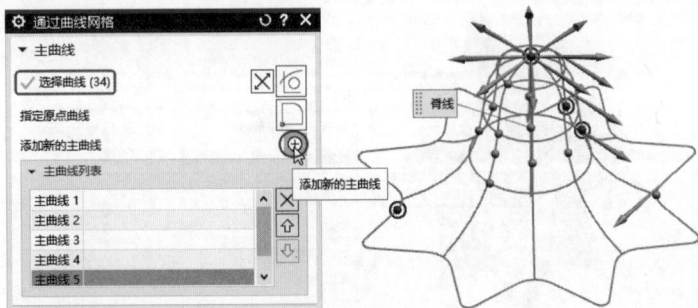

图 5-53

技巧点拨

每选择一条主曲线后，都需要单击"添加新的主曲线"按钮⊕进行添加。请注意，不要一次性选择所有主曲线，否则将无法成功创建曲面。

04 在"交叉曲线"选项区中激活"选择曲线"选项，然后选择交叉曲线，如图5-54所示。

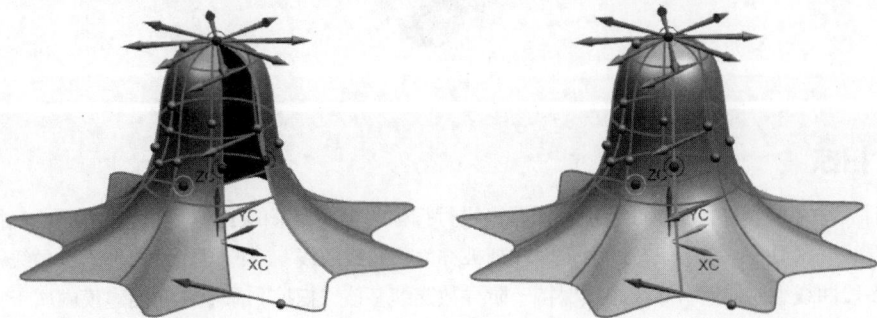

图 5-54

技巧点拨

在选择交叉曲线时，务必将阵列前的原始曲线设定为最后一条交叉曲线。若错误地将其设定为交叉曲线1，将会导致生成不理想的曲面，如图 5-55 所示。而若将其置于中间位置作为交叉曲线，系统则会弹出警告信息，如图 5-56 所示（注：此说明仅限于本例）。

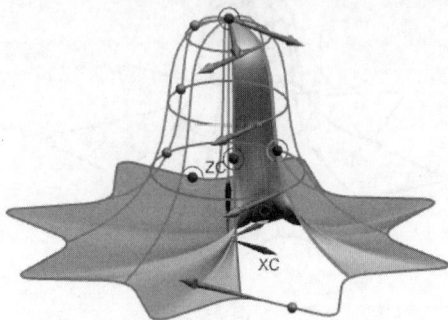

图 5-55

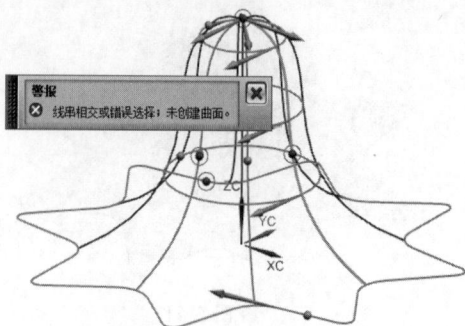

图 5-56

05 选择中间的直线作为脊线，然后设置"体类型"为"片体"，如图 5-57 所示。

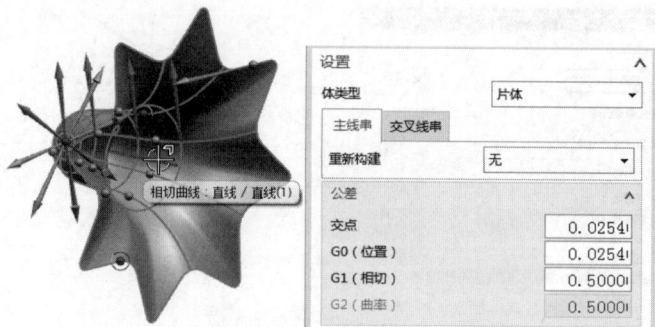

图 5-57

06 单击"确定"按钮，完成网格曲面——灯罩曲面的创建，如图 5-58 所示。

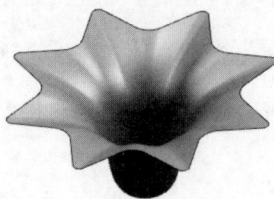

图 5-58

5.3.4 扫掠

"扫掠"命令是通过将轮廓曲线沿空间路径进行扫掠来生成特征的工具。在此过程中，扫掠的路径被称作"引导线"（最多可选 3 条），而轮廓线则被称为"截面曲线"。值得注意的是，引导线和截面曲线都可以由多段曲线组成，但引导线必须保持一阶导数连续。该"扫掠"命令在曲面建模中属于较为复杂且功能强大的工具，因此，在工业设计领域得到了广泛的应用。

在"主页"选项卡的"基本"组中单击"扫掠"按钮⬦，随后会弹出"扫掠"对话框，如图 5-59 所示。为了创建扫掠特征，需要通过此对话框来定义截面曲线、引导线以及脊线这三个关键要素，如图 5-60 所示。

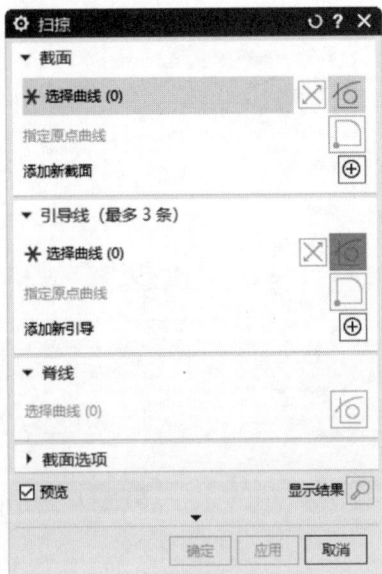

图 5-59

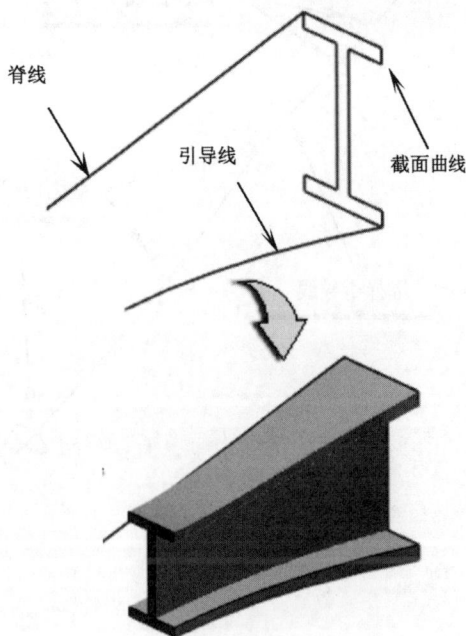

图 5-60

例 5-5：创建扫掠曲面

本例主要用于练习扫掠操作，设计的牙刷造型，如图 5-61 所示，具体的操作步骤如下。

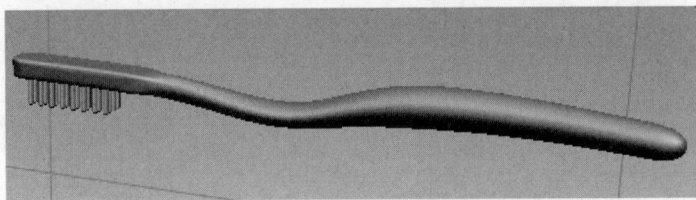

图 5-61

01 打开本例的配套资源文件 5-4.prt。

02 在"主页"选项卡的"基本"组中单击"扫掠"按钮⬦，弹出"扫掠"对话框。

03 首先选择截面曲线和引导线。每选择一条截面曲线后按鼠标中键（按鼠标中键就是添加新集），然后激活"引导线"选项区中的"选择曲线"选项，并选择引导线。在"截面选项"选项区中设置"插值"为"三次"，"对齐"为"弧长"，最后单击"确定"按钮，完成扫掠主体的创建，如图 5-62 所示。

技巧点拨

由于牙刷的设计要求表面光滑，因此采用三次插值的方法。另外，鉴于截面曲线的数量存在差异，还采用了弧长对齐的方式。

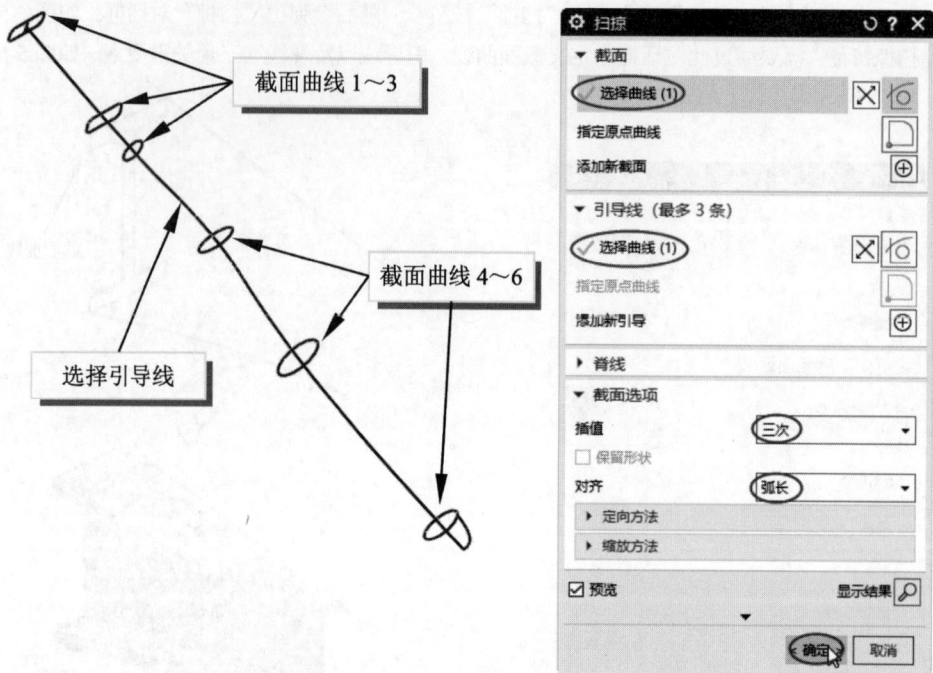

截面曲线 1～3

截面曲线 4～6

选择引导线

图 5-62

04 在"主页"选项卡的"基本"组中单击"旋转"按钮🗇,弹出"旋转"对话框。

05 先选择半个轮廓曲线作为旋转对象,再指定中心直线为旋转矢量,在"限制"选项区中输入旋转角度值为 180,并设置布尔运算为"合并",单击"确定"按钮,完成旋转实体的创建,如图 5-63 所示。

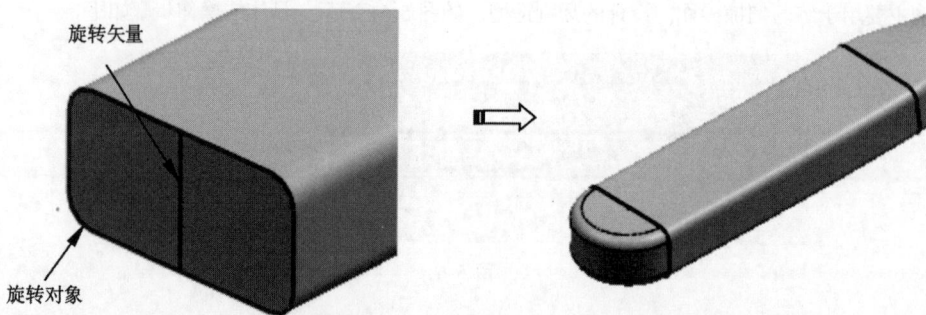

旋转矢量

旋转对象

图 5-63

06 在"主页"选项卡的"基本"组中单击"扫掠"按钮🗇,弹出"扫掠"对话框。

07 首先选择截面曲线为椭圆,然后激活"引导线"选项区的"选择曲线"选项,并选择两条引导线,每选择一条引导线后按鼠标中键,最后选择脊线为直线(曲线可重复使用),在"截面选项"选项区中设置"插值"为"三次","对齐"为"弧长",单击"确定"按钮,完成扫掠尾部的创建,如图 5-64 所示。

技巧点拨

由于扫掠不支持点,可以单独使用一个截面沿两条逐渐缩小的曲线扫掠来完成尾部。

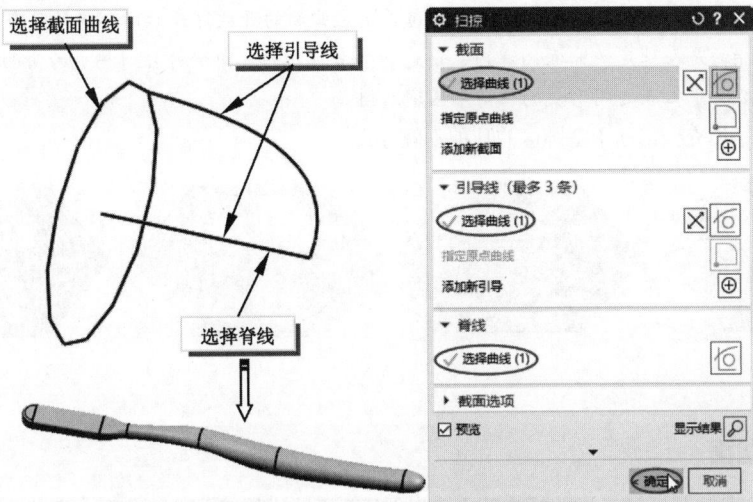

图 5-64

08 在"主页"选项卡的"基本"组中单击"合并"按钮 🔵，弹出"合并"对话框。选择任意实体为目标体，选择其他实体为工具体，单击"确定"按钮，完成合并。最终完成的牙刷柄造型如图 5-65 所示。

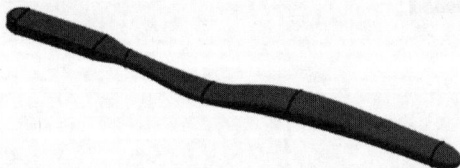

图 5-65

5.3.5　N 边曲面

"N 边曲面"命令用于创建由一组端点相互连接的曲线所封闭的曲面，并允许指定该曲面与外部曲面之间的连续性。在"基本"组的"更多"库中单击"N 边曲面"按钮 🔵，会弹出"N 边曲面"对话框，如图 5-66 所示。

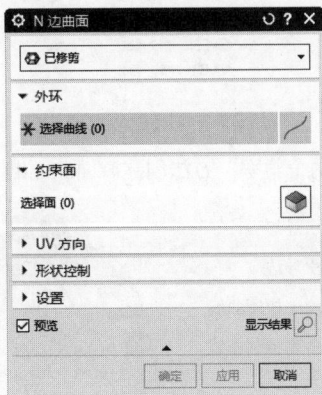

图 5-66

"N 边曲面"对话框中包含两种 N 边曲面创建类型，分别是"已修剪"和"三角形"。

- 已修剪：指的是创建单个曲面，该曲面会覆盖选定曲面的开放环或封闭环内的整个区域。
- 三角形：指的是在选定的曲面闭环内，创建一个由独立的三角形补片所构成的曲面。每个补片都由每条边和公共中心点之间形成的三角形区域所组成。

图 5-67 展示了填充一组面中空隙区的几种不同方式。

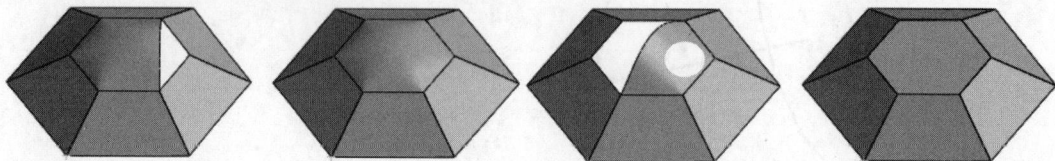

图 5-67

5.3.6 截面曲面

"截面曲面"命令是通过二次曲线构造方法来创建截面曲面的工具，该曲面会穿过特定的曲线或边。截面曲面是基于一系列二次曲线生成的，它起始和终止于选定的控制曲线，并且确保通过这些曲线。

在"基本"组的"更多"库中单击"截面曲面"按钮 ◈，随后会弹出"截面曲面"对话框，如图 5-68 所示。此外，还可以直接从"更多"库中选择不同的方法来指定如何创建截面曲面，如图 5-69 所示。

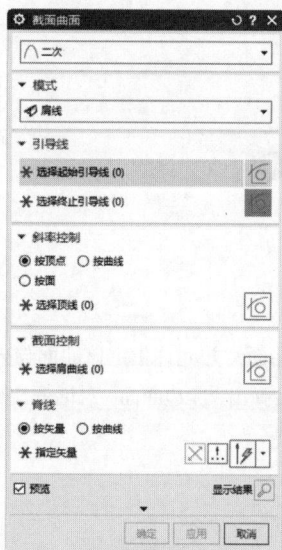

图 5-68

图 5-69

图 5-70 所示为使用"三次曲线 - 两个斜率"方法创建截面曲面的实例。

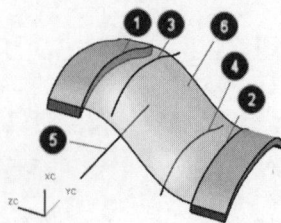

1 起始引导边
2 终止引导边
3 起始斜率控制曲线
4 终止斜率控制曲线
5 脊线
6 预览切曲面

图 5-70

5.4 其他常规曲面设计

下面介绍的几个命令在建模中应用得较少，而在产品设计中应用得较多。

5.4.1 四点曲面

"四点曲面"命令允许在空间中选定4个点作为四边形曲面的顶点。此命令对于创建A类工作流中的基本曲面尤为实用。通过提升曲面的阶次和补片数量，可以构建出更复杂且符合期望形状的曲面，同时，这种曲面也易于修改。

创建四点曲面时，需要遵循以下条件。

- 不允许有3个选定点位于同一直线上。
- 不应存在两个完全相同的选定点，即在空间中不能有位置完全重合的点。
- 必须选定4个点才能创建曲面。若指定的点少于3个，系统将显示错误消息。

在"曲面"选项卡的"基本"组中的"更多"库中单击"四点曲面"按钮◇，会弹出"四点曲面"对话框，如图5-71所示。通过此对话框，既可以在默认的XC-YC平面上选择4个点来创建一个平面的四边形，也可以通过输入每个点的空间坐标参数，来创建一个空间的、非平面的四边形曲面，如图5-72所示。

图 5-71

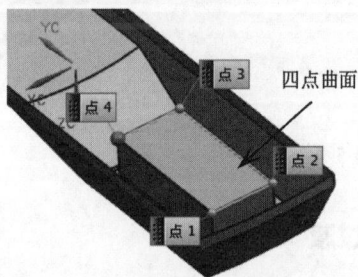

图 5-72

技巧点拨

在创建四点曲面时，需要注意参考点的选择顺序。不能间隔选择参考点，否则将无法正确创建四点曲面，并且系统会显示错误警报，如图5-73所示。

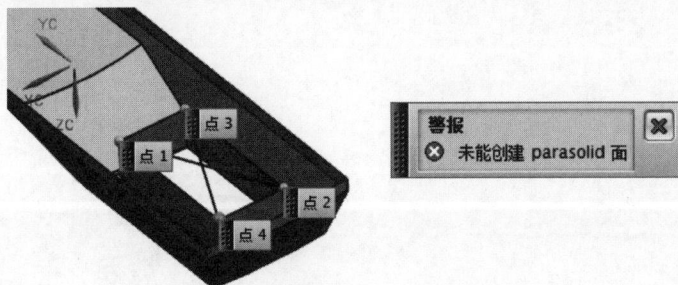

图 5-73

5.4.2 有界平面

"有界平面"命令用于创建由一组共面且端点相连的平面曲线所封闭的平面片体。这些曲线必须位于同一平面上，并共同构成一个封闭的形状。为了创建一个有界平面，需要先创建其外部边界，并在必要时定义所有内部边界（即孔）。

在"曲面"选项卡的"基本"组的"更多"库中单击"有界平面"按钮 ✦，将弹出"有界平面"对话框，如图 5-74 所示。

图 5-75 所示为创建有界平面的两种方法。

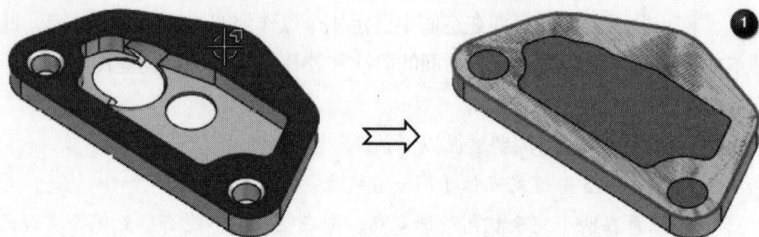

选择区域创建有界平面

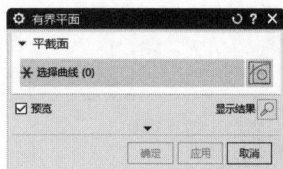

图 5-74

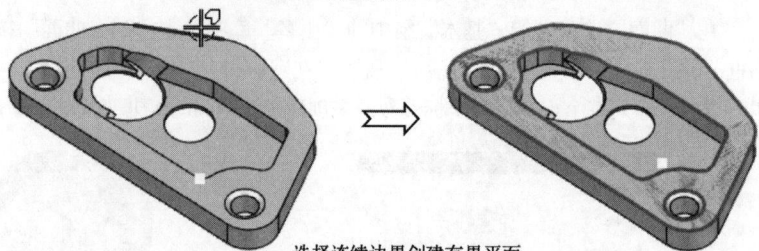

选择连续边界创建有界平面

图 5-75

5.4.3　过渡

"过渡"命令用于在两个或多个截面曲线相交的位置创建一个过渡曲面特征。

首先，通过"定制"命令搜索"过渡"按钮，然后将其拖至"曲面"选项卡中，以便在需要时快速访问。接下来，在"曲面"选项卡的"基本"组中单击"过渡"按钮 🐚，会弹出"过渡"对话框，如图 5-76 所示。图 5-77 展示了通过 3 个截面创建的过渡曲面特征。

图 5-76

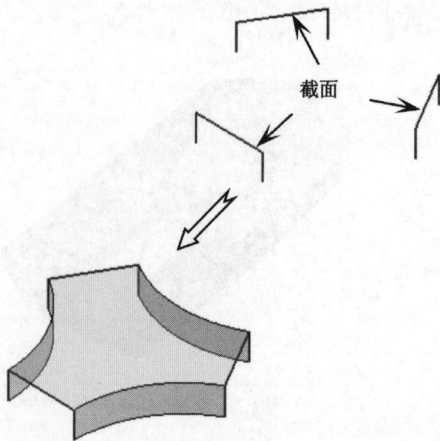

截面

图 5-77

5.4.4　条带构建器

"条带构建器"命令允许选择曲线、边等轮廓，并按指定的矢量方向偏置，从而生成带状曲面。在"曲面"选项卡的"基本"组的"更多"库中单击"条带构建器"按钮 ⌖，将弹出"条带"对话框，如图 5-78 所示。

"条带"对话框中的部分选项含义解释如下。

- 轮廓：用于定义条带曲面的基础轮廓，可以是曲线、边等。
- 偏置视图：提供一个查看偏置后轮廓的视图，该视图总是与轮廓的偏移方向垂直。
- 距离：指定轮廓偏移的距离。
- 反向：单击此按钮，可以改变矢量的方向为相反方向。
- 角度：在文本框内输入数值，使轮廓在偏移时与矢量成一定角度。
- 距离公差：在偏移过程中允许的距离误差范围。
- 角度公差：在按一定角度进行偏移时所允许的角度误差范围。

图 5-79 展示了条带曲面的创建过程。

图 5-78

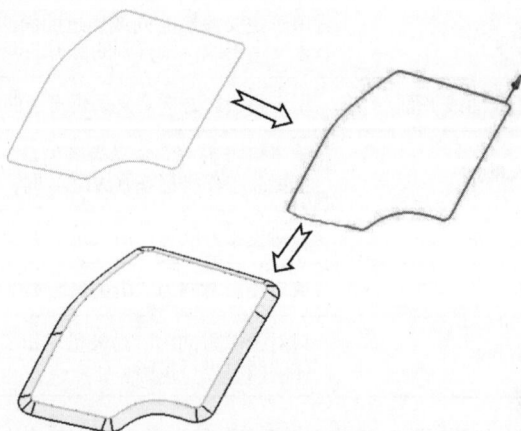

图 5-79

图 5-80 所示为不同距离和角度的条带曲面。

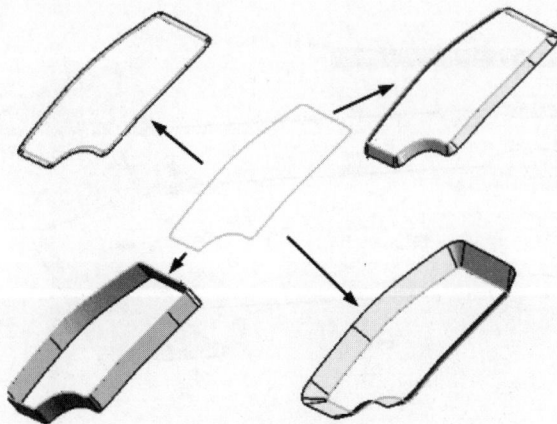

图 5-80

5.5　曲面的修剪与组合

曲面的修剪与组合命令均是用于编辑曲面的工具，它们可以对曲面执行布尔运算。在曲面造型的流程中，这些命令常作为后期处理手段，以完善整个造型工作。

5.5.1　修剪片体

"修剪片体"命令能够同时修剪多个片体，其输出结果可以是分段的，并允许生成多个最终的片体。在选择要修剪的目标片体时，鼠标指针的位置会同时确定区域点。若曲线不位于曲面上，则无须进行额外的投影操作，因为可以在"修剪片体"命令内部设置投影矢量。有关投影的具体选项，见表 5-1。

表 5-1　投影的具体选项

投影选项	说　明
垂直于面	用于定义投影方向或通过曲面法向投影而选定的曲线或边。如果定义投影方向的对象发生更改，则得到的修剪曲面体随之更新。否则，投影方向是固定的
垂直于曲线平面	用于将投影方向定义为垂直于曲线平面
沿矢量	用于将投影方向定义为沿矢量。如果选择 XC 轴、YC 轴或 ZC 轴作为投影方向，则当更改工作坐标系（WCS）时，应该重新选择投影方向
指定矢量	只对投影方向为"沿矢量"类型可用。用于定义投影方向的矢量
反向	只对投影方向为"沿矢量"类型可用。使选定的矢量方向反向
投影两侧	只对投影方向为"沿矢量"和"垂直于曲线平面"类型可用。用于使矢量沿选定片体的两侧进行投影

在"曲面"选项卡的"组合"组中单击"修剪片体"按钮◇，将会弹出"修剪片体"对话框。接着，将鼠标指针移至图形区域，选择希望修剪的片体。之后，激活"边界"选项区中的"选择对象"选项，选取相应的对象，例如曲线、边缘、片体或基准平面等。最后，单击"确定"按钮，即可完成片体的修剪操作，如图 5-81 所示。

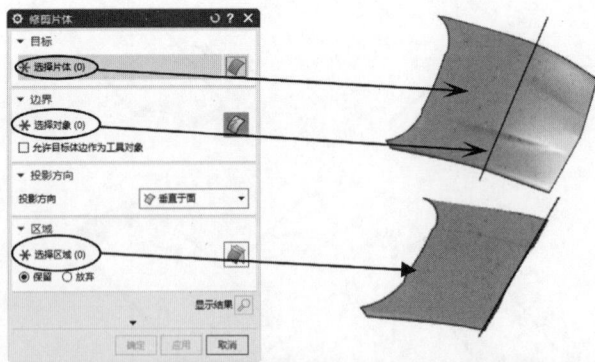

图 5-81

技巧点拨

在选择要修剪的片体时，单击的位置将决定保留或舍弃的区域。

本例使用曲面命令创建如图 5-82 所示的轮毂，具体的操作步骤如下。

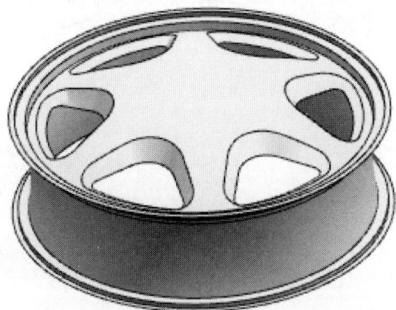

图 5-82

01 新建模型文件。

02 在"主页"选项卡的"构造"组中单击"草图"按钮，选择 XZ 平面作为草图平面，绘制如图 5-83 所示的草图 1。

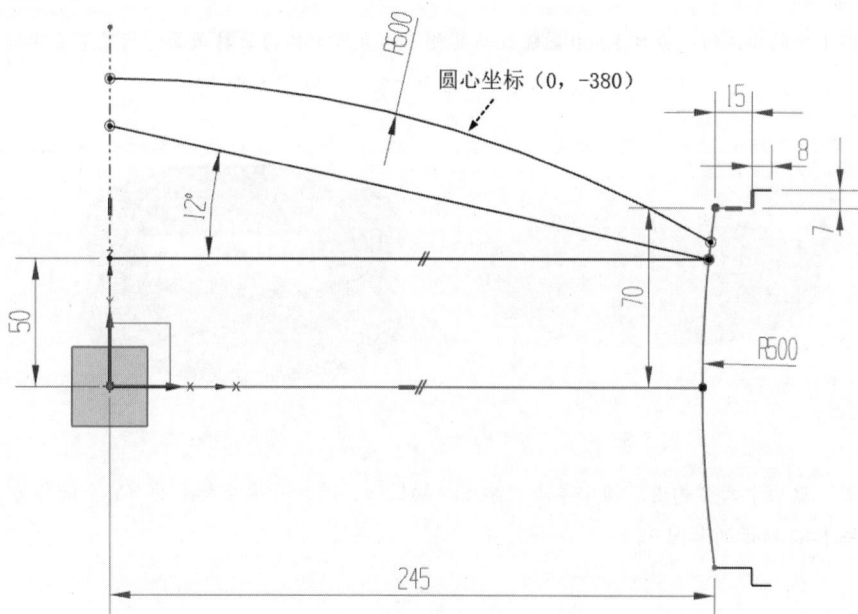

图 5-83

03 在"主页"选项卡的"基本"组中单击"旋转"按钮，弹出"旋转"对话框。选取草图 1 中的圆弧曲线作为旋转截面，指定基准坐标系的 ZC 轴作为旋转矢量，在"设置"选项区中设置"体类型"为"片体"，单击"确定"按钮，完成旋转曲面（圆弧曲面）的创建，如图 5-84 所示。

技巧点拨

若要选择单条曲线，可以先按默认方式选中所有曲线，接着右击曲线，在弹出的快捷菜单中选择"单条曲线"选项即可。

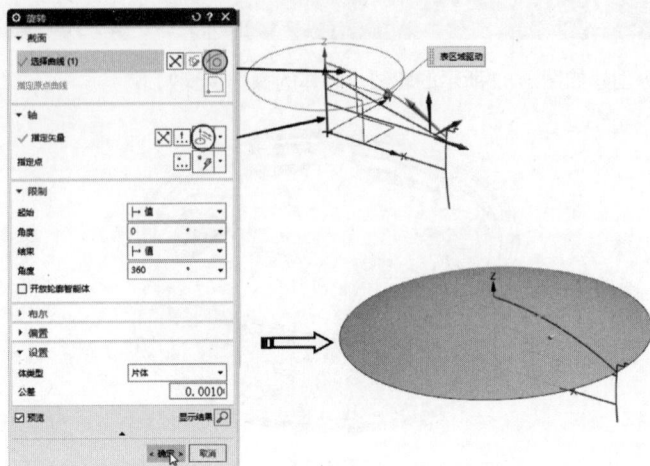

图 5-84

04 单击"旋转"按钮💊，弹出"旋转"对话框，选取草图 1 中的斜线（斜角为 12° 的直线）作为旋转截面，指定基准坐标系的 ZC 轴作为旋转矢量，单击"应用"按钮，完成旋转曲面（圆锥曲面）的创建，如图 5-85 所示。

05 选取草图 1 中的曲线链（包括 R500 圆弧及与其相连的直线）作为旋转截面，指定基准坐标系的 ZC 轴作为旋转矢量，单击"确定"按钮，完成旋转曲面的创建，如图 5-86 所示。

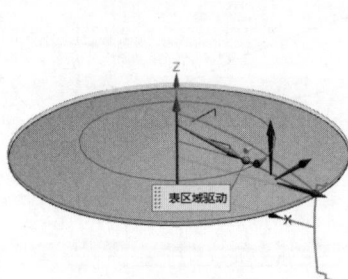

图 5-85

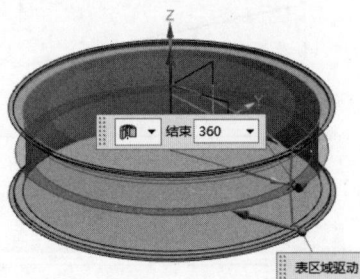

图 5-86

06 在"主页"选项卡的"构造"组中单击"草图"按钮，选择基准坐标系的 XY 平面作为草图平面，绘制如图 5-87 所示的草图 2。

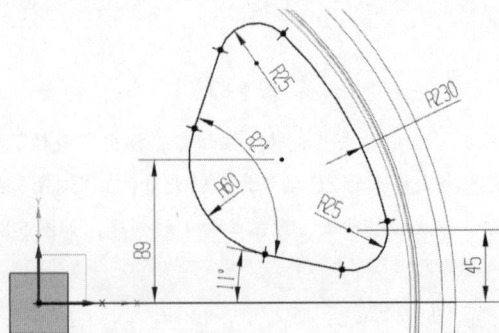

图 5-87

07 在"曲线"选项卡的"派生"组中单击"偏置曲线"按钮，弹出"偏置曲线"对话框。选取草图2，创建向内偏置且偏置距离为14mm的偏置曲线，如图5-88所示。

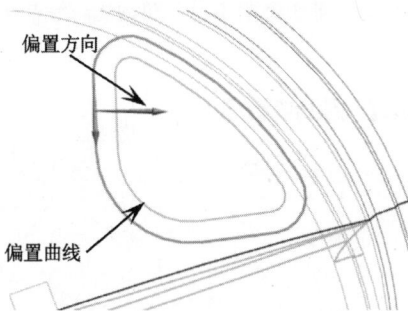

图 5-88

08 在"曲线"选项卡的"派生"组中单击"投影曲线"按钮，弹出"投影曲线"对话框。选取步骤06中绘制的草图2，并将其投影到步骤03中创建的旋转曲面（圆弧曲面）上，指定投影矢量为WCS坐标系的ZC轴，单击"确定"按钮，创建投影曲线1，如图5-89所示。

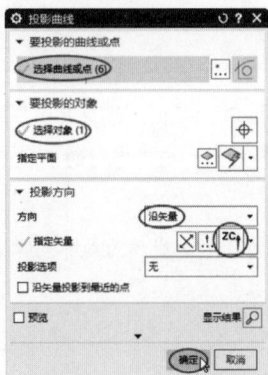

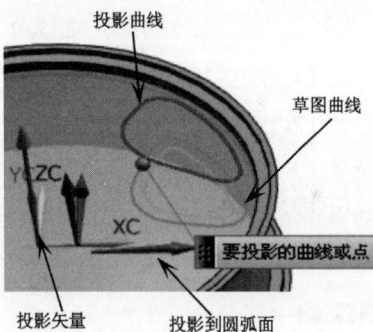

图 5-89

09 单击"投影曲线"按钮，弹出"投影曲线"对话框。选取步骤07创建的偏置曲线作为要投影的曲线，并指定投影矢量为WCS坐标系的ZC轴，将其投影到步骤04创建的旋转曲面（圆锥曲面）上，如图5-90所示。

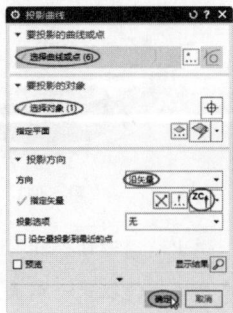

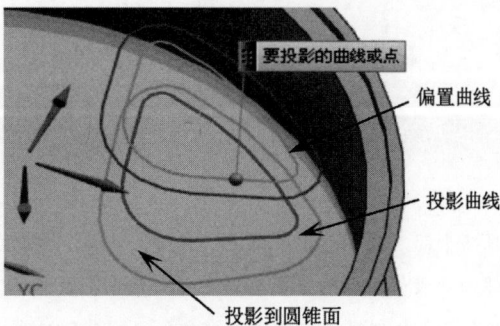

图 5-90

10 选中两条封闭的投影曲线链，并执行"编辑"→"移动对象"命令，弹出"移动对象"对话框。设置运动变换类型为"角度"，指定旋转矢量为 ZC 轴，选中"复制原先的"单选按钮，输入"距离 / 角度分割"值为 6，"非关联副本数"值为 5，单击"确定"按钮，完成曲线链的旋转复制，如图 5-91所示。

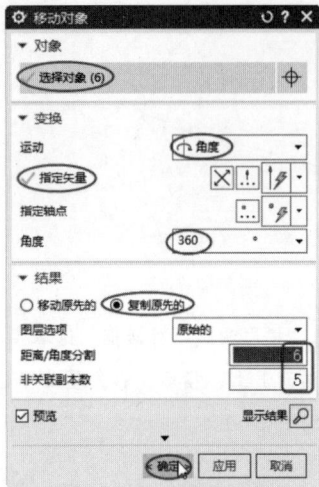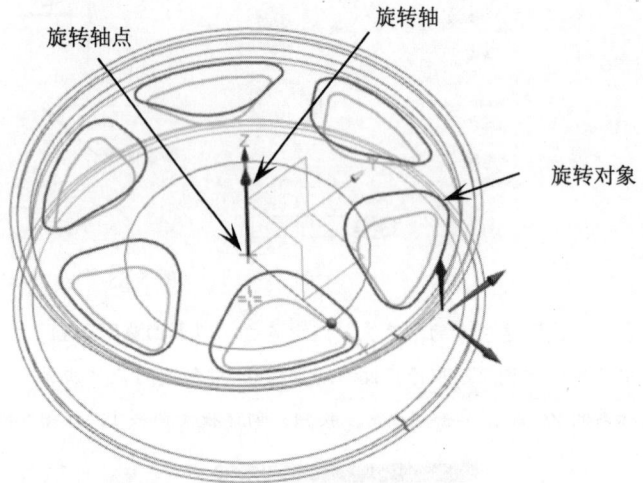

图 5-91

11 在"曲面"选项卡的"组合"组中单击"修剪片体"按钮，弹出"修剪片体"对话框。选取圆弧曲面作为目标片体，并选取圆弧曲面上的投影曲线作为边界对象，确定保留的区域，单击"应用"按钮，完成圆弧曲面的修剪，如图 5-92所示。

12 同理，选取圆锥曲面作为目标片体，并选取圆锥曲面上的投影曲线作为边界对象，确定保留的区域，单击"确定"按钮，完成圆锥曲面的修剪，如图 5-93所示。

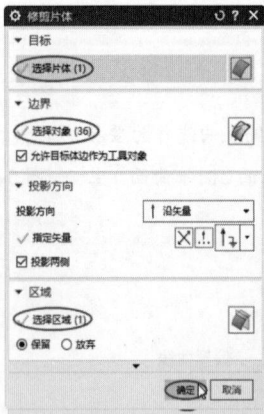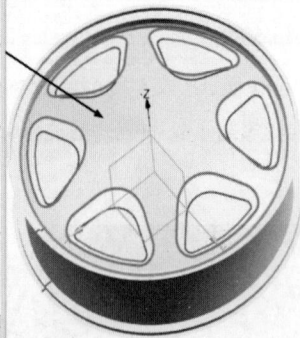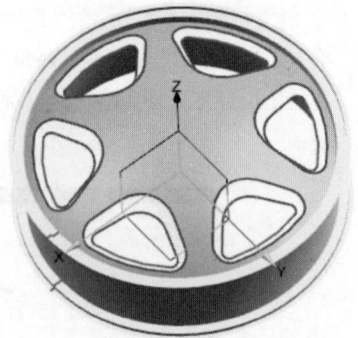

图 5-92   图 5-93

13 在"曲面"选项卡的"基本"组中单击"通过曲线组"按钮，弹出"通过曲线组"对话框。选取圆弧曲面和圆锥曲面被修剪后的一个孔边界作为第一截面和第二截面（在选取第一截面后需要单击"添加新截面"按钮⊕）来创建通过曲线组的曲面，如图 5-94所示。

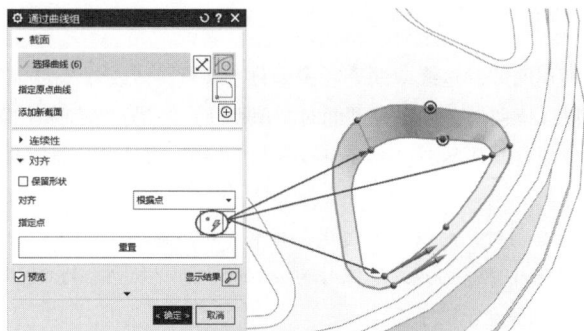

图 5-94

14 选中刚创建的通过曲线组的曲面,执行"编辑"→"移动对象"命令,弹出"移动对象"对话框。设置运动变换类型为"角度",指定旋转矢量为ZC轴,选中"复制原先的"单选按钮,输入"距离/角度分割"值为6,"非关联副本数"值为5,单击"确定"按钮,完成曲面的旋转复制,如图5-95所示。

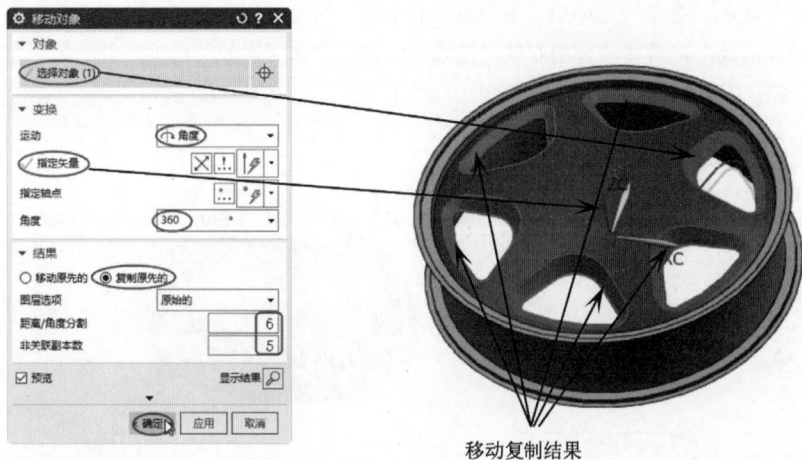

图 5-95

15 在"曲面"选项卡的"组合"组中单击"缝合"按钮 ,弹出"缝合"对话框。选取一个曲面作为目标片体,并框选其余曲面作为工具片体,单击"确定"按钮,完成曲面的缝合。创建完成的轮毂造型如图5-96所示。

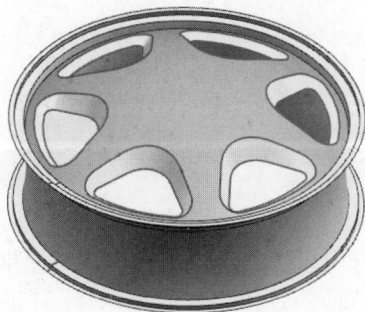

图 5-96

5.5.2 分割面

　　"分割面"命令允许使用曲线、边缘或面等元素来分割现有实体或片体的一个或多个面。此命令在模具和冷冲模设计中尤为常见，特别是在创建分型面时。值得注意的是，分割操作不会改变原始物体的几何形状或物理特性。此外，分割对象并不需要直接与被分割面接触，它可以通过投影到表面来进行分割。投影方式有以下 3 种。

- 垂直于面：这意味着分割对象的投影方向是垂直于待分割面的。
- 垂直于曲线平面：当选择多条曲线或边缘作为分割对象时，软件会检查它们是否共面。如果共面，投影方向将自动设定为垂直于该平面。
- 沿矢量：允许指定一个矢量，该矢量将用于确定分割面操作的投影方向。

技巧点拨

在选择分割面时，若需要选取单个面，可以先按默认方式选择所有面，然后右击曲面，会弹出曲面选择规则菜单。在这个菜单中，可以选择"单个面""相邻面""相切面""特征面"和"体的面"等选项来约束要选择的曲面。这与前面介绍的曲线选择规则是类似的。

　　单击"组合"组的"更多"库中的"分割面"按钮 🥢，将会弹出"分割面"对话框。在此对话框中，首先选择需要分割的面，接着在"分割对象"选项区域激活"选择对象"选项，并选定分割对象。最后，单击"确定"按钮，即可完成分割面操作，如图 5-97 所示。

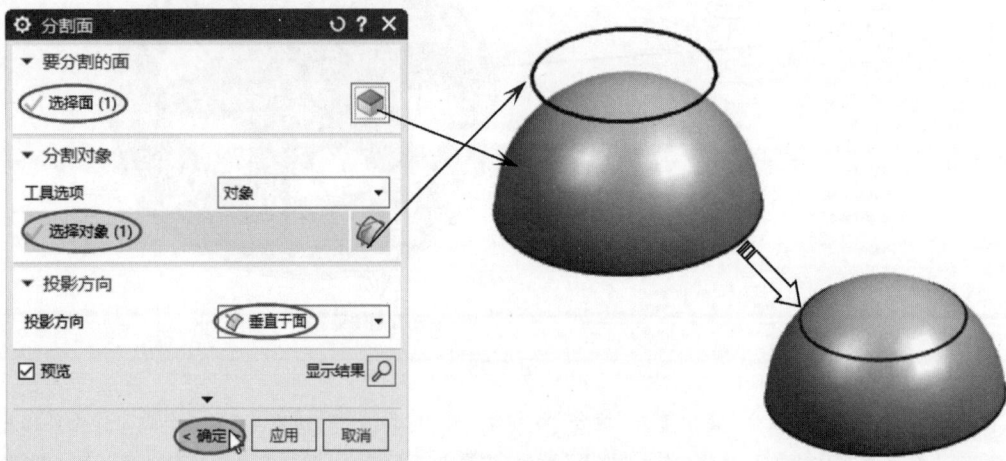

图 5-97

技巧点拨

分割对象必须大于或等于要分割的面，或者是封闭的，以确保要分割的面具有完整的边界。

5.5.3 连结面

　　"连结面"命令与"分割面"命令在功能上是对立的。执行分割面操作后，可以利用"连结面"命令将已分割的面重新连接起来。"连结面"对话框包含两个选项："在同一个面上"和"转换为 B 曲面"，它们的具体含义如下。

- 在同一个面上：此选项用于在选定的片体和实体上移除多余的面、边缘和顶点，以实现面的连结。

- 转换为 B 曲面：通过此选项，可以将多个相邻且属于同一实体的面连接成一个 B 曲面类型的面。

需要注意的是，选定的面必须符合 U-V 框范围，且它们连接的边缘必须是等参数的。

要搜索并显示"连结面"命令，执行以下步骤：执行"插入"→"组合"→"连结面"命令，弹出"连结面"对话框。接下来，单击"在同一个面上"按钮，弹出另一个"连结面"对话框，移动鼠标指针到图形区，选择要连接的曲面或实体，完成连接面操作，如图 5-98 所示。

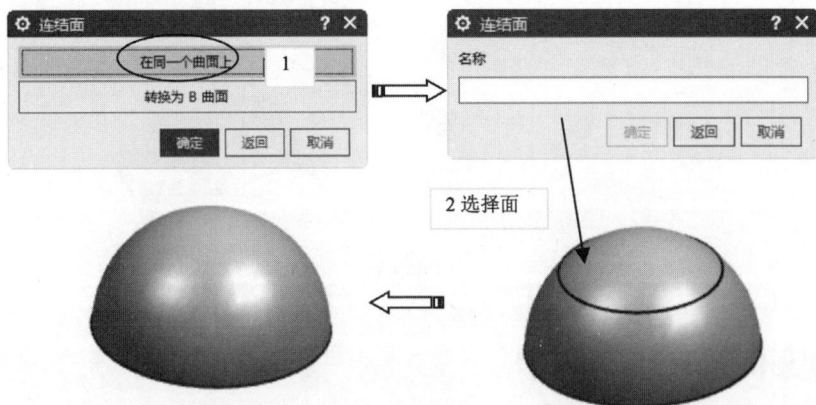

图 5-98

技巧点拨

如果"连结面"命令未能成功完成以上任务，系统将会弹出提示错误对话框，如图 5-99 所示。

图 5-99

5.5.4　缝合曲面

"缝合"命令可以将两个或多个片体连接成一个完整的片体。如果这些片体共同围成了一定的体积，该命令将创建一个实体。需要注意的是，选定片体之间的任何缝隙都不能超过指定的公差，否则最终生成的将是一个片体，而非实体。此外，如果两个实体具有一个或多个公共（重合）面，也可以通过"缝合"命令将这两个实体合并，如图 5-100 所示。

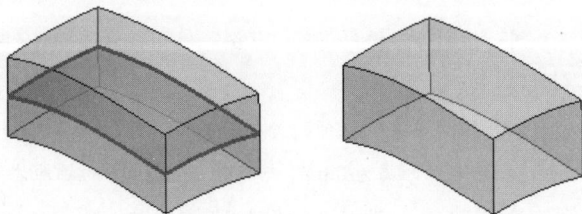

图 5-100

执行"插入"→"组合"→"缝合"命令，或者在"曲面"选项卡的"组合"组中单击"缝合"按钮，即可弹出"缝合"对话框。接着，将鼠标指针移至图形区域，并选择任意一个曲面作为目标片体，其他所有曲面（注意，两个拉伸辅助面除外）作为工具片体。最后，单击"确定"按钮，即可完成片体的缝合操作，如图 5-101 所示。

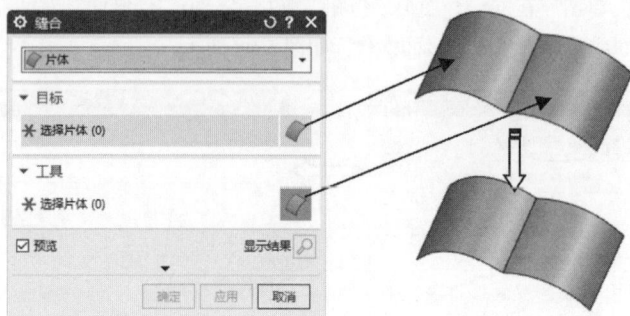

图 5-101

5.6 综合案例——小鸭造型

在本例中，主要运用"通过曲线网格"命令来进行造型。同时，也会详细介绍其他辅助造型命令的操作步骤。最终，小鸭的造型结果如图 5-102 所示。

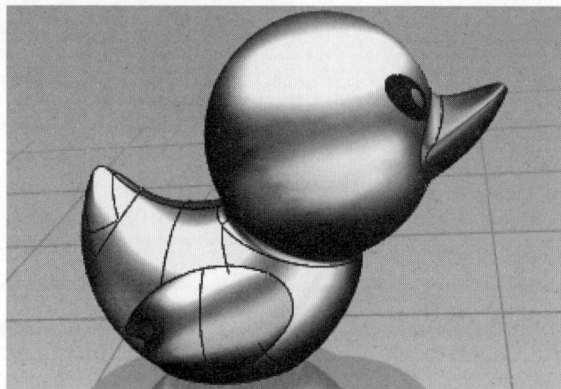

图 5-102

小鸭造型分 3 个阶段进行，即身体造型、头部造型，以及尾巴和翅膀的造型。

1. 身体造型

01 新建模型文件。

02 单击"构造"组中的"草图"按钮，弹出"创建草图"对话框。选择 XZ 基准平面为草图平面，绘制如图 5-103 所示的草图 1。

03 在"主页"选项卡的"基本"组中单击"拉伸"按钮，弹出"拉伸"对话框。选择步骤 02 创建的草图 1 作为拉伸截面，创建拉伸起始距离为 0mm，结束距离为 2mm 的拉伸片体特征，如图 5-104 所示。

04 单击"构造"组中的"草图"按钮，弹出"创建草图"对话框。选择 XZ 基准平面为草图平面，绘制如图 5-105 所示的草图 2。

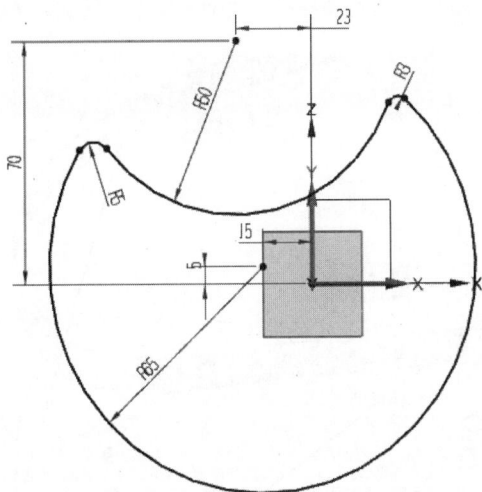
图 5-103

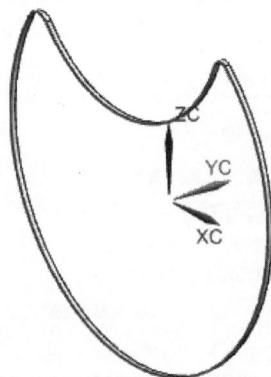
图 5-104

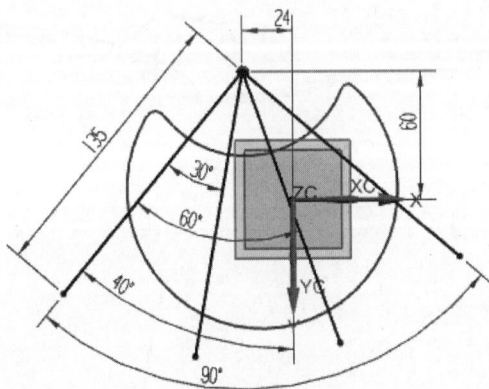
图 5-105

05 单击"曲面操作"组的"更多"库中的"分割面"按钮🔲，弹出"分割面"对话框，按如图 5-106 所示的步骤完成面的分割。

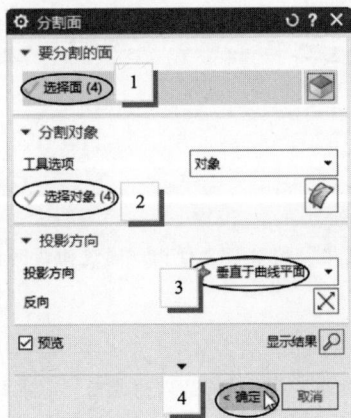
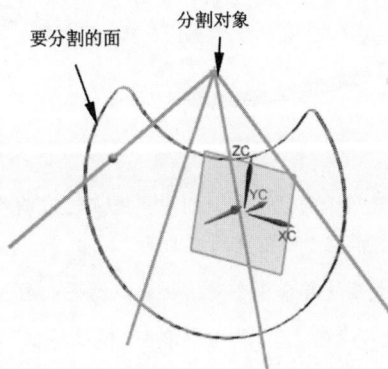
图 5-106

06 在"曲线"选项卡的"派生"组中单击"桥接"按钮 ⌒，然后按如图 5-107 所示的步骤创建桥接曲线。

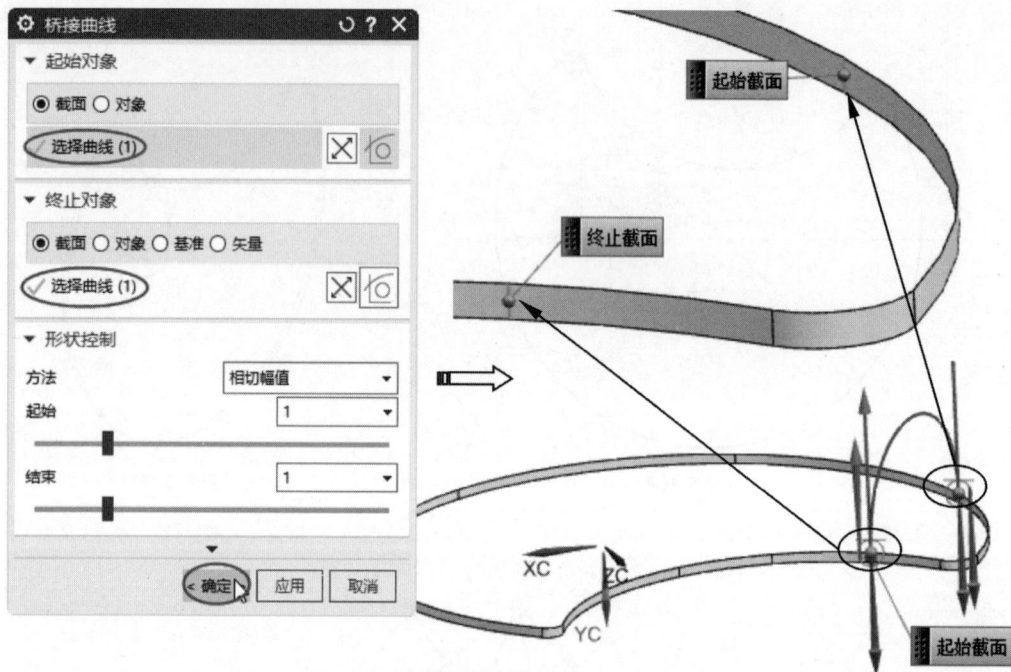

图 5-107

07 以同样的方式在分割面的其余 3 个位置上分别创建桥接曲线，如图 5-108 所示。

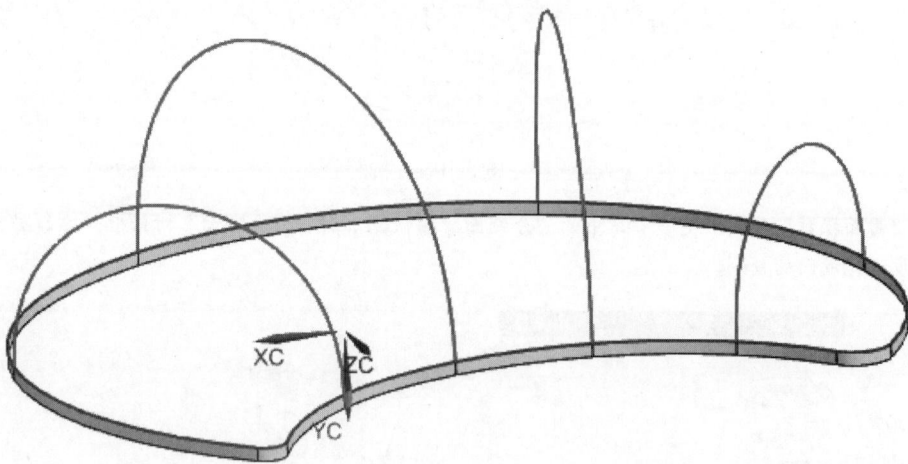

图 5-108

08 在"主页"选项卡的"基本"组中单击"通过曲线网格"按钮 📎，弹出"通过曲线网格"对话框，按如图 5-109 所示的步骤创建网格曲面。

09 以同样的方式创建其余 3 个网格曲面，结果如图 5-110 所示。

10 在"主页"选项卡的"基本"组中单击"镜像特征"按钮 🪞，选择所有的网格曲面，并将其镜像到另一侧，如图 5-111 所示。

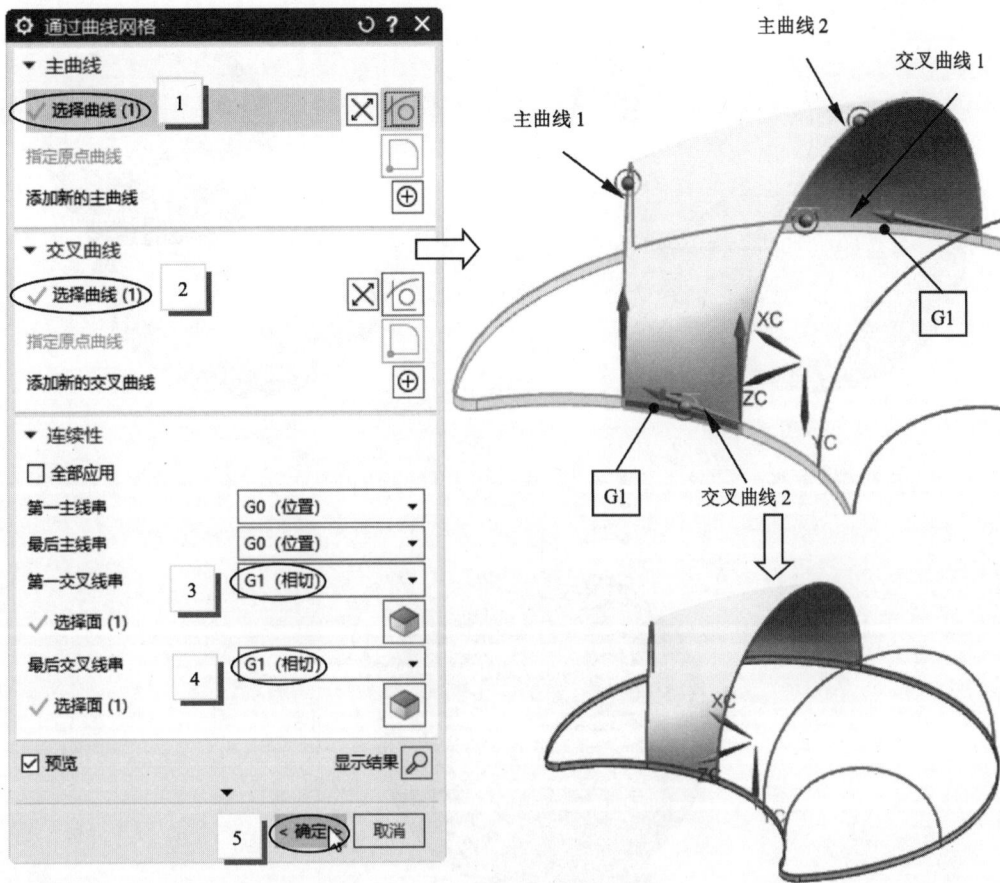

图 5-109

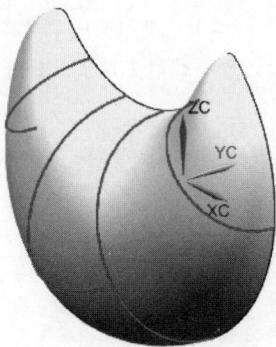

图 5-110

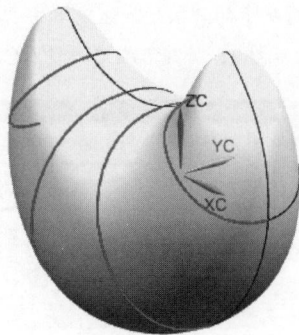

图 5-111

2. 头部造型

01 在"主页"选项卡的"构造"组中单击"草图"按钮✐，并选择 XZ 基准平面为草图平面，绘制如图 5-112 所示的草图 1。

02 单击"基本"组的"更多"库中的"球"按钮◯，弹出"球"对话框。设置"类型"为"圆弧"，选择步骤 01 绘制的草图 1 创建一个球体，如图 5-113 所示。

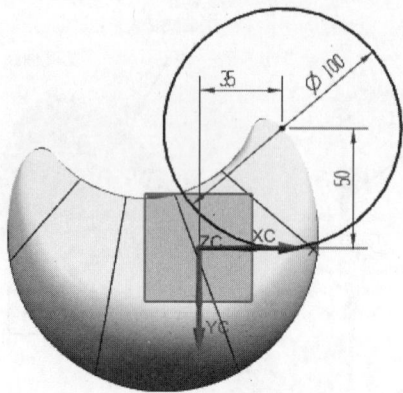

图 5-112

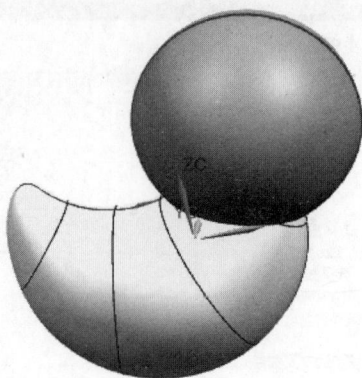

图 5-113

03 使用"直接草图"命令，在 YZ 基准平面上绘制如图 5-114 所示的草图 2，并退出草图绘制模式。

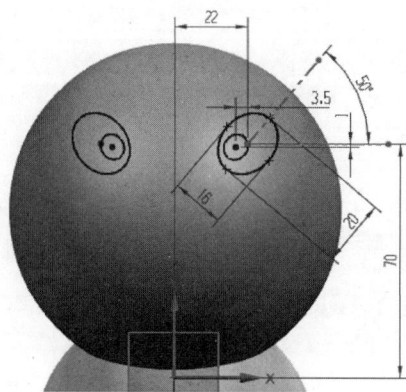

图 5-114

04 在"曲线"选项卡的"派生"组中单击"投影曲线"按钮 ，弹出"投影曲线"对话框。然后选择步骤 03 绘制的草图 2，将其沿指定矢量 XC 轴投影到球体表面（即小鸭的头部），如图 5-115 所示。

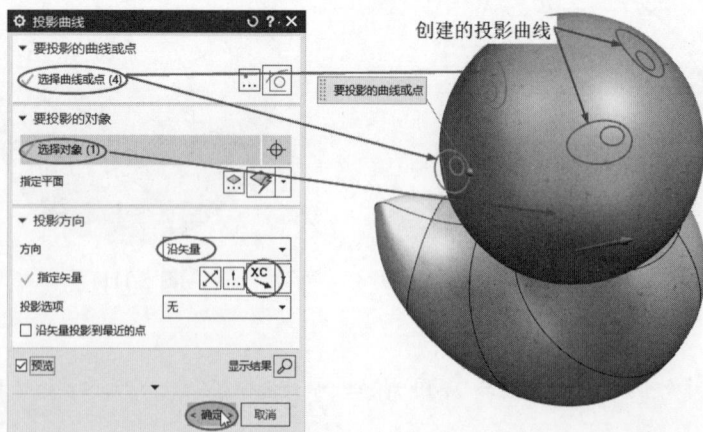

图 5-115

05 使用"分割面"命令，用投影的曲线分割球体表面，并改变各自的颜色，如图 5-116 所示。

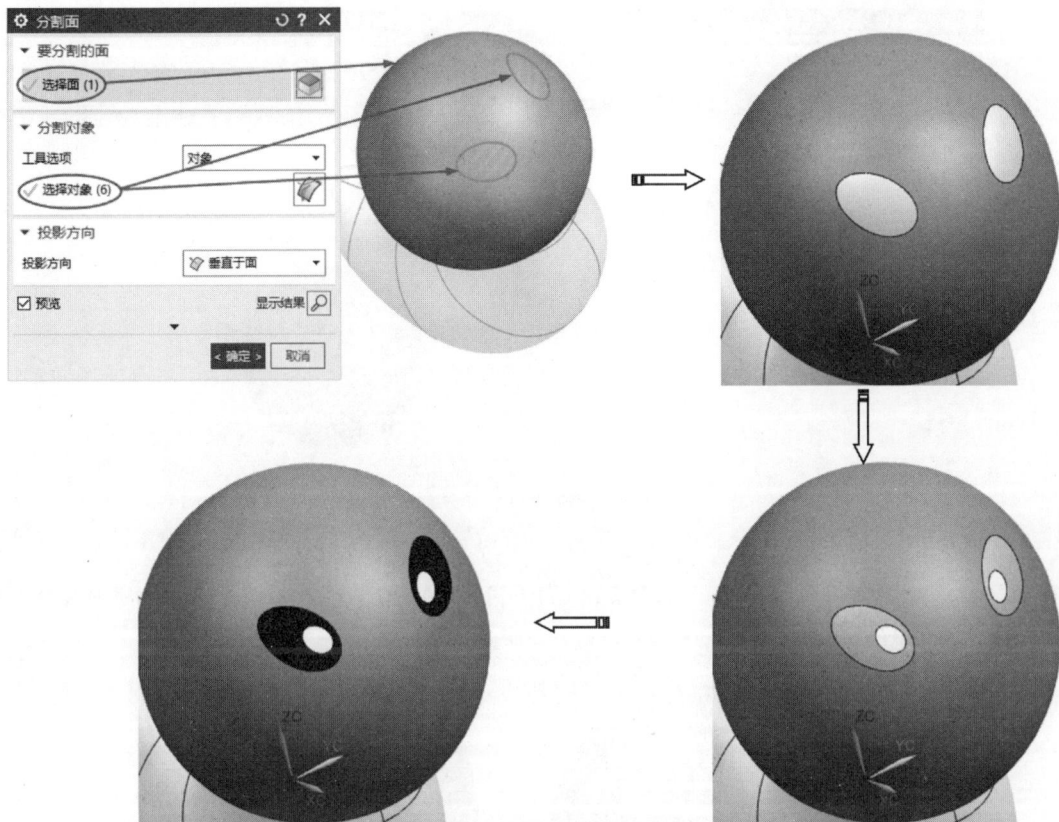

图 5-116

06 使用"草图"命令，在YZ基准平面上绘制如图5-117所示的草图3，并退出草图绘制模式。

07 使用"投影"命令，将步骤06绘制的草图3投影到球体表面（即小鸭的头部），如图5-118所示。

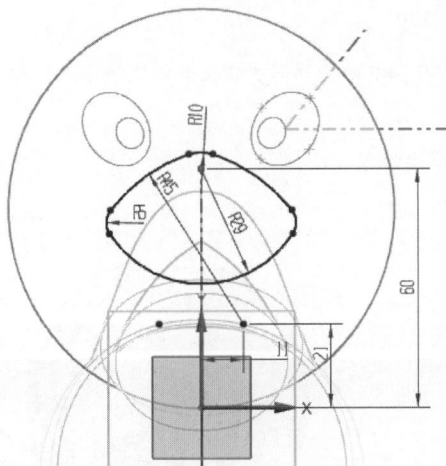

图 5-117

图 5-118

08 将视图切换到前视图，在"曲线"选项卡的"派生"组的"更多"库中单击"抽取曲线"按钮，弹出"抽取曲线"对话框，按如图5-119所示的步骤抽取曲线。

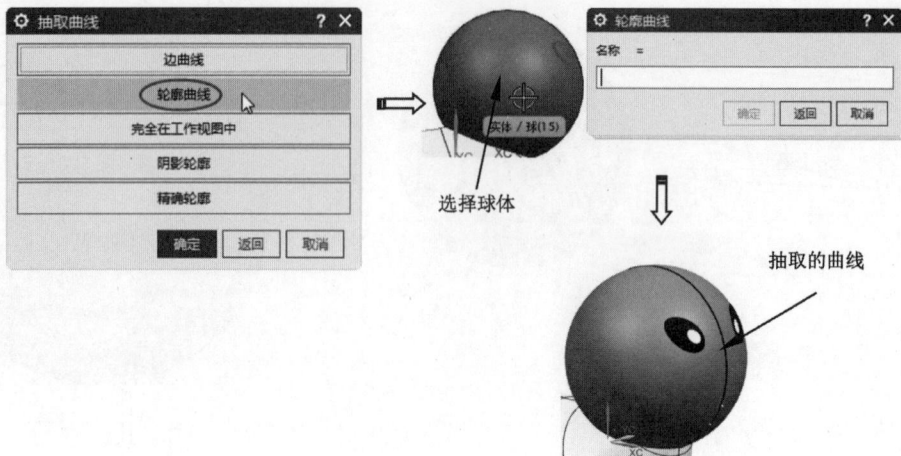

图 5-119

09 使用"草图"命令，选择 XZ 平面为草绘平面，进入草图绘制模式。

10 在"包含"组中单击"投影曲线"按钮✎，选择如图 5-120 所示的草图曲线进行投影，并将投影的曲线转化为基准线。

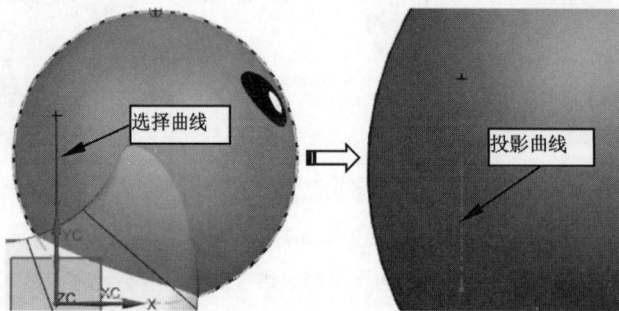

图 5-120

11 利用投影曲线创建两条基准线，并在两条基准线与抽取的轮廓曲线相交处创建两个点，然后将创建的所有基准线固定，如图 5-121 所示。

12 绘制如图 5-122 所示的草图 4，并在完成后退出草图绘制模式。

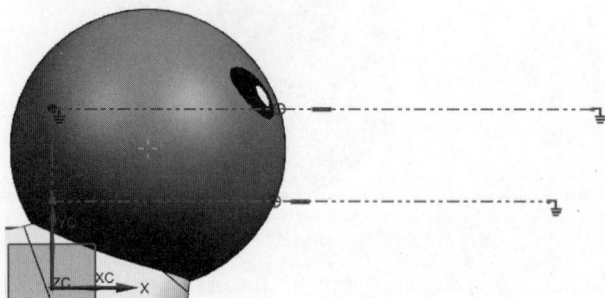

图 5-121

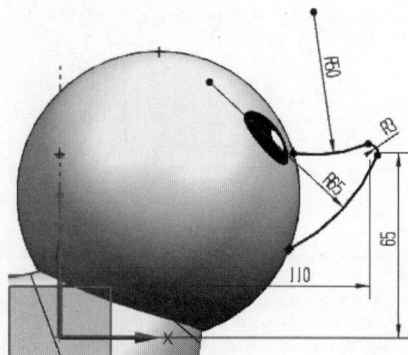

图 5-122

13 在"曲线"选项卡的"基本"组中单击"艺术样条"按钮，通过如图5-123所示的3个点创建一条艺术样条曲线。

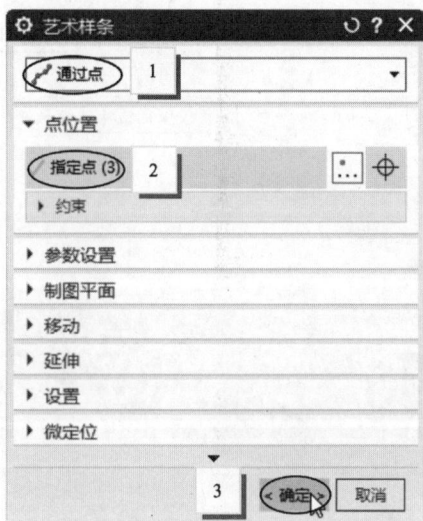

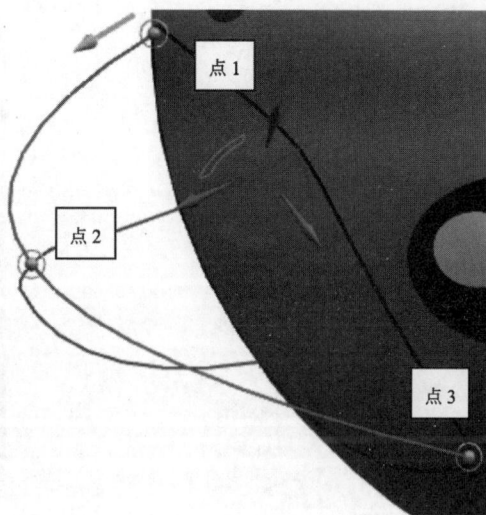

图 5-123

14 在"曲线"选项卡的"基本"组中单击"点"按钮，弹出"点"对话框。按如图5-124所示的步骤创建基准点。

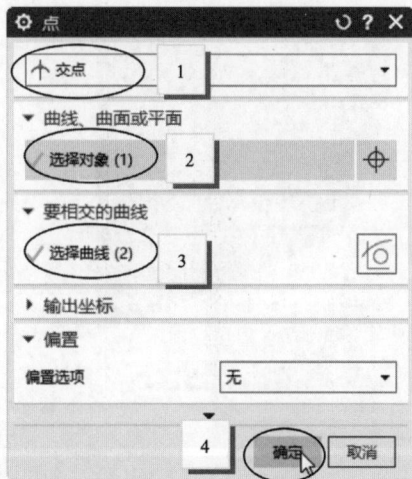

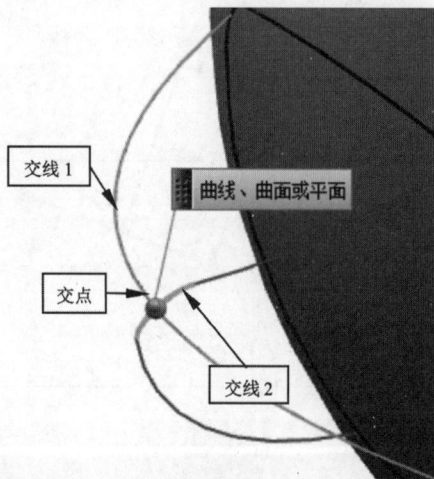

图 5-124

15 使用"通过曲线网格"命令创建网格曲面，即小鸭的嘴，如图5-125所示。

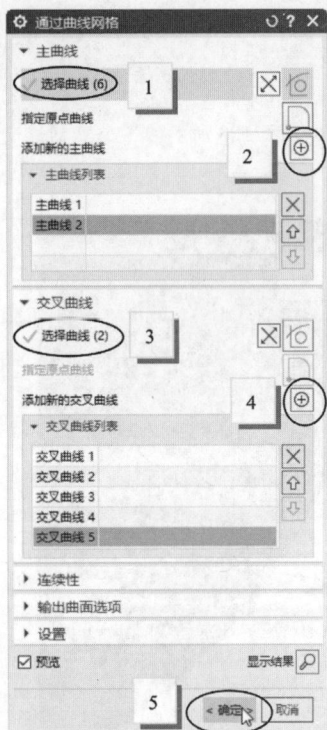

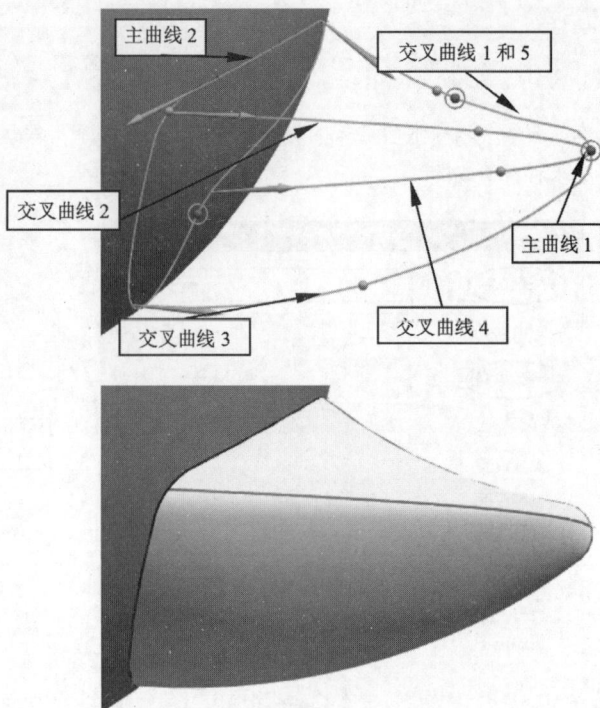

图 5-125

3. 尾巴和翅膀的造型

01 使用"草图"命令，在 XZ 平面上绘制如图 5-126 所示的草图 1。

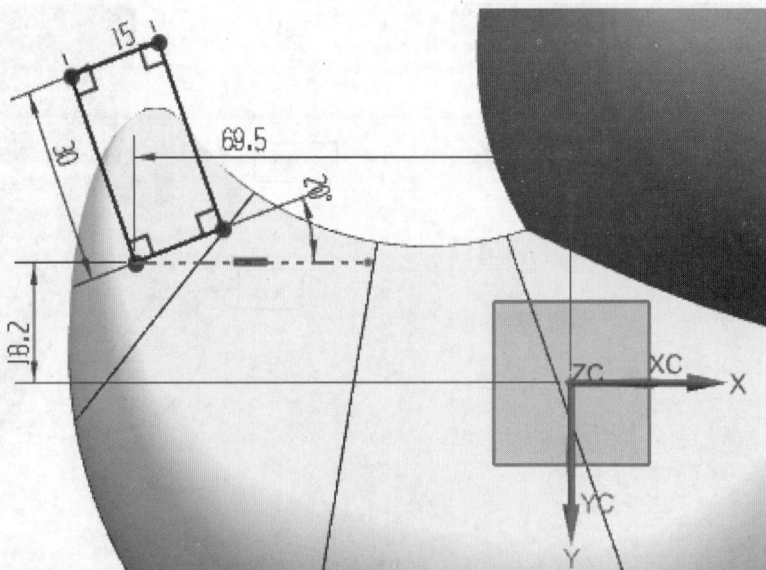

图 5-126

02 在"曲线"选项卡的"派生"组中单击"投影曲线"按钮，按如图 5-127 所示的步骤创建投影曲线，并以同样的方式投影至另一侧。

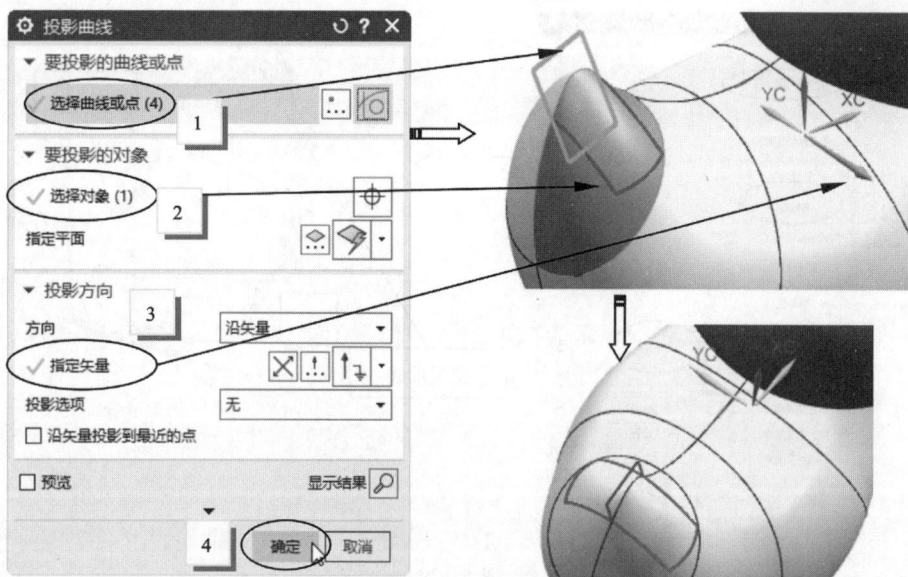

图 5-127

03 在"曲面"选项卡的"组合"组中单击"修剪片体"按钮 ，按图 5-128 所示的操作步骤完成片体的修剪。

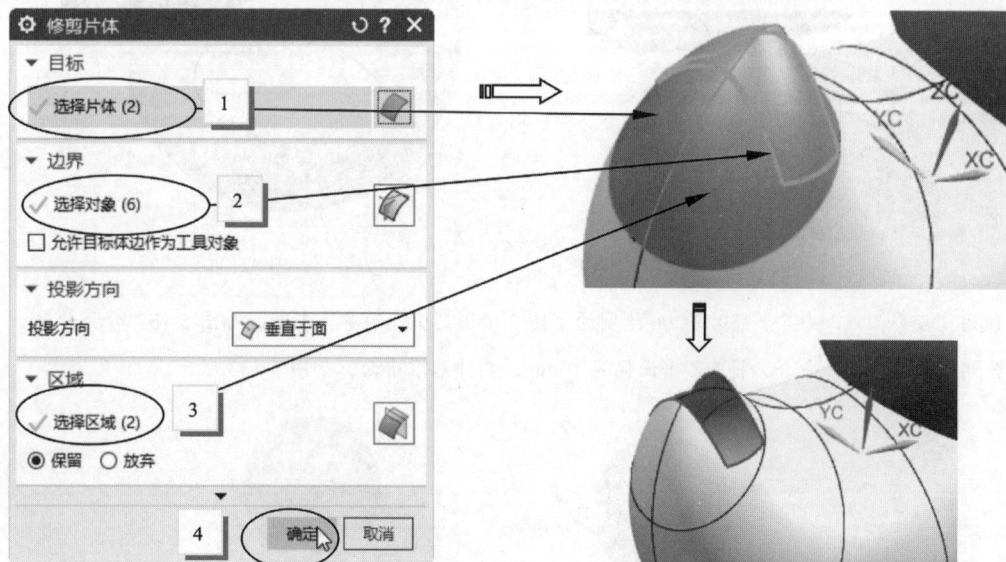

图 5-128

04 将之前拉伸结束距离为 2mm 的拉伸片体特征显示出来，并利用"通过曲线网格"命令创建网格曲面 1，如图 5-129 所示。

05 单击"主页"选项卡中的"镜像特征"按钮，将刚创建的网格曲面镜像到另一侧，结果如图 5-130 所示。当然，也可以采用同样的方式创建网格曲面。

06 使用"草图"命令，在 XZ 平面绘制如图 5-131 所示的草图 2，并退出草图绘制模式。

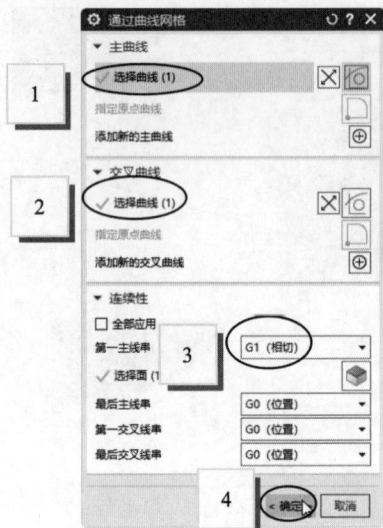

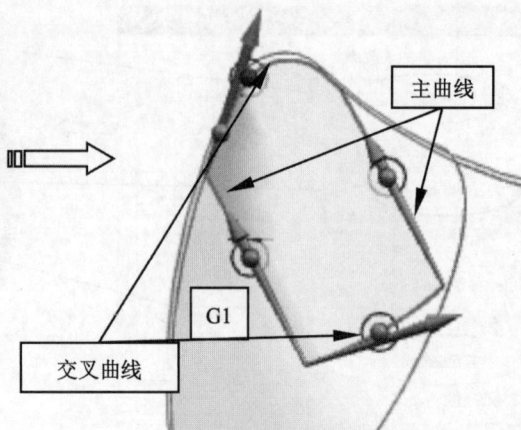

图 5-129

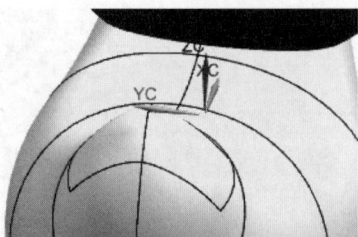

图 5-130

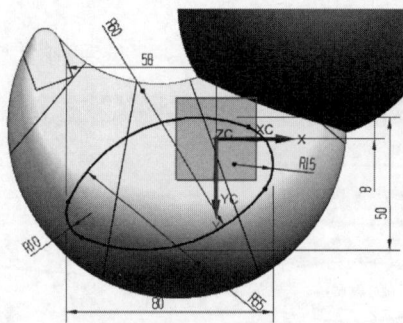

图 5-131

07 使用"投影曲线"命令,将步骤06绘制的草图2投影到小鸭的身体表面,如图5-132所示。

08 使用"基准平面"命令,将YZ平面偏置15mm,创建基准平面,如图5-133所示。

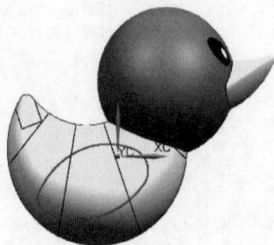

图 5-132

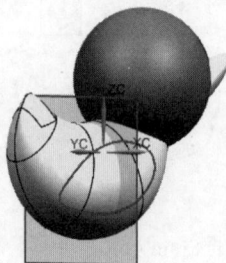

图 5-133

09 在新建的基准平面上绘制草图3,如图5-134所示。

技巧点拨

在绘制草图时,若需要参考曲线,可以利用相交曲线和投影曲线的方式来实现。之后,将曲线相交的点设定为基准点,然后基于这些基准点绘制圆弧即可。

10 使用"草图"命令，在 XZ 平面上绘制样条曲线，如图 5-135 所示。

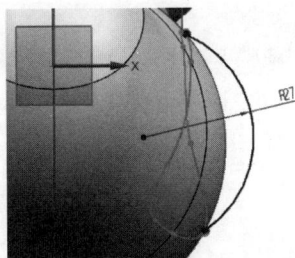

图 5-134

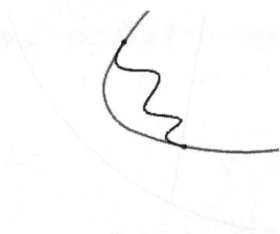

图 5-135

11 使用"投影曲线"命令，将样条曲线投影至小鸭身体表面。

12 使用"通过网格曲线"命令，按如图 5-136 所示的操作步骤创建网格曲面 2。

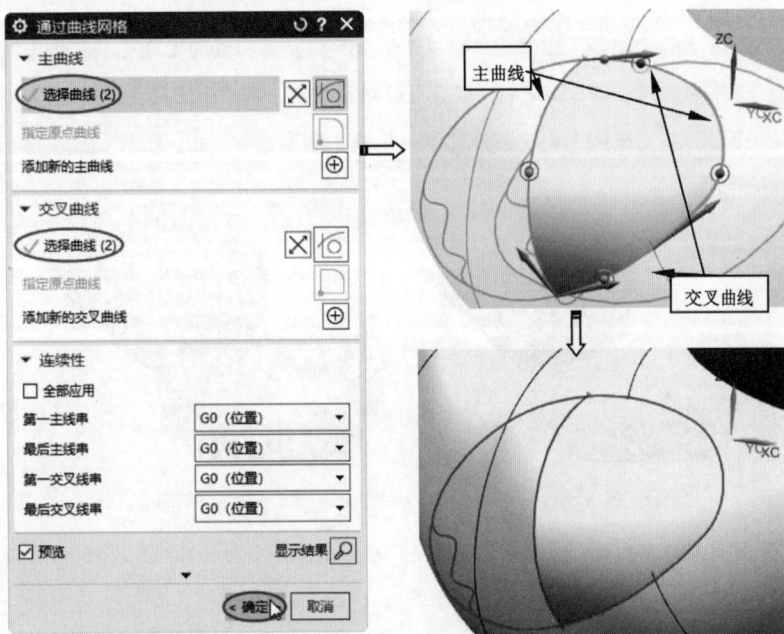

图 5-136

13 以同样的方式创建网格曲面 3，即翅膀的另一半，如图 5-137 所示。

14 将两个曲面缝合，并镜像到身体的另一侧，如图 5-138 所示。

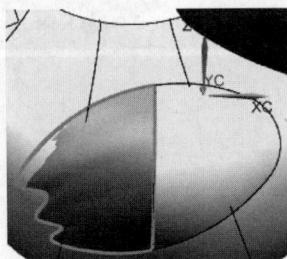

图 5-137

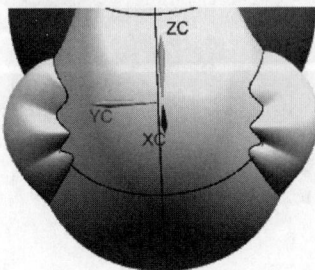

图 5-138

15 使用"基准平面"命令，按"某一距离"的方式将XC-YC平面向下偏移50mm，再用创建的基准平面来修剪小鸭的身体，如图5-139所示。

16 在"主页"选项卡的"基本"组的"更多"库中单击"抽取几何特征"按钮，将头和眼睛的面抽取出来并将球体隐藏，如图5-140所示。

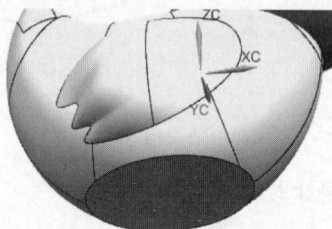 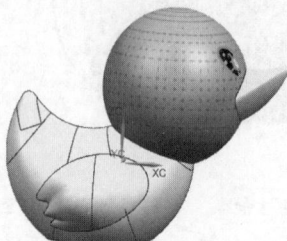

图 5-139   图 5-140

17 单击"曲面"选项卡的"组合"组中的"修剪片体"按钮，用小鸭的嘴修剪抽取的头部片体。

18 单击"曲面"选项卡的"组合"组中的"缝合"按钮，将头、眼睛和嘴缝合为实体，如图5-141所示。

19 使用"缝合"命令，将小鸭的身体缝合为实体，并将身体与头部合并，结果如图5-142所示。

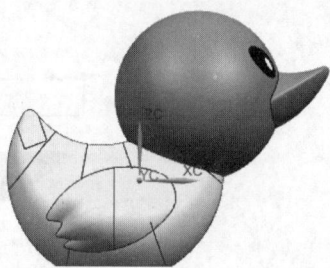 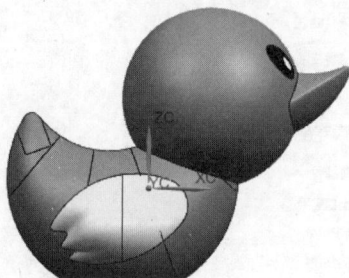

图 5-141   图 5-142

20 单击"主页"选项卡的"基本"组中的"边倒圆"按钮🔲，按如图5-143所示的步骤完成边倒圆操作。改变小鸭子身体各部分颜色，完成小鸭子的造型。

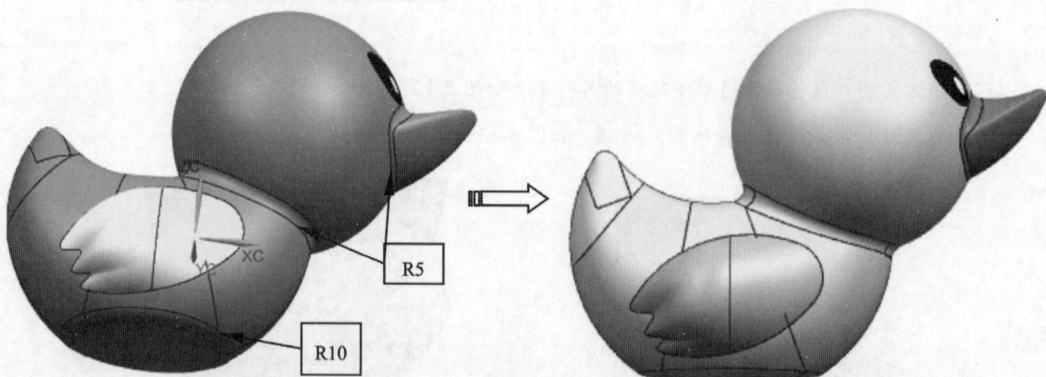

图 5-143

第 6 章　AI 辅助产品方案设计

AI 技术正广泛应用于产品设计的各个环节。在概念设计阶段，AI 可以生成创意灵感，并提出设计方案。在细节设计环节，AI 能够模拟用户体验，进而优化产品的功能和交互。AI 技术已经大幅提升了产品设计的效率和创新性。本章将借助 AI 语言大模型，辅助设计师完成产品研发方案设计。

6.1　利用文心一言和文心一格生成产品研发方案

产品研发方案是指为开发新产品或改进现有产品而制定的详细计划和策略。该方案覆盖从概念到实际制造的所有阶段，包括设计、开发、测试、制造和上市等环节。其目标是确保产品在满足市场需求的同时，还兼具优异的功能性、质量、成本效益和可制造性。

产品研发方案通常涵盖以下关键元素。

- 需求分析：明确产品的功能和性能要求，以确保能够满足目标市场的需求。
- 概念设计：生成多个初步设计方案，全面评估其优缺点后，选择最具潜力和前景的设计方案。
- 详细设计：对所选方案进行深入研究与设计，涉及结构、材料、制造流程和用户界面等各个方面。
- 原型开发：制作实物模型或虚拟原型，旨在测试和验证设计的实际可行性。
- 测试和验证：执行多样化的测试，从而确保产品达到性能、质量和安全的相关标准。
- 制造计划：明确生产流程，制定详尽的生产计划，并准确估算生产成本。
- 市场推广计划：策划市场推广策略，涵盖定价、销售渠道及营销活动等多个层面。
- 项目管理：全面规划项目进度、合理分配资源，并进行风险管理。
- 反馈和改进：结合测试结果和市场反馈，对产品设计进行持续优化。

产品研发方案的质量直接关乎产品的市场表现和商业成功。因此，需要对其进行细致的规划和跟踪，以确保产品在各个研发阶段均能达到预期目标。在本节中，将借助人工智能 AI 工具，来辅助完成产品研发方案的前期工作，涵盖产品方案的构思、需求分析以及概念设计等关键环节。

6.1.1　制作产品研发（文本）方案

文心一言是百度公司开发的一款基于人工智能深度学习技术的语言大模型，它可以生成方案文本，并且能够根据用户的要求来生成产品图。接下来，将以一个人工智能语言聊天的小音箱为例，详细阐述方案设计的整个流程。

例 6-1：利用文心一言制作产品设计方案

01　首先我们对这款产品没有做任何前期准备工作，也就是对产品的定义及用途还一无所知。接下来在文心一言中开启聊天模式，让文心一言成为我们的好帮手。进入文心一言语言大模型的官网，如图 6-1 所示。

图 6-1

02 文心一言体验版（文心大模型 3.5，对标 ChatGPT3.5）是完全免费的，当然效果是无法与专业付费版（文心大模型 4.0，对标 ChatGPT4.0）相比。虽然免费使用，若是新用户，还需要注册账号。注册账号后进入文心一言平台，如图 6-2 所示。

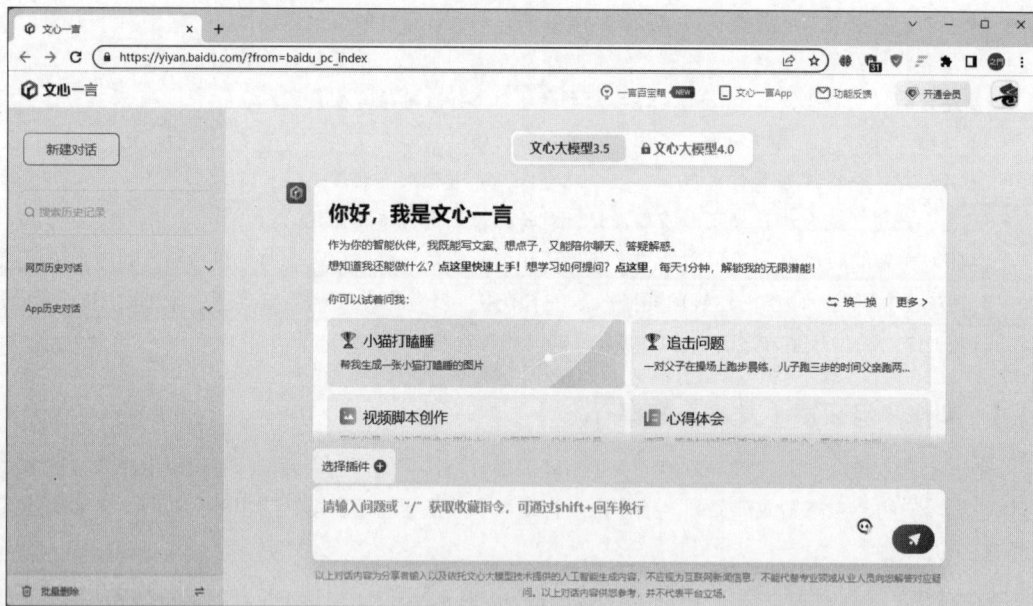

图 6-2

03 文心大模型 3.5 是完全免费的，建议新手先使用这个免费版，待熟悉操作及提示词的设置之后，再付费升级到文心大模型 4.0。接下来在聊天文本框中输入"我要开发一款人工智能语言聊天的小音箱，请给生成研发方案"，告诉文心一言自己的一些基本想法，想让它给出一些建议，发送聊天信息之后，文心一言快速给出答案，如图 6-3 所示。

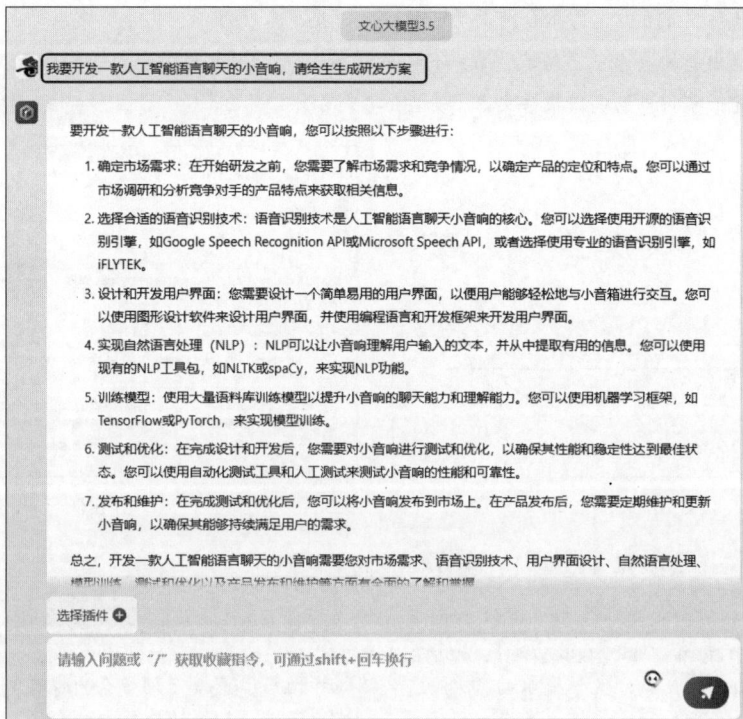

图 6-3

04 但这仅是给出一些比较中肯的研发思路。但我们希望它进一步给出切合实际的研发设计方案，因此在底部的聊天信息文本框中继续输入"请继续生成产品设计方案"并发送，文心一言随即生成产品设计方案，如图 6-4 所示。

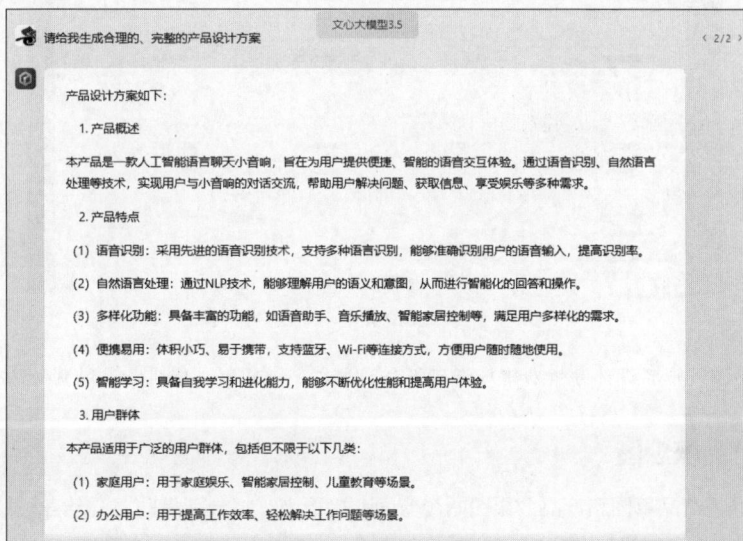

图 6-4

05 如果对自动生成的产品设计方案不满意，可以在聊天信息底部选择问话选项，使文心一言给出更为全面的回答，如图 6-5 所示。

06 有了基本的产品设计方案，再结合前面的研发方案，接下来就可以确定市场需求（也就是市场调研），对文心一言提出新的要求："给我生成一份'人工智能语言聊天的小音箱'的市场调研报告"，发送后自动生成近千字的市场调研报告文本，如图6-6所示。

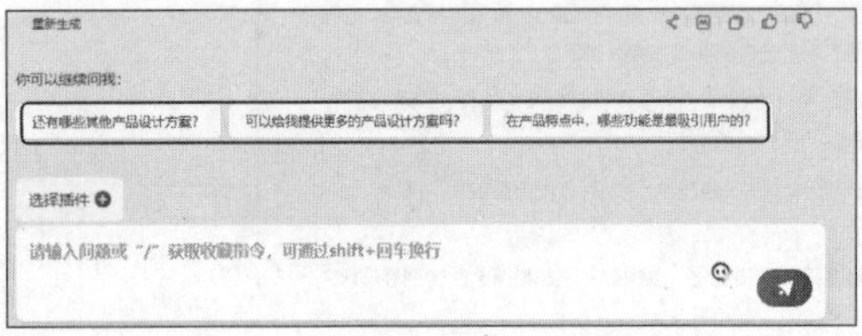

图 6-5

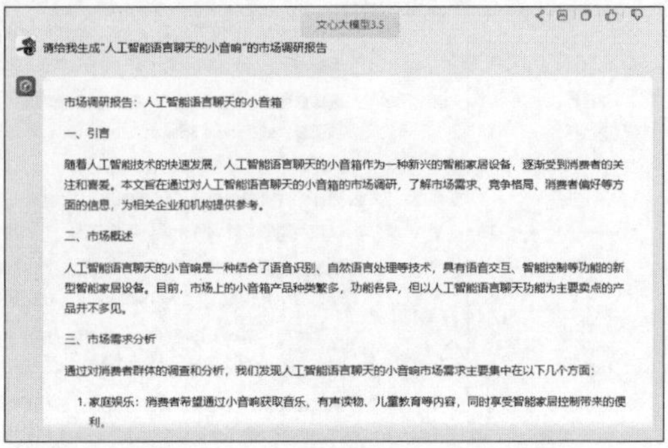

图 6-6

提示

如果你还不熟悉如何向文心一言提出相关的问题或建议（在AI中这被称为"提示词"），可以在页面顶部选择"一言百宝箱"选项（该功能提供现成的提示词）。接着，在一言百宝箱中，找到"职业"→"产品/运营"→"写产品方案"提示词。单击"使用"按钮后，该提示词就会出现在文心一言的聊天文本框中，如图6-7所示。然后，可以根据自己的需求对提示词进行相应的修改。

图 6-7

07 将产品研发方案、产品设计方案及市场调研报告的文本一一复制，分别保存到Word中形成文字报告。

6.1.2　制作产品概念图

产品概念图涵盖产品草图和产品效果图两个方面。接下来，将分别借助文心一言和其他人工智能工具来完成这两个阶段的概念图设计。

在百度AI系列工具中，能够生成图像的主要有文心一言和文心一格。文心一言是在语言聊天界面中直接生成对话式的图像，每次仅产出一张图。相较之下，文心一格则是一款商业化的AI作图工具，它同样基于AI语言大模型，但可以生成多张高质量且风格各异的图像。

例 6-2：利用文心一言制作初期的概念图

能够生成图像的 AI 工具众多，在此选择免费的文心一言进行测试，以检验其生成的图像效果是否能够满足我们的设计需求，具体的操作步骤如下。

01 根据产品设计方案让文心一言生成概念产品，在聊天信息文本框输入生成图像的基本要求，如图 6-8 所示。

图 6-8

02 发送信息后，文心一言自动生成第一张图像，如图 6-9 所示。若是对概念效果不满意，可以单击"重新生成"按钮，再次生成图像，如图 6-10 所示。当然还可以继续重新生成，直到符合要求为止。

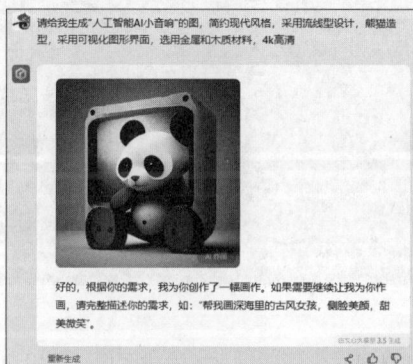

图 6-9

图 6-10

提示

AI 生成的文本和图像均具有唯一性，不可重复，因此，大家在操作自己的计算机时，所得的演示结果必然与笔者演示的结果不同。

03 确定一张概念图后，选中图片并右击，在弹出的快捷菜单中选择"复制图片"选项，将其保存在产品方案文档中。

04 尝试让文心一言生成手绘草图，如图 6-11 所示。

图 6-11

从生成的手绘草图看，跟前面生成的参考图差得很远，根本不是一个思路，这说明了免费的文心一言模型在 AI 生成图像方面还是有欠缺的。

例 6-3：利用文心一格生成产品概念图

进入文心一格的首页，选择"AI 创作"选项进入 AI 图像生成界面，如图 6-12 所示。

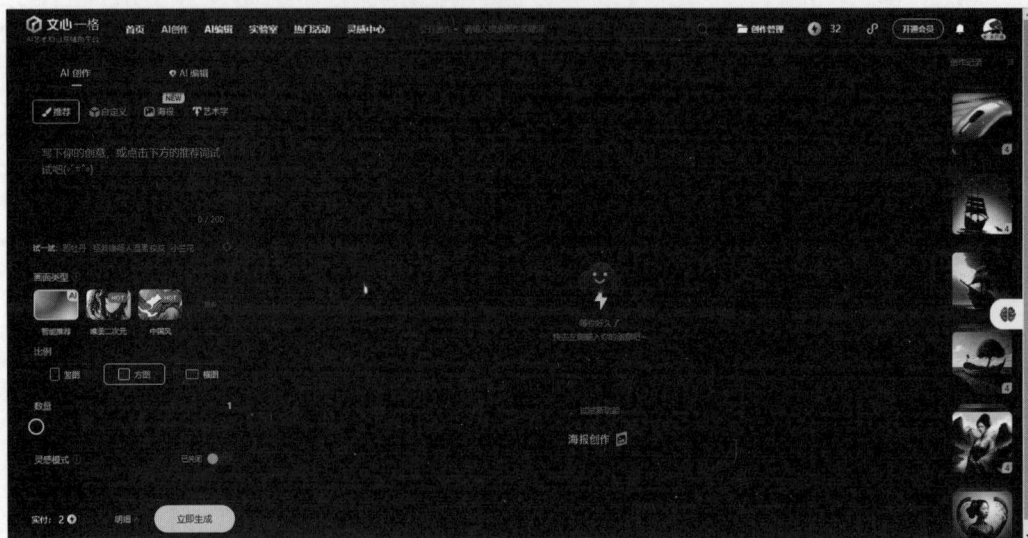

图 6-12

文心一格提供两大核心功能：AI 创作与 AI 编辑。AI 创作实质上是通过文本生成图像，即用户输入需求后，系统会自动产出相应的图像。而 AI 编辑则是对已创建的 AI 图像或用户自有图像进行二次加工的功能，尤其在老旧照片修复和缺损图像修补方面效果显著。

相较于文心一言，文心一格的主要区别在于其不具备上下文连续性功能。文心一言作为一个语音聊天模型，保持了强大的上下文连续性，但文心一格则专注于图像生成，虽无上下文连续性，却能够产出高质量的图像，甚至可以生成最终的产品渲染效果图。需要注意的是，文心一格是一款商业化的 AI 软件，需要付费使用。不过，新用户可以享受官方提供的 50 电量（相当于 25 张）免费图像生成服务，同时也可以通过完成任务来赚取电量。

接下来让文心一格生成产品概念图，具体的操作步骤如下。

01 在文心一格的 AI 创作功能中，首先在提示词文本框中输入"请给我生成'人工智能 AI 小音箱'的图，简约现代风格，采用流线型设计，熊猫造型，采用可视化图形界面，选用金属和木质材料，4k 高清"。

02 设置画面类型为"智能推荐"，设置比例为"方图"，设置图像数量设为 2，其他选项先保持默认，单击"立即生成"按钮，AI 自动创建图像，如图 6-13 所示。

03 从图像生成的效果来看，图像质量非常高，实景的渲染效果很真实。如果对产品的造型不满意，可以在左侧面板中开启"灵感模式"功能，再单击"立即生成"按钮，AI 生成具有创意灵感的产品方案，如图 6-14 所示。

04 接下来，测试文心一格在手绘草图上的表现。在提示词文本框中输入"生成'人工智能 AI 小音箱'的手绘线稿图，手绘出三视图，现代简约风格，熊猫造型"，单击"立即生成"按钮，AI 自动生成图像，如图 6-15 所示。

图 6-13

图 6-14

图 6-15

从图像效果来看，线稿图（即草图）本身并无任何问题，然而产品的造型与之前的效果图呈现截然不同的风格。这一点恰恰印证了文心一格不具备上下文连续性的特性。

6.2 利用 Midjourney 制作产品设计方案图

Midjourney 是一项令人瞩目的 AI 技术，它能够根据用户提供的简短文字描述，生成令人惊叹的数字艺术作品。这项革命性的技术由 Anthropic 公司开发，彻底改变了传统的艺术创作流程。以往，要创作出富有创意的图像，通常需要具备艺术天赋和专业技能，然而现在，只需输入一个简单的文字提示，Midjourney 便能迅速生成多种风格和质量的候选图像。

这项技术的魅力源于其灵活性和多样性。Midjourney 可以生成从逼真写实到抽象梦幻的各种艺术风格，让创作者无须拥有专业技能，也能发挥出无穷的创意。无论是设计师、艺术家，还是普通用户，只需输入独特的文字描述，就能看到 Midjourney 不断迭代优化，呈现令人赞叹的视觉效果。

作为一款 Discord 机器人，Midjourney 提供了一种直观且便捷的交互方式。用户只需在 Discord 频道中输入提示词，系统便会迅速生成 4 张候选图像。用户可以对这些图像进行评价，从而让 Midjourney 进一步优化和改进，直至最终满足用户的期望。这种互动式的创作过程，使原本可能枯燥无味的创意工作变得充满乐趣。

6.2.1 Midjourney 中文网站

若想在 Discord 中使用 Midjourney，需要连接国际网络，因为目前国内网络无法直接使用。不过，Midjourney 已在国内开设中文网站，这为国内用户提供了极大的便利。Midjourney 中文站的首页如图 6-16 所示。

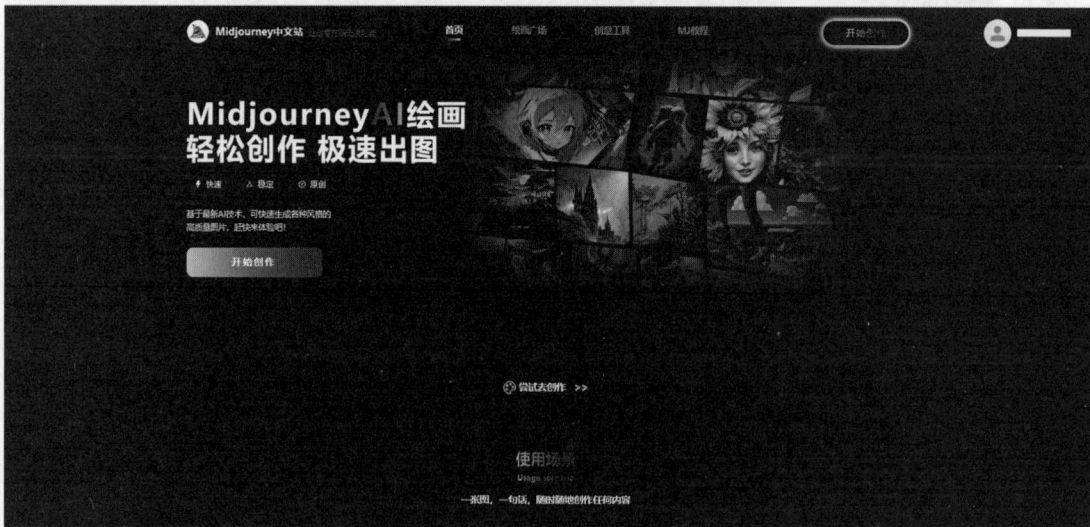

图 6-16

在 Midjourney 中文站中，用户可以选择使用 MJ 模型（即 Midjourney 本身）、MX 模型（基于 Stable Diffusion）以及 D3 模型（即 DALL-E3）来进行绘画创作。此外，还能创建 AI 视频，制作动态广告，并利用工具箱中的各项功能来完成作品编辑。需要注意的是，Midjourney 是付费服务，但新会员可以享受一天的试用权限。

在首页单击"开始创作"按钮，进入绘画创作页面，如图 6-17 所示。

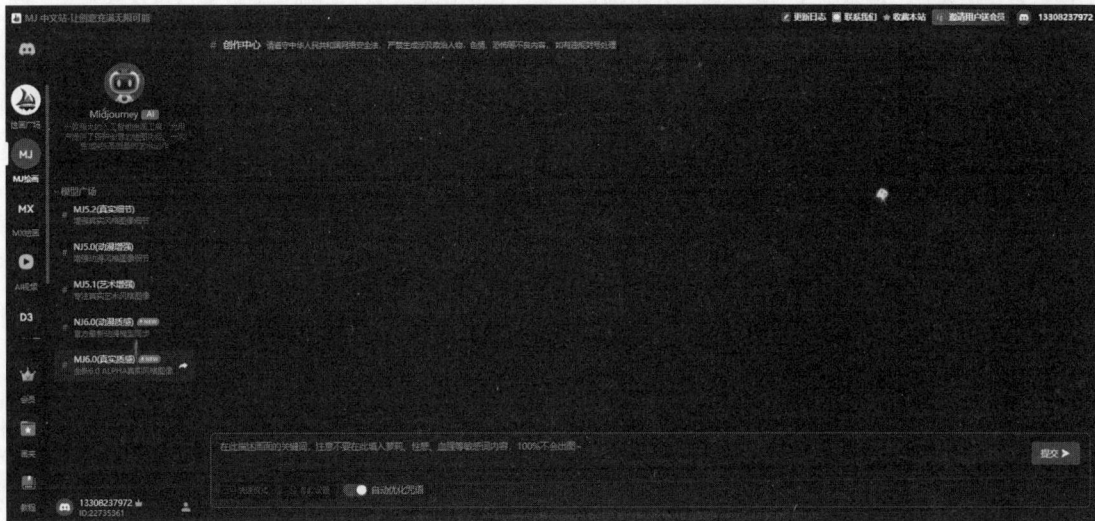

图 6-17

6.2.2　Midjourney 的提示词

提示词是用户与 AI 交流的重要桥梁，尤其在使用 Midjourney 等 AI 图像生成工具时，它扮演着核心角色。提示词即用户输入的文字描述，系统会根据这些描述生成对应的图像。

1. 提示词的基本要点

提示词的撰写关乎最终生成图像的质量和效果。下面详细介绍提示词的要点。

- 提示词应尽可能具体、生动且丰富。简单地描述如"一个苹果"往往不足以表达我们的需求，需要加入更多细节和情感元素。例如，"一个 juicy 的红色苹果，挂在果树上，沐浴在阳光下，散发着诱人的香气"。这样的描述不仅涵盖了视觉元素，还融入了味觉和触觉等感官体验，有助于系统生成更具感染力的图像。
- 可以在提示词中加入风格关键词，以指定生成图像的艺术风格。例如，"一个写实主义风格的红色苹果"或"一个印象派风格的红色苹果"。这样做能够让系统生成符合特定艺术流派的图像效果。
- 提示词中可以加入一些修饰词来微调图像的细节效果，如"高质量的""细节丰富的""栩栩如生的"等。这些词汇有助于系统生成更加精致、生动的图像。
- 提示词的长度要适中。过于简单的提示词可能无法充分传达我们的创意，而过于复杂的句子则可能让系统难以理解。通常来说，包含 10~20 个词汇的提示词能够达到较佳的效果。

在 Midjourney 中，针对产品方案设计，提示词主要围绕二维插画和三维立体这两种表现形式。为了塑造出用户所期望的图像，以下 3 个关键要素能够为用户提供初步的实现指导。

（1）主题描述

在描述场景、故事或其构成要素时，需要注意物体或人物的细节搭配。例如，可以描述动物园里有老虎、狮子、长颈鹿、大树和围栏，或者描述一个小女孩在森林中搭帐篷，她穿着红裙子，戴着白帽子。然而，值得注意的是，人工智能并不总能识别每个描述的元素。为了让 Midjourney 更准确地理解，建议在描述场景中的人物时，进行独立描述，并尽量避免使用过长或复杂的文字串，以防 Midjourney 无法准确识别。

例如，如果要描述"一辆奔驰在山巅公路的红色跑车"，最好将其拆分为几个部分进行描述：一辆跑车，红色外观，正在奔驰，以及山巅公路的背景。这样的描述方式更接近于所追求的场景效果。如图 6-18 所示，左图是直接描述"一辆奔驰在山巅公路的红色跑车"所生成的图像，而右图则是通过拆分描述所得到的图像。可以明显看出，左图并未很好地体现出"奔驰的跑车"这一主题思想，生成的小轿车呈现为静态表现；而右图则成功地诠释了"奔驰的跑车"这一动态场景。

图 6-18

(2) 设计风格

许多设计师在直接表达他们的设计风格时可能会遇到困难。因此，在这一步，可以寻找一些与特定风格相关的关键词作为参考，或者将喜欢的风格图片作为"垫图"或"喂图"提供给 Midjourney，以便其能够结合所提供的图片风格与主题描述来生成相应风格的图像。例如，对于涉及玻璃、透明塑料、霓虹色彩等透明或半透明材质以及反射效果的关键词，我们需要特别注意。在某些情况下，如果设计师希望物体表面呈现透明效果但不显示其内部机械结构时，可能需要额外加入一些设计师特有的风格元素来实现这一目标，如图 6-19 所示。因为仅通过控制材质属性可能无法满足这一需求——AI 可能会认为，表面透明必然意味着内部结构的显现。然而，如果内部结构过于复杂或显眼，则可能会使物体整体显得过于繁杂而失去高级感，如图 6-20 所示。因此，在这一环节中涉及的关键词可能较为密集和复杂，目前主要依赖每个人针对特定风格进行反复的"咒语测试"来找到最合适的表述方式。

图 6-19

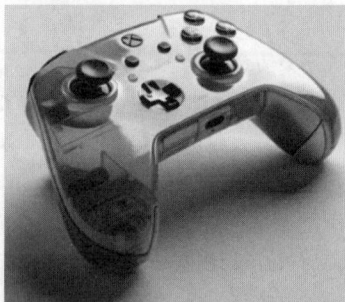

图 6-20

(3) 画面设定

在三维设计中，画面设定扮演着至关重要的角色。它涉及渲染类型的选择和光线控制等多个方面，这些因素的不同设置将会带来显著的视觉差异。同时，掌握一些关于指令使用的高级技巧也是非常重要的。大家可以通过查阅 Midjourney 的官方文档来学习如何更好地运用这些技巧来提升设计效果。例如，在 Midjourney 中，双冒号（::）具有特殊的意义和作用，特别是在进行权重设置和信息分割时更是如此。举例来说，当输入"热狗"或者"热的狗"这样的中文提示词时，由于语言表述的模糊性，这两种提示词都可能被 Midjourney 理解为指向同一英文描述——hot dog，从而只能生成出单一的食品图像——热狗，如图 6-21

所示。如果希望 Midjourney 能够做出正确的识别和区分，可以尝试使用英文提示词并结合双冒号进行表述，如输入 hot:: dog 来加以区别，如图 6-22 所示。此外，在双冒号后面还可以添加数字来表示权重值——数值越大表示该部分信息的权重越大；同时也可以使用负数来表示相反或抑制的效果。

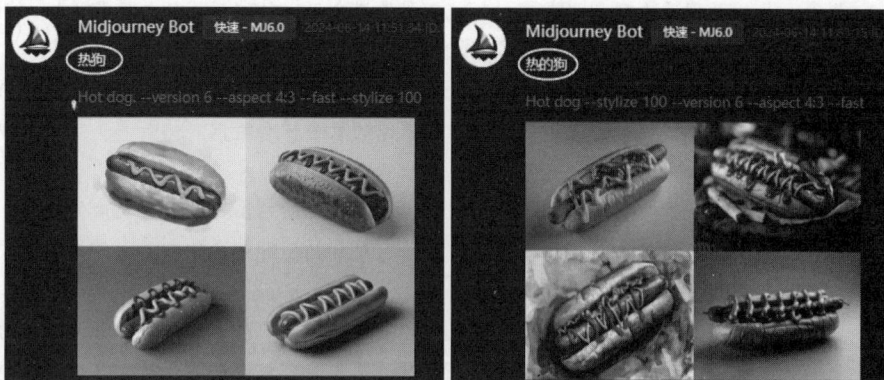

图 6-21

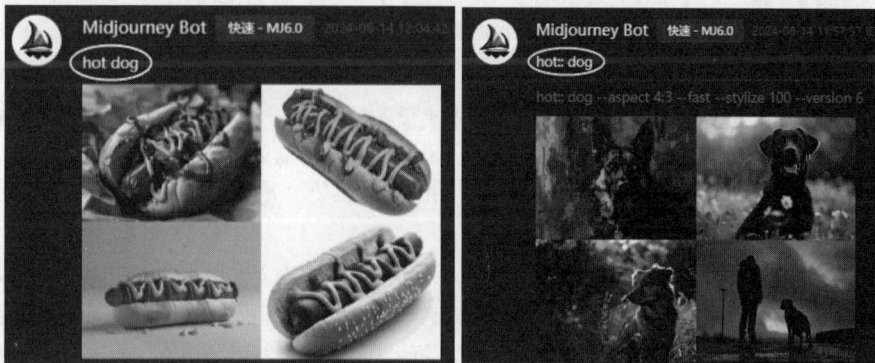

图 6-22

提示

在 Midjourney 中输入中文提示词后，AI 会将中文提示词自动翻译为英文提示词，然后再执行 AI 生成操作。

2. 提示词的控图技巧

Midjourney 提示词能够帮助用户完美地获取所需图像，这需要掌握一些控图技巧。控图技巧主要有以下 4 点。

- 提示词的万能公式：掌握了 Midjourney 提示词的万能公式，也就基本掌握了图像精确生成的关键环节。任何一幅好的 AI 生成图像，都应遵循如图 6-23 所示的万能公式进行提示词的输入。

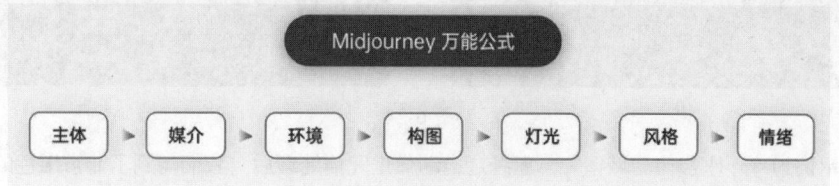

图 6-23

» 主体：指的是图像的核心元素或焦点，它决定了图像的主要内容和视觉兴趣点。选择明确的主体可以帮助 AI 更好地理解和生成你所期望的图像。例如，一只栩栩如生的老虎、一座宏伟的城堡，或者一位优雅的舞者，都可以成为图像的主体。

» 媒介：指的是图像表现的形式或材料。不同的媒介可以传达不同的质感和风格，例如照片、绘画、插图、雕塑、涂鸦和拼贴等。

» 环境：指的是图像中主体所在的背景或场景。它可以是自然景观、城市风光或室内场景等。环境不仅为主体提供了背景，还可以增强图像的故事性和氛围。例如，一只狼在雪地中与在森林中会传递出完全不同的感受。

» 构图：指的是图像中各元素的排列和组织方式。良好的构图可以引导观者的视线，增强图像的视觉吸引力。常见的构图法则包括三分法、对称构图和黄金比例等。掌握构图技巧有助于创造出和谐且引人注目的图像。

» 灯光：灯光涉及图像中光源的设置和光线的处理。不同的灯光效果可以营造不同的情感和氛围，例如明亮的阳光、柔和的月光或戏剧性的阴影等。灯光的运用对于突出主体和增强图像的立体感至关重要。

» 风格：指的是图像表现的独特艺术特征。它可以是写实的、抽象的、卡通的或复古的，等等。选择特定的风格有助于传达特定的情感和个性，使图像更具辨识度和艺术性。

» 情绪：指的是图像中主体或整体所表达的内在感受。它可以是快乐、悲伤、愤怒或惊讶等。通过细节和表现手法，情绪可以在图像中得到充分体现，从而引发观者的共鸣和感动。

● 提示词的"咒语"："咒语"在魔法世界中是能够引发超自然效果或力量的语言，包括短语、词组或符号等。在 Midjourney 中，使用"咒语"可以让作品更具魔力。咒语作为提示词的一部分，在整个提示过程中扮演着非常关键的角色。

在 Midjourney 中文站中使用 MJ 模型时，用户无须考虑咒语的输入，只需输入想要得到的精确图像的基本需求（例如输入"一座宏伟的城堡"），然后开启"自动优化咒语"功能，Midjourney 就会自动增强提示词的魔法效果，生成逼真、高清的图像。而如果关闭"自动优化咒语"功能，所生成的图像则可能更像是童话世界中的场景，如图 6-24 所示。

图 6-24

原本提示词为"一座宏伟的城堡"，但经过自动优化咒语处理后，我们得到了非常出色的提示词以及优美、逼真的图像效果，如图 6-25 所示。

图 6-25

6.2.3 Midjourney 辅助产品效果图设计案例

1. 利用 MJ 模型制作产品设计草图

产品设计草图根据不同的表现内容和风格，可以分为单线表现草图、结构线表现草图、马克笔表现草图、水彩表现草图、铅笔表现草图和爆炸图式表现草图等。

Midjourney 在产品设计草图方面的应用非常广泛，其关键在于如何精准书写提示词，以获得理想的图像效果。

例 6-4：利用 MJ 模型制作产品设计草图

利用 MJ 模型制作产品设计草图的具体操作步骤如下。

01 进入 Midjourney 中文站主页，进入"MJ 绘画"模块，并选择"MJ6.0（真实质感）"模型作为本例的 AI 模型。

02 在 MJ 的提示词输入框中输入"制作男士剃须刀的产品设计草图"，开启"自动化咒语"功能，单击"提交"按钮发送提示词，如图 6-26 所示。

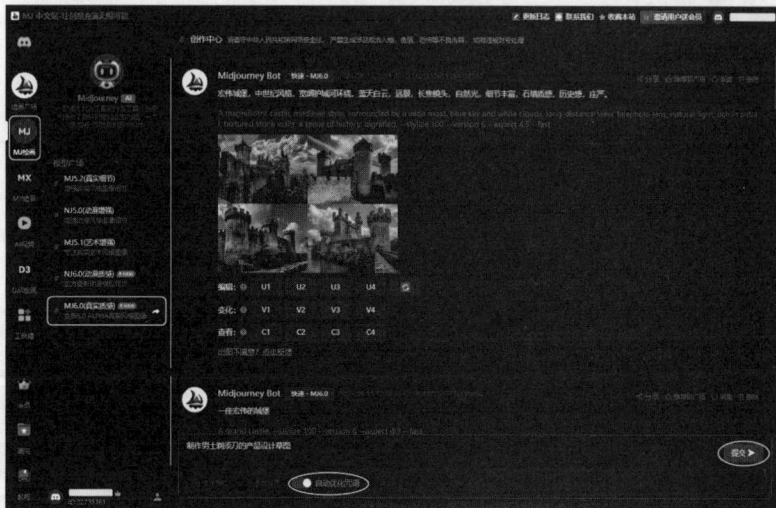

图 6-26

03 随后，Midjourney 会自动优化提示词，并根据优化后的提示词开始生成产品设计草图。默认情况下，会生成 4 张图片，如图 6-27 所示。

图 6-27

04 从生成的产品设计草图来看，效果并不是很理想，如图 6-28 所示。接下来可借助 ChatGPT 帮助我们获得比较好的提示词。在 ChatGPT 中，单击"导入"按钮，导入本例源文件夹中的"参考图 .jpg"图片文件，然后输入信息"请参考这张图，给我生成用于 Midjourney 图像生成的提示词。"单击"发送"按钮后，ChatGPT 自动生成提示词，如图 6-29 所示。

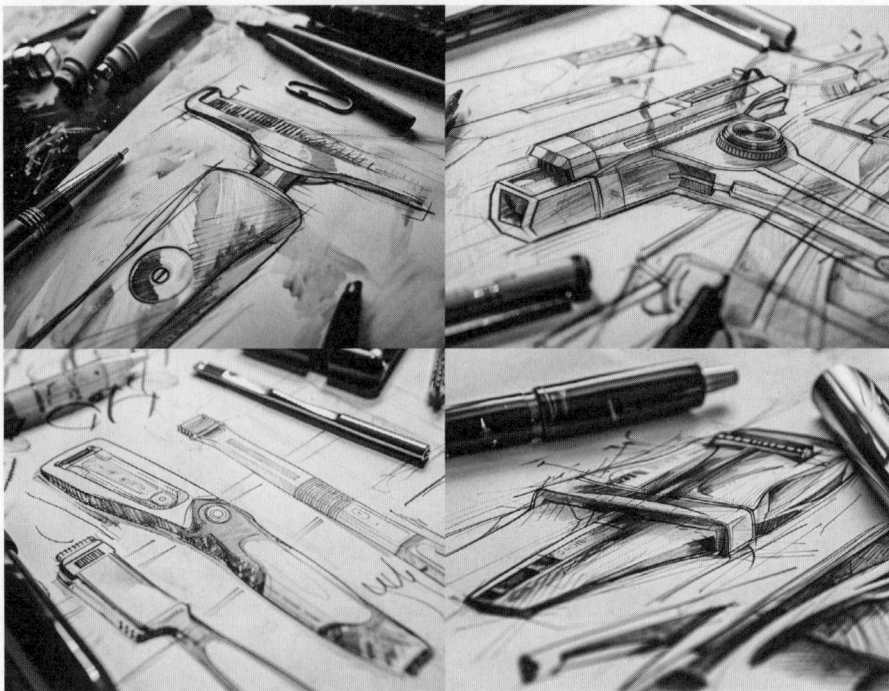

图 6-28

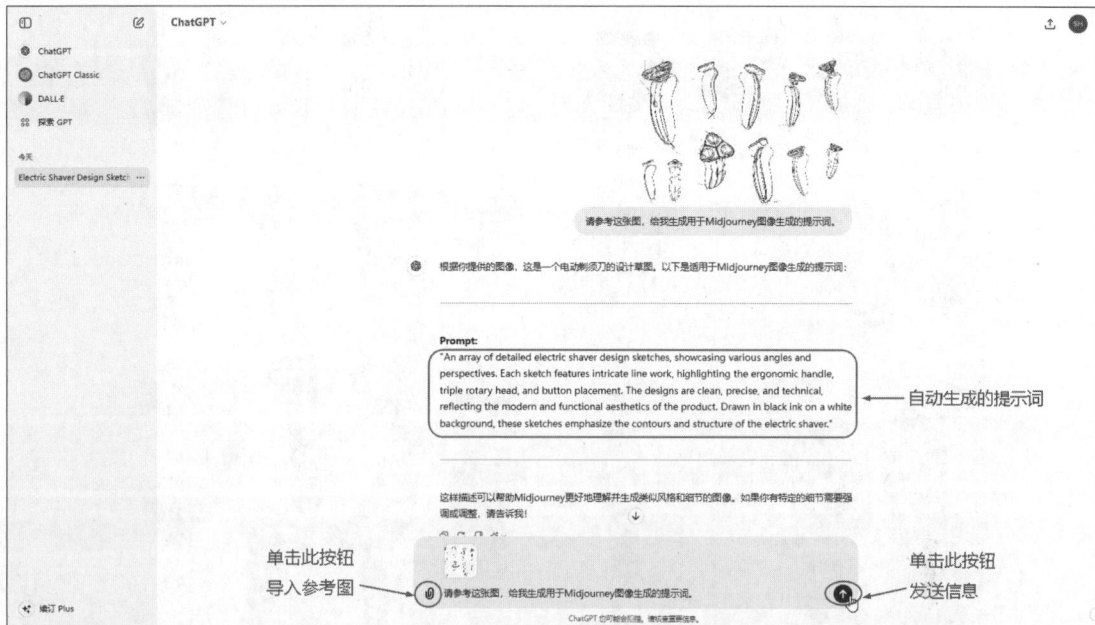

图 6-29

05 复制英文提示词，粘贴到 Midjourney 中文站"MJ绘画"模块的提示词文本框中，关闭"自动优化咒语"功能，单击"提交"按钮，开始生成产品设计草图，如图 6-30 所示。

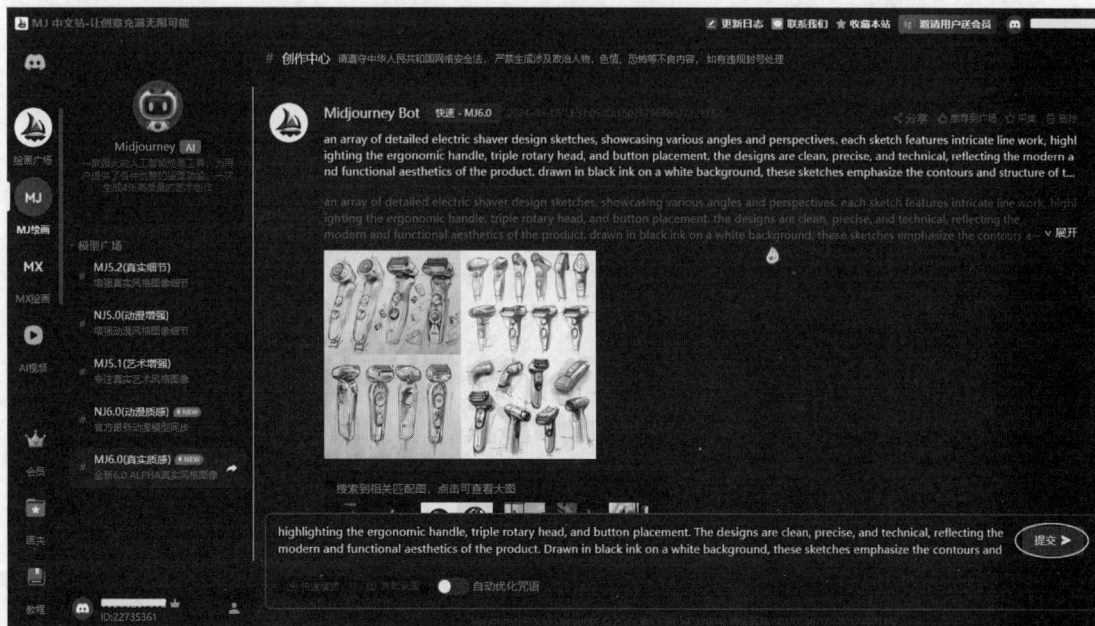

图 6-30

06 放大显示产品设计草图，可见其效果较之前有较大提升，如图 6-31 所示。

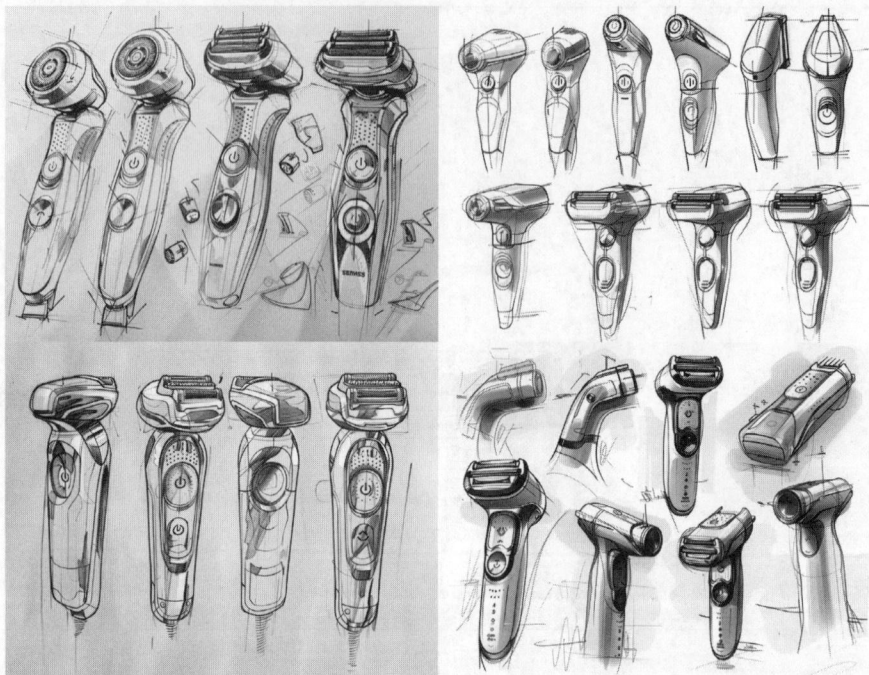

图 6-31

例 6-5：利用 MX 模型制作产品渲染效果图

利用 MX 模型制作产品渲染效果图的具体操作步骤如下。

01 在 Midjourney 中文站中，进入"MX 绘画"模块并切换到"条件生图"选项卡，如图 6-32 所示。

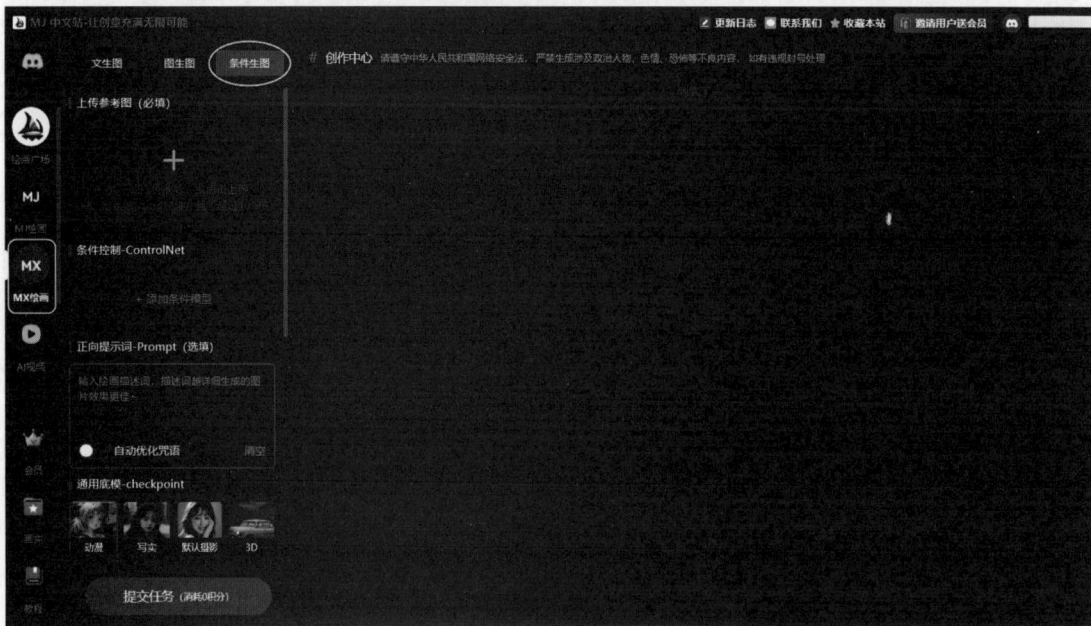

图 6-32

02 在"上传参考图"选项组中单击➕按钮，从本例源文件夹中载入"剃须刀 .jpg"图片文件。

03 在"条件控制 -ControlNet"选项组，选择"线稿渲染 Lineart 权重 1"条件处理器。

04 在"正向提示词"文本框中输入"为剃须刀线稿图进行渲染，效果与实际产品相同"，开启"自动优化咒语"功能。

05 在"通用底模"选项组中选中"动漫"模型。

06 其他选项保持默认设置，单击"提交任务"按钮，开始生成产品渲染图，如图 6-33 所示。

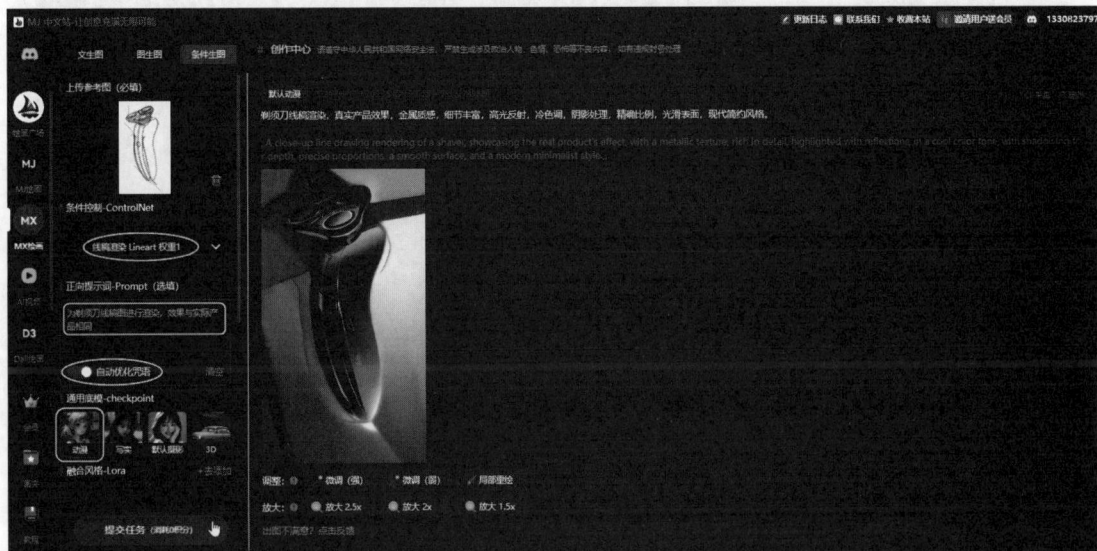

图 6-33

07 在"通用底模"选项组中选中"写实"模型。其他选项保持默认设置，单击"提交任务"按钮，生成产品渲染图，如图 6-34 所示。

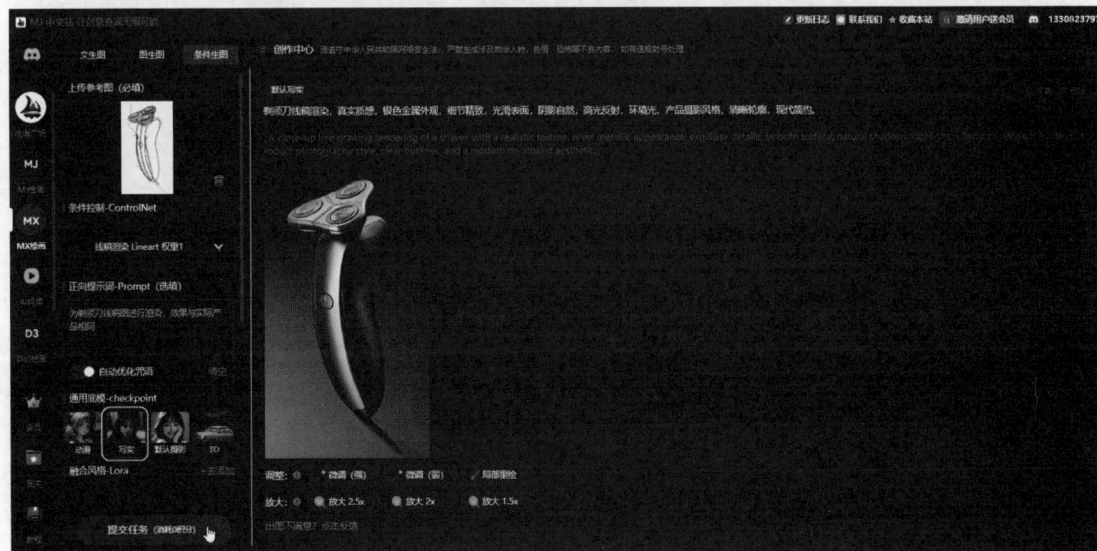

图 6-34

08 在"通用底模"选项组中选中"默认摄影"模型。其他选项保持默认设置，单击"提交任务"按钮，生成产品渲染图，如图 6-35 所示。

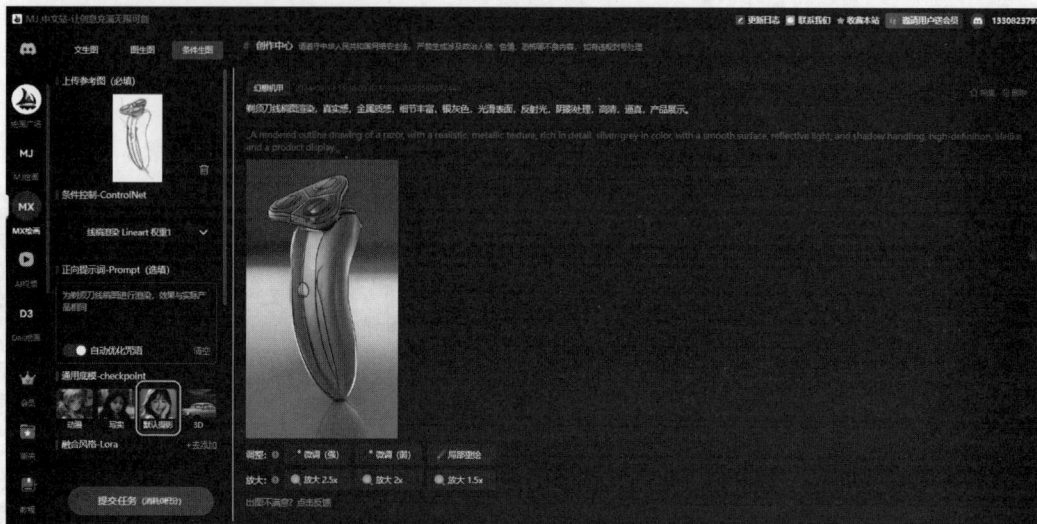

图 6-35

09 在"通用底模"选项组中选中 3D 模型，其他选项保持默认设置，单击"提交任务"按钮，生成产品渲染图，如图 6-36 所示。

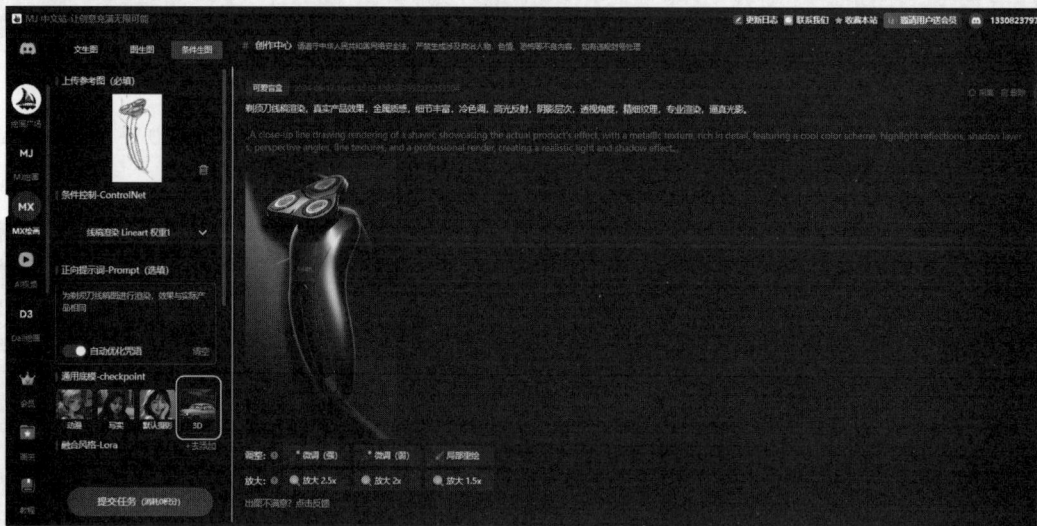

图 6-36

从几种风格所生成的渲染图效果来看，3D 风格的效果图最能体现产品的质感，表面光反射、产品细节等最接近真实。

6.3 基于 AI 的产品广告图生成

当生成一个产品的概念图后，工业设计师可以利用三维建模软件来完成模型设计，并结合人工智能图像生成技术对模型进行 AI 渲染和广告图制作，从而提升产品品牌的影响力。

6.3.1 利用 Vizcom 渲染产品模型

Vizcom 是一个能将手绘草图或三维模型转化为令人惊叹的概念绘图的 AI 平台。它融合了高质量的照片写实性、创新发现以及出色的设计控制功能。该平台提供了一套强大的绘图工具，包括 3D 模型导入、协作工作空间以及多样化的渲染风格等功能。

例 6-6：利用 Vizcom 渲染产品模型

利用 Vizcom 渲染产品模型的具体操作步骤如下。

01 启动 UG NX2024，将本例源文件夹中的模型文件 bottle.sldprt 打开，如图 6-37 所示。

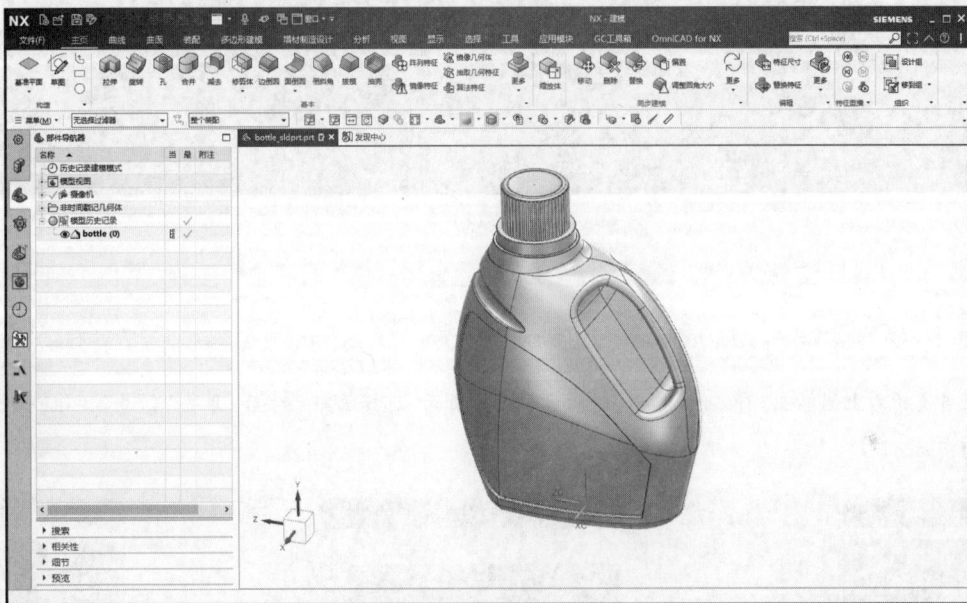

图 6-37

02 执行"文件"→"导出"→"STL"命令，将模型另存为 stl 文件，如图 6-38 所示。

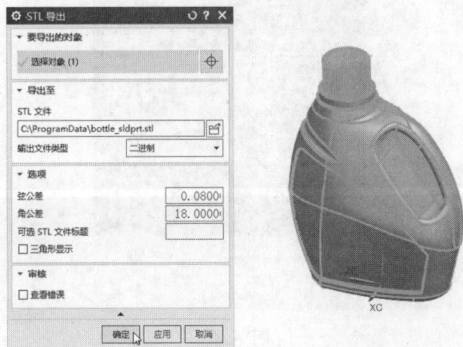

图 6-38

03 进入 Vizcom 主页，如图 6-39 所示，初次登录需要注册账号，用国内邮箱注册即可。

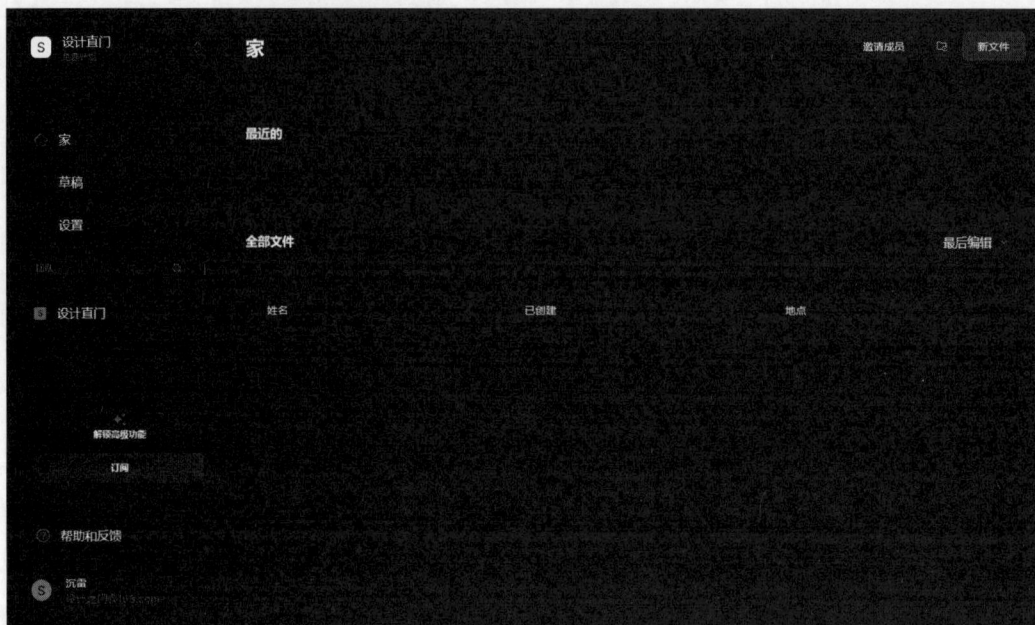

图 6-39

提示

Vizcom 的主页默认为英文，但可以使用谷歌网页翻译器来翻译英文界面。

04 在首页的右上侧单击"新文件"按钮，进入图像创建页面，选择画布尺寸后，单击"创造"按钮，如图6-40 所示。

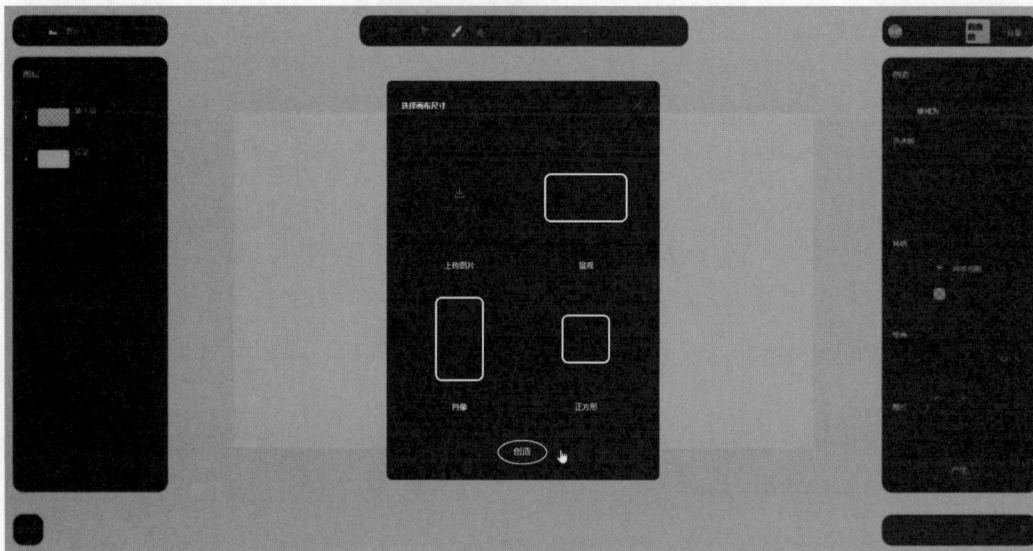

图 6-40

05 进入绘图环境后，在顶部工具栏中单击"插入"→"上传3D模型"按钮，导入前面保存的 stl 模型文件，如图6-41 所示。

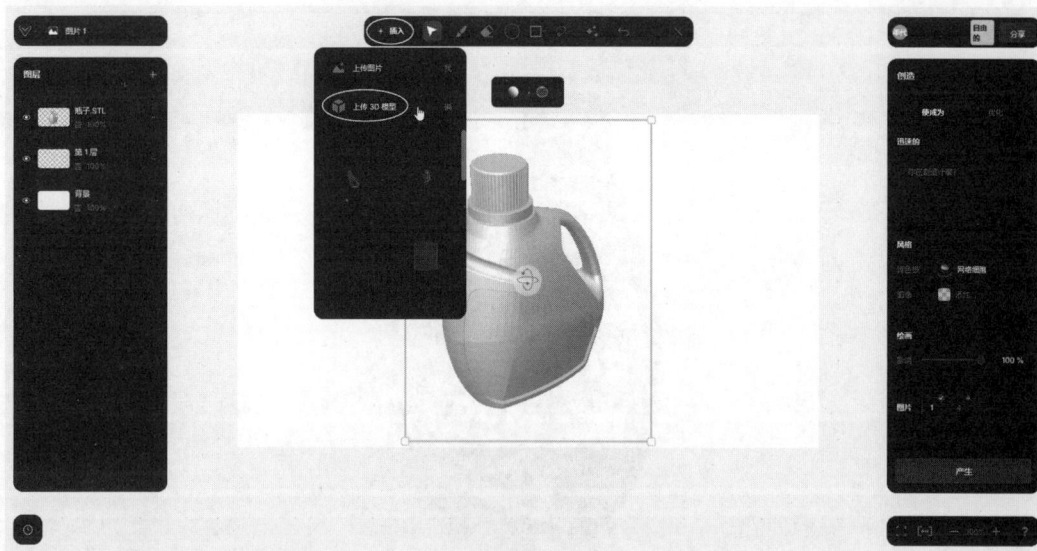

图 6-41

提示

也可以将模型截图导入 Vizcom 中进行渲染。

06 导入模型后，在右侧属性面板中单击"描述"按钮，让 AI 分析模型形状后自动生成描述词：White plastic detergent bottle with a ribbed screw cap and a built-in handle, viewed from a slight upper angle（白色塑料洗涤剂瓶，带菱形螺旋盖和内置手柄，从略微偏上的角度观察），在"调色板"列表中选择"外部的"风格，单击"添加"按钮，将本例源文件夹中的图片文件"洗衣液.jfif"载入，作为渲染参照，最后单击"产生"按钮，如图 6-42 所示。AI 自动渲染的效果如图 6-43 所示。

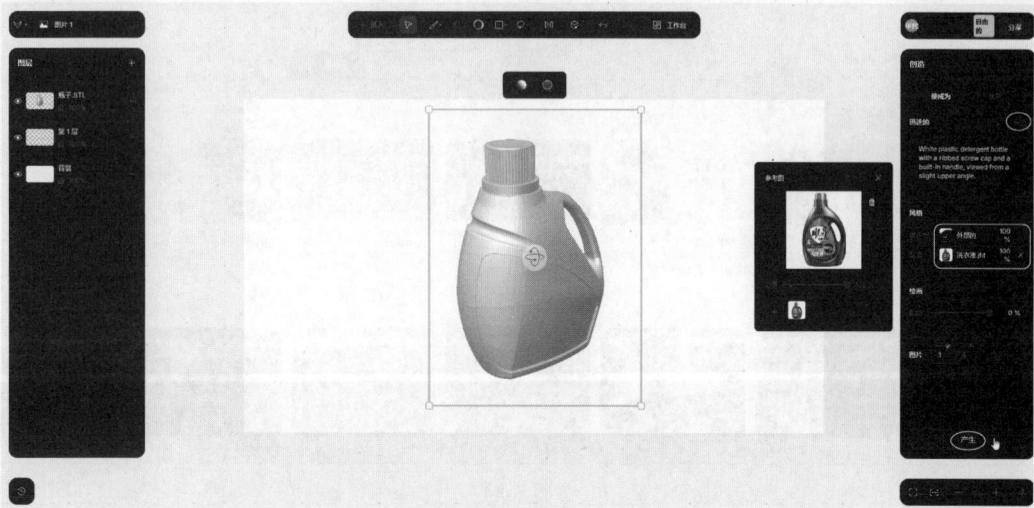

图 6-42

图 6-43

07 单击渲染效果图下方的"添加"按钮,完成 AI 渲染操作。单击图像下方工具栏中的"下载"按钮![下载图标],将效果图导出并下载到本地文件夹中。

08 利用百度 AI 图像编辑工具进行图片编辑,将产品渲染效果图中的产品部分抠出来,AI 图像编辑工具的首页如图 6-44 所示。

图 6-44

09 在百度 AI 图像编辑器的首页选择"图片编辑"工具,进入"百度 AI 图片助手"页面,如图 6-45 所示。

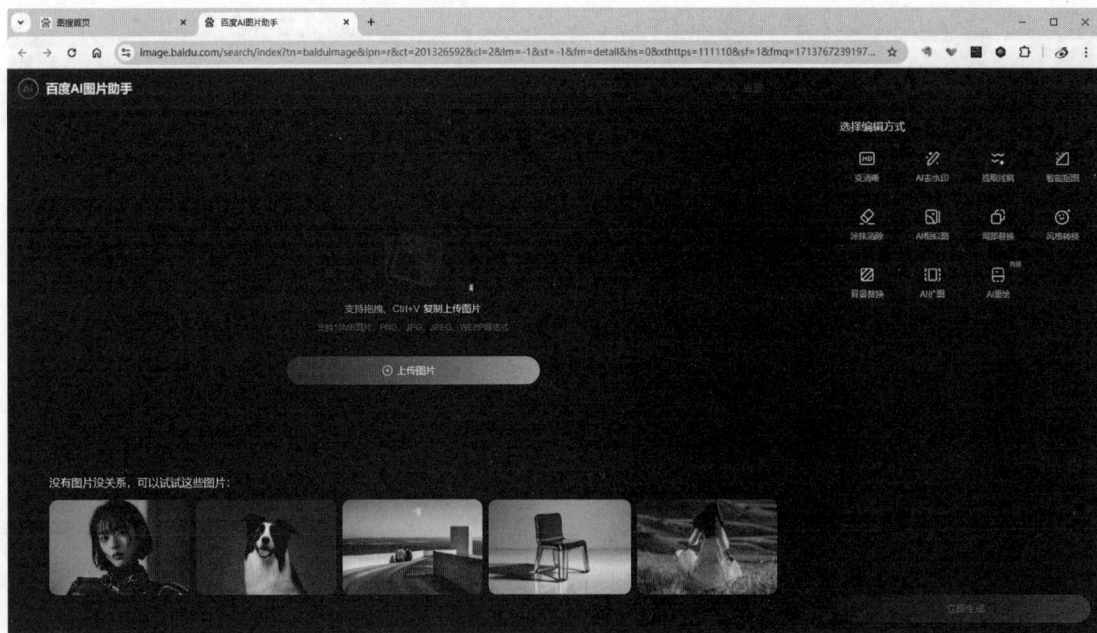

图 6-45

10　单击"上传图片"按钮，将在 Vizcom 渲染的产品效果图上传到 AI 编辑页面，如图 6-46 所示。

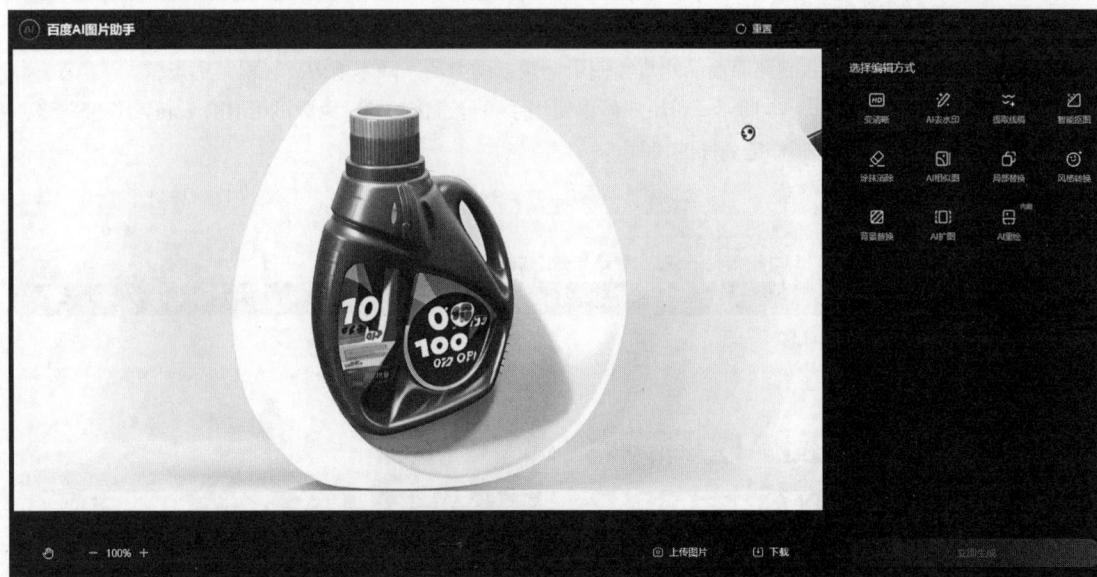

图 6-46

11　在右侧"选择编辑方式"面板中单击"智能抠图"按钮，将产品图单独抠出来。抠出产品图后，单击"下载"按钮，将产品图保存到源文件夹中，如图 6-47 所示。

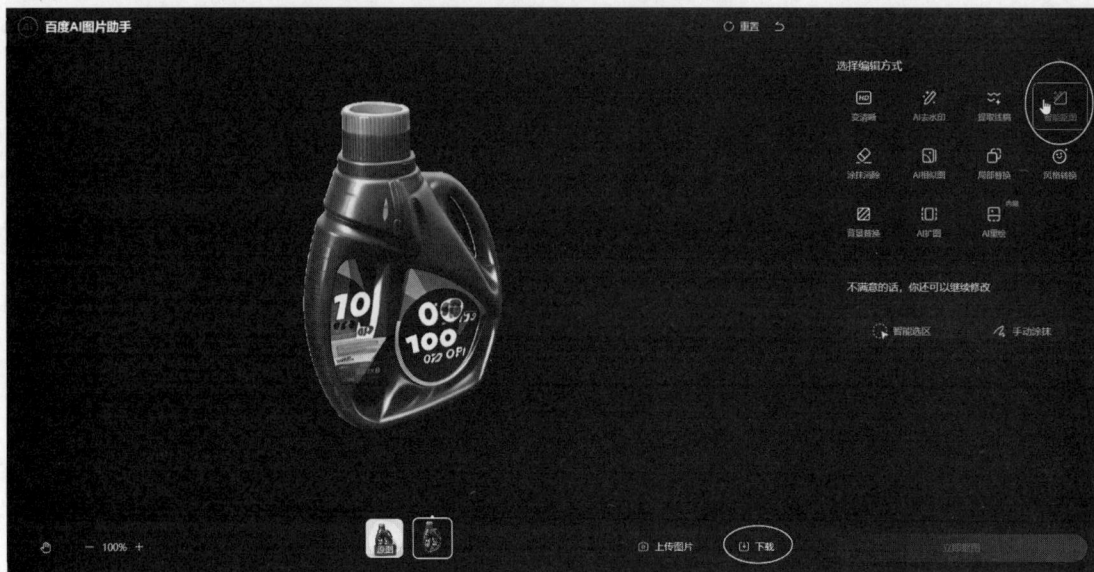

图 6-47

6.3.2 利用 Hidream AI 制作产品电商图

HiDream AI 是专为电商客户设计的 AI 制图工具。通过这个 AI 工具，设计师无须经历策划方案、道具采购、美工置景、布景拍摄及拍摄后期等烦琐流程及费用支出。设计师只需上传一张商品图，即可一键生成海量真实场景的商品图，从而还原商品的真实使用场景，助力商家降本增效，轻松打造爆款。

HiDream AI 的首页如图 6-48 所示。新用户可以使用手机号直接登录，免费试用 HiDream AI。接下来，将详细介绍使用 HiDream AI 制作电商图的流程。

图 6-48

例 6-7：制作产品电商图

制作产品电商图的具体操作步骤如下。

01 在 HiDream AI 的首页单击"免费试用"按钮，进入 HiDream AI 电商图设计工作台，如图 6-49 所示。

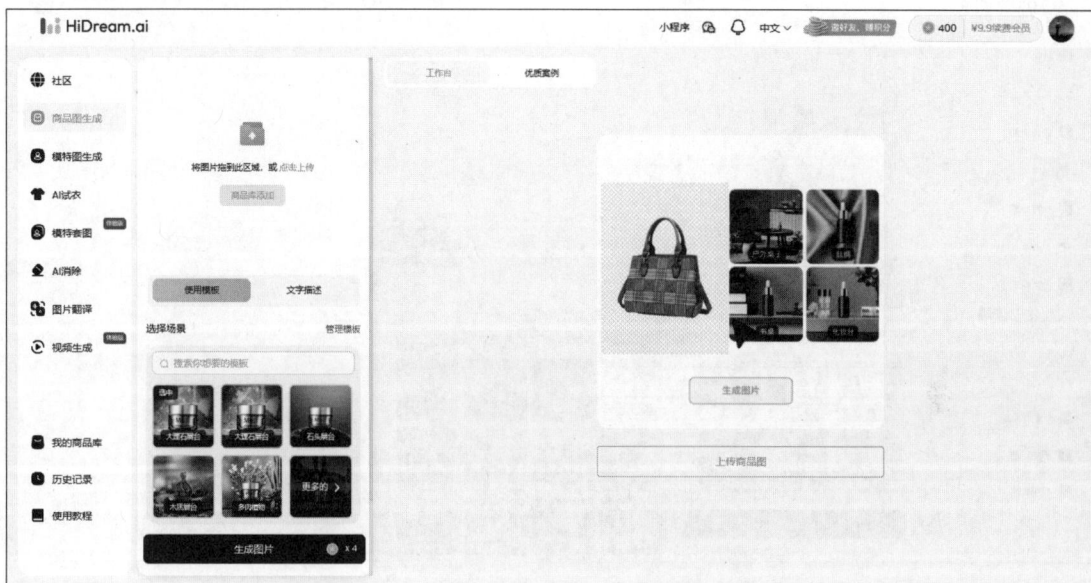

图 6-49

02 HiDream AI 有 7 大功能：商品图生成、模特图生成、AI 试衣、模特套图、AI 消除、图片翻译和视频生成等（本例使用商品图生成功能）。在"商品图生成"模式中，将前面保存的"洗衣液产品图.png"文件上传，如图 6-50 所示。

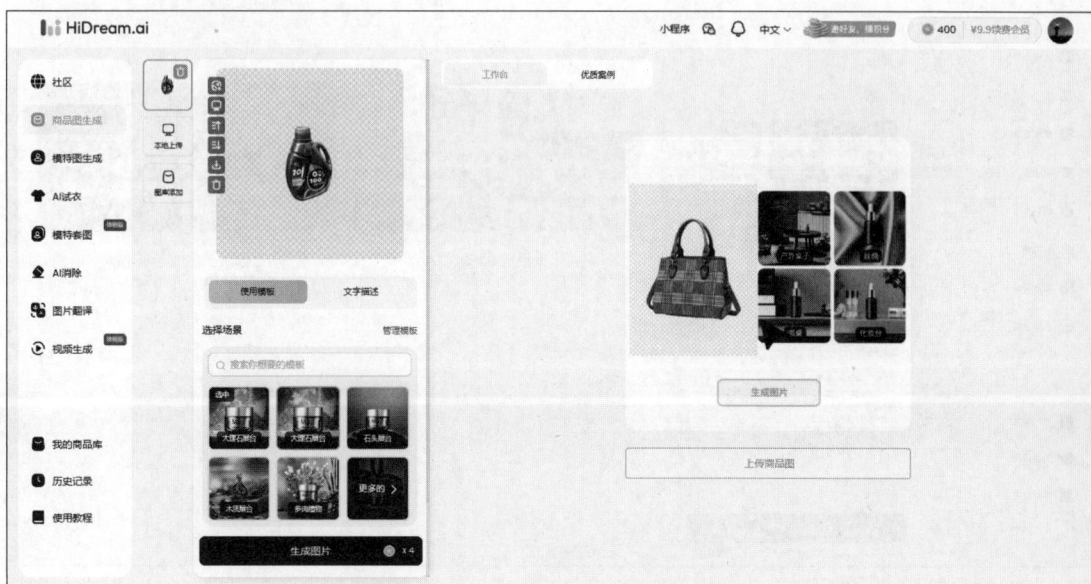

图 6-50

03 为电商图选择合适的场景,可以使用模板,也可以用文字描述,先使用模板来生成电商图。在"选择场景"选项组中单击"更多的"按钮,调出"选择场景"面板,其中包含了所有 HiDream AI 的场景模板,在"居家"选项卡中选择"洗衣台"模板,如图 6-51 所示。选择模板后关闭"选择场景"面板。

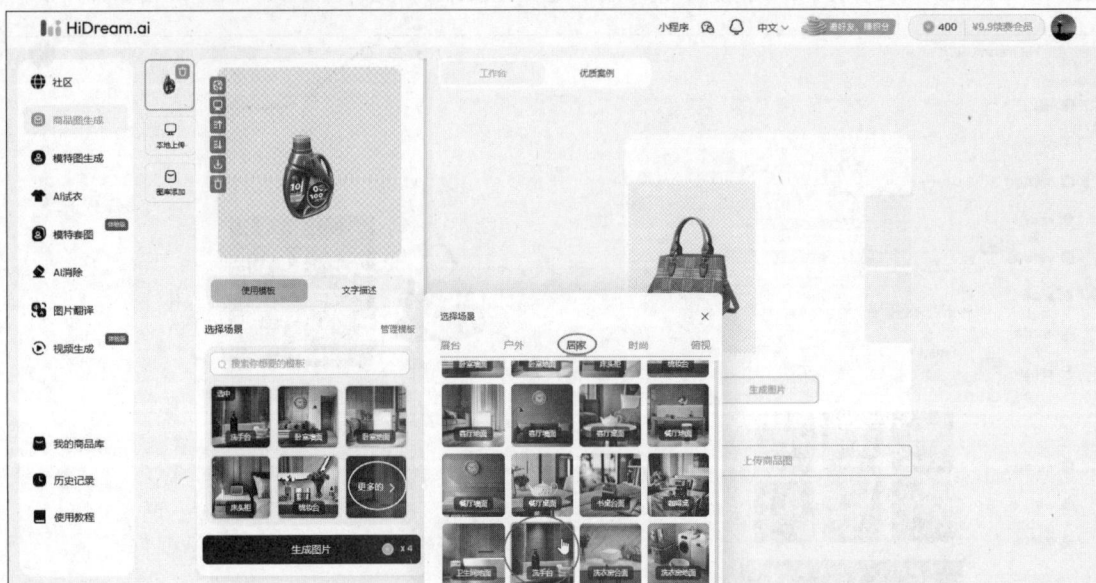

图 6-51

04 在"高级"选项组中,设置生成张数为 4(可设置其他张数,默认是 4 张),在"商品图分辨率"下拉列表中选择"淘宝 taobao 800*800"选项,最后单击"生成图片"按钮,AI 生成电商图,如图 6-52 所示。

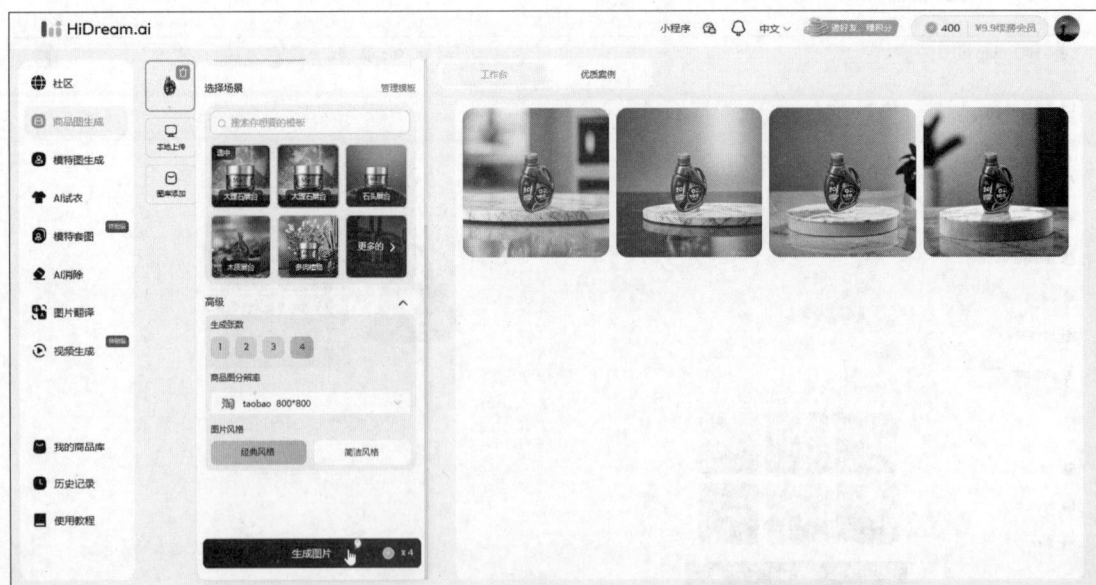

图 6-52

05 从 4 张电商图中选择一张最优的图片并下载到本地,如图 6-53 所示。

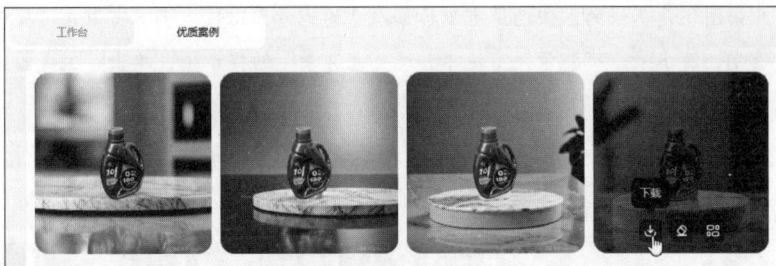

图 6-53

06 从结果看，几张电商图都有瑕疵，主要表现在原图与模板中的展台没有完美契合，因此，可以选择"文字描述"方式来生成电商图，添加一张参考图，如图 6-54 所示。

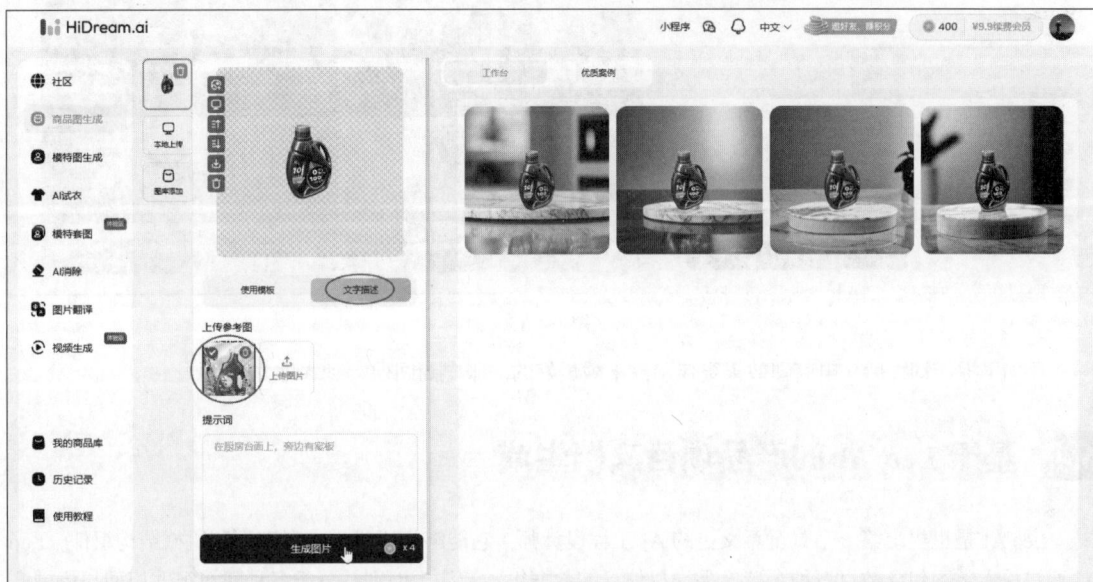

图 6-54

07 单击"生成图片"按钮，生成新的电商图，如图 6-55 所示。

图 6-55

08 从效果看，几张图还是不错的，但还是有不尽如人意的地方，比较单调。可以在"提示词"文本框中输入"背景有水，有水果，有飘带，有泡沫，纯蓝色背景"的提示词，单击"生成图片"按钮，再次生成新的电商图，如图6-56所示。

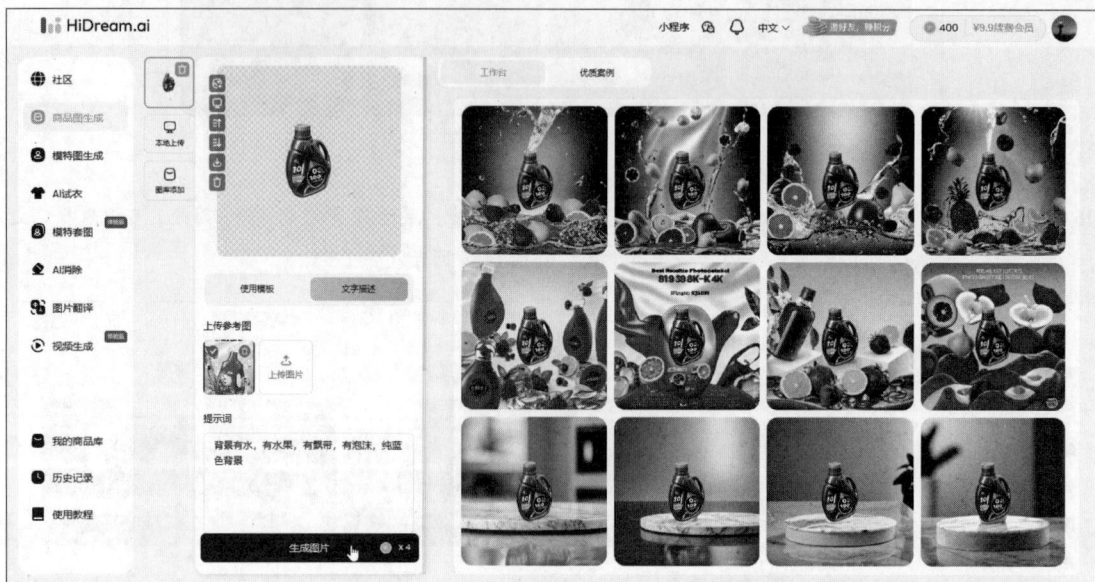

图 6-56

添加了提示词之后，电商图效果更佳了，下载最好的一张电商图保存到本地文件夹中。

6.4 基于 Leo AI 的产品项目文档生成

Leo AI 是世界上第一个真正意义上的 AI 工程设计师，它能够生成机械产品造型和机械结构组件。Leo AI 通过深入学习包含数百万种人造产品详尽信息的数据集，专注于识别并分类各种建筑组件模型与机械产品零件，如螺栓、轴承等关键对象。随后，该系统利用这些学习到的零件特征，智能地将它们组合与配置，从而创造出符合设计制造一体化（Design for Manufacturing and Assembly, DFMA）标准的新产品。DFMA标准强调在设计阶段就考虑产品的制造和装配效率，以优化成本、提高生产率和产品质量。因此，Leo AI 的这一过程既展现了其强大的数据分析和模式识别能力，也体现了其在自动化设计制造领域的创新应用。

Leo AI 是一个付费平台，目前提供 14 天的免费试用期，其间可以免费生成 50 个模型。

例 6-8：利用 Leo AI 生成室内组件模型

利用 Leo AI 生成室内组件模型的具体操作步骤如下。

01 进入 Leo AI 官网首页，如图 6-57 所示。

提示

Leo AI 官网内容均为英文显示，可以通过网页翻译工具（如谷歌网页翻译器）将网页内容自动翻译成中文，以便更好地学习和操作。

图 6-57

02 初次使用 Leo AI 需要注册账号。账号注册后在首页中单击"开始使用 Leo"按钮，进入 AI 文本聊天页面，如图 6-58 所示。

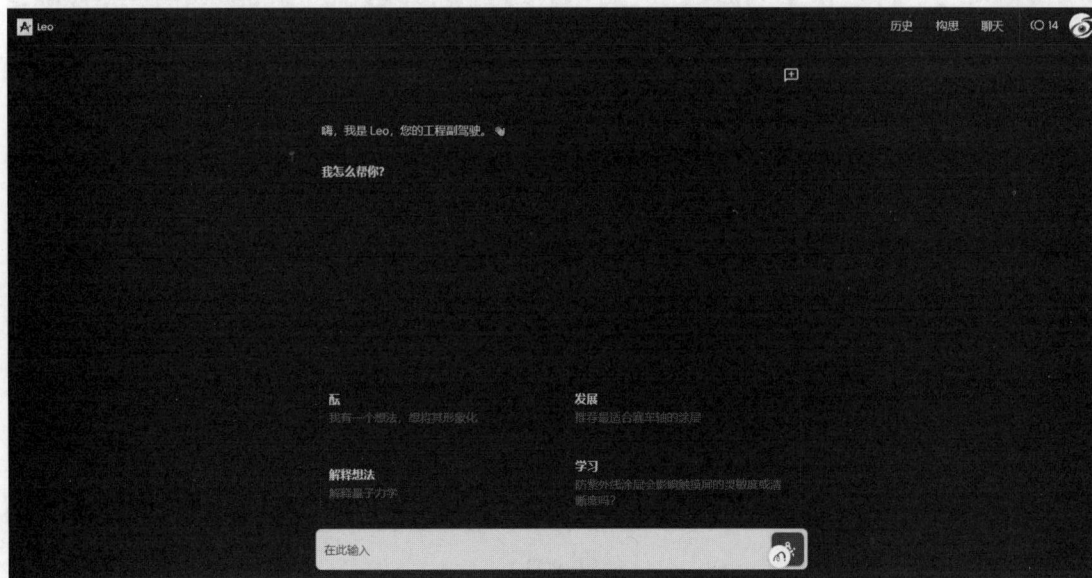

图 6-58

03 在 AI 文本聊天页面中，可以通过输入英文提示词或中文提示词来驱动 Leo AI 生成所需组件模型。例如，在提示词文本框中输入"一架四轴无人机，配有四个螺旋桨、光滑的空气动力学机身、底盘摄像头和机臂上的 LED 。"单击"发送"按钮，将需求告诉 Leo AI，如图 6-59 所示。

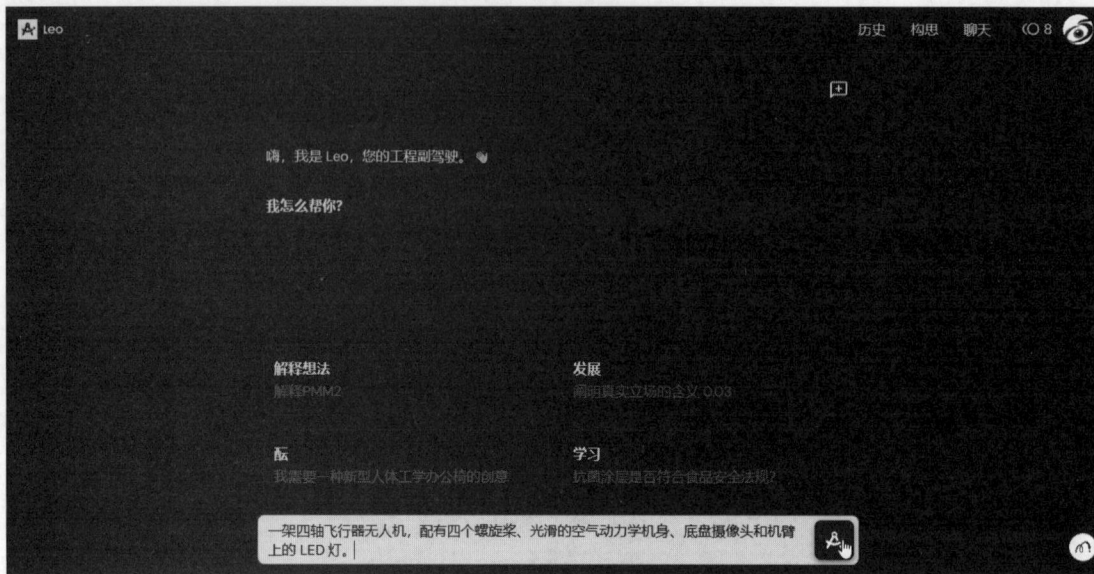

图 6-59

04 随后 Leo AI 会给出一个继续操作的动态访问链接，单击"单击开始"链接，如图 6-60 所示。

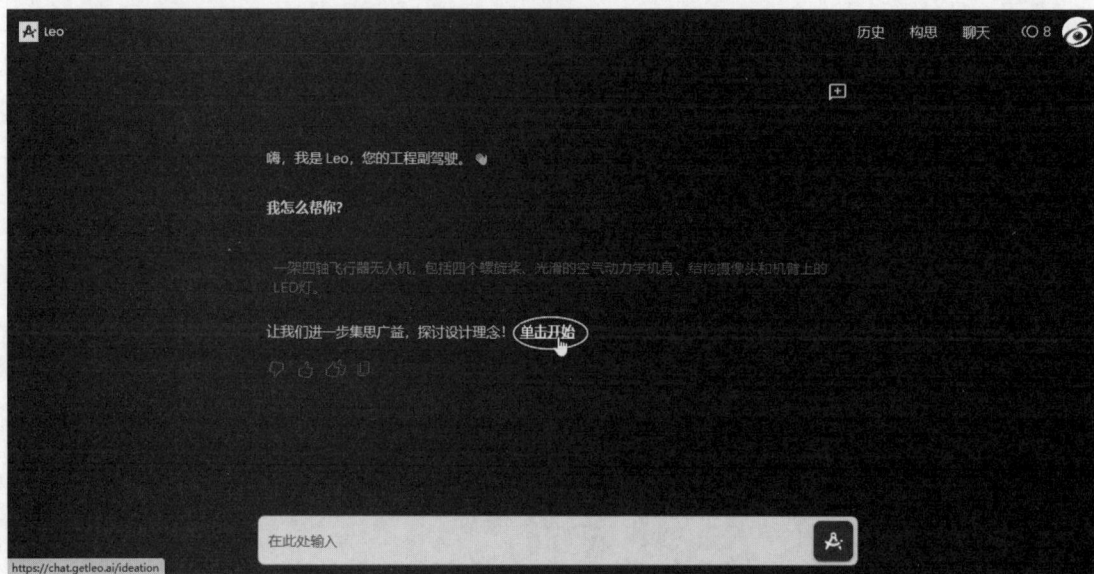

图 6-60

05 进入 Leo AI 图像生成页面，此时 Leo AI 会根据提示词作进一步的优化，如果用户对优化不满意，可通过提示词文本框输入新的提示词来优化设计，若满意 Leo AI 提供的提示词优化结果，可以直接单击"产生"按钮生成模型效果图，同时还会自动生成该模型的"产品概述"，如图 6-61 所示。

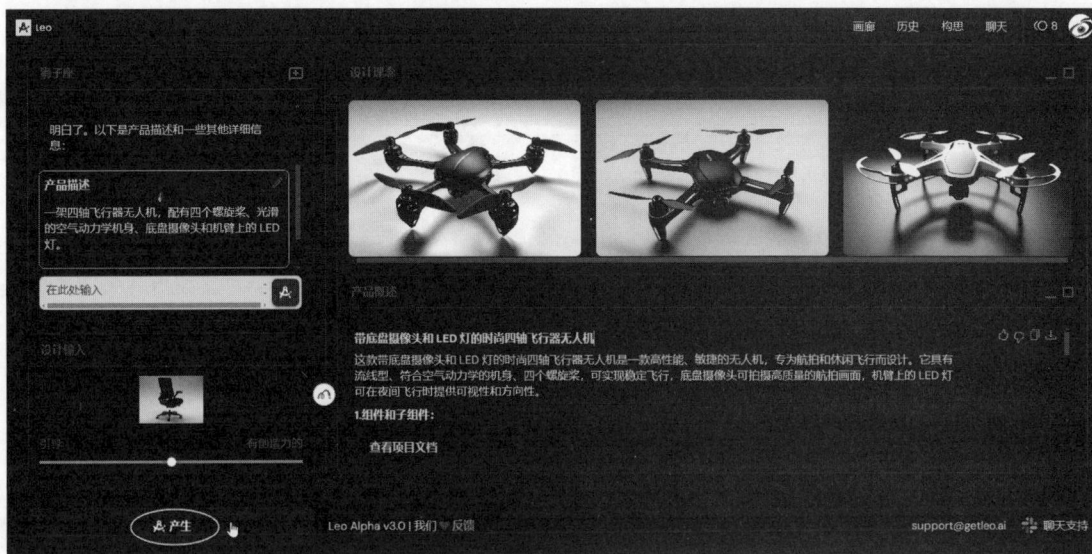

图 6-61

06　单击"下载"按钮![icon]，将"产品概述"的项目文档下载到本地。在生成的 3 个方案效果图中，选择一个满意的方案（如选择第 2 个方案），将进入该方案的展示页面。单击"下载"按钮可以下载效果图。单击"变体"按钮将返回 Leo AI 图像生成页面，通过修改提示词或添加图像参照来更改设计方案，如图 6-62 所示。

图 6-62

07　将方案效果图下载到本地进行存储。

第 7 章　AI 辅助机械设计

　　AI 在机械零件设计中发挥了显著的推动作用。首先，AI 技术能够通过分析海量数据来优化设计方案，进而提升零件设计的效率和精确度。此外，AI 所具备的自动化建模能力可以迅速生成复杂的三维模型，进一步加快了设计流程。

　　本章将重点介绍 AI 生成 3D 模型或 AI 辅助 3D 建模的实用工具和方法。

7.1　隐式建模

　　"隐式建模"是 UG 提供的一种特殊建模方法，它通过数学公式来描述物体的形状，而非通过定义物体的明确边界。该方法使用户能够借助数学公式定义形状，从而创建出复杂的曲面和实体模型，这与传统的线框或曲面建模手法截然不同。

7.1.1　隐式建模工具

　　在 UG NX2024 建模环境中，在功能区的"主页"选项卡的"基本"组的"更多"库中找到"隐式建模"工具并激活它，如图 7-1 所示。

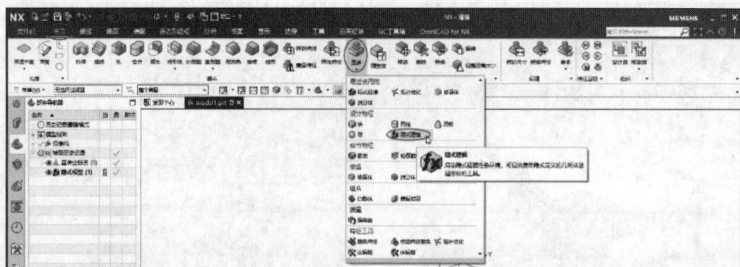

图 7-1

　　随后进入隐式建模的建模环境，如图 7-2 所示。下面逐一介绍隐式建模工具的基本概念及用途。

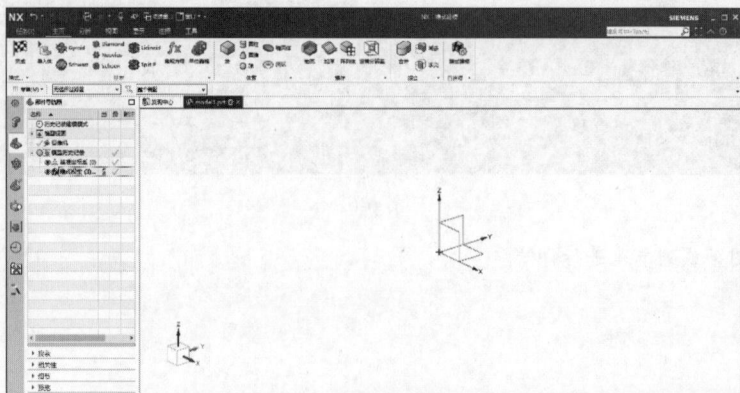

图 7-2

1. "基本"组

在隐式建模环境的功能区中，"主页"选项卡的"基本"组囊括了用于创建复制几何模型的所有工具，这些工具均通过参数化方程驱动模型生成，具体介绍如下。

- 导入体："导入体"工具 允许将解析体、收敛体或面导入隐式建模环境中。请注意，"导入体"工具并不是从外部软件导入模型到 UG 中，而是将已在 UG 建模环境中创建的模型转换为隐式建模环境可识别的模型（通常为封闭的网格模型）。严格来说，隐式建模工具是一种模型变形工具，它通过对已有模型进行变形操作来实现设计目的。除了使用"导入体"工具导入待变形的模型，还可以在隐式建模环境中直接创建体素特征以进行变形操作。图 7-3 展示了如何将一个常规球体模型转换为隐式体模型。

图 7-3

- "三周期极小曲面"工具："三周期极小曲面（TPMS）结构"指的是具有最小表面面积的特定曲面结构，它在优化材料性能和减轻重量方面表现出色。TPMS 的设计可以通过参数化调节来满足特定的工程需求。在 UG 的隐式建模环境中，提供了 7 种不同的三周期极小曲面创建工具，如图 7-4 所示。例如，利用 Schwarz 工具 创建隐式体，如图 7-5 所示。

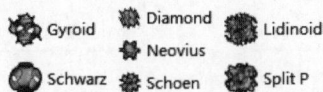

图 7-4

图 7-5

- 常规方程 ：使用"常规方程"命令，可以创建具有异形结构的隐式体。
- 单位晶格 ：通过"单位晶格"工具，可以创建隐式体模型。这里的"晶体网格"类似晶体中的原子、离子或分子在三维空间中的有序排列结构。然而，用户可以借助各种"三周期极小曲面"的隐式体工具，将"晶体网格"转化为隐式体。"单位晶格"对话框，如图 7-6 所示，其中包含 7 种基于"三周期极小曲面"的晶格结构类型，可以选择其中之一来构建单位晶格模型。

图 7-6

2. "体素"组

"体素"组中的体素工具与零件建模环境中的体素工具在用法上完全一致。但需要注意，在隐式建模环境中创建的体素特征属于网格单元模型，这与实体模型的性质不同。因此，若能在隐式建模环境中创建网格体素，就应避免在零件建模环境下创建实体体素特征。"体素"组的工具如图 7-7 所示。

3. "操作"组

"操作"组中的工具用于对实体模型进行变换操作，操作完成后将自动转换为隐式体模型。这些操作工具如图 7-8 所示。

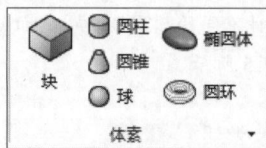

图 7-7

图 7-8

4. "组合"组

"组合"组中的工具用于对隐式体模型进行布尔运算。通过"合并"工具，可以将两个隐式体模型合并为一个，如图 7-9 所示。

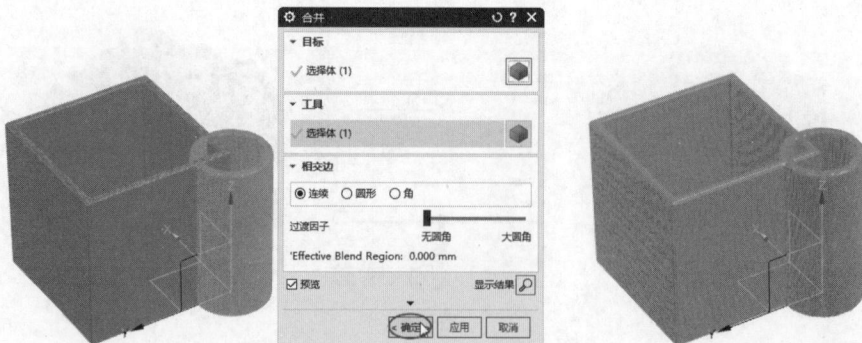

图 7-9

5. "隐式建模"组

"隐式建模"组中的"隐式建模"工具是首选项设置工具，用于对网格模型进行网格重划分。单击"隐式建模"按钮，弹出"隐式建模首选项"对话框。在"最大小平面大小"文本框中输入新值后，单击"确定"按钮，系统将自动对隐式建模环境中的所有隐式体模型进行网格划分，如图 7-10 所示。

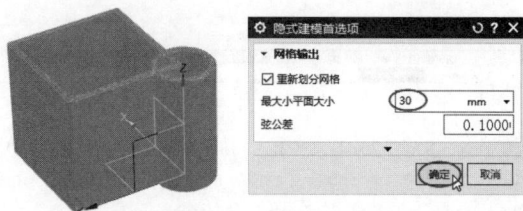

图 7-10

7.1.2　隐式建模案例

隐式建模是一种先进的 3D 建模技术，它利用数学函数来精确描述物体的表面形态。在本例中，我们将通过运动鞋鞋底的内部结构设计，详细阐述隐式建模的操作流程。

例 7-1：鞋底内部结构设计

本例要进行鞋底内部结构设计的运动鞋模型如图 7-11 所示，具体的操作步骤如下。

图 7-11

01 在 UG NX2024 中打开本例源文件"运动鞋 .prt"，如图 7-12 所示。

图 7-12

02 在部件导航器中除最后一个实体特征（鞋底）显示外，隐藏其他实体特征，即在图形区中仅显示鞋底模型，如图 7-13 所示。

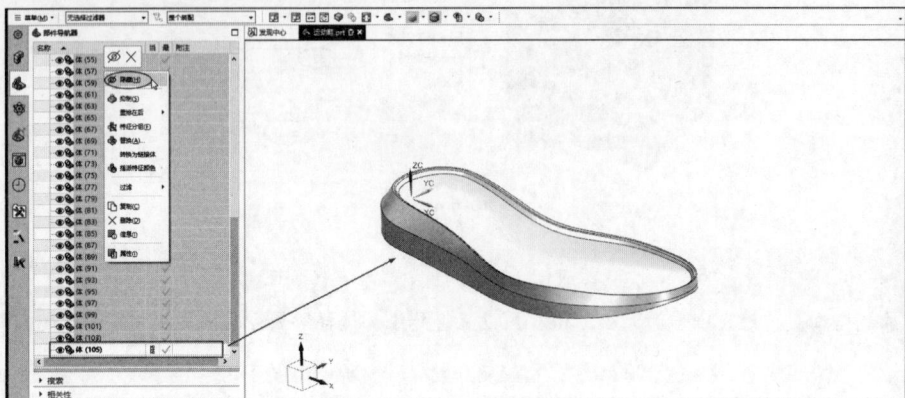

图 7-13

03 在功能区的"主页"选项卡的"基本"组的"更多"库中单击"隐式建模"按钮，进入隐式建模环境。

04 在"操作"组中单击"抽壳"按钮，弹出"抽壳"对话框。选择鞋底实体作为要抽壳对象后，设置抽壳厚度为 2mm，单击"确定"按钮完成实体的抽壳，并自动创建一个网格模型，如图 7-14 所示。

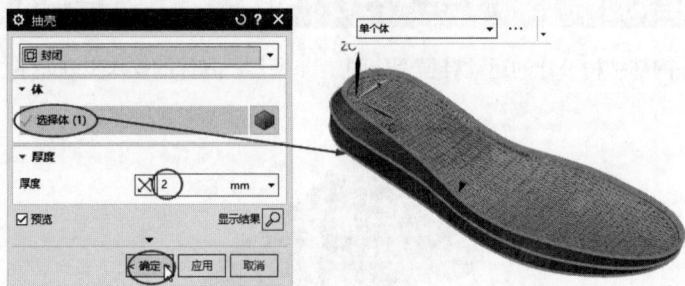

图 7-14

05 在部件导航器中隐藏鞋底实体特征，仅显示网格模型。在"基本"组中单击 Schwarz 按钮，弹出 Schwarz 对话框。首先选择网格模型作为边界体，接着设置边界条件为"空隙空间体"，随后再设置单位晶格的边长为 10mm 和厚度为 1mm，最后单击"确定"按钮完成 Schwarz 单元晶格（隐式体）的创建，如图 7-15 所示。

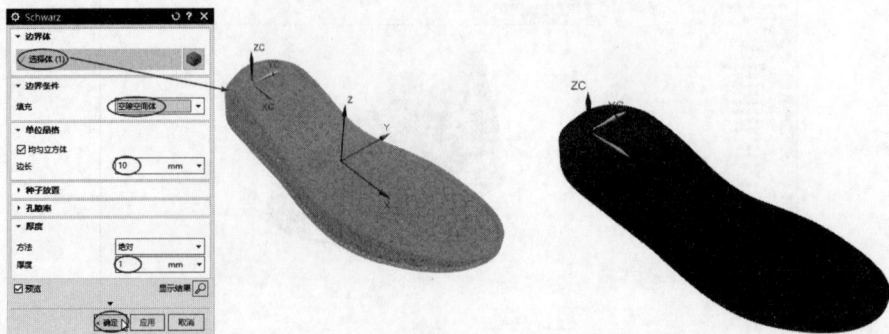

图 7-15

06　在部件导航器中关闭抽壳模型的显示，仅显示 Schwarz 隐式体模型，如图 7-16 所示。单击"完成"按钮，退出隐式建模环境。

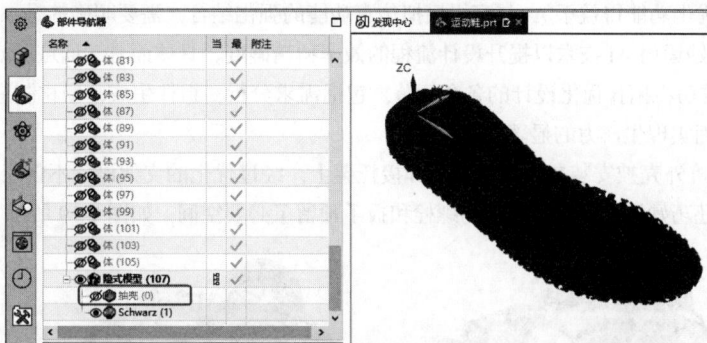

图 7-16

07　在部件导航器中显示前面隐藏的鞋底实体。在建模环境中，单击"基本"组中的"减去"按钮，弹出"减去"对话框。选择鞋底实体作为目标体，再选择 Schwarz 隐式体模型作为工具体，单击"确定"按钮完成布尔运算操作，如图 7-17 所示。

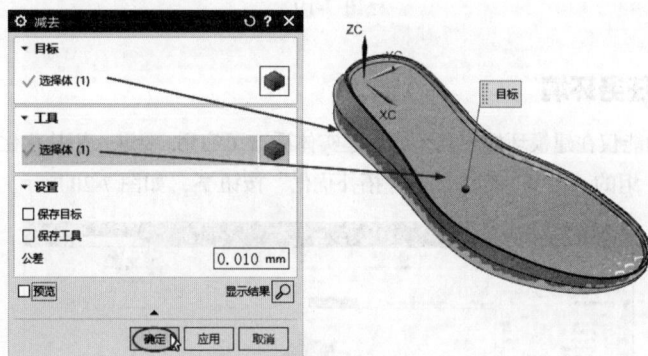

图 7-17

08　按快捷键 Ctrl+H，弹出"视图剖切"对话框。设置平面后可以看见鞋底内部的结构，如图 7-18 所示。

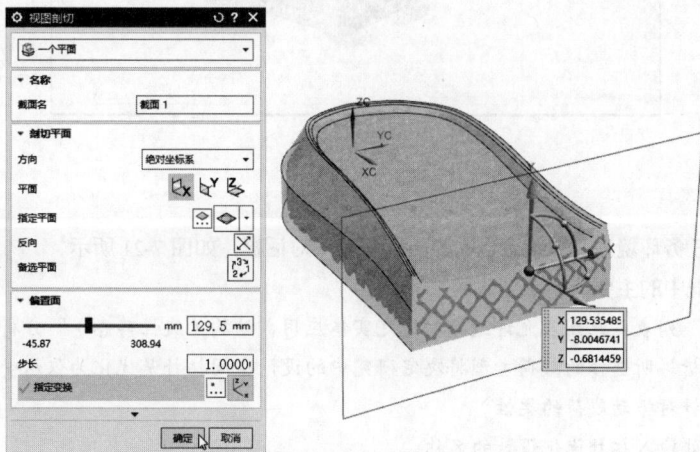

图 7-18

7.2　UG 智能化结构设计——基于 AI 的拓扑优化

UG 中的拓扑优化功能得益于 AI 与高级模拟仿真功能的强化结合，需要明确的是，拓扑优化功能并非等同于 AI，而是巧妙运用 AI 技术以提升设计流程的效率和精确度。具体而言，通过深度融合 AI 与高级模拟仿真功能，UG 成功将拓扑优化设计的各个环节，包括需求分析、组件生成、增材制造（AM）以及最终加工紧密衔接，从而实现生产力的显著提升。

举例来说，电机外壳被安装在带有螺栓的焊接托架上，经过优化的支架设计不仅能够承受与原始托架设计相当的载荷，还巧妙地为装配环节中的螺栓和扳手预留了必要空间，如图 7-19 所示。

图 7-19

7.2.1　拓扑优化任务环境

UG 的拓扑优化功能仅在建模环境中载入或创建实体后方可启用。要进入拓扑优化任务环境，可以在"主页"选项卡的"基本"组的"更多"库中单击"拓扑优化"按钮，如图 7-20 所示。

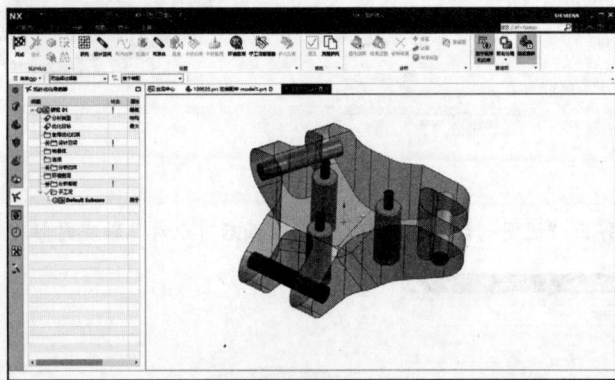

图 7-20

1．研究

进入拓扑优化任务环境后，系统会自动弹出"研究"对话框，如图 7-21 所示。

"研究"对话框中的主要选项含义解释如下。

- "分析类型"列表：此列表允许选择对选定实体应用"结构（线性静态）"分析还是"结构（固有频率）"分析。所选择的载荷类型将决定研究中的设计空间拓扑是优化为仅承受静态结构载荷，还是需要考虑针对振动载荷的柔性。
- 名称：在此处输入拓扑优化设计的名称。
- "优化目标"列表：该列表根据所选的优化对象对选定实体上的静态载荷进行仿真。当分析类型为

"结构（线性静态）"时，提供 3 个优化目标，分别是"最大化刚度""最小化质量"和"最小化体积"。若分析类型为"结构（固有频率）"，则有"最大化第一柔性谐振频率"的优化目标。

- "分辨率"选项组：包含"自动"和"用户定义"两个选项。"自动"选项用于调控拓扑优化的精确度和处理时间，滑块的调整基于研究中的几何体，体素大小会根据预期的结果分辨率自动设定。"用户定义"选项则允许手动输入体素大小值。

创建"研究"之后，拓扑优化的操作步骤和具体内容将显示在"拓扑优化导航器"中。该导航器包含 3 个选项列："标题"列、"状态"列和"属性"列，如图 7-22 所示。在"状态"列中，会显示用户必须解决的研究数据，并使用！符号进行标注。例如，一个新的拓扑优化操作需要解决设计空间、分析约束和分析载荷三个方面的研究数据。

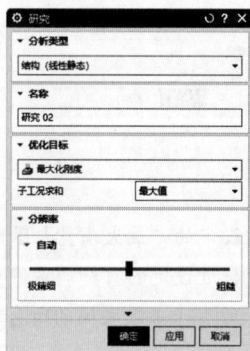

图 7-21

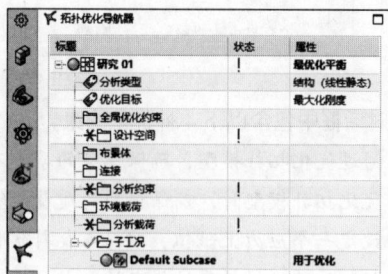

图 7-22

2. 设计空间

这里的"设计空间"指的是为拓扑优化结构定义的实体空间包络体，该包络体即需要优化的原始几何体。在创建实体空间包络体后，必须为其指派材料（实际上是指派给拓扑优化后的新结构）。在"主页"选项卡的"设置"组中单击"设计空间"按钮，或者在拓扑优化导航器中右击"设计空间"节点，并在弹出的快捷菜单中选择"新建"选项，即可弹出"设计空间"对话框，如图 7-23 所示。

选择好要优化的几何体后，下一步是为设计空间分配材料。单击"指派材料"按钮，将弹出"材料列表"对话框。通过此对话框，可以从本地文件夹或材料库中选择合适的材料赋予设计空间，如图 7-24 所示。

图 7-23

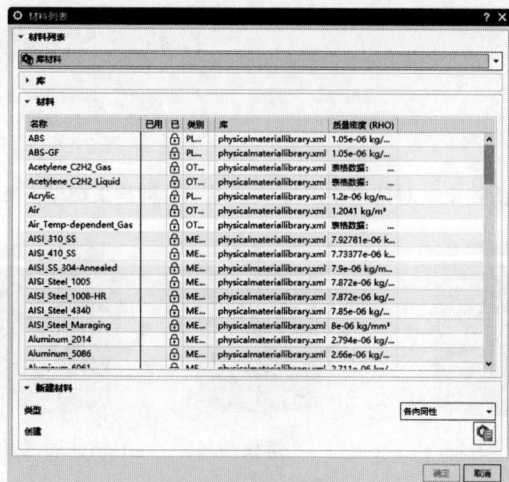

图 7-24

3. 优化约束

创建设计空间后，需要为拓扑优化设定一些限制条件，以实现选定的优化目标。在拓扑优化导航器中，右击"优化约束"节点，在弹出的快捷菜单中选择"新建"选项，即可弹出"优化约束"对话框，如图7-25所示。

图 7-25

"优化约束"对话框中包含以下4种优化约束。

- 质量上限：通过优化拓扑模型，确保模型的质量不会超过设定的"最大质量"限制值。
- 质量目标：优化拓扑模型时，确保模型的质量能够达到或接近设定的目标质量值。
- 应力上限：设定一个应力上限值，确保在拓扑优化期间，所有子工况之间的所有载荷和约束所产生的应力不会超过为选定材料属性指定的最大应力百分比。
- 最大位移限制：通过设定一个最大位移限制值，确保设计空间内指定的位置不会发生超出指定距离和方向的位移。

4. 分析约束

分析约束是指为拓扑优化的几何模型添加约束条件，以限制其平移、旋转或滑动。在"设置"组中单击"分析约束"按钮，将弹出"分析约束"对话框，如图7-26所示。

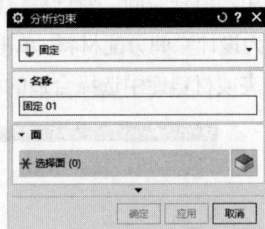

图 7-26

在"分析约束"对话框中，提供了以下5种约束类型，如图7-27所示。

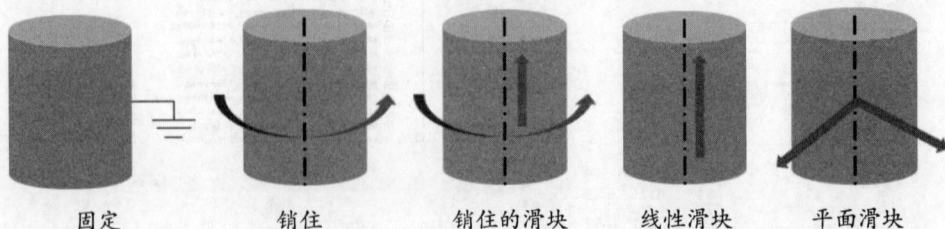

固定　　销住　　销住的滑块　　线性滑块　　平面滑块

图 7-27

- 固定：此约束类型会完全固定选定的几何体，使其无法进行任何移动，从而将自由度限制为零。
- 销住：该约束允许选定的几何体绕指定的轴线进行旋转，仅具有一个旋转自由度。
- 销住的滑块：此约束允许选定的几何体沿指定轴线进行旋转和移动，具有两个自由度，即可以在Z方向上进行旋转和平移。
- 线性滑块：该约束使选定的几何体能够沿指定的矢量方向进行平移，仅具有一个平移自由度，即在Z方向上进行平移。
- 平面滑块：此约束允许选定的几何体在指定的平面内进行平移，具有两个自由度，即可以在X和Y方向上进行平移。

5. 分析载荷

分析载荷是指在拓扑优化的几何体中施加的载荷，这些分析载荷模拟了现实世界中物体所承受的载荷（也称为边界条件）。在"设置"组中单击"分析载荷"按钮🛠️，将弹出"分析载荷"对话框，如图7-28所示。该对话框包含了6种载荷类型，具体介绍如下。

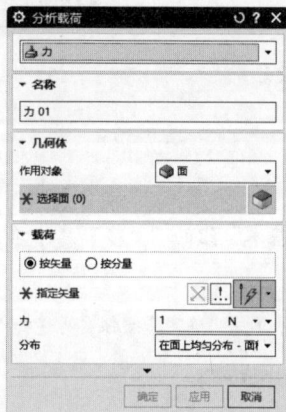

图 7-28

- 力：在选定的面或单个点上均匀施加和分布的恒定力。
- 轴承载荷：应用到圆柱面或孔上的力，表示当力作用于孔的一侧时，孔中的轴承所受的力。矢量用于指定力的方向，而角度则指定围绕圆柱体的正弦力分布的范围。
- 压力：垂直于面并均匀施加到材料中的力。
- 扭矩：围绕指定的固定点，在指定的矢量方向上应用的恒定力，用于产生旋转效果。
- 加速度：在指定的矢量方向上，随时间推移施加在模型上的静态恒定力。例如，恒定的重力就是一种加速度载荷。静态力不会在模型中引发振动。
- 远程力：首先作为载荷添加到某个点上，然后与该点关联的面建立联系的恒定力和力矩。

这6种载荷的示意如图7-29所示。

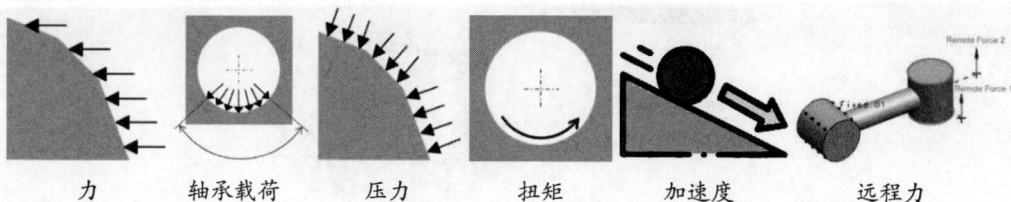

力　　　　轴承载荷　　　　压力　　　　扭矩　　　　加速度　　　　远程力

图 7-29

7.2.2 拓扑优化案例

本节将通过托架的结构优化设计来展示如何利用 UG 的拓扑优化功能进行优化设计，旨在减小托架结构的质量，同时提升其结构刚度。

例 7-2：托架结构的拓扑优化

托架的原始结构和拓扑优化后的结构如图 7-30 所示，具体的操作步骤如下。

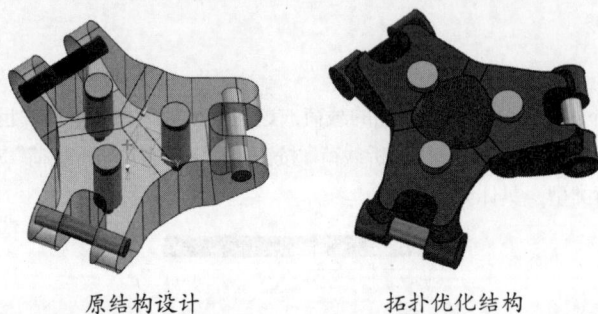

原结构设计　　　　　　拓扑优化结构

图 7-30

01　打开本例源文件"托架 .prt"。

02　在建模环境的"主页"选项卡的"基本"组的"更多"库中单击"拓扑优化"按钮✗，进入拓扑优化任务环境。

03　弹出"研究"对话框，保持默认设置，单击"确定"按钮，创建一个拓扑优化的研究模型，如图 7-31 所示。

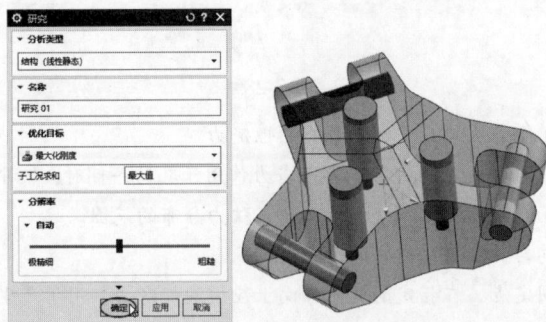

图 7-31

04　在新建的研究模型中，首先定义设计空间。单击"设计空间"按钮✎，弹出"设计空间"对话框。选择原结构设计的几何体特征作为设计空间，单击"确定"按钮完成创建，如图 7-32 所示。

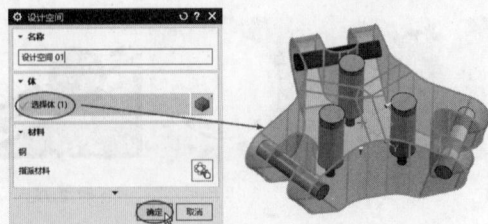

图 7-32

05 在拓扑优化导航器的"设计空间"节点下右击"构造体"子节点，或者在"设置"组中单击"构造体"按钮🔧，弹出"构造体"对话框。选择如图 7-33 所示的一个实体，设置选项及参数后，单击"应用"按钮，创建第 1 个构造体。

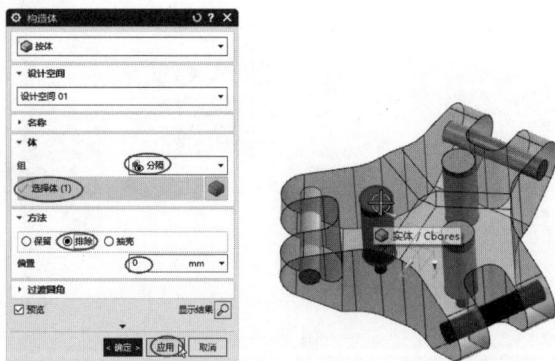

图 7-33

06 选择类似的实体来创建第 2 个构造体，如图 7-34 所示。

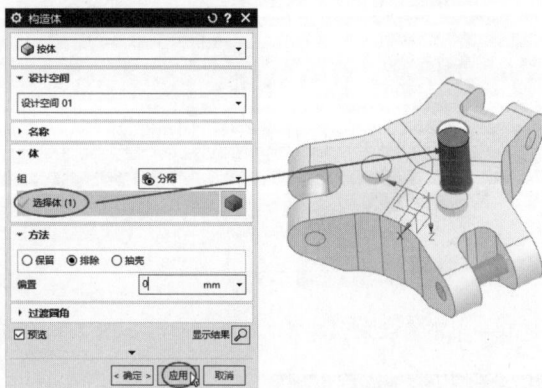

图 7-34

07 创建第 3 个构造体，如图 7-35 所示。

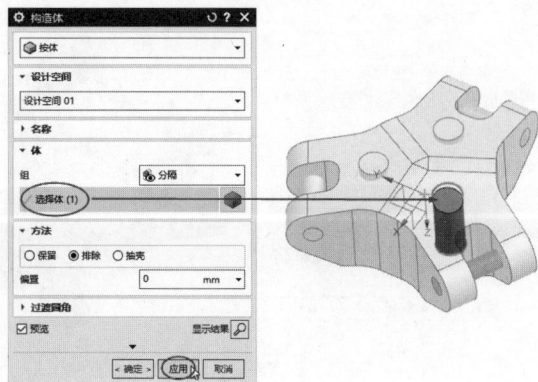

图 7-35

08 创建第 4 个构造体，如图 7-36 所示。

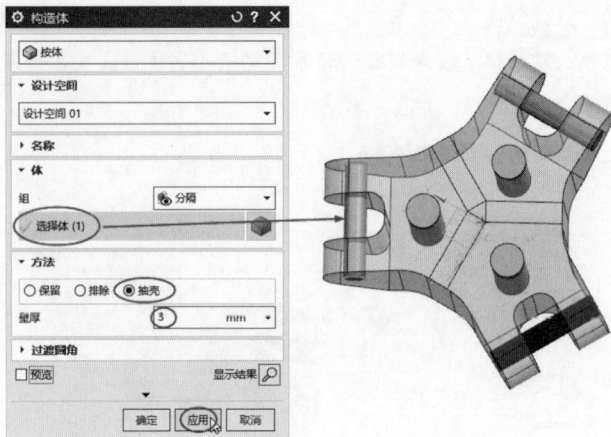

图 7-36

09 依次创建第 5 个和第 6 个构造体（图中鼠标指针拾取的实体），如图 7-37 所示。

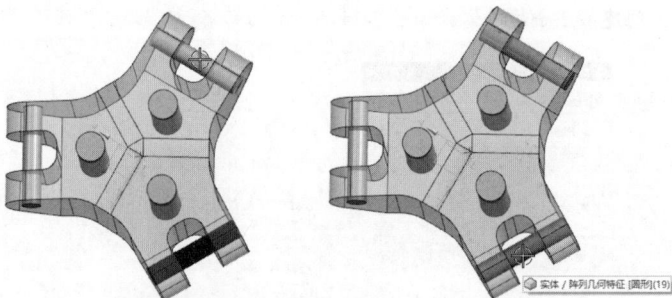

图 7-37

10 翻转模型，在模型底部选取一个小圆柱来创建第 7 个构造体，如图 7-38 所示。

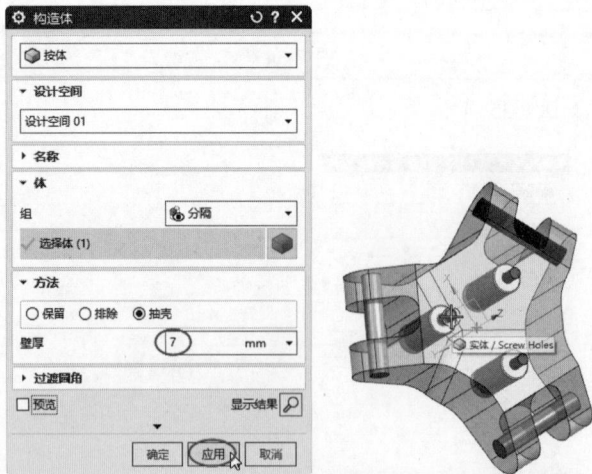

图 7-38

11 同理，依次创建第 8 个和第 9 个构造体，创建完成的构造体可以在拓扑优化导航器中显示，如图 7-39 所示，最后关闭"构造体"对话框。

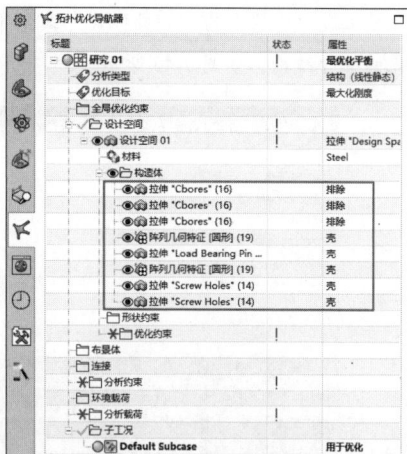

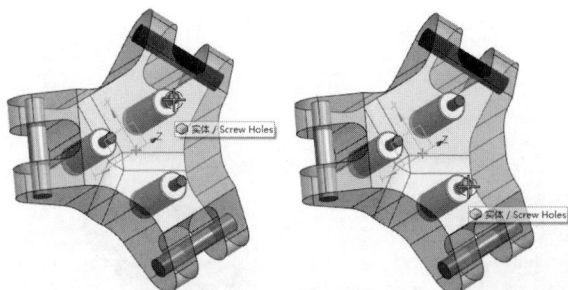

图 7-39

12 在"设置"组中单击"优化约束"按钮🔧，弹出"优化约束"对话框。设置"质量上限"的最大质量值为 0.5kg，如图 7-40 所示。

13 在"设置"组中单击"分析约束"按钮🔖，弹出"分析约束"对话框。选择如图 7-41 所示的 3 个小圆柱构造体（若不方便选择可将其他特征隐藏）作为固定约束面。

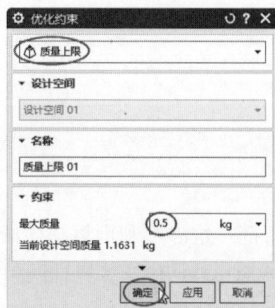

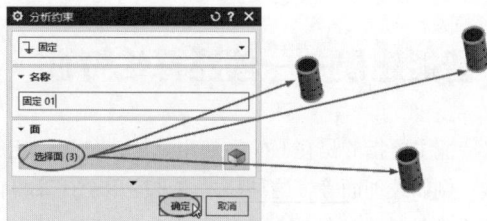

图 7-40　　　　　　　　　　　　　　　　图 7-41

14 在"设置"组中单击"分析载荷"按钮👍，弹出"分析载荷"对话框。选择 3 根轴的面作为作用对象，指定 Z 轴为矢量，设置作用力值为 200N，最后单击"确定"按钮完成分析载荷的设置，如图 7-42 所示。

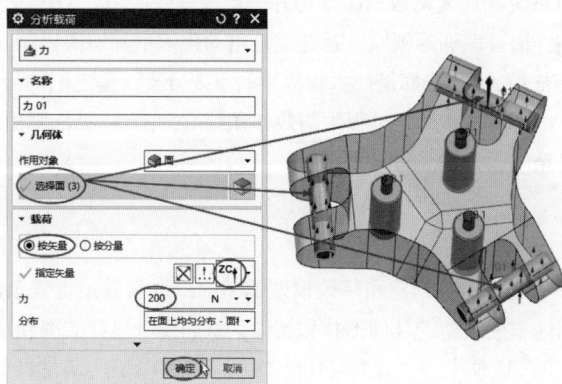

图 7-42

15 在"主页"选项卡的"拓扑优化"组中单击"优化"按钮，系统进行AI分析、计算，并迅速生成优化的拓扑结构，如图7-43所示。

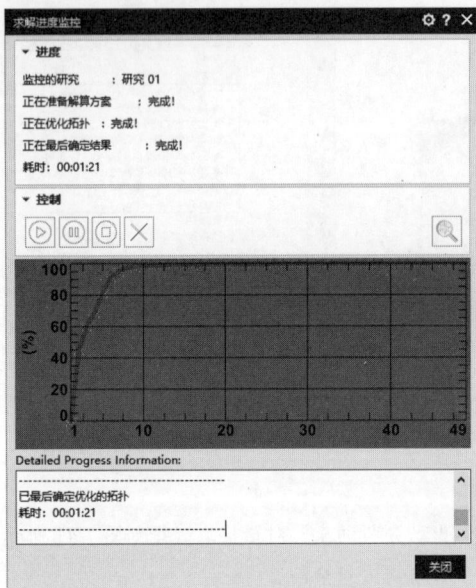

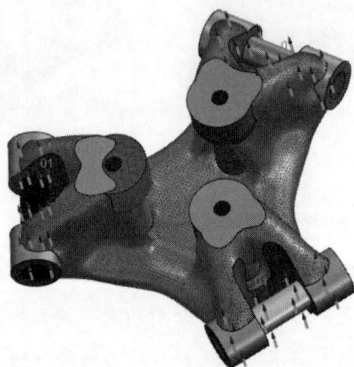

图 7-43

16 最后将拓扑模型保存。

7.3 UG 智能建模——创建算法特征

UG 算法特征主要指的是在 UG 中使用算法来创建特定的几何特征，这涉及利用算法生成具有特定属性的几何形状，例如纹理面等。这种技术主要应用于计算机辅助设计（CAD）和计算机辅助制造（CAM）领域，旨在提升设计效率和精度。UG 提供了一系列工具和功能，使用户能够通过算法特征迅速创建复杂的几何形状，进而提升设计效率。

UG 算法特征并非基于 AI 算法创建的几何特征。相比之下，AI 算法是人工智能领域的一部分，涉及让机器模拟人类智能的行为，包括感知、学习、推理和决策等。AI 算法通常通过机器学习、深度学习等技术实现，这些技术使计算机系统能从大量数据中学习并做出预测或决策。AI 算法的应用范围非常广泛，涵盖自然语言处理、图像识别、语音识别等领域，旨在提升自动化水平并解决复杂问题。

因此，尽管 UG 算法特征和 AI 算法都是技术和科学的重要分支，但它们的应用领域和目的有所不同。UG 算法特征主要用于提升 CAD/CAM 设计过程中的效率和精度，而 AI 算法则更多关注于让机器能够像人一样思考和行动，以解决复杂问题并提高自动化水平。

7.3.1 算法特征工具

UG 算法特征工具允许通过算法来创建和修改模型的特征，进而满足更复杂的设计需求。借助算法特征命令，设计师能更加灵活地掌控模型的几何形状和属性，从而提升设计效率和精度。

在建模环境中，在"主页"选项卡的"基本"组的"更多"库中单击"算法特征"按钮，或者执行"插入"→"设计特征"→"算法特征"命令，即可进入算法特征任务环境，如图7-44所示。

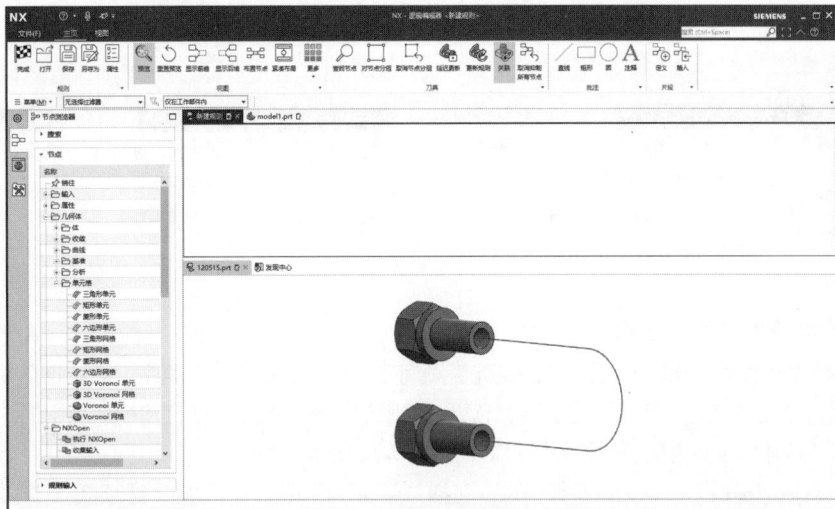

图 7-44

1. 算法特征的"规则"

要创建算法特征，首先需要理解"规则"的含义。UG 算法特征工具是一个参数化设计工具，其中所谓的"规则"，指的是用户在进行参数化设计时需要遵循的算法逻辑。图 7-45 展示了一个用于创建六边形网格面的算法逻辑。此算法逻辑的核心在于中间的"六边形网格"面板，我们将其称为"节点"。位于"六边形网格"节点面板左侧的若干面板代表"六边形网格"节点的输入项（同样视为节点），它们是构成六边形网格面的重要组成部分。而右侧的 3 个"输出"面板则代表"六边形网格"节点的输出项，意味着六边形网格在输出时将以线、曲线或（和）点的形式存在。

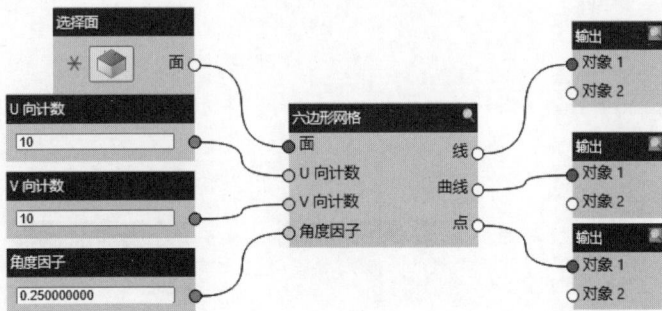

图 7-45

在上述的算法逻辑中，输入项与输出项均通过中间的"六边形网格"节点面板进行连接。具体连接方法如下：首先单击输出方的端口（即"选择面"节点的面输出端口），随后单击接收方的端口（即"六边形单元"节点的面输入端口），如图 7-46 所示。在此节点连接过程中，"选择面"节点作为输出方，而算法逻辑的核心"六边形单元"节点则作为接收方。

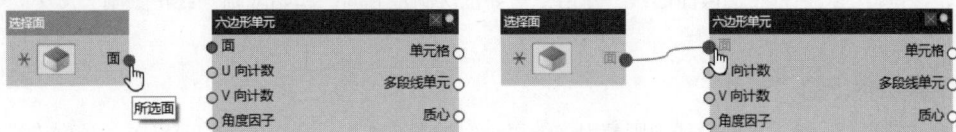

图 7-46

同理，在将输出项与算法逻辑的核心进行连接时，算法核心作为输出方，而输出项则作为接收方，如图 7-47 所示。

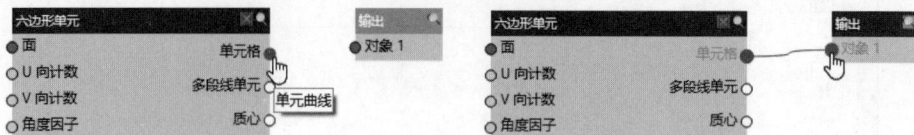

图 7-47

2. 关于算法特征的"逻辑"

什么是算法特征的"逻辑"？逻辑指的是能够顺利完成模型创建的操作顺序，同时也是完成模型创建的必要条件。为了让大家对"逻辑"这个概念有更为清晰的理解，此处将结合建模环境中的"特征"工具进行说明。以"拉伸"工具为例，"拉伸"对话框如图 7-48 所示。

"拉伸"对话框提供了一些关键参数信息，包括"截面"选项区、"方向"选项区、"限制"选项区、"布尔"选项区，以及"确定""应用"和"取消"按钮。整个"拉伸"对话框是参数化设计的核心所在，它集中了确保模型顺利创建的主体指令。而"截面""方向""限制"和"布尔"选项区中的各个选项，则是完成模型创建所必需的输入项。"确定""应用"和"取消"按钮则代表了模型的输出项。

因此，"拉伸"对话框中的各个部分，分别对应了算法特征任务环境中的"拉伸"算法规则的核心、输入项和输出项，如图 7-49 所示。

图 7-48

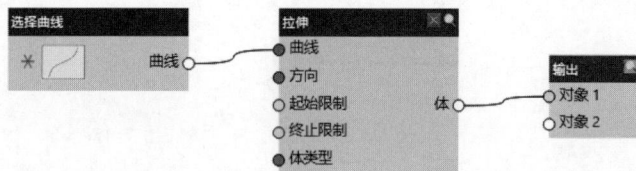

图 7-49

接下来，我们再进一步分析"拉伸"算法规则中的各项输入项节点，它们与建模环境中的"拉伸"对话框是一一对应的。从"拉伸"算法规则中，可以清楚地看到，首先需要确定的是"曲线"，这里的曲线指的就是"拉伸"对话框中的截面曲线。随后，需要依次满足方向、起始限制、终止限制、体类型等输入条件。

3. 算法特征的"节点"

在算法特征任务环境中，算法规则窗口内的每个面板都被称为"算法逻辑的节点"，简称"节点"。这些节点可以从节点浏览器的"节点"面板中插入，如图 7-50 所示。

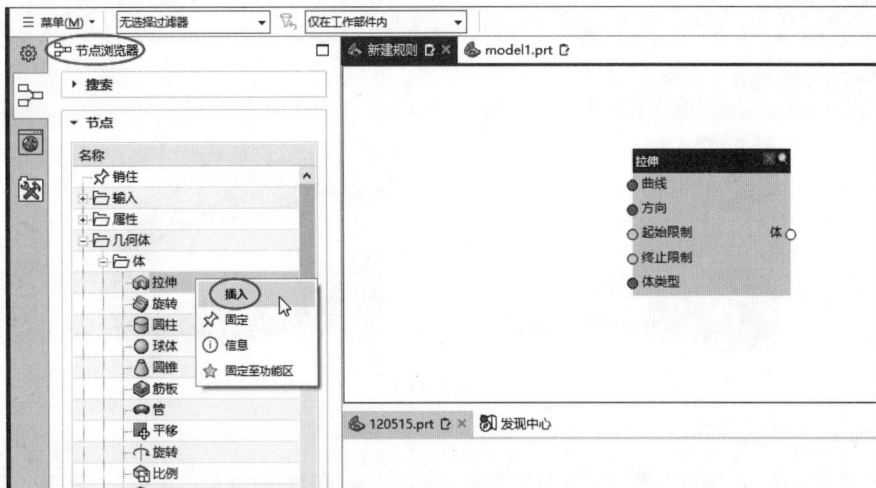

图 7-50

在算法规则窗口中，可以通过按 Delete 键来删除不需要的节点。

"节点"面板中包含"输入""属性""几何体""NXOpen""输出""实用工具""逻辑""列表管理""数学"等节点文件夹，可以根据算法逻辑正确地插入节点。插入节点的方法可以是右击，在弹出的快捷菜单中选择"插入"选项，也可以直接双击节点。

提示

在有些节点文件夹中存在分支节点及多个子节点文件夹。因此，在后续描述插入节点时，我们会这样表述："将节点浏览器中'节点'面板下的'几何体'→'基准'→'点'→'曲线上的点'插入到规则窗口中"，如图 7-51 所示。

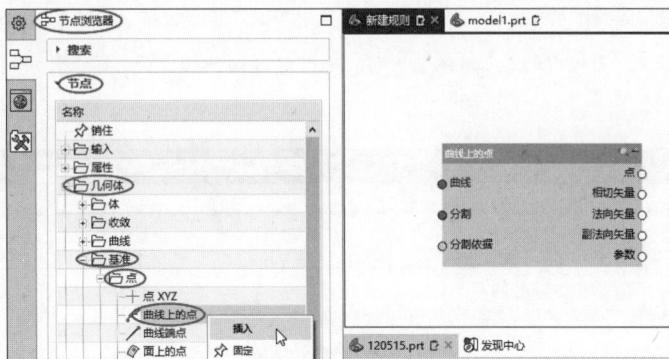

图 7-51

在节点浏览器的"节点"面板中，位于"输入"节点文件夹和"输出"节点文件夹之间的，是"属性"节点文件夹、"几何体"节点文件夹和 NXOpen 节点文件夹。这些文件夹中的节点是算法逻辑中的核心节点，以及除首个输入项外的其他重要输入项节点。

7.3.2 算法特征应用案例

使用算法规则，可以创建具有重复特征的模型，例如手动工具上的滚花和柔性软管等。在本节中，将通过案例来详细解释如何利用算法规则创建算法特征。

例 7-3: 创建关联的算法特征

本例是创建柔性软管, 如图 7-52 所示。

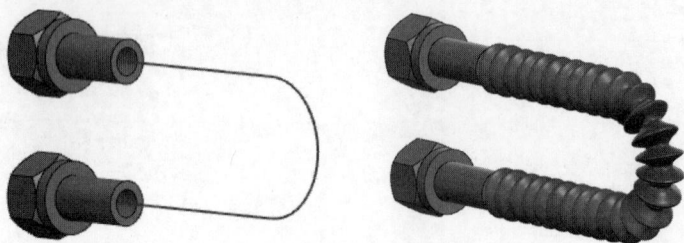

图 7-52

算法特征的逻辑分析如下。

- 题目要求创建柔性软管, 那么首先应该想到的是, 算法逻辑的核心是 "软管"。然而, 在算法特征的节点浏览器中并没有直接的 "软管" 节点, 因此, 需要通过其他方法来实现。考虑到软管通常是由多个截面组成的, 可以选择扫掠或放样方法。由于常见的扫掠工具只能处理一个截面, 而这个软管需要由 N 个截面组成, 因此更倾向于采用放样方法。

- 在放样方法中, 有曲线网格工具、通过曲线组工具和直纹曲面工具。其中, "通过曲线组" 工具特别适用于多截面的放样。

- 从图 7-52 中可以看出, 初始模型包含两个管接头和一段曲线。这段曲线作为软管的引导路径, 但截面曲线并未给出。由于所有的截面曲线都是圆形, 且由两个直径不同的圆以间隔排列组成, 所以需要插入相应的节点来创建这种截面曲线。最后, 输出项就是创建的软管对象。

创建关联的算法特征的具体操作步骤如下。

01 打开本例源文件 "软管 .prt"。

02 在建模环境 "主页" 选项卡的 "基本" 组的 "更多" 库中单击 "算法特征" 按钮, 进入算法特征任务环境。

03 将节点浏览器 "节点" 面板中的 "几何体" → "体" → "通过曲线组" 节点插入算法规则窗口中, 如图 7-53 所示。

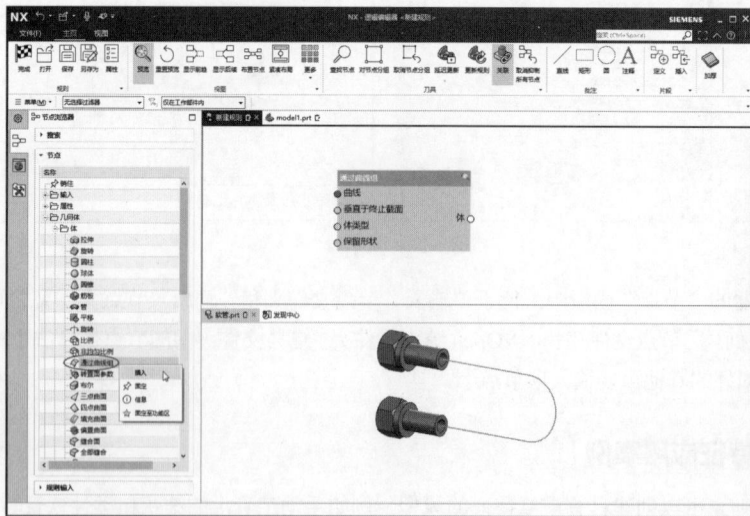

图 7-53

04 插入的核心节点先放置一边，接下来的重点是解决截面曲线的问题。将"节点"面板中的"几何体"→"基准"→"点"→"曲线上的点"节点插入算法规则窗口中，如图 7-54 所示。

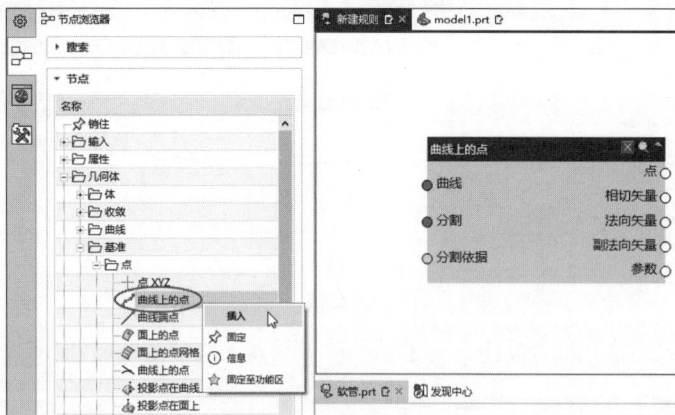

图 7-54

05 在"曲线上的点"节点面板中右击"曲线"输入端口，在弹出的快捷菜单中选择"创建输入"选项，插入"选择曲线"节点，如图 7-55 所示。

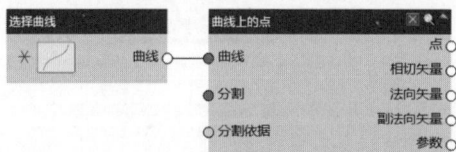

图 7-55

06 接着需要在曲线的点上绘制圆，所以要在"曲线上的点"节点面板的"点"输出端口插入"圆"节点，并连接输入、输出端口，如图 7-56 所示。

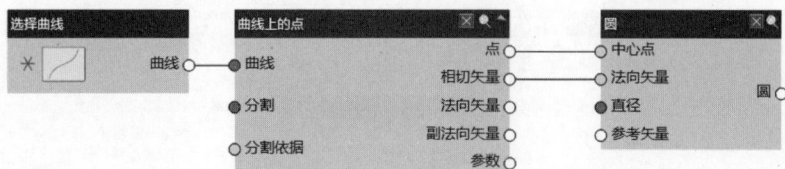

图 7-56

07 右击"曲线上的点"节点中的"分割"输入端口，在弹出的快捷菜单中选择"创建输入"选项，插入"分割"节点，然后在"分割"节点面板中输入分割值为 60，如图 7-57 所示。

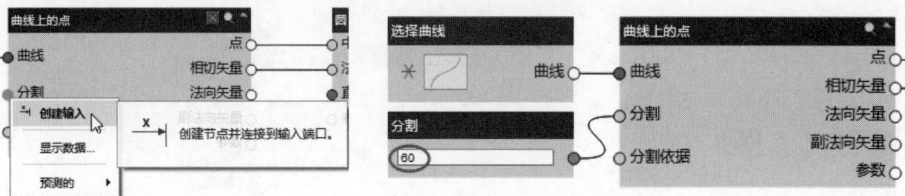

图 7-57

08 在节点浏览器的"搜索"面板中搜索"数据列表"，从节点库中插入"数据列表"节点，如图7-58所示。

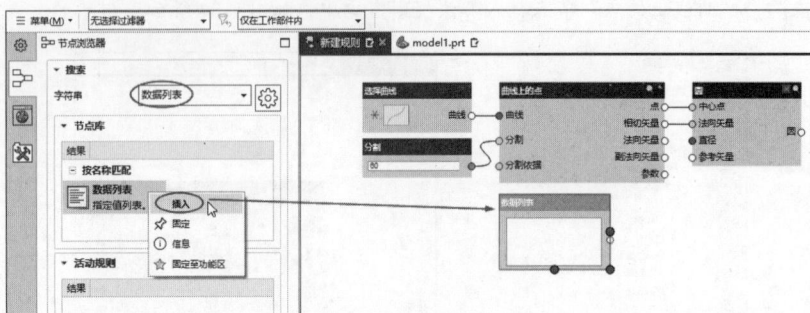

图 7-58

09 先单击"数据列表"节点的输出端口，再单击"圆"节点的"直径"输入端口，进行端口连接，随后"数据列表"节点自动变为"直径"节点，如图7-59所示。

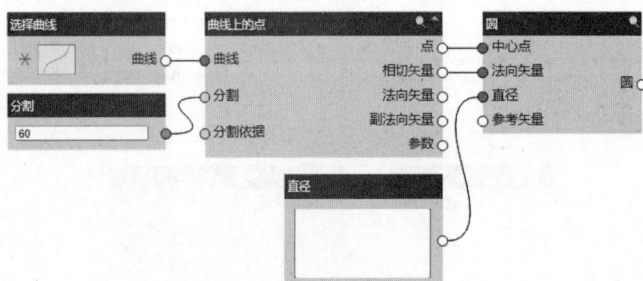

图 7-59

10 在"直径"节点中输入两个直径值——10和20，如图7-60所示。

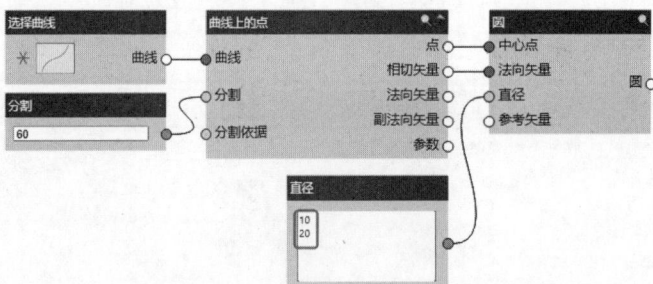

图 7-60

11 在"选择曲线"节点中单击"选择曲线"按钮，弹出"选择曲线"对话框，然后在模型预览区中选择路径曲线，如图7-61所示。

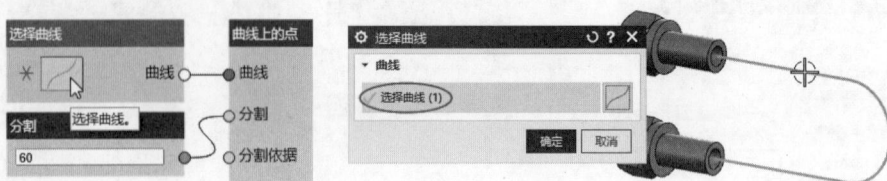

图 7-61

12 单击"圆"节点上的预览按钮，查看圆曲线的生成情况，如图7-62所示。

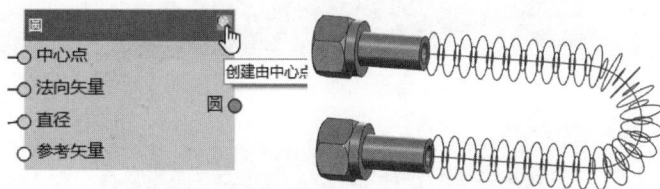

图 7-62

13 将"圆"节点中的"圆"输出端口与"通过曲线组"节点的"曲线"输入端口连接，如图7-63所示。

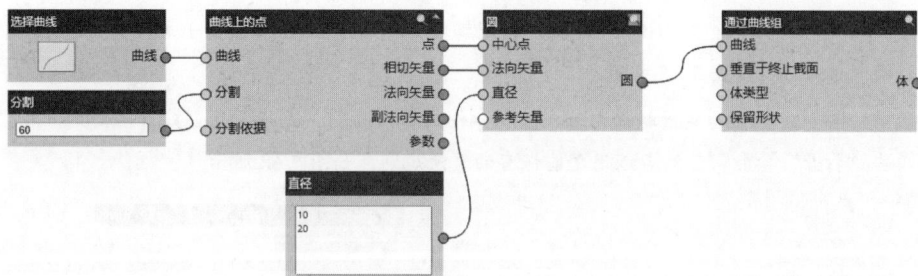

图 7-63

14 将节点浏览器"节点"面板中的"输入"→"布尔"节点插入算法规则窗口，然后将其输出端口与"通过曲线组"节点中的"垂直于终止截面"输入端口连接，此时原"布尔"节点自动变成了"垂直于终止截面"节点，如图7-64所示。

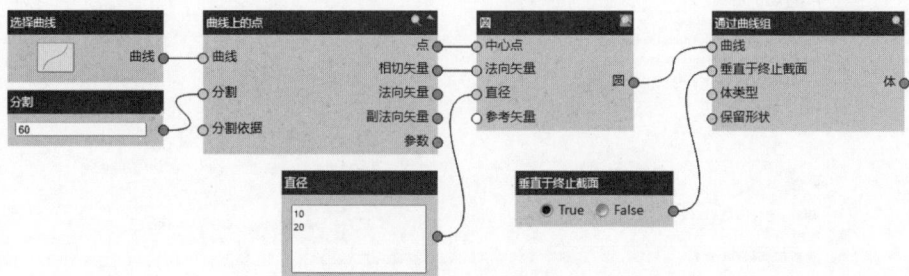

图 7-64

15 在"通过曲线组"节点中右击"体"输出端口并在快捷菜单中选择"创建输出"选项，插入"输出"节点，如图7-75所示。在插入"输出"节点的同时，模型预览区中自动创建柔性软管模型，如图7-66所示。

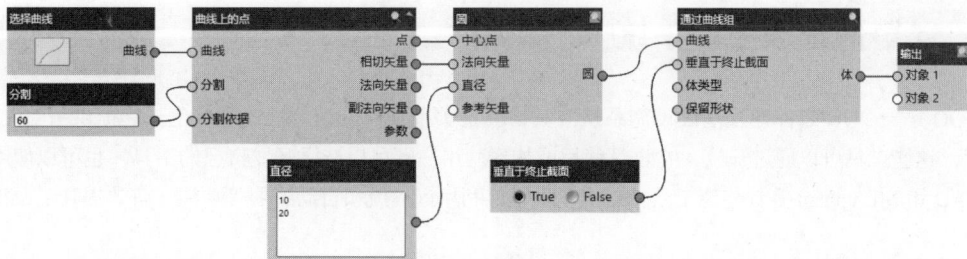

图 7-65

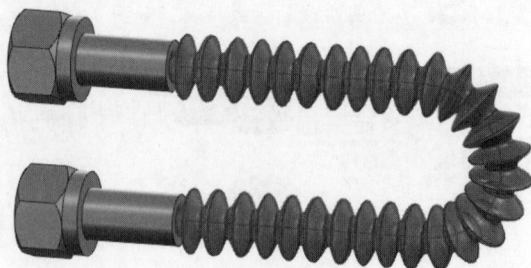

图 7-66

16 在"规则"组中单击"保存"按钮🖺，设置规则名称及添加描述后，在"文件夹视图"列表中选择 Algorithmic Modeling Logical Rules（算法建模逻辑规则）下的 Demo（演示）文件夹后，单击"确定"按钮保存算法规则，如图 7-67 所示。

17 保存后若需要创建类似的柔性软管，可以直接调用此算法规则，无须重新创建算法规则。在"规则"组中单击"打开"按钮🗁，然后调用之前保存的算法规则，如图 7-68 所示。

图 7-67

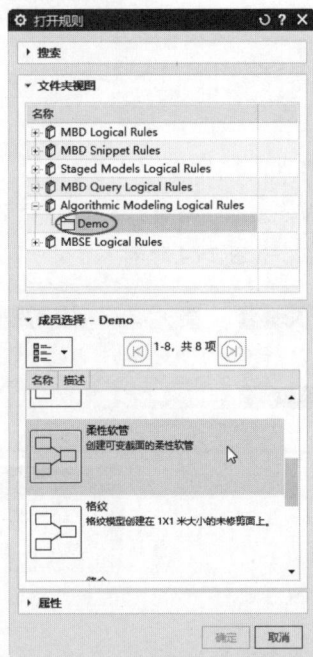

图 7-68

7.4 AI 零件建模生态系统——ZOO

ZOO 是一个 AI 零件建模基础设施系统，其目标是实现硬件设计流程的现代化。它提供由 GPU 驱动的工具，这些工具可以通过开放 API 进行使用或构建。用户既可以选择开发自己的工具，也可以使用诸如 KittyCAD 和 ML-ephant 等预构建工具。这一基础设施利用远程流和自动扩展等功能，有效提升了设计过程的效率。

ZOO 系统主要包含两大功能：文本转 CAD（text-to-CAD）和可视化建模。本节将重点介绍文本转

CAD 功能。ZOO 系统的首页如图 7-69 所示。

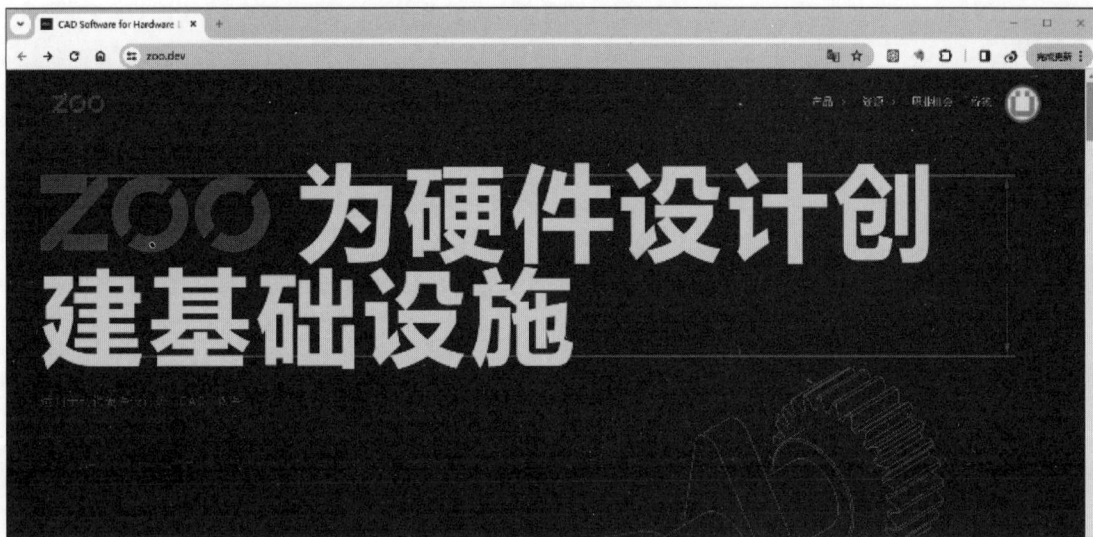

图 7-69

文本转 CAD 是一个功能强大的工具，可以根据文本提示生成机械零件模型。下面以简单示例来详解文本转 CAD 功能的使用方法。

例 7-4：用文本转 CAD 生成机械零件

用文本转 CAD 生成机械零件的具体操作步骤如下。

01　"文本转 CAD"工具是一个独立的 AI 平台，可以在浏览器中输入网址打开，如图 7-70 所示。也可在 ZOO 系统主页的顶部执行"产品"→"文本转 CAD"命令来打开。

图 7-70

提示

"文本转CAD"工作界面默认为英文，可以通过浏览器下载扩展程序"谷歌翻译"，对英文网页进行中文翻译。

02 在使用"文本转CAD"工具之前，可以参阅平台页面底部的"提示写作技巧"，其中列出了如何输入提示词及注意事项。

03 初次使用"文本转CAD"工具，可以选择"提示示例"中的示例来示范操作，例如，选择"21齿渐开线斜齿轮"，单击"提交"按钮后将自动生成21齿渐开线斜齿轮，如图7-71所示。

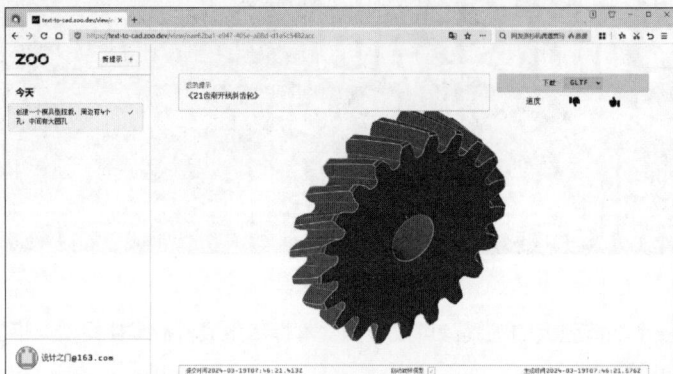

图 7-71

04 单击左上角的"新提示+"按钮，返回到"文本转CAD"初始界面。在提示词文本框中输入"创建一块模具模板，长、宽和高分别为200mm、200mm和35mm，模板4个角进行倒圆角处理，且圆角半径为20mm。在圆角半径的中心点上创建直径为10mm的同心圆，在模板中间创建矩形孔，边长为150mm，4个棱角为倒圆角、圆角半径为5mm"，单击"提交"按钮，如图7-72所示。稍后自动生成模板零件模型，如图7-73所示。

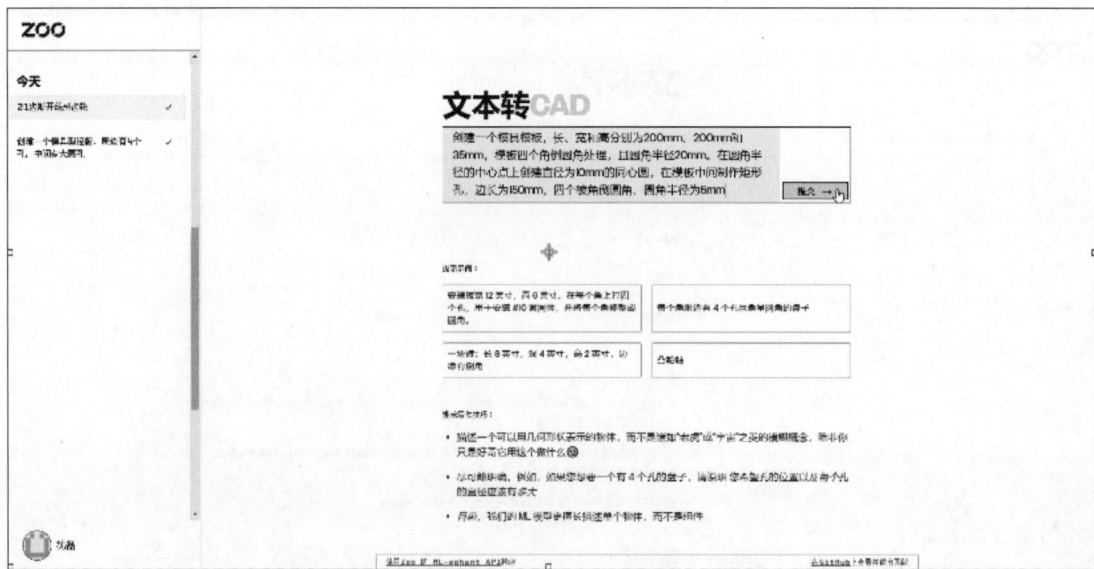

图 7-72

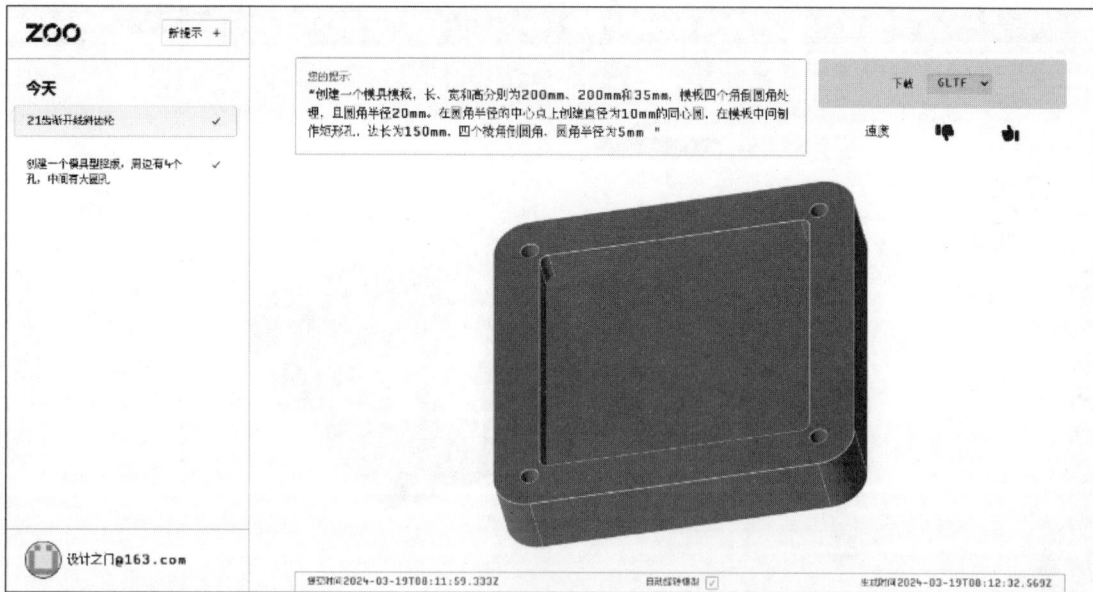

图 7-73

05　在页面右上角的文件列表中选择 STEP 文件格式，会自动下载模型文件，如图 7-74 所示。

图 7-74

06　打开 UG NX2024，将保存的 STEP 模板零件导入，导入的模型为实体模型，如图 7-75 所示。

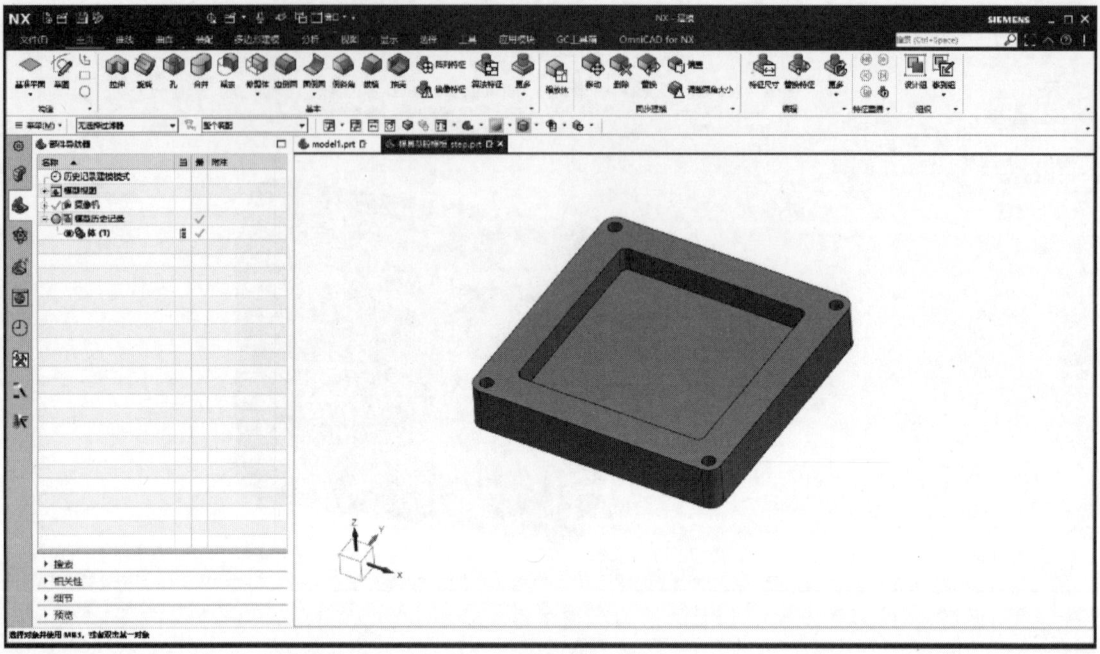

图 7-75

第 8 章　AI 辅助产品造型设计

AI 技术已被广泛应用于机械设计、产品设计、模具设计以及数控加工等多个领域，旨在提升创新水平、加快设计流程并改善产品质量。通过将 AI 技术与 SolidWorks 等软件相结合，我们已在零件和工业品的设计过程中实现了智能化与自动化。本章将详细阐述这一结合的具体应用方法。

8.1　基于 AI 的 3D 模型生成

基于文本的 3D 场景生成是一项先进技术，它能够将自然语言描述转换成详尽的三维场景。这项技术融合了自然语言处理（NLP）、计算机视觉与图形学，以及深度学习，尤其是生成模型，例如，生成对抗网络（GANs）或变分自编码器（VAEs）。

8.1.1　3D 模型组件生成与修改——Sloyd AI

Sloyd AI 是一款典型的 3D 生成式 AI 模型，它通过文本生成 3D 模型，并允许使用文本对模型进行修改，是一款智能化的模型创建工具。它可以生成航空航天器、武器、建筑（包括景观构件）、室内家具、道具等各种对象。

例 8-1：利用 Sloyd AI 快速生成建筑模型

利用 Sloyd AI 快速生成建筑模型的具体操作步骤如下。

01 进入 Sloyd AI 的官网首页。

提示：

为了便于讲解，此处将使用谷歌网页翻译器对原英文网页进行页面翻译。以 360 极速浏览器为例，首先，在浏览器窗口的顶部单击"扩展程序"按钮 ⊞，然后选择"更多扩展"选项。在打开的"扩展程序"页面中，搜索"Google 翻译助手"并安装该扩展。若想要翻译网页，只需在打开的英文网页中单击弹出的"翻译"按钮，或者右击"谷歌翻译助手"，在弹出的快捷菜单中选择"开启 / 关闭整页翻译"选项即可。

02 初次使用 Sloyd AI，需要在官网首页右上角单击"报名"按钮，如图 8-1 所示。

图 8-1

03 使用国内邮箱注册成功后登录Sloyd AI，如图8-2所示。Sloyd AI主页包含6个AI模块，包括科幻、军队、城市的、中世纪、家具和模块化的。

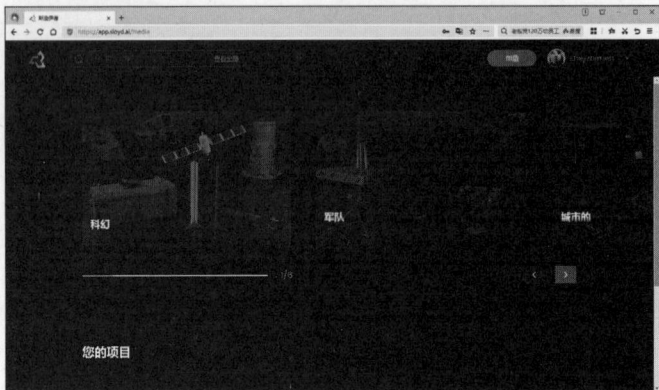

图 8-2

04 在"城市的"模块中选择"建造"类型，进入"建造"浏览界面。此处可以选择任何一个模型对象，然后利用 AI 文本功能对这个模型进行修改。如选择"公寓楼"模型，再单击"在编辑中打开"按钮，如图 8-3 所示。

图 8-3

05 进入 Sloyd AI 的模型编辑界面。模型的修改包括通过文本指令来修改和通过单击功能按钮来修改。通过文本指令（即提示词）来修改模型，可以修改模型的尺寸和构件的数量。由于 Sloyd AI 文本功能存在BUG，暂无法使用文本修改模型功能。此时可以单击"随机发生器"按钮来生成新模型，如图8-4所示。

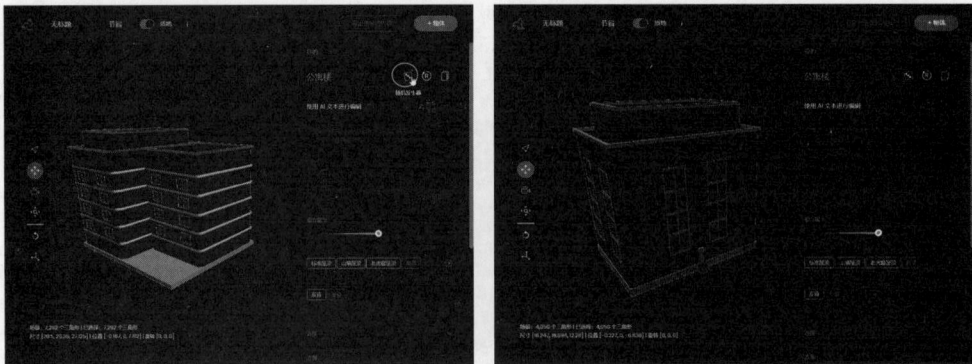

图 8-4

06 在属性面板依次单击"标准屋顶"→"山墙屋顶"→"老虎窗屋顶"→"双背"或"单背"按钮来修改模型。如图 8-5 所示为单击"老虎窗屋顶"按钮和"单背"按钮后的结果。

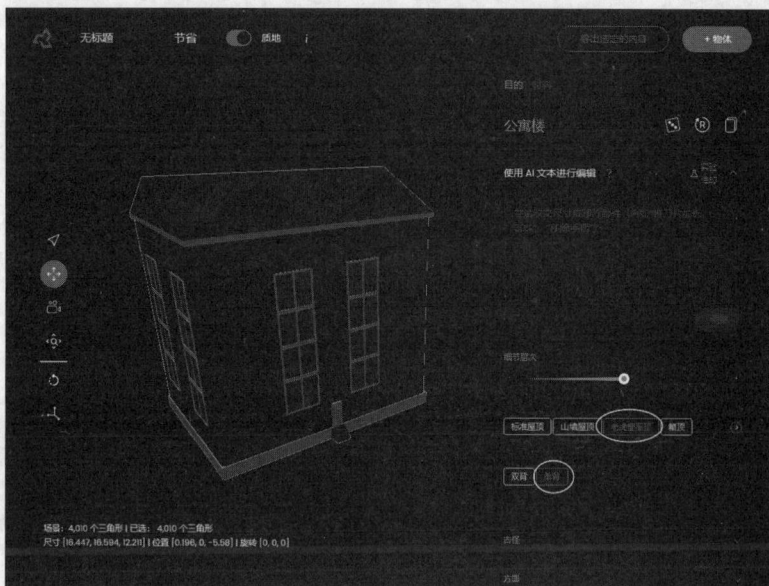

图 8-5

07 可以在"古怪""方面""屋顶""视窗"和"门"卷展栏中拖动滑块来精细化修改模型。例如，在"视窗"卷展栏中修改窗户的高度、宽度和窗型等，如图 8-6 所示。

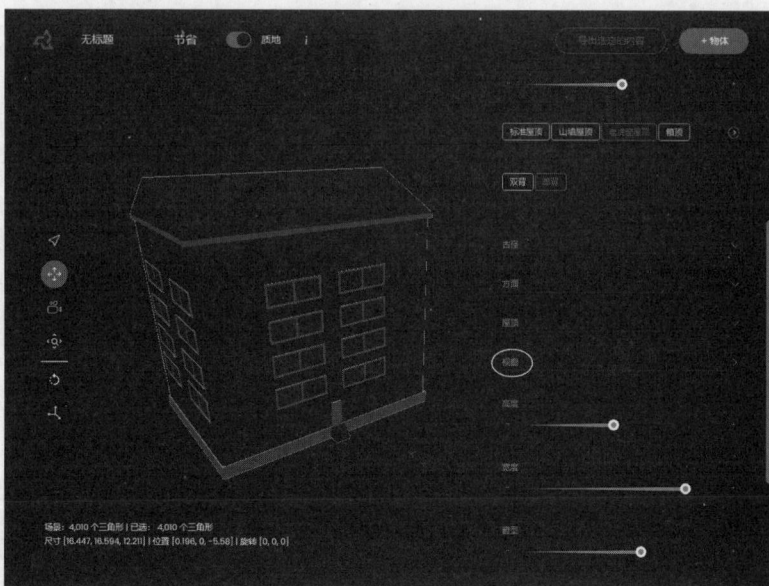

图 8-6

08 建筑模型修改完成后，单击"导出选定的内容"按钮，选择 OBJ 文件格式或 GLB 文件格式将模型导出，如图 8-7 所示。

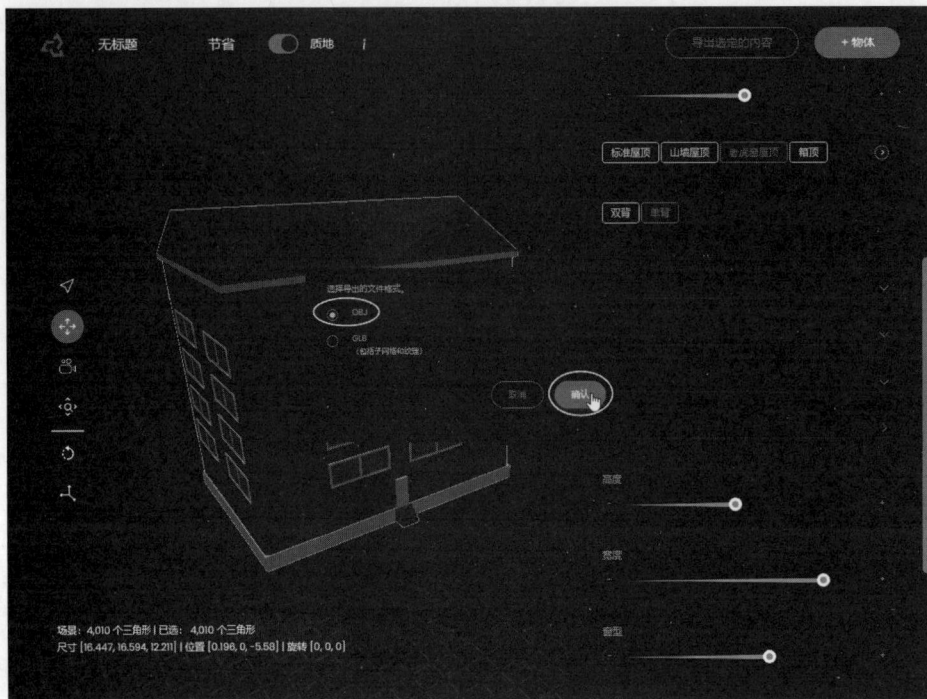

图 8-7

09 若不通过模型库的模型来生成或修改，也可以由文本直接生成建筑模型。在Sloyd AI主页界面中单击"创造"按钮，如图8-8所示。

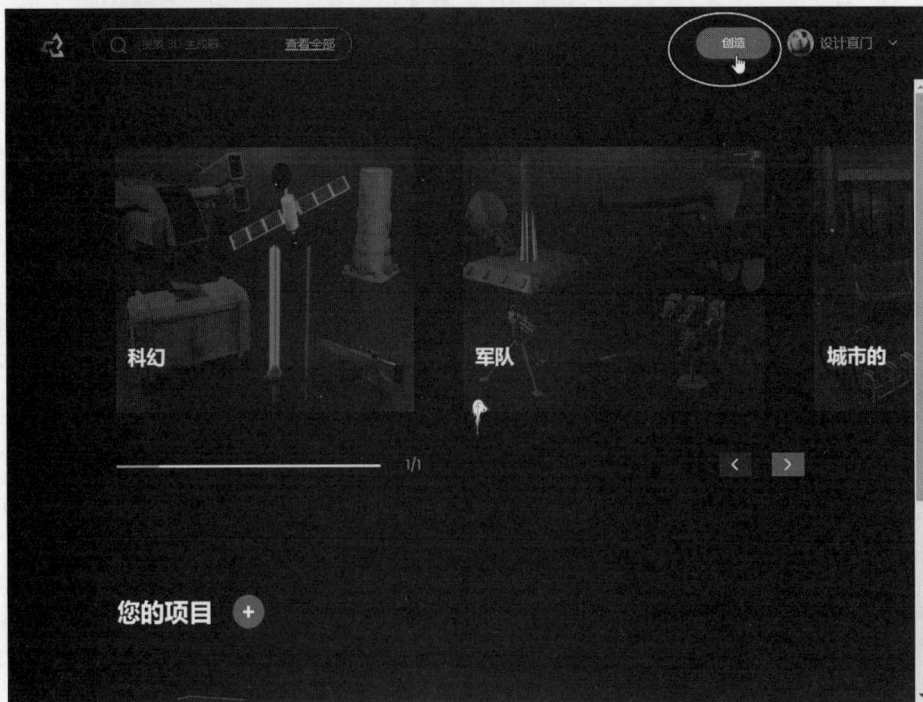

图 8-8

10 在随后弹出的网页中单击"添加对象"按钮![+]，添加一个空白对象，随后进入模型编辑环境，如图8-9所示。

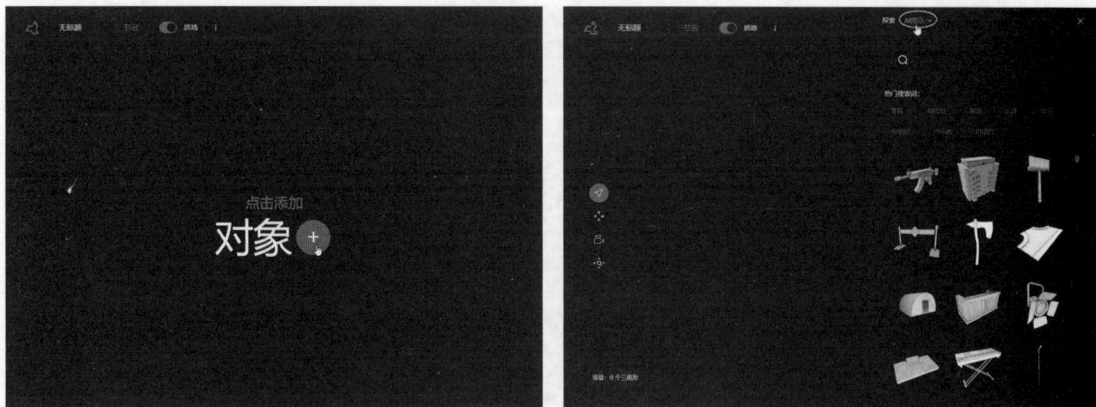

图 8-9

11 在属性面板的顶部单击"AI提示"按钮，进入"AI提示"选项卡。系统提示若用提示词来生成模型，仅能生成武器、建筑物、家具和道具这四种。不能生成人物、动物和场景。在提示词文本框中输入sofas（沙发），单击"创造"按钮，自动生成沙发模型，如图8-10所示。最后将沙发模型导出。

提示

只能输入英文提示词，否则不能正确生成所需模型，图8-11为输入"沙发"中文后生成的模型，与所需的模型差异巨大。

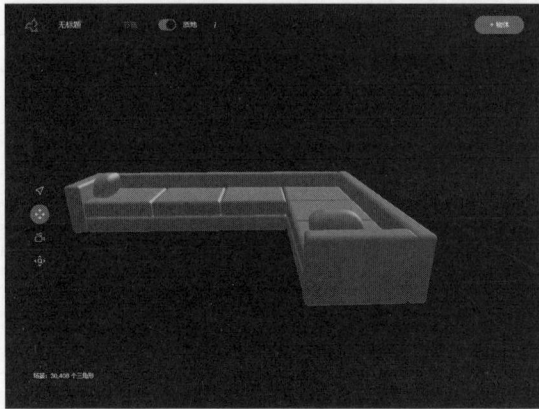

图 8-10

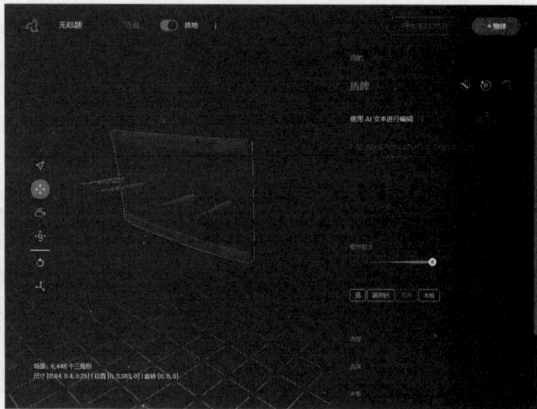

图 8-11

8.1.2　多模式人工智能生成工具——Luma AI

Luma AI 的核心技术为 NeRF（Neural Radiance Fields），这是一种先进的三维重建技术，它能够通过文本和少量照片来生成、着色及渲染出逼真的 3D 模型。Luma AI 由 3 个核心模块构成：Dream Machine（梦想机器）、GENIE（精灵）以及 Interactive Scenes（互动场景）。GENIE（精灵）的首页界面如图 8-12 所示。

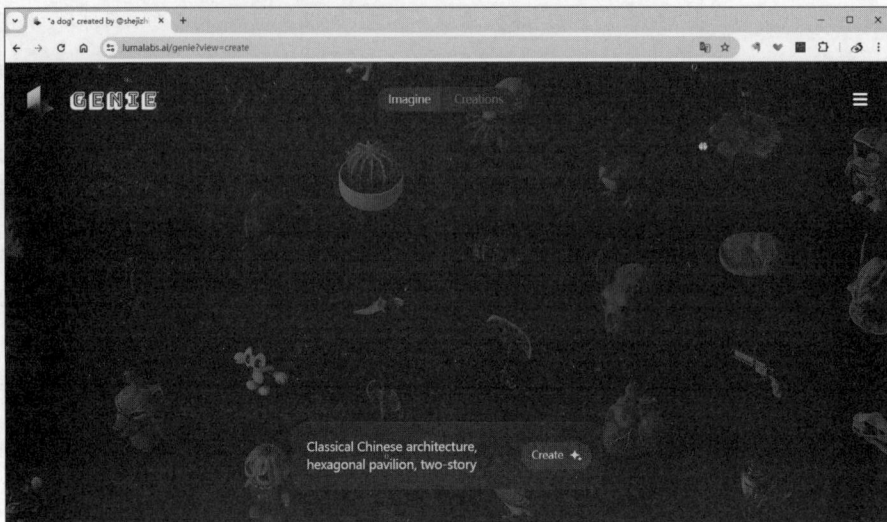

图 8-12

1. 利用文本生成 3D 模型

GENIE（精灵）是 Luma AI 的 3D 模型生成模块，用户可以输入文本指令以获得低质量的 3D 模型，随后通过精细化模型技术进一步细分该模型，从而得到高质量的 3D 模型。

例 8-2：利用文本生成 3D 模型

利用文本生成 3D 模型的具体操作步骤如下。

01 初次使用 Luma AI 的 GENIE（精灵），需要注册一个账号，也可直接使用谷歌邮箱登录。

02 在 GENIE（精灵）首页下方的聊天对话框中输入英文提示词：Classical Chinese architecture, hexagonal pavilion, two-story，然后单击 Greate 按钮，如图 8-13 所示。随后 Luma AI 自动生成 4 张模型图像，如图 8-14 所示。

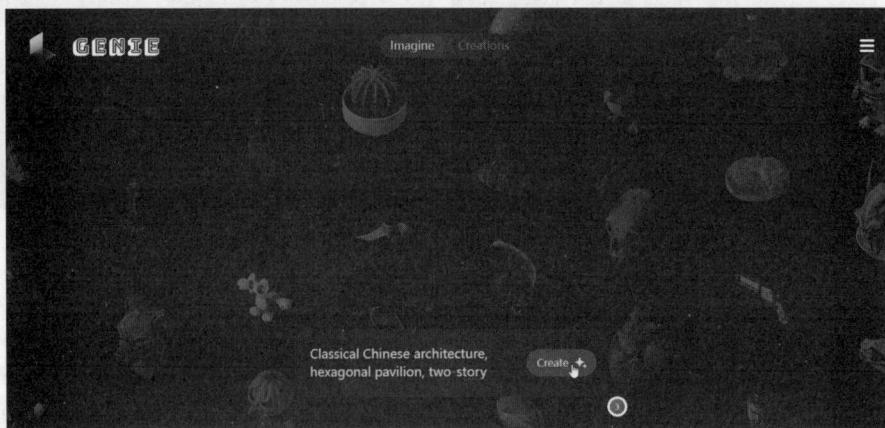

图 8-13

提示

Luma AI 仅识别英文提示词，所以可以先利用 DeepL 网络翻译器将中文翻译为英文。

图 8-14

03 选择其中一张模型图像（如选择第4张），Luma AI 将自动生成低质量的3D 模型，如图 8-15 所示。

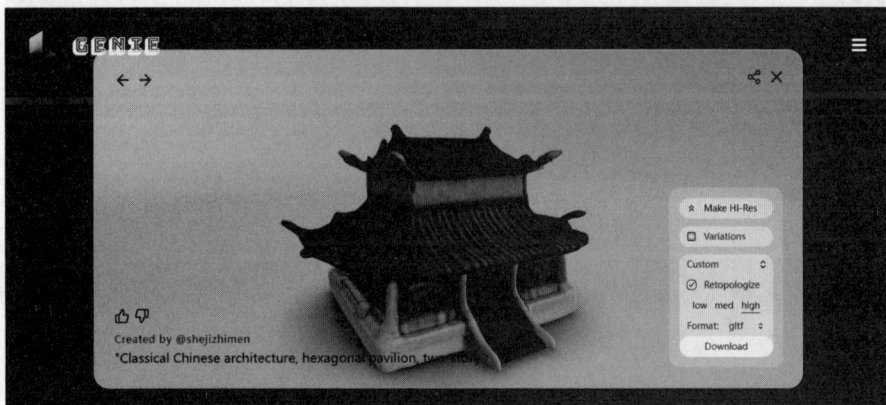

图 8-15

04 若要进一步生成高质量模型，可以在右侧的面板中单击 Make Hi-Res（制作高分辨率）按钮，随后生成高质量模型，如图 8-16 所示。

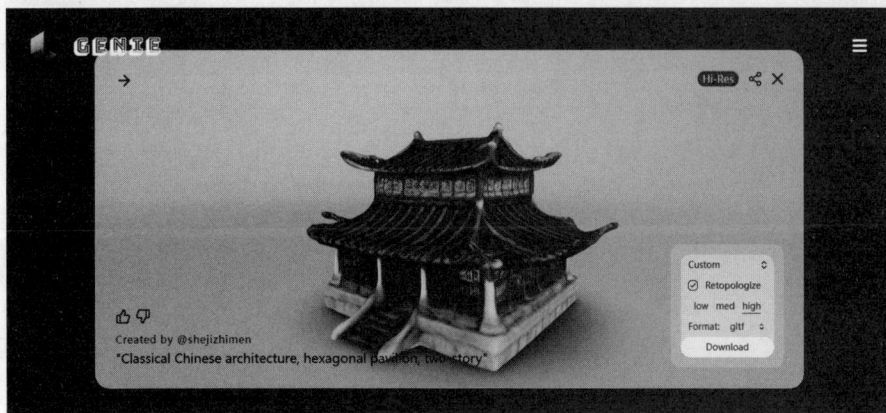

图 8-16

05 单击 Dowmload 按钮，将模型下载到本地文件夹。

2. 利用拍摄视频制作 3D 场景模型

Luma AI 的旗舰产品 Dream Machine，是一款基于 DiT 视频生成架构的先进 AI 视频生成模型工具。它拥有将用户的文本描述和图像素材转化为电影级质量视频内容的强大能力。Dream Machine 以其快速生成、逼真效果和物理准确性等显著特点脱颖而出。该工具不仅支持多样化的摄像机移动，更能精准匹配场景情感，为用户打造沉浸式的视频体验。令人瞩目的是，Luma AI 能在 120 秒内生成 5 秒的高质量视频，且每月提供 30 次免费使用机会，这无疑为用户提供了一个便捷、高效的视频创作平台，极大地简化了内容制作流程。

除了传统的使用手机、专业相机等设备拍摄视频片段的方式，如今还可以借助 AI 技术来生成视频。这里，我们向大家推荐抖音旗下的 AI 视频创作工具——可灵 AI，其主页如图 8-17 所示，为用户提供了全新的视频创作选择。

图 8-17

新用户首次登录可灵 AI 平台可用手机号注册后再登录。

例 8-3：利用"可灵 AI"生成 AI 视频

利用"可灵 AI"生成 AI 视频的具体操作步骤如下。

01 在可灵 AI 平台首页，选择"AI 视频"模块后进入 AI 视频生成页面，如图 8-18 所示。可灵 AI 视频生成有两种模式：文生视频和图生视频。如果有好的创意，可以用文字表述给可灵 AI，使其生成高质量视频。当然也可以导入图片，使用 AI 让图片灵动起来，生成创意视频。

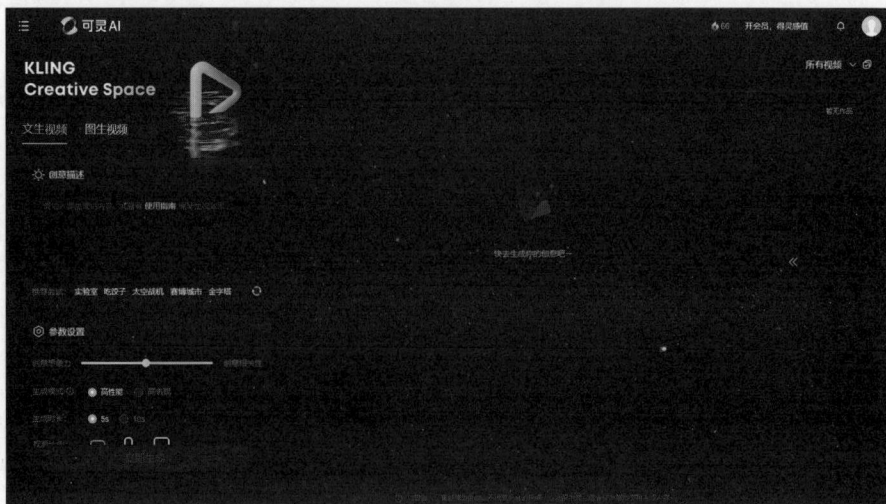

图 8-18

02 在"文生视频"模式下，在"创意描述"文本框内输入："一个布置温馨的客厅，精装房，现代装修风格，360度镜头漫游"，其他选项保持默认，然后单击"立即生成"按钮，生成视频片段，如图8-19所示。

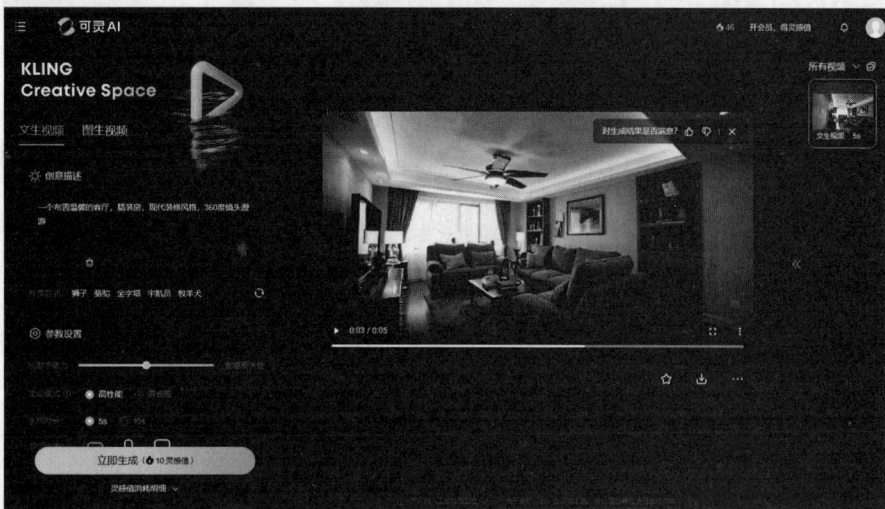

图 8-19

03 单击"下载"按钮，将视频下载到本地文件夹中。

例 8-4：利用视频制作 3D 场景模型

利用视频制作 3D 场景模型的具体操作步骤如下。

01 在 Luma AI 的 GENIE（精灵）主页的右上角，单击按钮展开功能菜单，然后选择 Interactive Scenes（互动场景）模块，如图 8-20 所示。

图 8-20

02 打开 Interactive Scenes 主页，然后单击 Start Now on Web for Free 按钮，如图 8-21 所示。

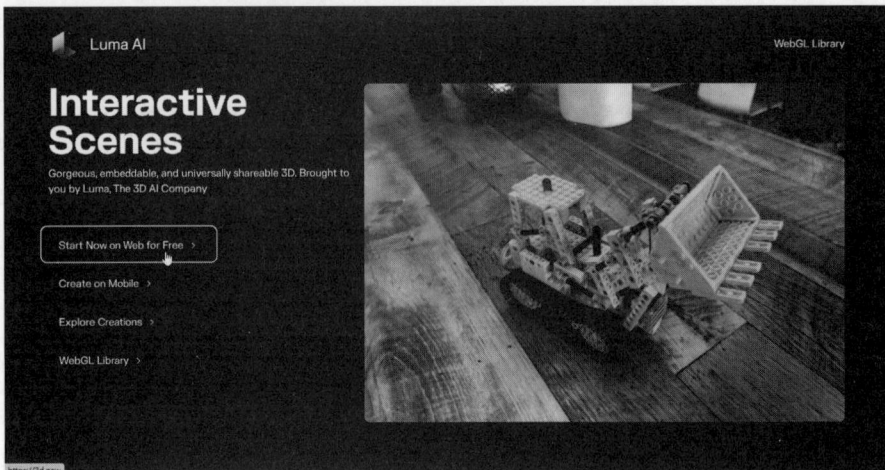

图 8-21

03 进入 Interactive Scenes 模型生成界面，单击 Drop a file in this area or click to select 按钮，将本例源文件夹中的"高性能_16×9_一个布置温馨的客厅_精装房_现代装修风格_360度镜头漫游.mp4"视频文件导入，如图 8-22 所示。

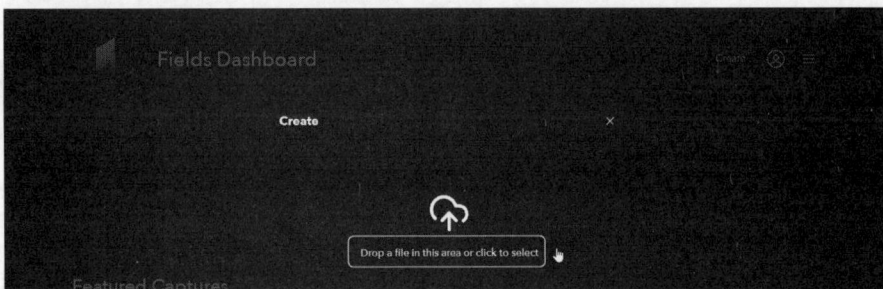

图 8-22

04 在随后调出的 Greate 面板中输入标题 fireplace，再单击 Upload(上传)按钮上传视频文件，如图 8-23 所示。

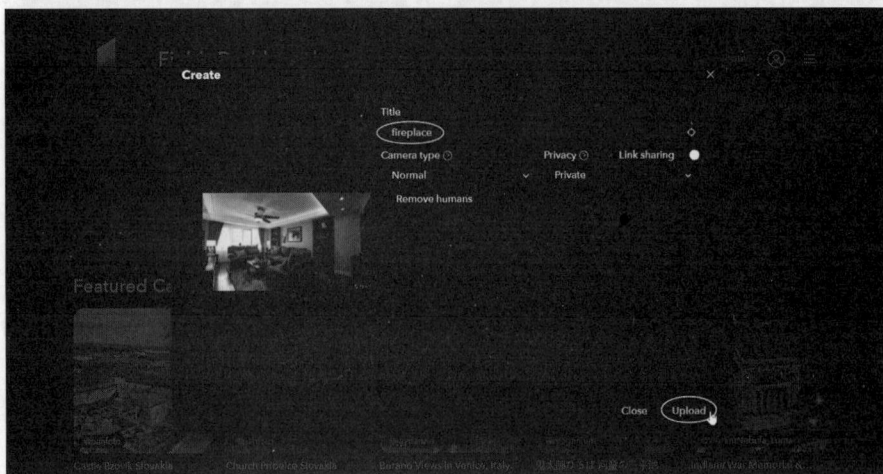

图 8-23

05　稍后 Luma AI 自动生成 3D 场景模型，如图 8-24 所示。单击"下载"按钮 ↓，将 3D 模型下载到本地，模型文件的格式为 glb。

图 8-24

8.1.3　精细化 3D 模型生成——CSM AI

　　CSM AI 是一款强大的人工智能平台，旨在将任何输入转化为适用于游戏引擎的 3D 资源。该平台能迅速将照片和视频转化为 3D 模型，适用于不同水平和工作流程的艺术家。CSM AI 提供 Web 网页端、手机端和 Discord 应用，功能强大，极大简化了 3D 内容的创建过程。用户只需上传照片或视频，并遵循简单的 3 次单击操作流程，即可轻松获取高质量的 3D 模型。

例 8-5：在"图像到 3D"模式下生成 3D 模型

　　本例将演示在 CSM AI 网页端中，如何通过图片快速生成 3D 模型。CSM AI 提供两种功能模式：图像到 3D 和实时草图转 3D。具体的操作步骤如下。

01　进入 CSM AI 首页。初次使用 CSM AI 需要注册账号，在首页右上角单击"登记"按钮，进入"选择你的计划"页面，然后选择左侧第一个的"修补者"计划（免费），如图 8-25 所示。

图 8-25

02　随后填写注册信息，填写国内邮箱注册即可。

03 注册账号并登录后会自动进入 CSM 操作界面，如图 8-26 所示。

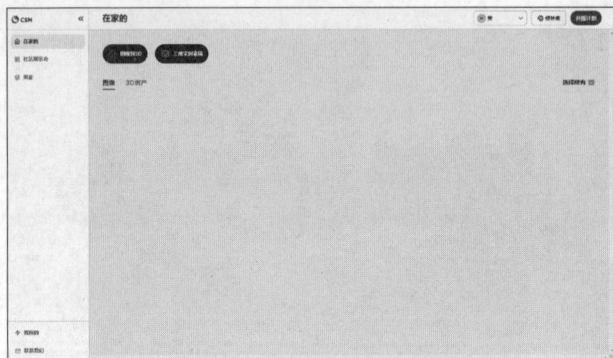

图 8-26

04 单击"图像到 3D"按钮，然后将本例源文件夹中的"AI 智能音箱效果图 .png"文件上传到 CSM 中，如图 8-27 所示。

图 8-27

05 稍后 CSM AI 会自动参考图片并将计算结果存储在"3D 资产"选项卡中，如图 8-28 所示。

06 选中生成的 3D 资产，进入"初步意见"环节，从中可以看到 AI 生成的多视图，此时并没有生成 3D 模型，如图 8-29 所示。

图 8-28

图 8-29

07 在网页右上角单击"产生"按钮，CSM AI 会自动创建 3D 模型，这个模型仅是预备模型，精度不高，如图 8-30 所示。

图 8-30

> **提示**
>
> 由于是免费计划，若要使用 3D 模型生成功能，则需要排队等候。换言之，倘若付费用户正在大量使用该功能，可能会导致生成失败。

08 如果需要更精细的模型（包括完好的造型和纹理），可以单击"细化网格"按钮细化模型。由于等待时间太久，这里不再进一步演示。单击"出口"按钮，将模型下载，选择免费的文件格式，如图 8-31 所示。

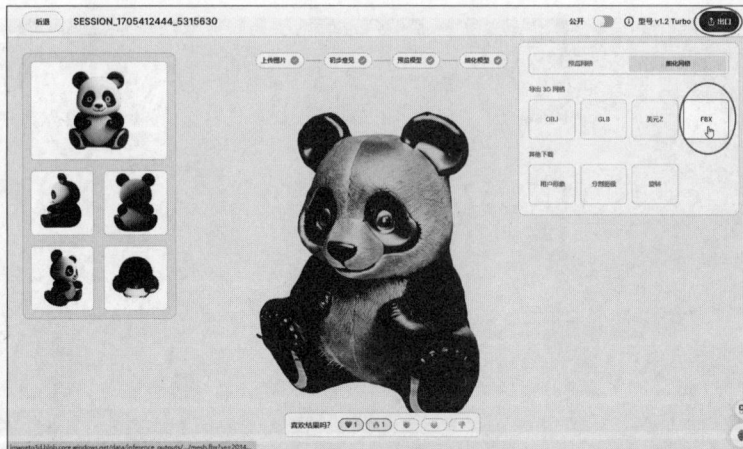

图 8-31

8.1.4　生成高质量的 3D 模型——Tripo3d AI

Tripo3d AI 能够生成高质量的 3D 模型，然而，这些模型需要经过三维造型软件的进一步细化处理，方可作为建模素材使用。与前文介绍的几种 3D 模型 AI 生成工具相比，Tripo3d AI 在网格质量和纹理细节方面表现更为出色，且在国内网络环境下可免费使用。接下来，将演示 Tripo3d AI 的具体操作流程。

例 8-6: 利用 Tripo3d AI 生成高质量模型

利用 Tripo3d AI 生成高质量模型的具体操作步骤如下。

01 进入 Tripo3d AI 平台官网后，使用邮箱注册账号即可进入 Tripo3d AI 首页（默认为英文界面，可翻译网页语言为中文），如图 8-32 所示。

图 8-32

02 在首页界面中单击"免费生成"按钮，进入 AI 创作界面中。Tripo3d AI 有两种 AI 生成模式：文本转3D 和图像转 3D，如图 8-33 所示。

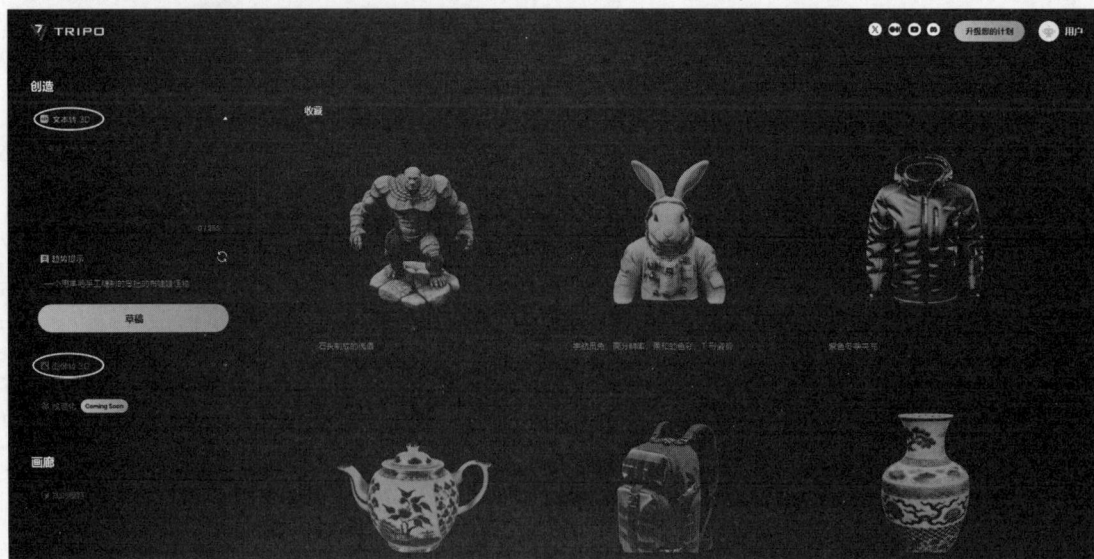

图 8-33

03 在"文本转 3D"模式中，AI 提示词只能输入英文，中文提示词暂不能识别。在提示词文本框中输入：Cute panda playing snow（可爱的熊猫玩雪），在图像预览区会显示很多与提示词相关的预览模型，如

图 8-34 所示。

图 8-34

04 可以选择现有的模型。如果不满意，可以单击"草稿"按钮，自定义模型，如图 8-35 所示为自动生成的二维预览图像。

图 8-35

05 若已经生成的 4 幅图像还不够好，可以单击"重试"按钮继续生成新的图像，直至满意为止。在生成的 4 幅图像中选择自认为最好的一幅（右上），再单击底部的"产生"按钮，稍后生成 3D 模型。

06 在操作界面左侧的属性面板中，单击"画廊"选项组下的"我的模特"按钮，打开 3D 模型的生成队列，查看模型生成进度，如图 8-36 所示。经过数分钟的等待，完成了 3D 模型的生成，如图 8-37 所示。

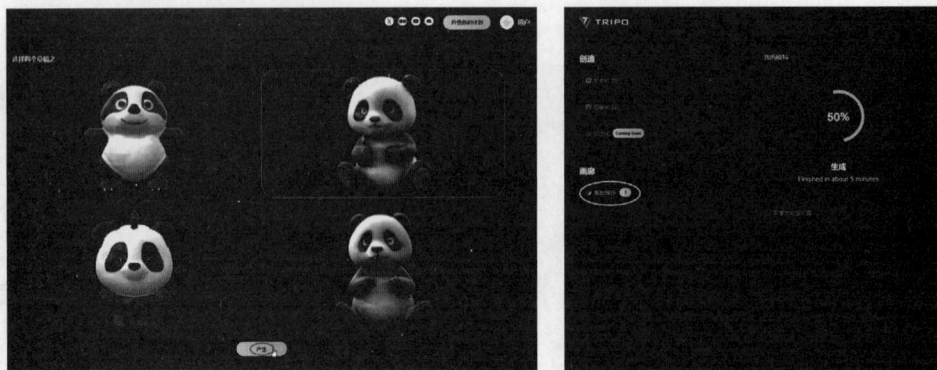

图 8-36

07 单击生成的 3D 模型，将打开该模型的详情展示页，拖动可旋转模型，随后单击右下角的"下载"按钮，将模型下载到本地文件夹中，下载的文件格式为 glb，如图 8-38 所示。

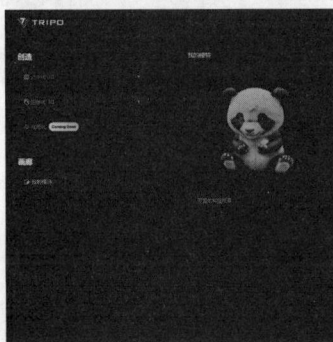

图 8-37   图 8-38

8.1.5 创意 3D 模型生成——Meshy AI

Meshy 融合了人工智能和机器学习的最新成果，专为设计师、艺术家和开发者量身打造。无论是 3D 艺术家、游戏开发者还是创意编码人员，Meshy AI 都能以前所未有的速度生成 3D 资源。作为一款 3D 生成 AI 工具箱，Meshy AI 能通过文本或图像轻松产出 3D 资产，从而提升 3D 工作的效率。借助 Meshy AI，用户可以在几分钟之内创建出高质量的纹理和 3D 模型。Meshy AI 的主页如图 8-39 所示，首次使用 Meshy AI 需要注册新账号。

图 8-39

Meshy AI 有四大功能：文本生成模型、图片生成模型、AI 材质生成和文本生成体素。下面以实例的形式介绍具体的操作方法。

例 8-7：Meshy AI 文本生成模型

Meshy AI 文本生成模型的具体操作步骤如下。

01 在 Meshy AI 的主页界面中选择"文本生成模型"模式，进入文本生成模型操作界面，如图 8-40 所示。

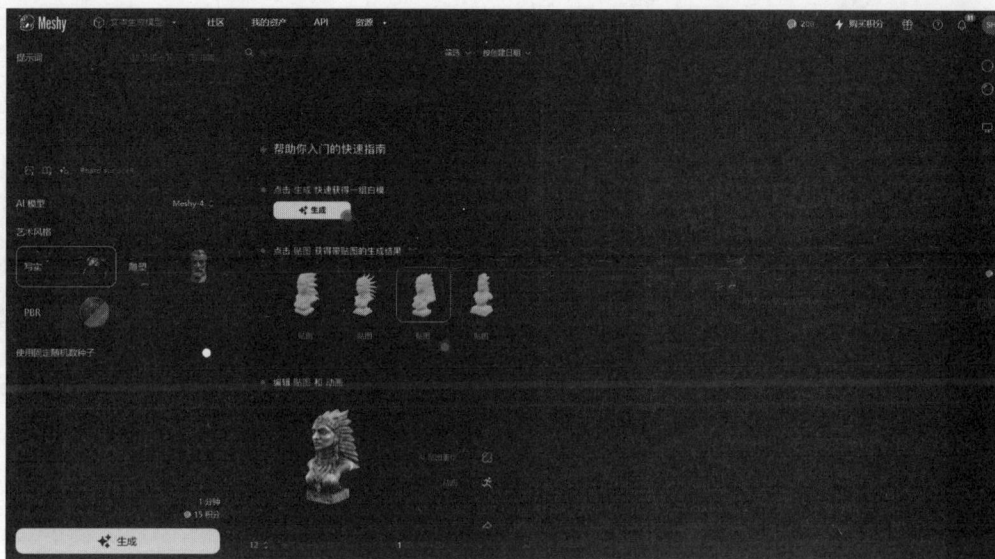

图 8-40

02 在"提示词"文本框内输入提示词："一名东方男性模特，西装革履，手提公文包，戴眼镜，阳刚帅气，行走姿势"，其他选项保持默认设置，单击"生成"按钮，快速生成 3D 白模型，如图 8-41 所示。

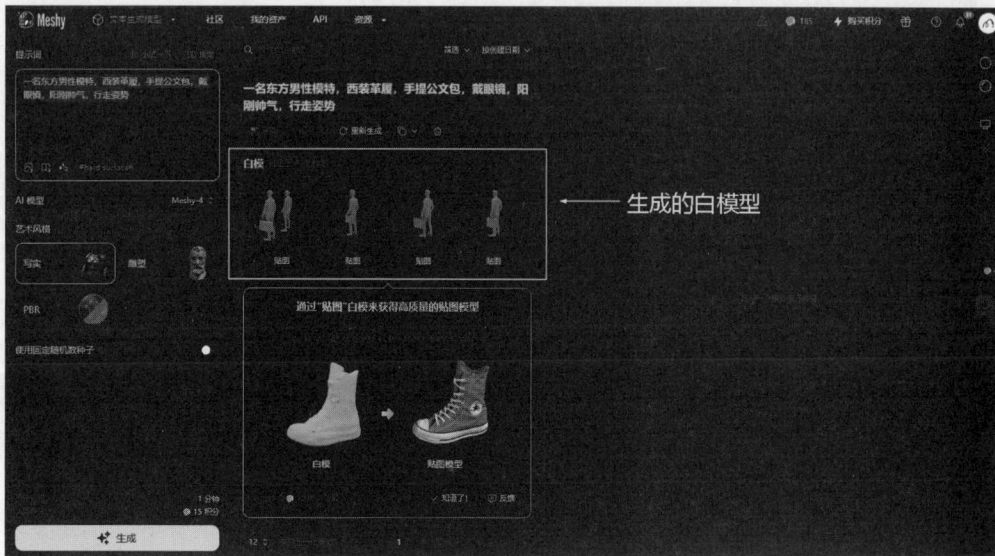

图 8-41

03 默认生成 4 个白模型，选择其中一个白模型可以预览模型效果，如图 8-42 所示。

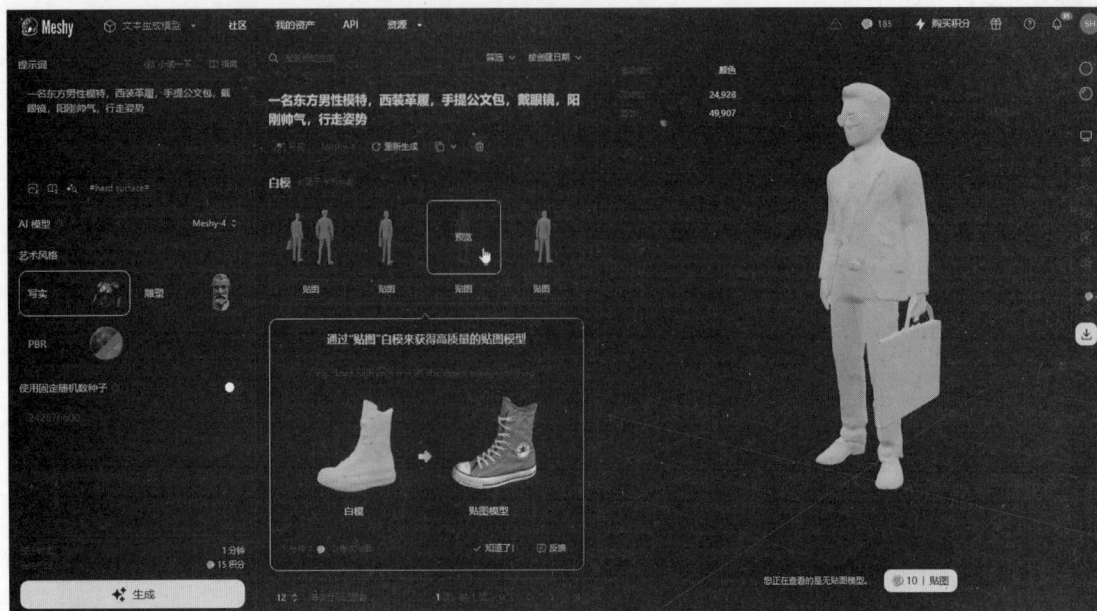

图 8-42

04 在所选白模型下方单击"贴图"按钮，为白模型添加贴图纹理，使其看起来更加真实，图像质量也更高，如图 8-43 所示。

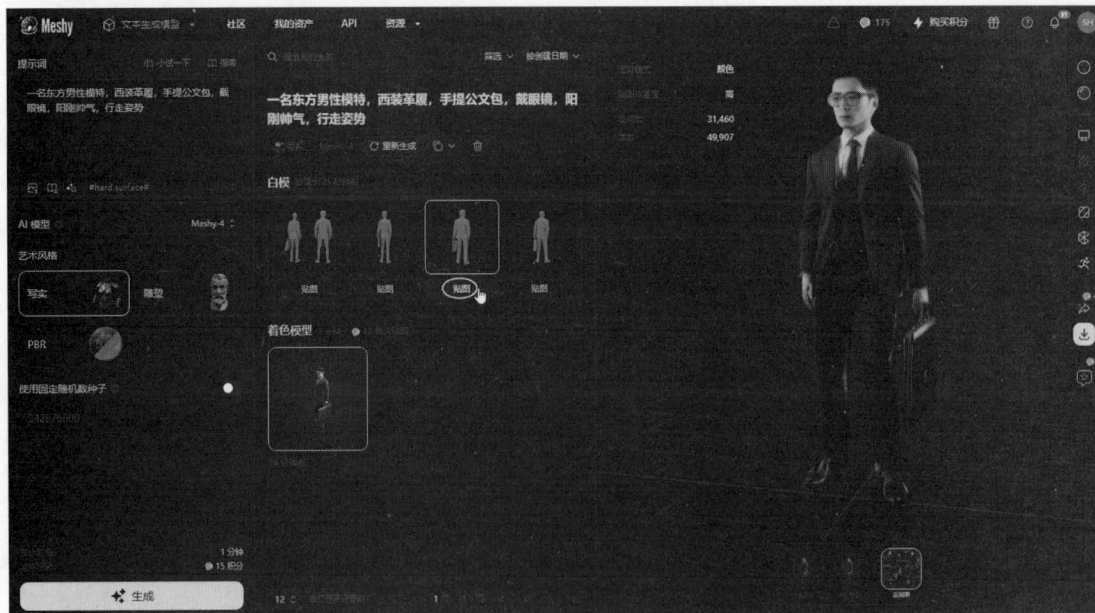

图 8-43

05 在图像预览区单击"下载"按钮 ⬇，将 3D 模型下载到本地文件夹。

例 8-8: Meshy AI 图片生成模型

Meshy AI 图片生成模型的具体操作步骤如下。

01 单击操作界面左上角的 Meshy 按钮，返回 Meshy AI 的主页。

02 选择"图片生成模型"模式，进入图片生成模型操作页面，如图 8-44 所示。

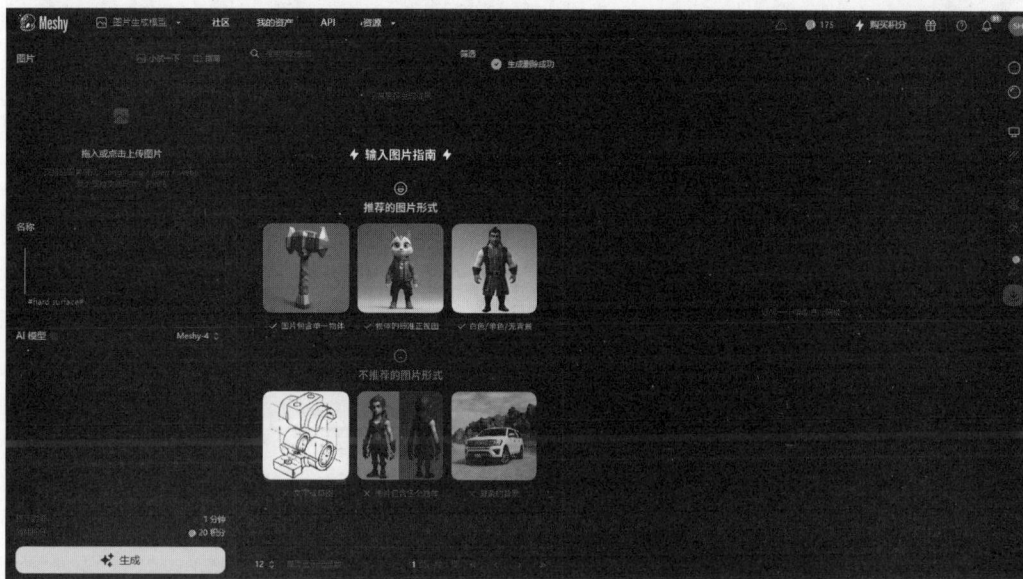

图 8-44

03 在"图片"选项区单击"拖入或单击上传图片"按钮，将本例文件夹中的"台灯.jpg"图片导入，系统会自动识别图片并给图片一个标题（显示在"名称"文本框），如图片名称不合理可以修改，如图 8-45 所示。

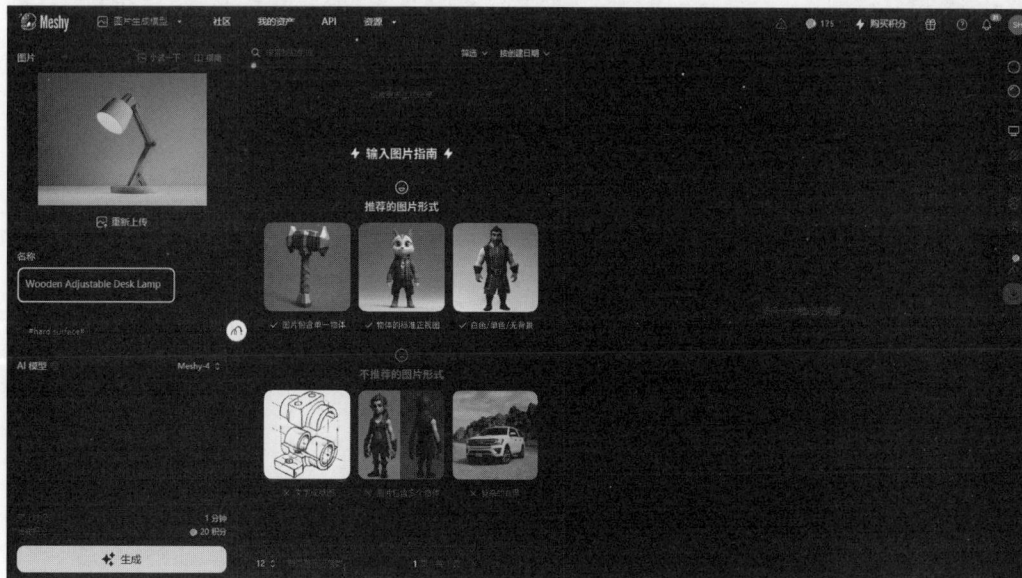

图 8-45

04 单击"生成"按钮，快速生成模型，并在模型预览区显示模型，如图 8-46 所示。

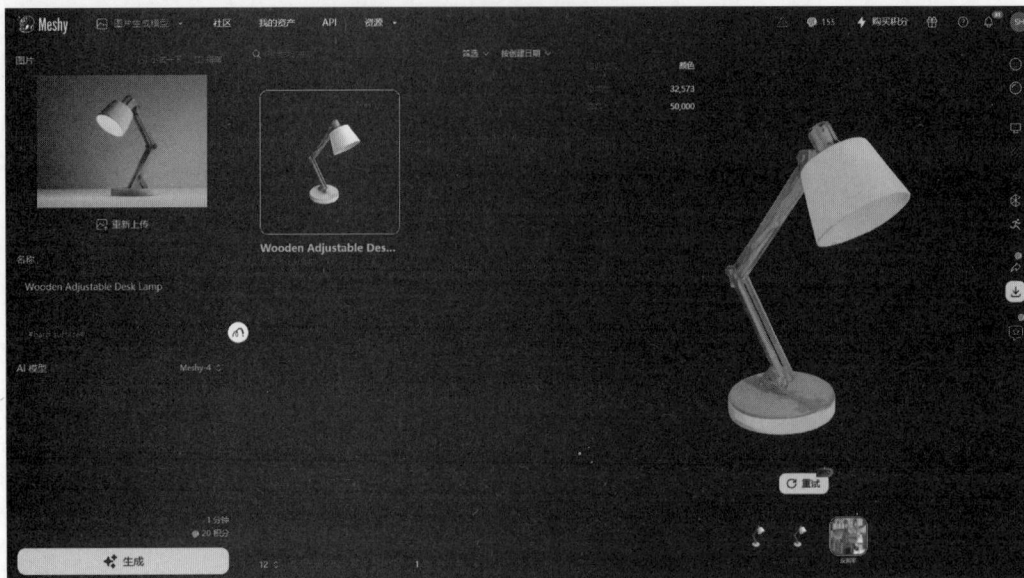

图 8-46

05 单击"下载"按钮 ⬇，将模型下载到本地文件夹。

例 8-9：Meshy AI 材质生成

Meshy AI 材质生成的具体操作步骤如下。

01 单击操作界面左上角的 Meshy 按钮，返回 Meshy AI 的主页。

02 选择"AI 材质生成"模式进入材质生成操作页面，如图 8-47 所示。

图 8-47

03 单击"新建"按钮，弹出"创建新项目"对话框。命名项目后，单击"拖放文件到这里或单击上传"按钮，将本例源文件夹中的"无人机.stl"模型文件导入，并单击"创建"按钮完成操作，如图8-48所示。

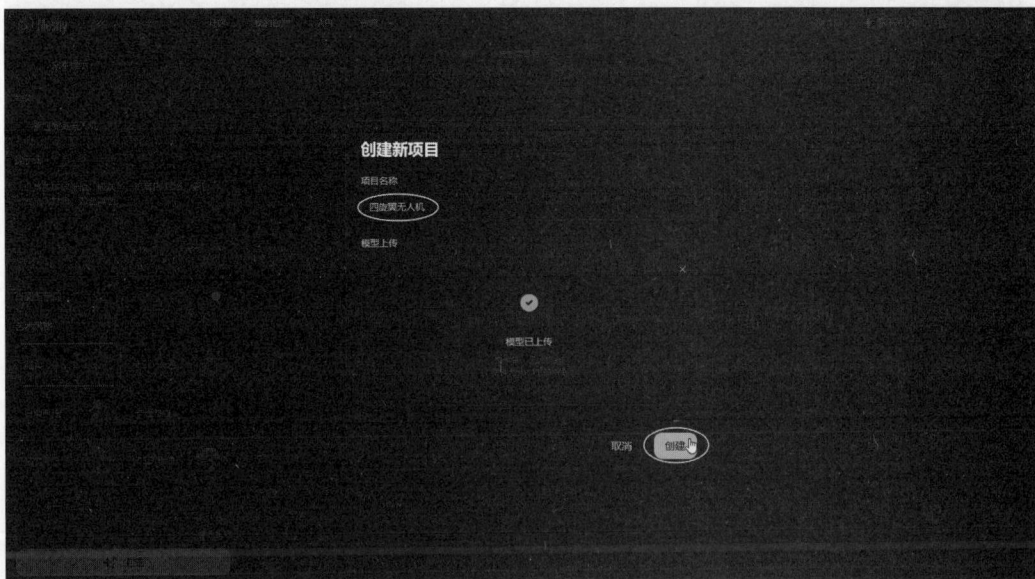

图 8-48

04 在"物体"文本框中输入"一架四旋翼无人机"。在提示词文本框中输入："机身整体碳纤维，银灰色，机翼 PC 材质，黑色，支架钢材质，颜色黑色。"

05 其他选项保持默认设置，单击"生成"按钮，如图8-49所示。

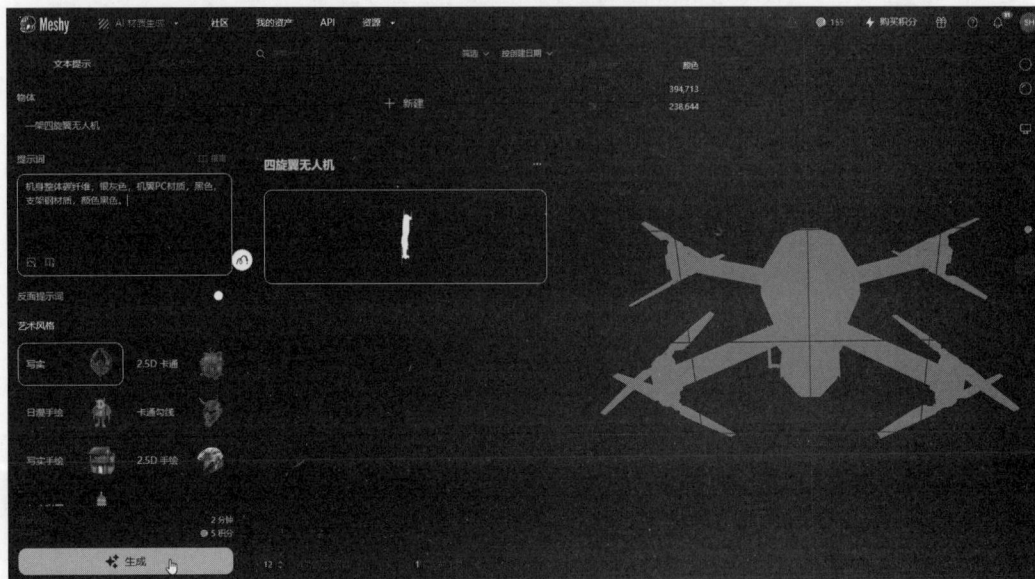

图 8-49

06 生成材质后，预览模型材质，如图8-50所示。最后单击"下载"按钮，将模型和材质下载到本地文件夹。

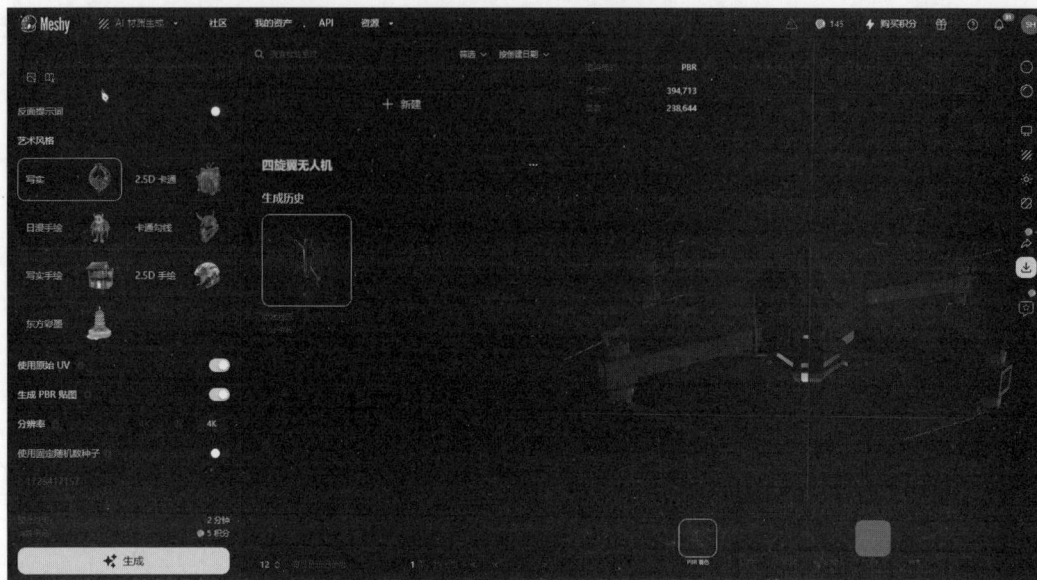

图 8-50

例 8-10：Meshy AI 文本生成体素

"体素"是指由正方体块构成模型，例如磁力方块玩具就是由小小磁力方块组成。Meshy AI 文本生成体素的具体操作步骤如下。

01 单击操作界面左上角的 ⬡Meshy 按钮，返回 Meshy AI 的主页。

02 选择"文本生成体素"模式进入文本生成体素操作页面，如图 8-51 所示。

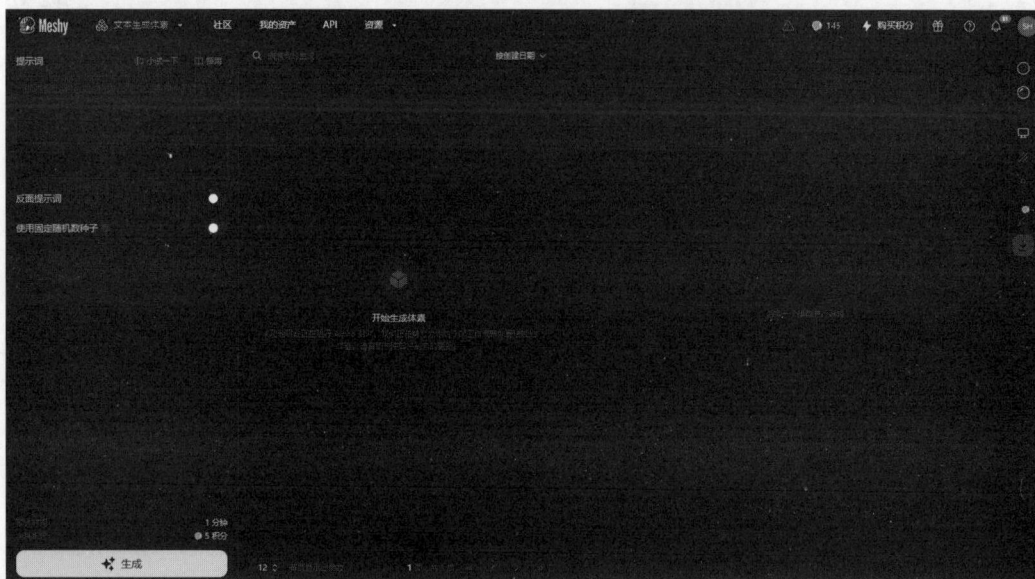

图 8-51

03 在"提示词"文本框中输入："一架 F22 战机"，单击"生成"按钮，生成体素模型，如图 8-52 所示。

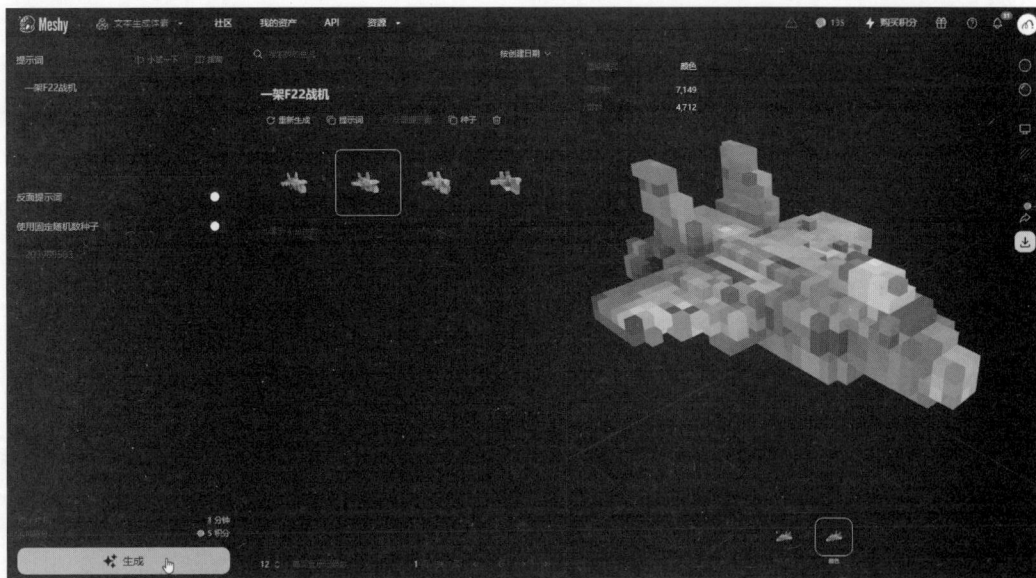

图 8-52

04 单击"下载"按钮 ⬇，将模型和材质下载到本地文件夹。

8.2 基于 AI 模型系统的造型设计

Innovector 是唯一结合了 CAD、内置数据管理、实时协作工具和业务分析的三维产品开发平台。Innovector 是专为手机与平板电脑设计的 3D 打印建模软件，将移动端 3D 打印 CAD 体验推向了新的高度。通过 Innovector，工程师和设计师可以随时随地使用平板电脑或手机享受 3D 建模并直接打印的乐趣。

8.2.1 Innovector 的安装与界面

为了让新用户能够轻松在计算机上学习 Innovector，可以通过计算机桌面模拟器将手机端 App 转化为计算机端软件。

例 8-11：下载模拟器和 Innovector 程序

下载模拟器和 Innovector 程序的具体操作步骤如下。

01 通过百度搜索"Innovector 电脑版"，然后进入 Innovector 电脑版软件下载页面，下载 Innovector 电脑版软件，如图 8-53 所示。

图 8-53

02 在模拟器和 Innovector 下载完成后，系统会自动完成两者的安装。Innovector 其实是手机端程序，在计算机端是通过模拟器来显示与操作 Innovector 的。在 Windows 系统桌面上双击"Innovector 建模程序"图标 启动模拟器。在模拟器中单击"启动"按钮，启动 Innovector，如图 8-54 所示。

图 8-54

03 Innovector 首页界面是竖屏界面，与手机界面一致，如图 8-55 所示。如果需要变成平板电脑的横屏界面，可以在右侧菜单栏中执行"更多"→"旋转屏幕"命令，将屏幕旋转，如图 8-56 所示。

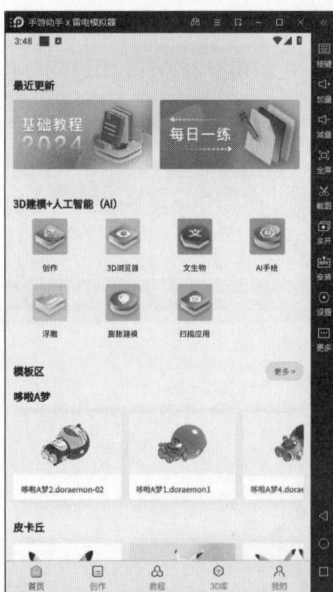

图 8-55

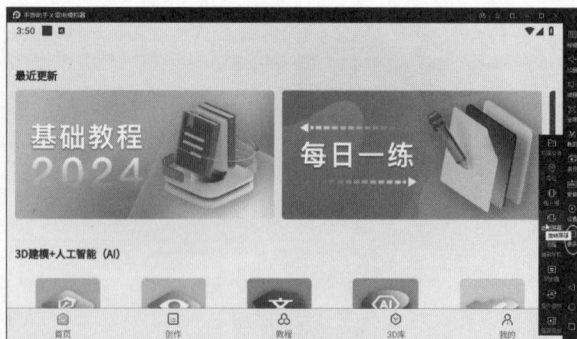

图 8-56

Innovector 包含 7 种功能：创作、3D 浏览器、文生物、AI 手绘、浮雕、膨胀建模和扫描应用。所有这些功能都融合了 AI 技术，旨在帮助用户高效完成设计工作。Innovector 的操作界面底部设有 5 个功能区选项卡，分别是：首页、创作、教程、3D 库和我的。

- "首页"选项卡：在 Innovector 的首页界面中，可以浏览到软件的更新信息、全面的 3D 建模与 AI 功能、模板区域，以及屏幕右侧的菜单栏。
- "创作"选项卡：当单击"3D 建模＋人工智能（AI）"选项区中的"创作"按钮，或者直接进入"创作"选项卡时，系统会弹出"登录／注册"界面。新用户只需通过手机号进行注册和登录，即可开始创作，如图 8-57 所示。

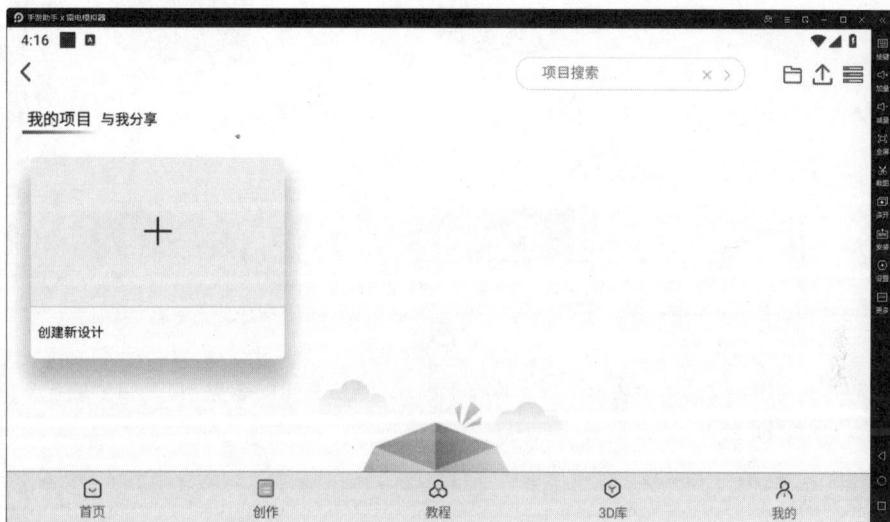

图 8-57

- "教程"选项卡：此选项卡提供了 Innovector 建模的详细教程，方便用户学习和掌握软件的使用方法，如图 8-58 所示。

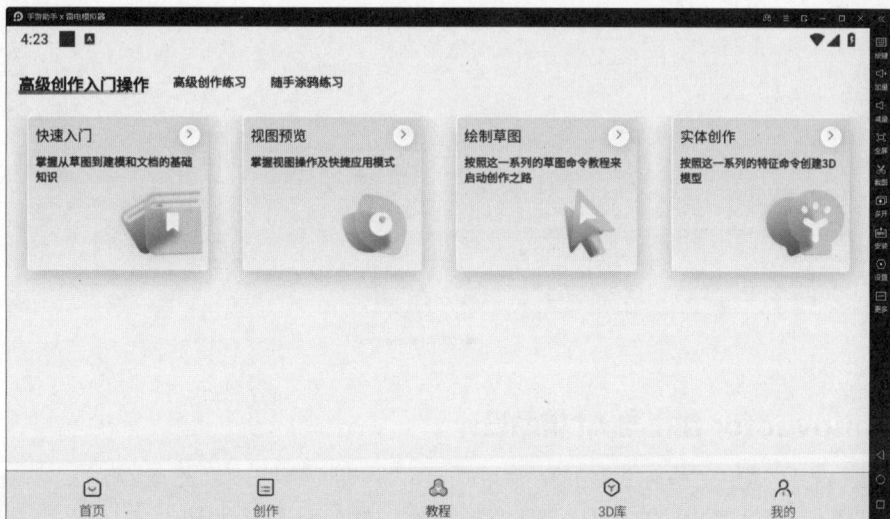

图 8-58

- "3D 库"选项卡：可以浏览到 Innovector 官方提供的丰富 3D 模型资源，还可以直接选择喜欢的 3D 模型进行 3D 打印，如图 8-59 所示。

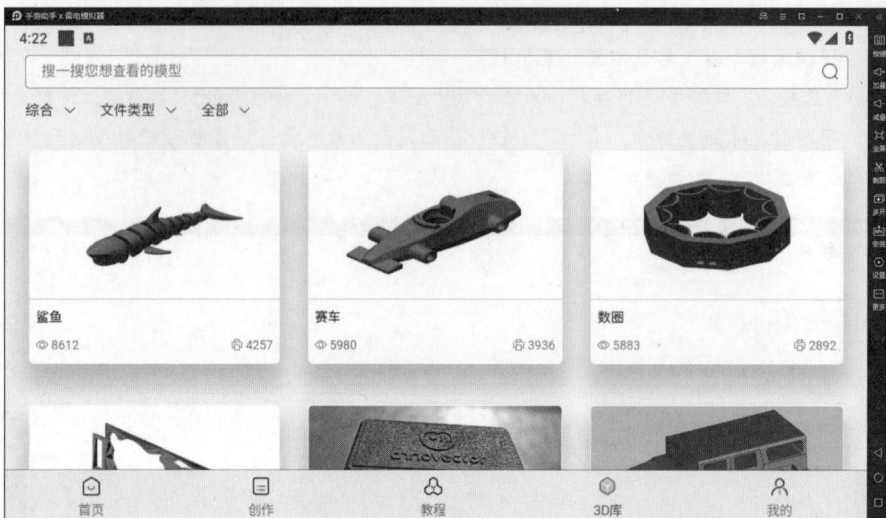

图 8-59

- "我的"选项卡：该选项卡展示了用户的账号信息以及用户管理选项，方便用户进行个性化设置和管理，如图 8-60 所示。

图 8-60

8.2.2 Innovector 建模与 AI 辅助设计

在 Innovector 中，提供了基本建模功能，使用户能够进行机械零件设计。此外，用户还可以借助 AI 辅助完成零件建模，或者直接生成 3D 模型。接下来，将通过实例的形式进行说明。

例 8-12：专业建模

利用 Innovector 进行专业建模的具体操作步骤如下。

01 在"创作"选项卡的"我的项目"选项组中单击"创建新设计"按钮＋，选择"专业"项目类型，单击"确认"按钮创建一个新的项目，如图8-61所示。

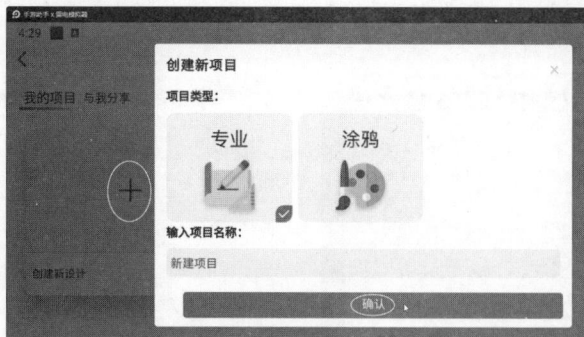

图 8-61

02 进入零件创作环境，在屏幕中间选中上视基准面，再单击界面左上角的"草图"按钮 ✍️，弹出"草图"对话框，单击"确定"按钮进入草绘环境，如图8-62所示。

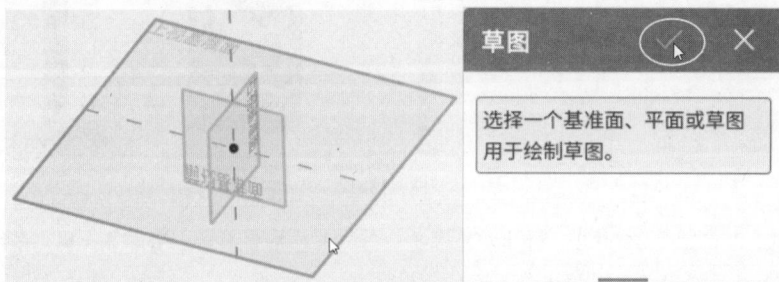

图 8-62

03 在弹出的草图工具菜单中选择"AI手绘"工具，并手绘曲线（近似心形），AI将自动识别曲线形状，并给出一些近似图形供选择，选择最理想的图形并单击"确定"按钮，如图8-63所示。

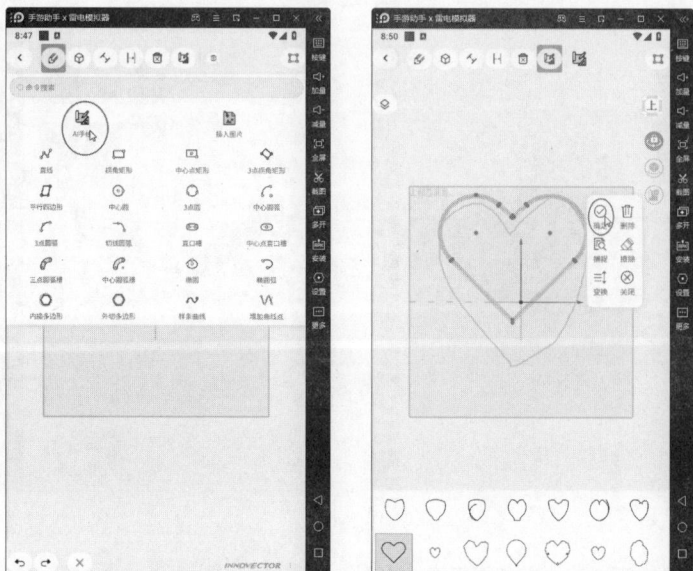

图 8-63

04 绘制曲线后,在界面左上角单击"实体"按钮⬡,打开实体工具菜单,再单击"拉伸"按钮🗐,在调出的"拉伸"面板中设置拉伸"深度"值为20,最后单击"应用"按钮完成拉伸特征的创建,如图8-64所示。创建完成后关闭"拉伸"面板。

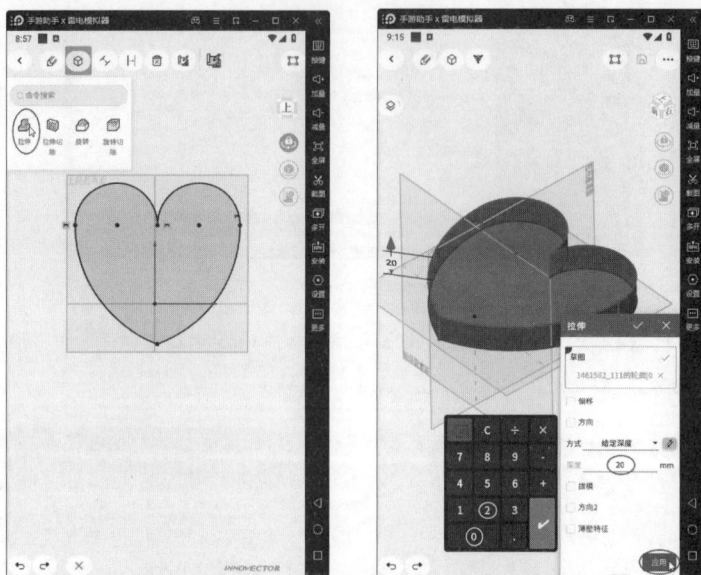

图 8-64

05 在界面顶部单击"渲染"按钮▽,弹出渲染菜单。在渲染菜单中单击"AI 渲染"🗔,弹出 AI 渲染面板。在 AI 渲染面板的提示词文本框中输入:"金属材质、红色的心",选择"真实感"风格类型,最后单击面板底部的"AI 渲染"按钮,开始 AI 渲染,如图8-65所示。

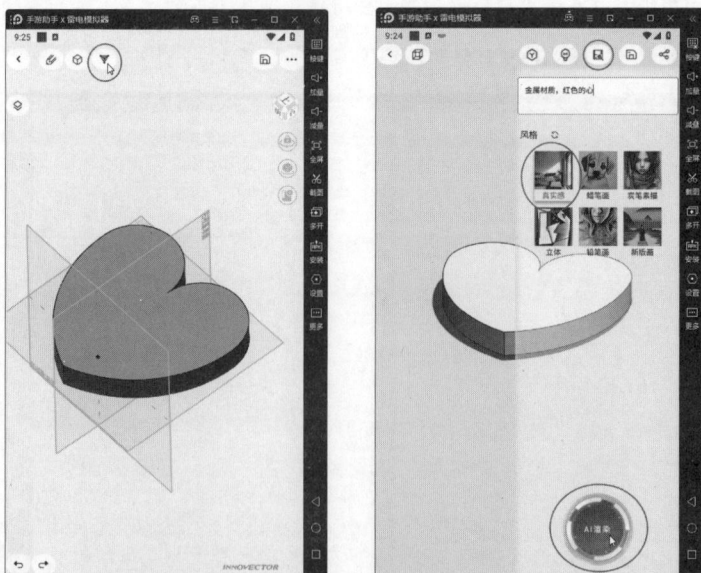

图 8-65

06 稍后得到渲染效果,可以单击效果图以查看大图,如图8-66所示。

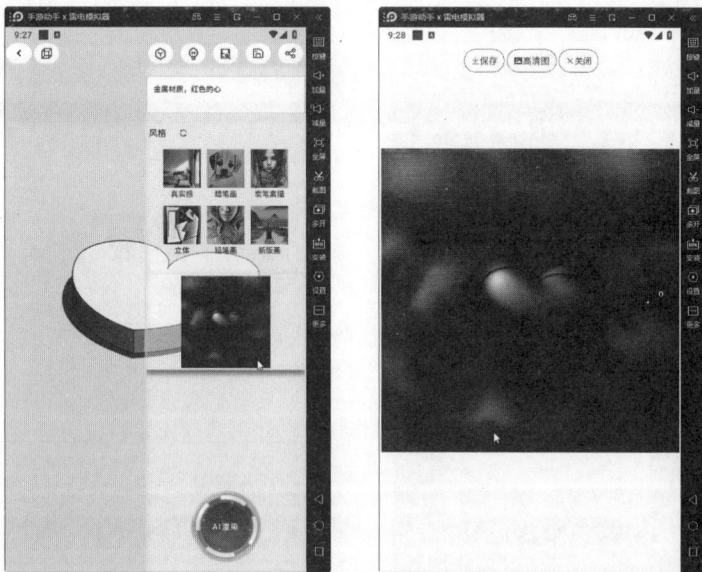

图 8-66

07 单击"高清图"按钮可以得到更为高清的图片,单击"保存"按钮,将效果自动保存到本地文件夹中。

08 在零件创作界面中单击右上角的 ··· 按钮,界面底部会弹出文件管理菜单。在文件管理菜单中单击"3D打印"按钮 ⊡,连接3D打印机打印模型,也可以单击"3D浏览"按钮 ⊡,将模型导出到3D浏览器中进行浏览查看。

09 如果要导出模型文件,单击"导出"按钮 ⊠,在弹出的"导出"面板中选择"3D模型"选项,弹出导出文件格式的选项,实体模型一般选择STEP格式,接着选择"保存文件"方式,文件将保存在本地文件夹中(此处使用的是计算机桌面端软件,不建议选择此方式),可以选择"通过邮件发送"方式,将模型文件发送到用户邮箱中,再通过邮箱将模型文件下载到本地文件夹中,如图8-67所示。

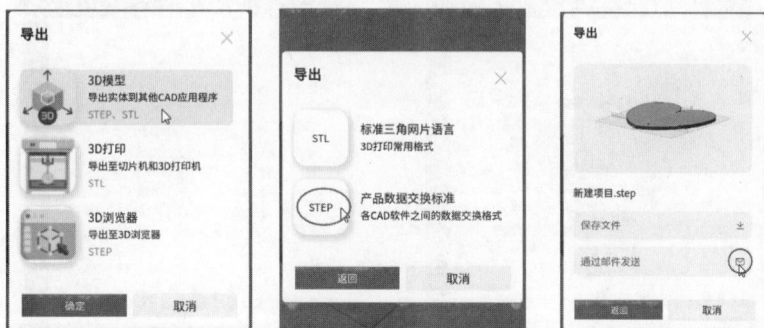

图 8-67

例 8-13:涂鸦建模

涂鸦建模的具体操作步骤如下。

01 在"创作"选项卡的"我的项目"选项组中单击"创建新设计"按钮 +,选择"涂鸦"项目类型,单击"确认"按钮创建一个新的项目,如图8-68所示。

02 进入涂鸦创作环境后，使用默认的画笔，在下方绘图区域中随意画出图形，上方预览区中会实时显示生成的曲面模型，如图 8-69 所示。

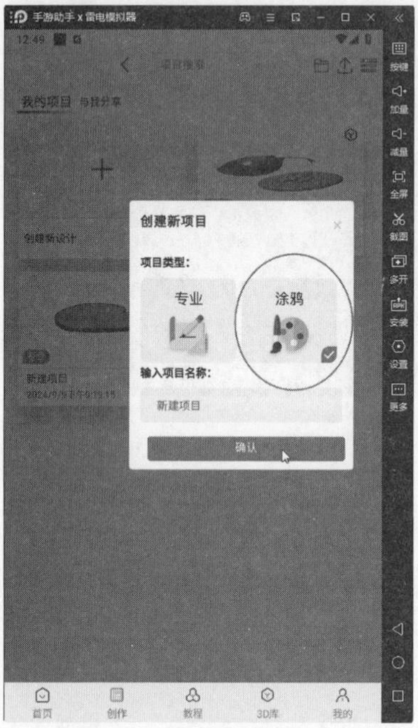

图 8-68

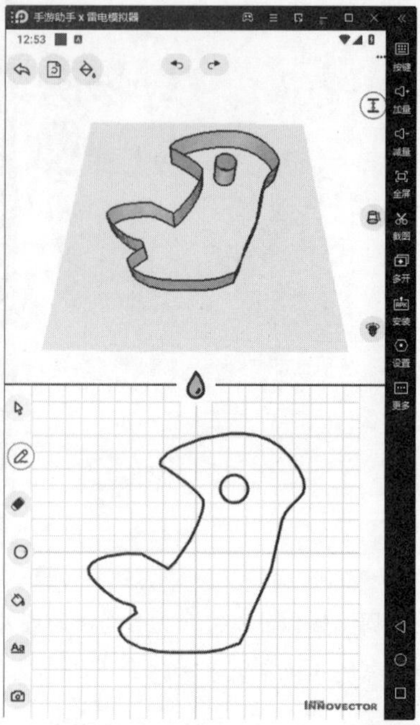

图 8-69

03 若要生成实体模型，可以单击“填充”按钮，在图形中间单击以填充内部区域，随后曲面模型变成实体模型，如图 8-70 所示。还可以单击“擦除”按钮，将图形擦除，并重新涂鸦绘制。模型创建后，选中绘制的图形，会显示图形编辑边框，拖动边框可改变图形形状和方向（并实时改变模型），如图 8-71 所示。

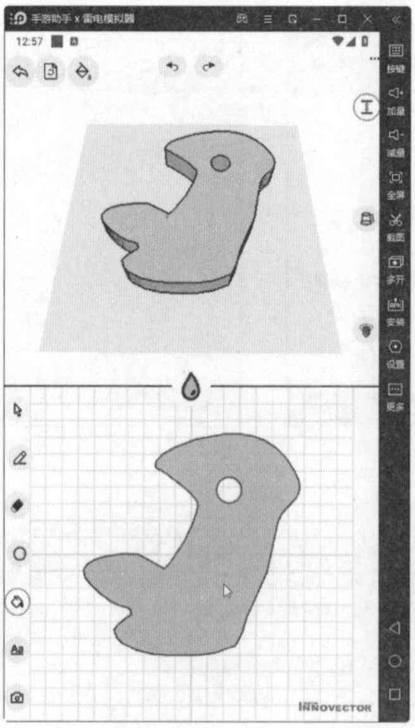

图 8-70

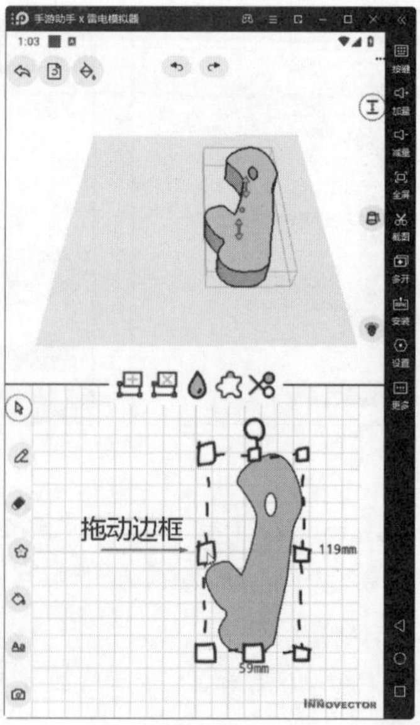

图 8-71

04 通过邮件发送的方式，将模型文件下载到本地。

例 8-14：文生物

文生物的具体操作步骤如下。

01 在 Innovector 首页的"3D 建模＋人工智能（AI）"选项区中单击"文生物"按钮 ，进入文生物创作环境。

02 在提示词文本框中输入："台灯"，再单击"立即生成"按钮，如图 8-72 所示。

03 在零件创作环境中显示生成的台灯模型，如图 8-73 所示。因 AI 模型的算法或欠缺模型训练的问题，生成的模型精度比较差。

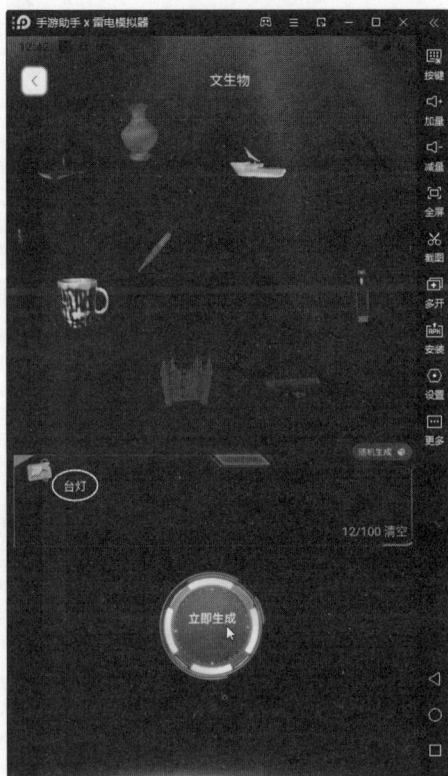
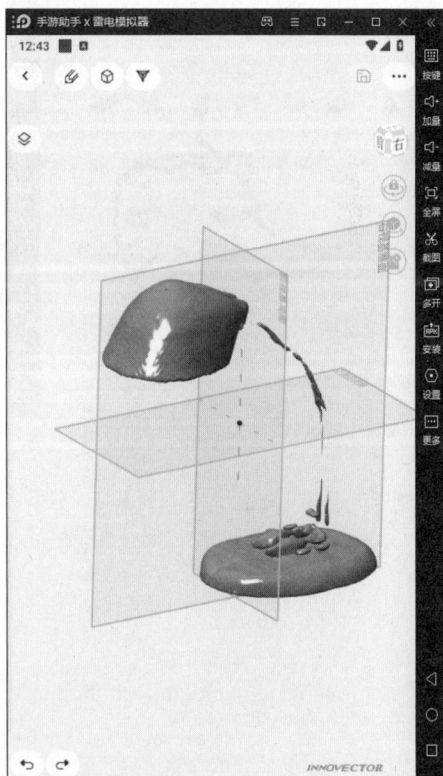

图 8-72　　　　　　　　　　　　　　　　图 8-73

04 将模型通过邮件发送并下载到本地。

例 8-15：AI 手绘

AI 手绘的具体操作步骤如下。

01 在 Innovector 首页的"3D 建模＋人工智能（AI）"选项区中，单击"AI 手绘"按钮 ，进入 AI 手绘创作环境。

02 在创作界面的下方为绘图区，上方为模型预览区。在绘图区中利用鼠标绘制任意图形，Innovector 的 AI 模型会根据所绘图形给出一些近似模型，如图 8-74 所示。

03 选择一个符合设计意图的模型，模型预览区会显示该模型，如图 8-75 所示。

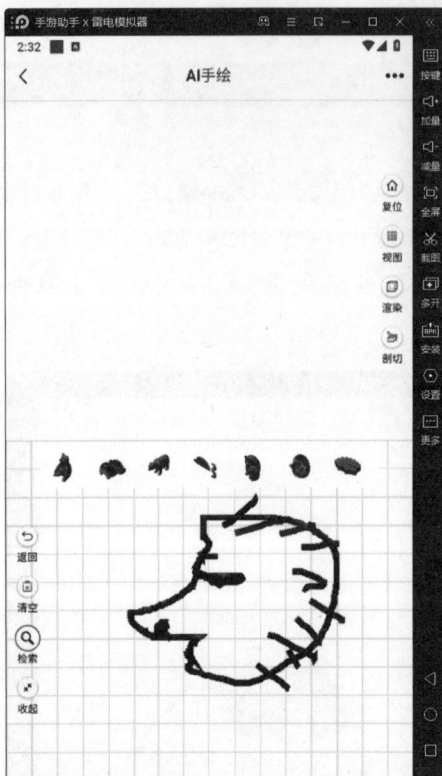

图 8-74

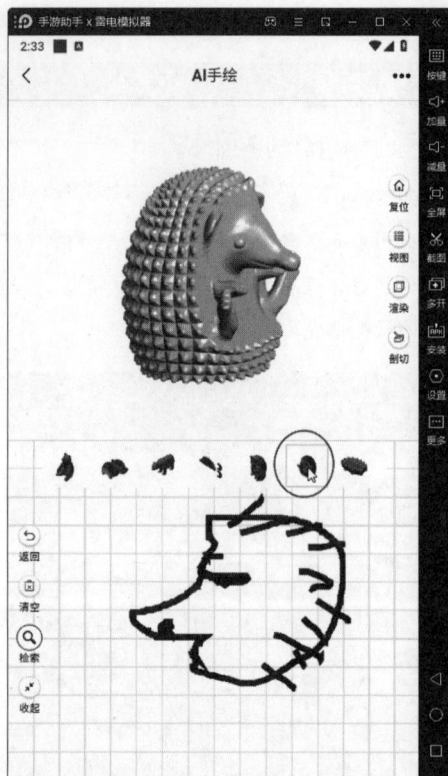

图 8-75

04 将模型通过邮件发送方式下载到本地。

第 9 章　AI 辅助数控编程与加工

本章介绍运用 AI 技术结合 CAM 及其他 G 代码仿真软件进行自动化编程及加工，涵盖平面铣削、曲面 3D 铣削、多轴铣削、钻削加工、车削加工以及线切割加工等多个方面。

9.1　CAM 自动化编程工具

本节将介绍基于人工智能技术的 CAM 自动编程技术，该技术可以轻松、快速地生成所需的加工刀路，并进行刀路仿真模拟。接下来，将介绍两款基于人工智能算法的自动化编程工具。

9.1.1　CAM 自动化编程工具——Temujin CAM

一家名为 Temujin CNC Services 的 CAM（计算机辅助制造）服务机构，开发了一款名为 Temujin CAM 的工具。该工具能够从 STL 文件或 DXF/SVG 文件中生成 Gcode，操作简便易用。用户只需拖放文件并进行少量设置，即可实现自动化的工艺路径生成。此外，Temujin CAM 还提供了对自动化潜在价值的深入思考。通过服务器端计算，这款工具能够在自动化工作流中为用户量身定制部件。对于 CNC 切削加工公司而言，Temujin CAM 还带来了自动化 RFQ 的可能性，从而取代了缓慢且昂贵的来回报价过程。Temujin CNC Services 的宗旨是通过创新的工具和服务，为 CNC 行业注入新的活力与便利。Temujin CAM 主要包含两大板块：CAM 常规铣削和雕刻铣削，其中 CAM 常规铣削又进一步细分为 2D 平面铣削和 3D 曲面铣削。Temujin CAM 的主页如图 9-1 所示。

图 9-1

提示

Temujin CAM 的主页界面默认为英文，中文界面是通过浏览器扩展对网页进行翻译后得到的结果。

在主页界面的右上角单击"计算机辅助制造"链接，进入 CAM 铣削加工初始界面，如图 9-2 所示。

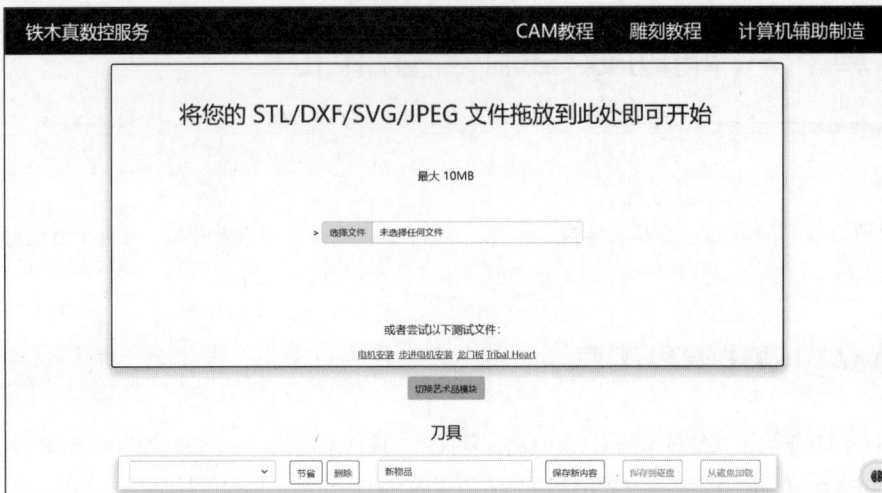

图 9-2

当导入模型文件（2D 或 3D）后，可以自动进入 CAM 铣削加工操作界面，如图 9-3 所示。

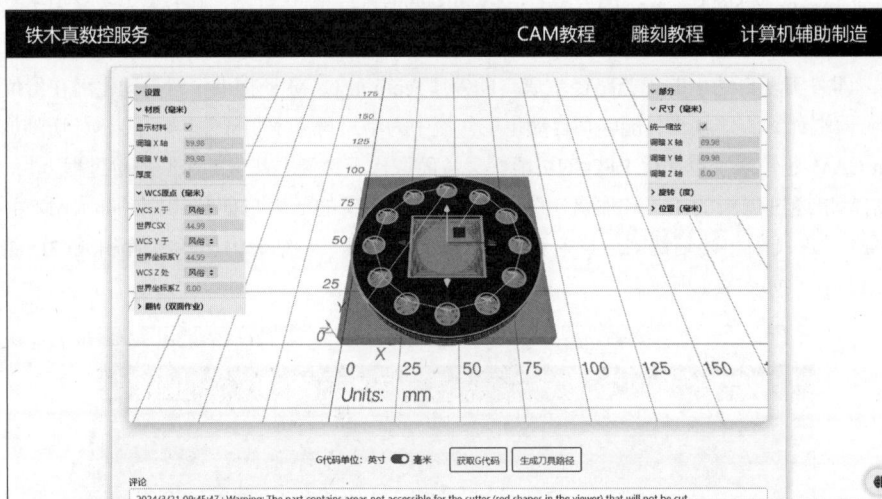

图 9-3

9.1.2 AI for CAM 辅助编程工具——CAM Assist

本小节将介绍一款功能强大的 AI 辅助 CAM 加工工具——CAM Assist。

CloudNC 是一家受 Autodesk 和 Lockheed Martin 公司支持的制造技术公司，该公司已发布了其 CAM Assist 软件，该软件可作为 Autodesk Fusion 360 平台的插件使用。

该软件利用先进的计算优化和人工智能推理技术，快速确定制造零件所需的策略和工具集，并从用户库中选择最合适的切削速度和进给。CAM Assist 能够在几秒钟内生成 3 轴零件的专业加工策略，而这一过程可能需要 CNC 机床程序员花费数小时甚至数天的时间来手动完成。因此，与手动编程相比，使用 CAM Assist 对 CNC 机床进行编程以制造部件所需的时间最多可减少 80%，从而为制造商每年节省数百个生产小时。

1. 下载及安装 Autodesk Fusion 360 软件

CAM Assist 并非独立运行的软件工具，而是作为插件搭载到 Autodesk Fusion 360 中使用的。Autodesk. Fusion 360 提供免费试用 30 天的服务，其官网下载页面如图 9-4 所示。用户可直接访问 Autodesk 官网首页，搜索 Fusion 软件。新用户需先注册账号，才能进行下载试用。

图 9-4

下载 Autodesk Fusion 360 后，可以直接安装该软件。初次打开 Fusion 360 软件时，需要登录在官网注册的账号。

2. 下载及安装 CAM Assist

CAM Assist 可以在欧特克官网的插件商店中下载，如图 9-5 所示。新用户可以享受 CAM Assist 的 14 天试用期。

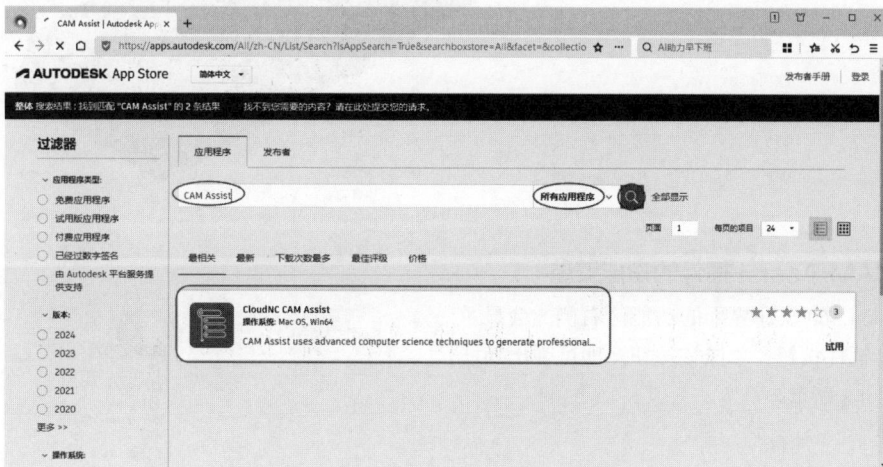

图 9-5

安装CAM Assist插件后,启动Fusion 360软件,需要在工作界面中注册CAM Assist账户,如图9-6所示。

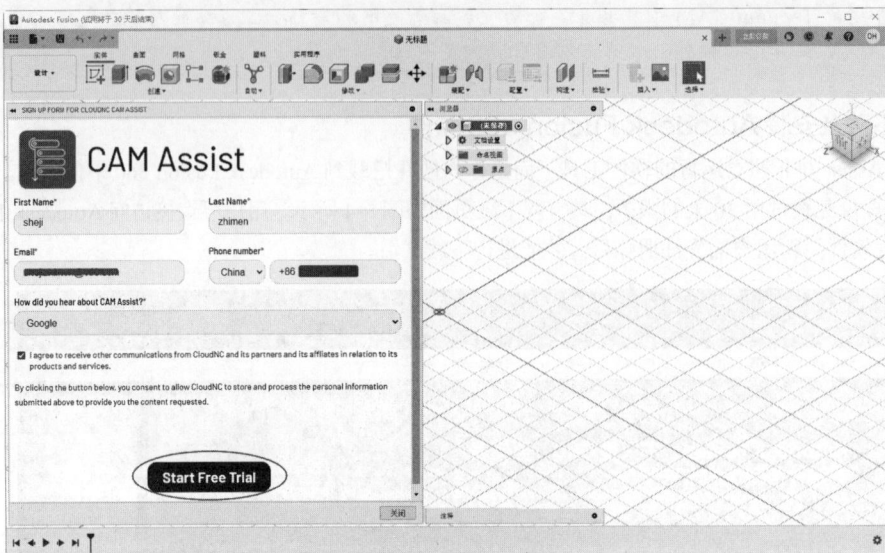

图 9-6

注册成功后,会显示激活成功的提示,如图9-7所示。

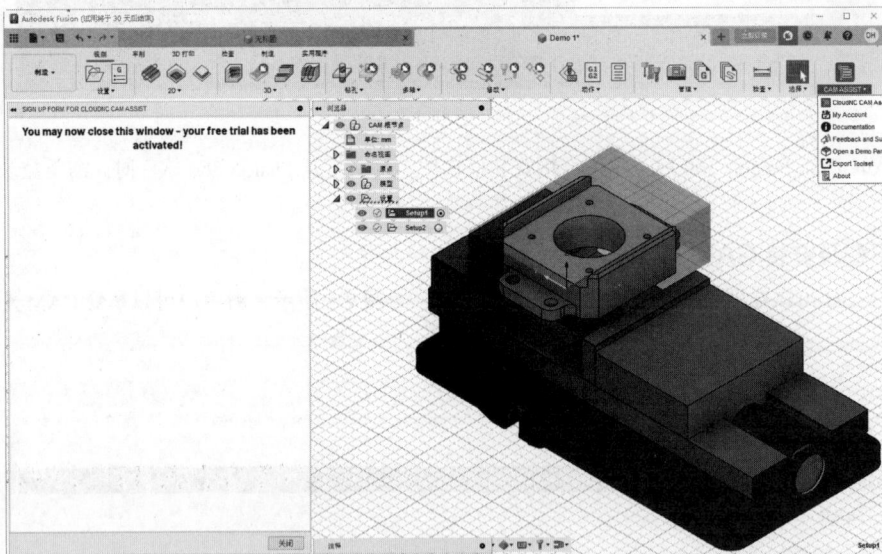

图 9-7

3. CAM Assist 插件的功能菜单

在 Fusion 360 软件界面的功能区右侧,会显示
CAM Assist 插件按钮。单击该按钮,即可弹出功能
菜单,如图9-8所示。

图 9-8

- CloudNC CAM Assist：初次使用时，需要选择此选项进行授权激活。激活后，将调出 CLOUDNC CAM ASSIST 操作面板，如图 9-9 所示。

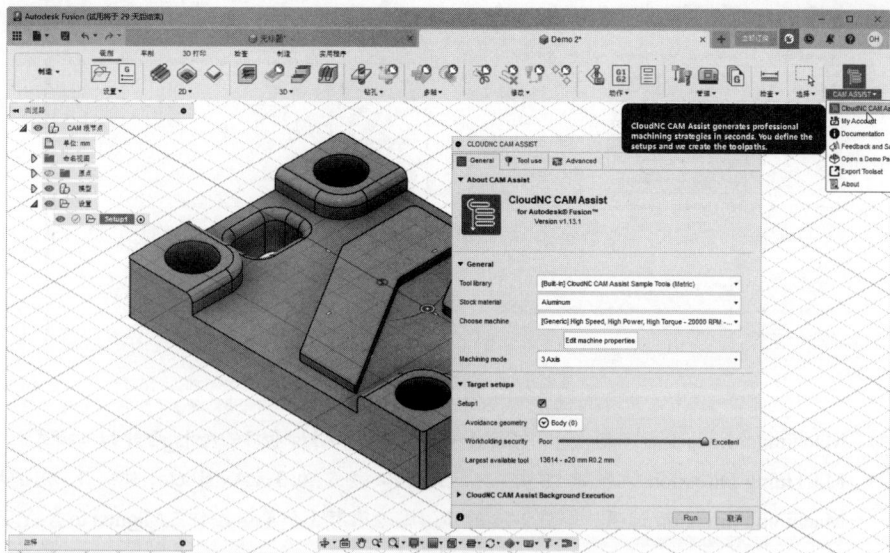

图 9-9

- My Account：选择此选项，可以查看用户账户的表单，其中包括许可证、订阅详细信息的摘要。
- Documentation：CloudNC CAM Assist 的帮助文档，供用户查阅。
- Feedback and Support：选择此选项，将打开 CloudNC 产品支持页面，可以在此提供反馈或寻求支持。
- Open a Demo Part：此选项中包含 4 个示例模型，初学者可以选择其一进行演示操作。其中，Demo1、Demo2 和 Demo3 适合 3D（2.5 轴 /3 轴）曲面铣削，而 Demo4 模型则适合多轴铣削。
- Export Toolset：完成铣削加工后，可以将示例中的自定义刀具集合导出到本地文件夹中，以供后期调用，从而无须再重复定义刀具。用户可以选择导出英制刀具或公制刀具。
- About：此选项允许用户查看 CloudNC CAM Assist 的版本号、条款和条件等相关信息。

4. CLOUDNC CAM ASSIST 操作面板

CLOUDNC CAM ASSIST 操作面板是 CloudNC CAM Assist 的重要功能操作区，其 AI 自动化生成 G 代码的操作将在此进行详细介绍。CLOUDNC CAM ASSIST 操作面板包含 3 个选项卡，具体介绍如下。

(1) General（常规）选项卡

在 General（常规）选项卡中，可以指定在 CAM 辅助策略计算时，要使用的 Fusion "工具库" 和 "库存材料"。以下是各选项的详细解释。

- About CAM Assist（关于 CAM Assist）选项组：显示当前 CAM Assist 的版本号。
- General（常规）选项组：在此选项组中，可以设定加工环境。
  » Tool library（刀具库）：选择 CAM Assist 中所使用的 Fusion 刀具库，包括英制刀具和公制刀具。
  » Stock material（库存材料）：选定材料后，CAM Assist 会根据所选材料自动选择刀具、加工策略和切削数据预设。
  » Choose machine（选择机床）：该下拉列表中提供了多种 Generic（通用）类型的机床供用户选择。
  » Edit machine properties（编辑机床属性）：单击此按钮后，将展开 5 个 "机床属性" 设置选项，如图 9-10 所示。

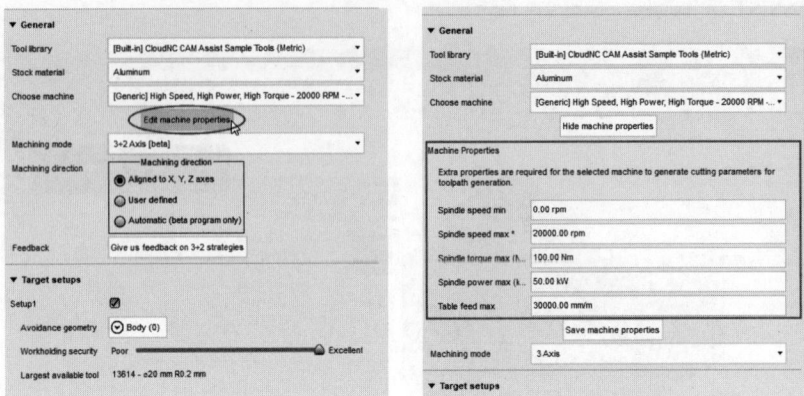

图 9-10

» Machining mode（加工模式）：CAM Assist 支持 3Axis 和 3+2Axis 两种加工模式。

» Machining Direction（加工方向）：当加工模式为 3+2Axis[beta] 时，下方会增加显示 Machining direction 选项，如图 9-11 所示。该选项有 3 个单选按钮：Aligned to X, Y, Z Axes（对齐 XYZ 轴）、User defined（用户自定义）和 Automatic（beta program only）（自动 - 仅限测试版程序）。

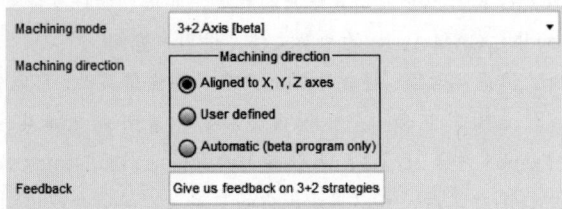

图 9-11

- Target setups（目标设置）选项组：启用 Setup1 选项，以设置刀具路径策略。
    » Avoidance geometry（回避几何形状）：用于遮挡不希望在此设置中加工的毛坯部分。
    » Workholding security（工件夹具安全性）：CAM Assist 将根据指定的工件夹具选择合适的粗加工刀具。用户可以通过滑块来调整安全性设置，范围从 Poor（不安全）到 Excellent（非常安全）。
    » Largest available tool（最大可用刀具）：根据工件夹具安全性的设置，CAM Assist 会自动推荐合适的刀具尺寸。
- CloudNC CAM Assist Background Execution（后台执行）选项组：此功能允许用户在 CAM 辅助程序后台计算刀具路径策略的同时，执行其他与 Fusion 相关的任务。

(2) Tool Use（使用刀具）选项卡

Tool Use（使用刀具）选项卡提供所选工具集中各工具的可用材料和用法（操作）的概览摘要，如图 9-12 所示。

- "General（常规）"选项组的功能是允许用户指定加工环境，并可以编辑所选机器的属性。这与前面介绍的 General（常规）选项组的功能是完全相同的。
- CloudNC CAM Assist Sample Tools(Metric)（CAM 辅助刀具示例 - 公制）：提供了关于 CAM Assist

如何使用所选刀具库中每个工具的概览信息。

(3) Advanced（高级）选项卡

Advanced（高级）选项卡包含刀具路径类型、几何形状、粗加工、精加工和去毛刺等高级配置选项，如图 9-13 所示。各选项组的具体含义如下。

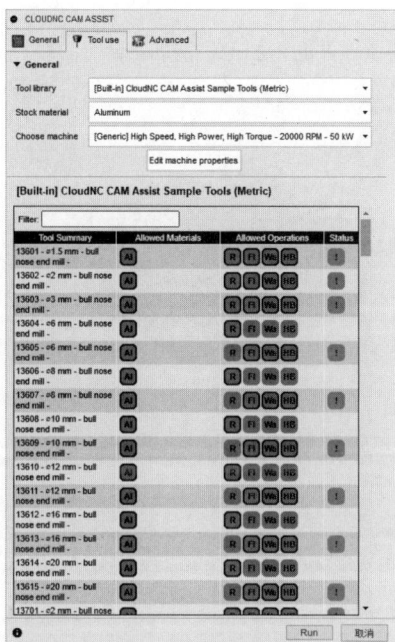

图 9-12

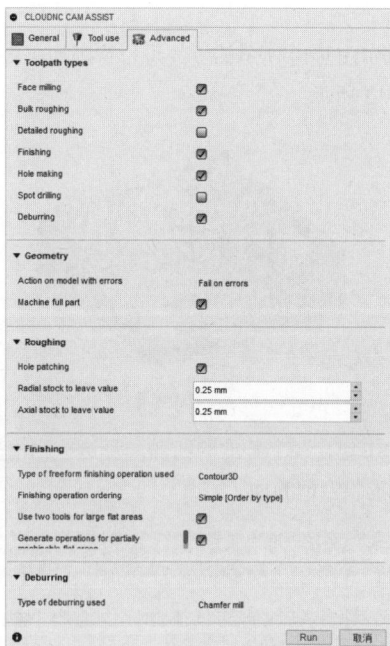

图 9-13

- Toolpath types（刀路类型）：此选项用于指定 CAM Assist 在计算刀具路径策略时应使用哪种操作。包括以下几种类型。
  - » 面铣削：从零件的表面或平坦区域去除材料的操作。
  - » 批量粗加工（开粗）：这是一种加工策略，旨在加工过程的初始阶段快速有效地从零件上去除大量材料。
  - » 详细粗加工（二次开粗或半精加工）：在"批量粗加工"阶段之后，以更加受控和详细的方式去除材料的加工策略。
  - » 精加工：对材料进行最终切割，以获得加工零件所需的表面光洁度、尺寸精度和整体质量的操作。
  - » 孔加工：使用各种加工操作（如钻孔、镗孔和攻丝）在零件上创建具有特定尺寸、深度和公差的孔的过程。
  - » 点钻：在零件的精确位置上创建小而浅的孔或凹陷的过程。在钻更深的孔时，初始压痕有助于准确定位和引导钻头。
  - » 去毛刺：用于去除机加工零件上的毛刺、锐边和不规则部分的操作，对于提高零件的安全性、功能性和美观性至关重要。
- Geometry（几何体）：此选项允许用户重新定义几何体，并指定在 CAM 辅助程序中包含或排除原始模型的各个方面，以用于刀具路径策略的计算。
- Roughing（粗加工）：为粗加工刀具路径的"待加工余料"方面提供精细控制。

- Finishing（精加工）：为精加工刀具的路径提供特定的精细控制。
- Deburring（去毛刺）：用于指示 CAM Assist 在加工策略中应使用的去毛刺类型。

9.2　AI 辅助平面铣削加工案例

本例将对如图 9-14 所示的零件进行铣削加工，涵盖该零件的粗加工和精加工两个阶段。最终生成的加工刀路如图 9-15 所示。

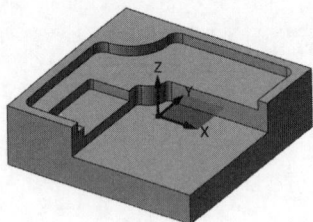
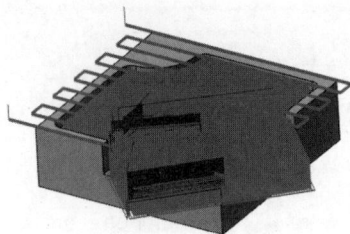

图 9-14　　　　　　　　　　　　　　　　图 9-15

本例零件中包含多个开放的凹槽，且这些凹槽的深度都是相同的，但大小各异。Temujin CAM 能够自动分析零件并提供合理的加工方案。

例 9-1：自动生成刀路和 G 代码

自动生成刀路和 G 代码的具体操作步骤如下。

01 进入 Temujin CAM 的铣削加工初始界面，然后单击"选择文件"按钮，如图 9-16 所示。

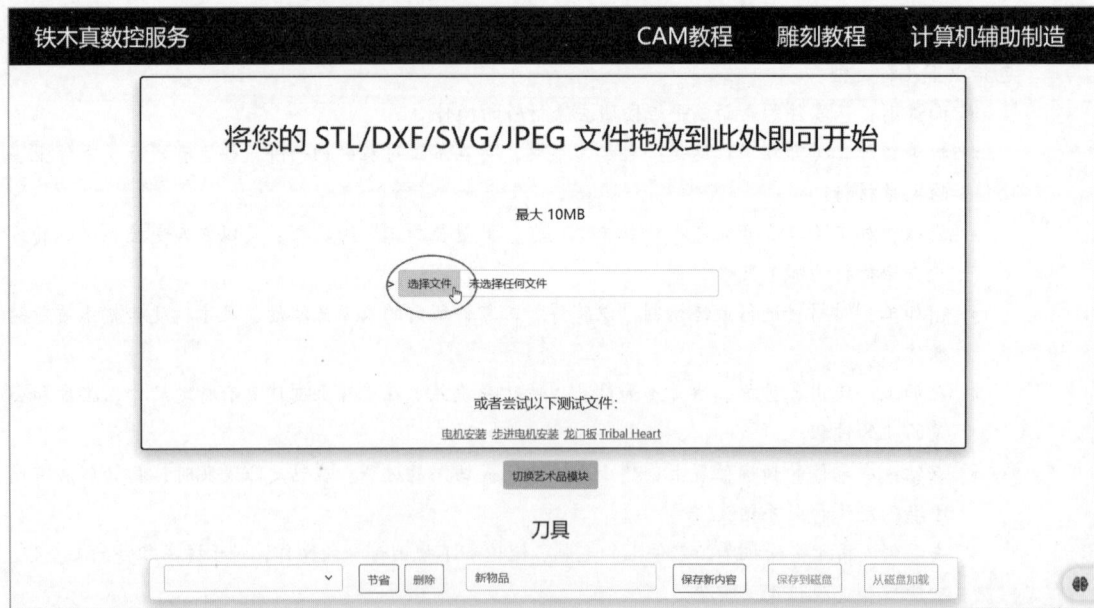

图 9-16

02 通过弹出的"打开"对话框，从本例源文件夹打开 9-1.stl 文件，接着在弹出的"尺寸和单位"对话框中设置单位，并单击"继续"按钮，如图 9-17 所示。

图 9-17

03 进入 Temujin CAM 的铣削加工操作界面。在视图窗口左上角的参数设置面板中设置毛坯尺寸。修改 X 轴、Y 轴和 Z 轴上的毛坯厚度值（例如零件厚度为 30mm，毛坯厚度应大于 30mm，可设置为 35mm），如图 9-18 所示。

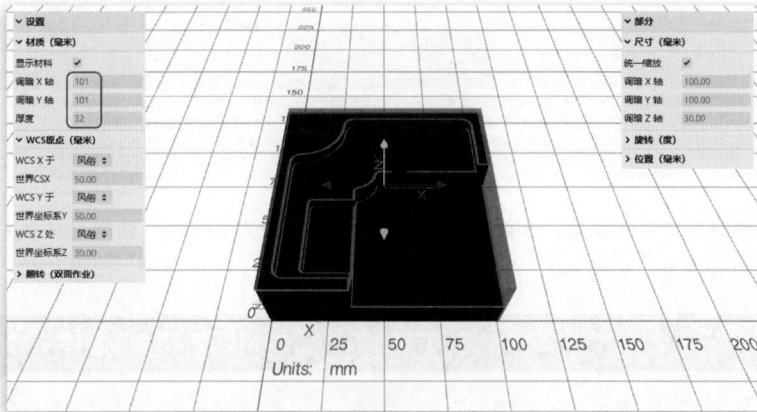

图 9-18

04 由于要加工的零件是毛坯，所以需要先粗加工再精加工以完成铣削加工。在"刀具"选项组中先设置 T01 的粗加工刀具，如图 9-19 所示。

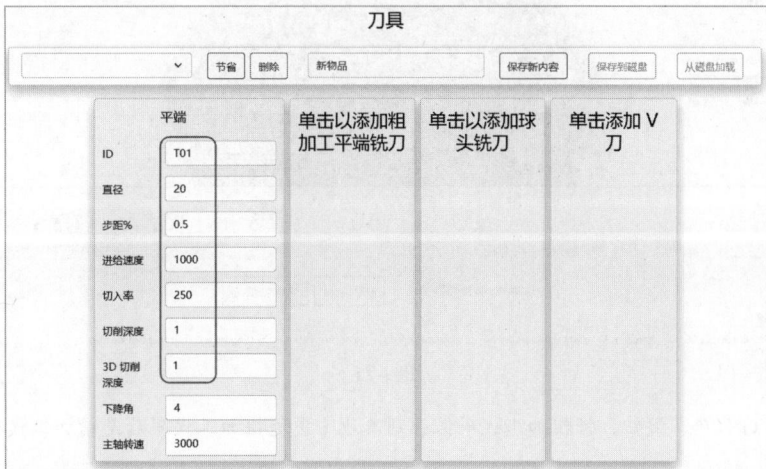

图 9-19

提示

建议分两次操作来完成加工过程。如果同时设置粗加工和精加工，可能无法实现 UG 中那种先粗加工后精加工的效果。

05 在"设置"选项组中设置主轴启动和刀具替换选项，如图 9-20 所示。

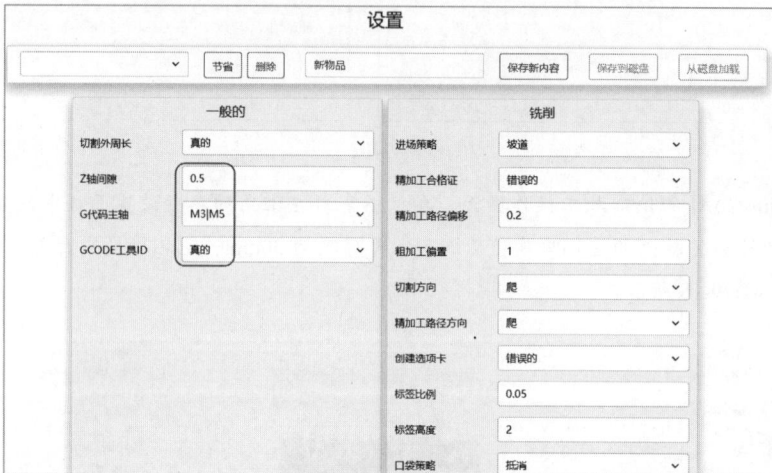

图 9-20

06 其他选项及参数保持默认设置，在视图窗口下方单击"生成刀具路径"按钮，自动完成粗加工操作，并生成相应的 G 代码，如图 9-21 所示。

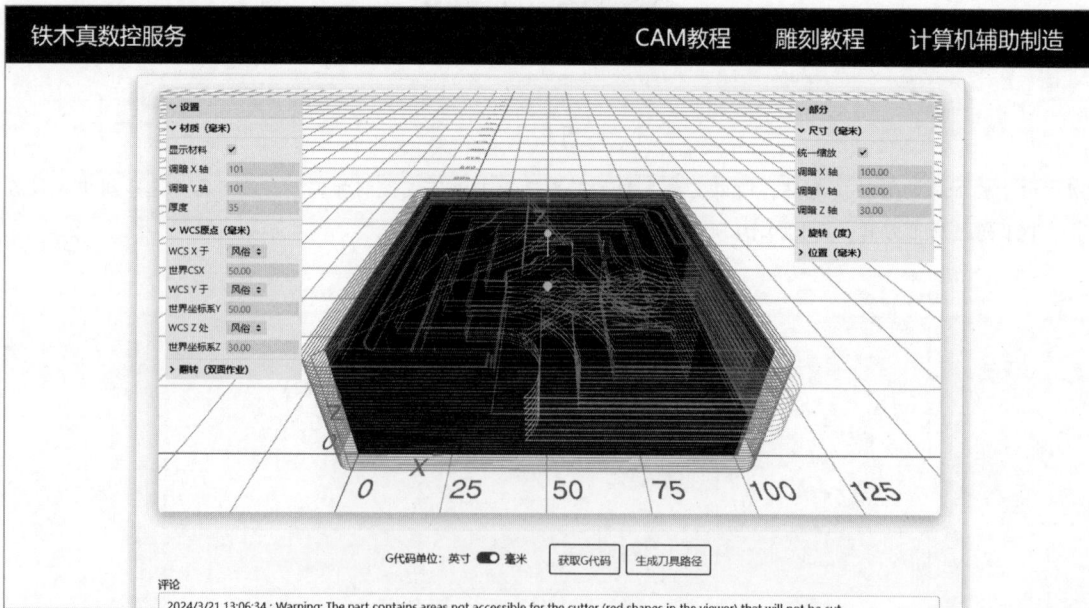

图 9-21

07 单击"获取 G 代码"按钮，将粗加工代码保存到本地（先是粗加工代码后是精加工代码），如图 9-22 所示。

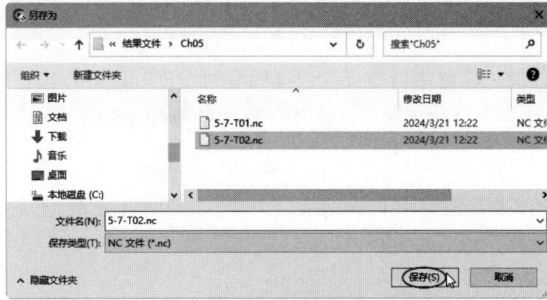

图 9-22

08 在 Temujin CAM 的铣削加工操作界面中设置精加工的刀具选项，如图 9-23 所示。

图 9-23

09 设置 Z 轴间隙（毛坯余量），如图 9-24 所示。

图 9-24

10 生成精加工刀路，并将精加工刀路保存。

例 9-2: G 代码仿真验证

Temujin CAM 生成的 G 代码需要进行验证，以确保及时发现问题并作出正确的修改。在此，我们将使用 CIMCO Edit 2023 仿真软件来进行仿真和验证操作，具体的操作步骤如下。

01 将保存的 9-1-T01.nc 文件用记事本软件打开，可见 T01 刀具后面缺少 M6 换刀指令，需要添加该指令，否则在仿真时不会显示刀具和仿真验证的结果。同理，将 9-1-T02.nc 文件也打开，并添加 M6 指令，如图 9-25 所示。

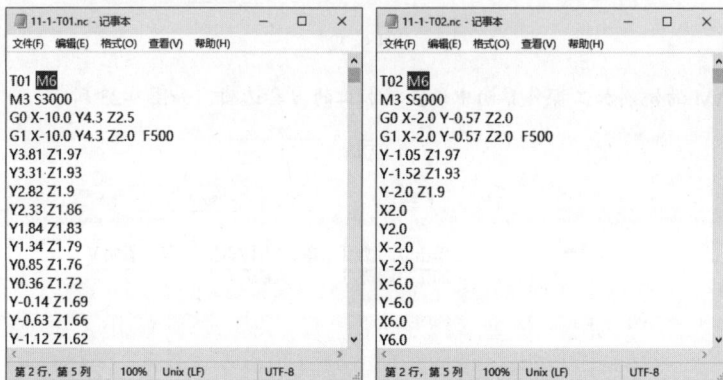

图 9-25

02 启动 CIMCO Edit 2023 软件，如图 9-26 所示。

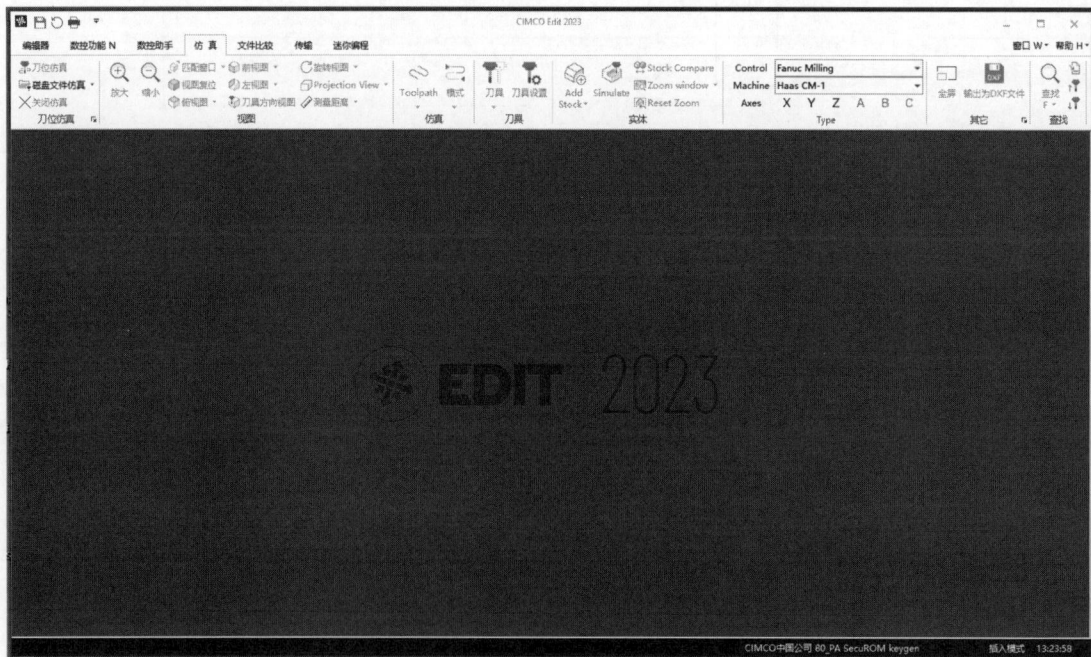

图 9-26

03 在"仿真"选项卡的"刀位仿真"面板中单击"磁盘文件仿真"按钮，打开前面保存的粗加工 NC 文件 9-1-T01.nc，图形区中显示粗加工刀路，如图 9-27 所示。

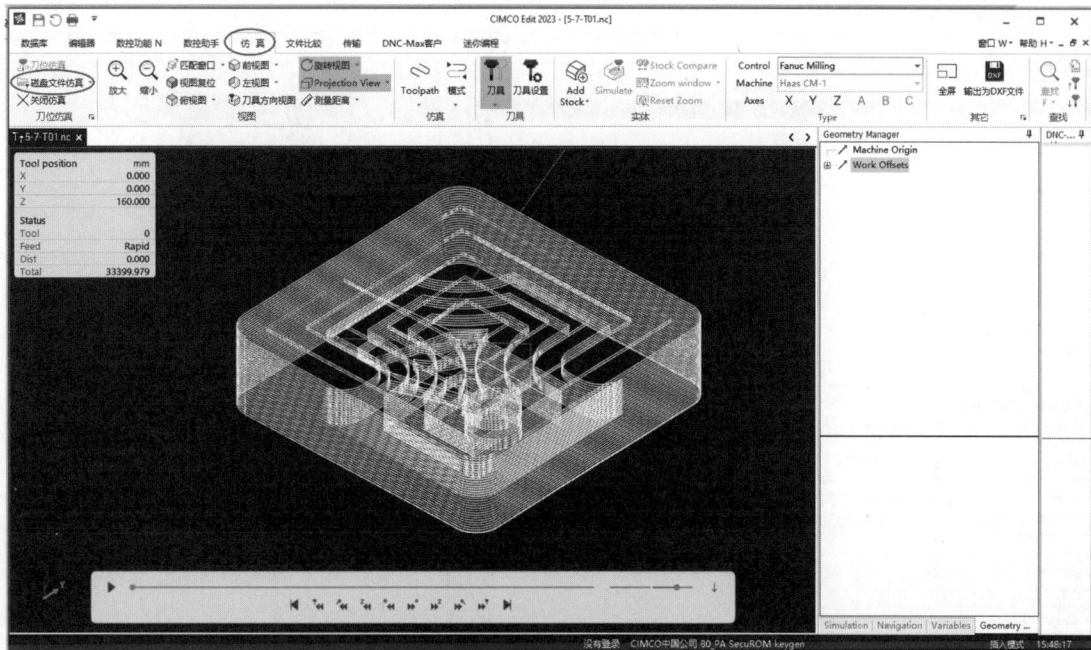

图 9-27

04　在功能区的"仿真"选项卡的"实体"选项组中单击 Add Stock 按钮🔊，显示毛坯，然后设置毛坯尺寸，如图 9-28 所示。

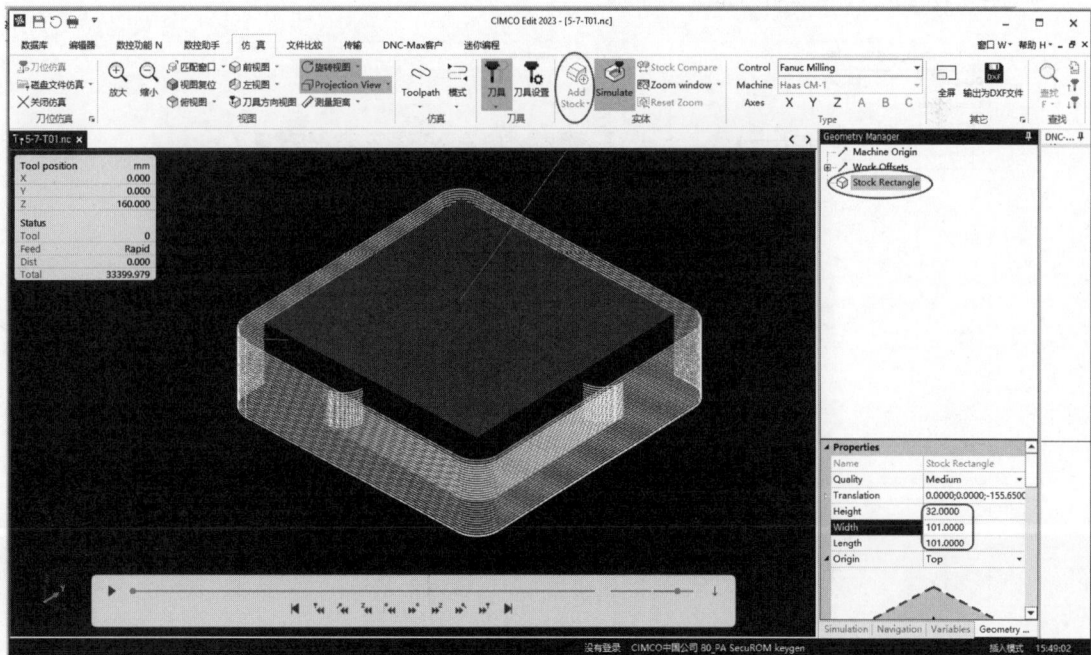

图 9-28

05　在"仿真"选项卡的"刀具"选项组中单击"刀具设置"按钮🔧，调出 Tool Manager（刀具过滤器）窗口。双击编号为 1 的刀具进行编辑，如图 9-29 所示。

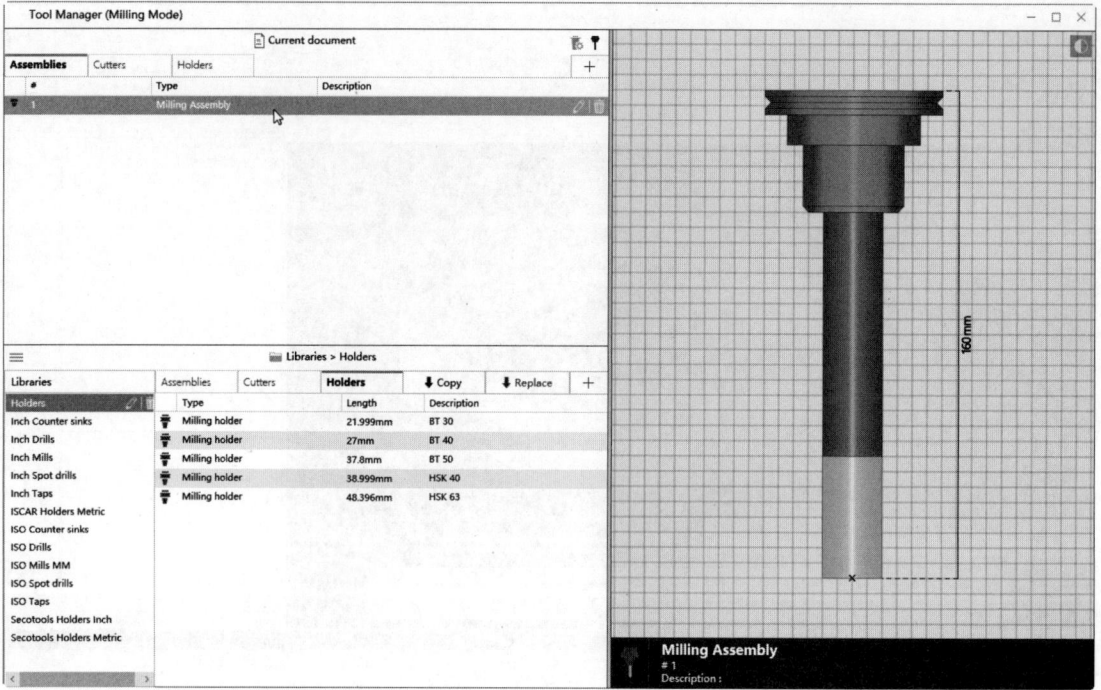

图 9-29

06 弹出用于刀具设计的 Design 选项卡，在 End mill－flat（立铣刀－平）选项右侧单击 Edit component（编辑组件）按钮 ⌀，如图 9-30 所示。

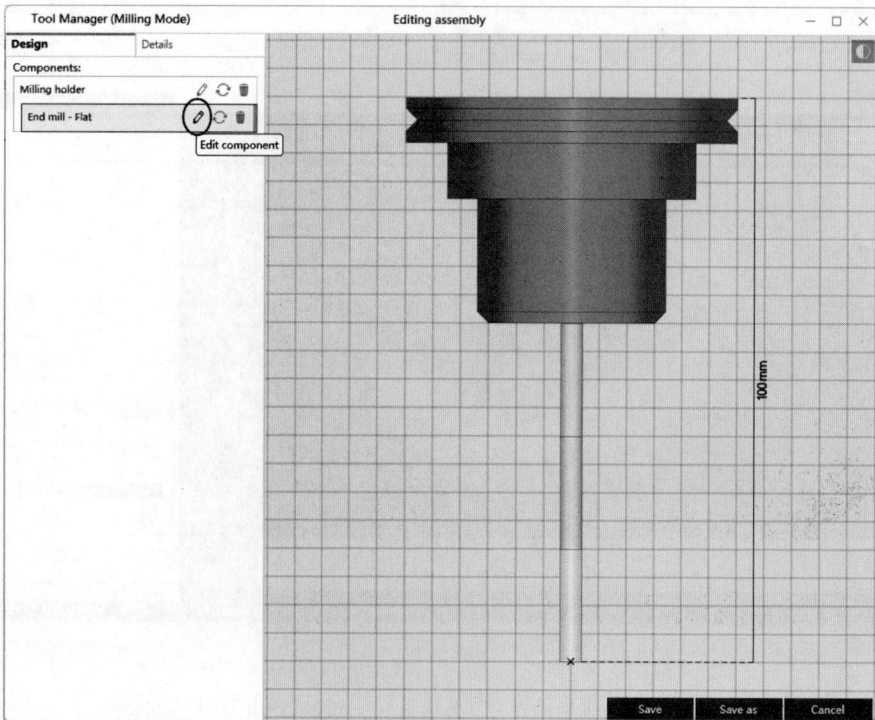

图 9-30

07 调出详细的编辑组件选项，修改部分刀具参数即可，修改后单击 Save 按钮保存，如图 9-31 所示。

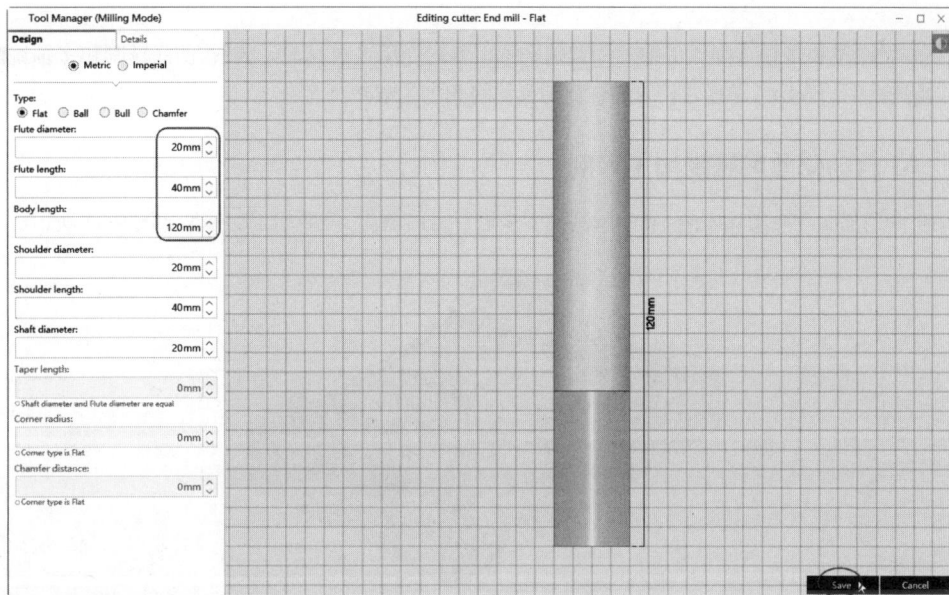

图 9-31

08 关闭 Tool Manager (Milling Mode) 窗口。

09 在底部的播放器工具条中单击"开始/结束仿真"按钮▶，可以播放刀具的动态加工过程，如图 9-32 所示。可见由 Temujin CAM 自动生成的 G 代码是完全正确的。

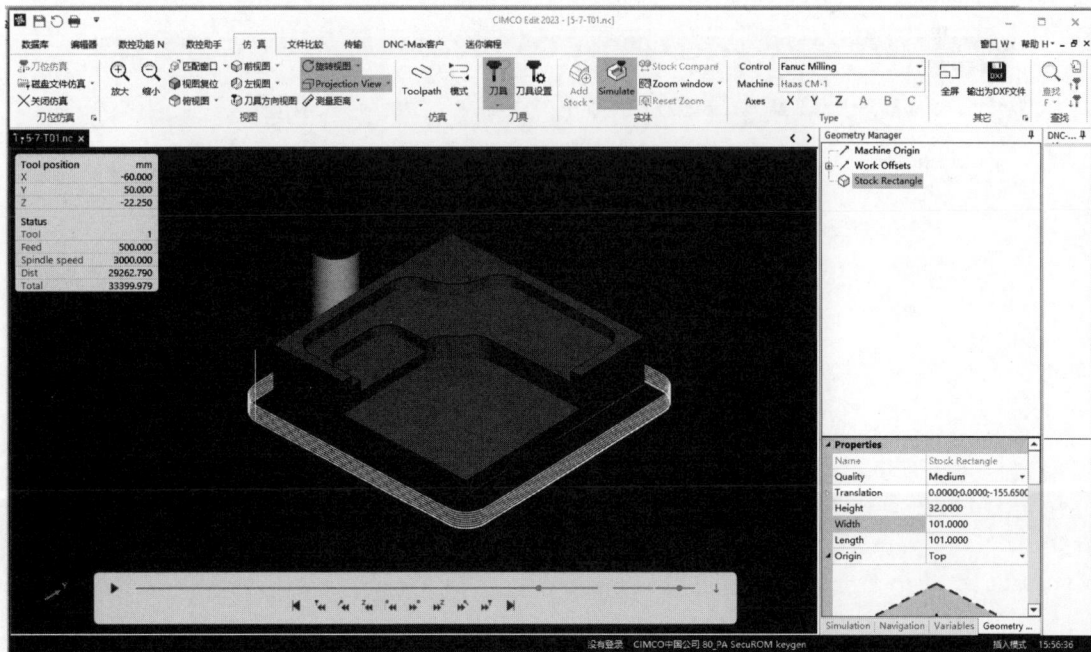

图 9-32

同样的操作，可以对精加工刀路进行仿真验证。

9.3 AI 自动化多轴铣削加工案例

AI 在曲面铣削和多轴铣削加工中发挥着越来越重要的作用。这涵盖了 AI 在曲面铣削和多轴铣削加工代码生成及仿真中的应用，并通过仿真来优化刀具路径和加工参数。

9.3.1 AI 自动化曲面铣削加工案例

本例将选用 CloudNC CAM Assist 的示例模型来进行 AI 操作，需要加工的模型如图 9-33 所示。

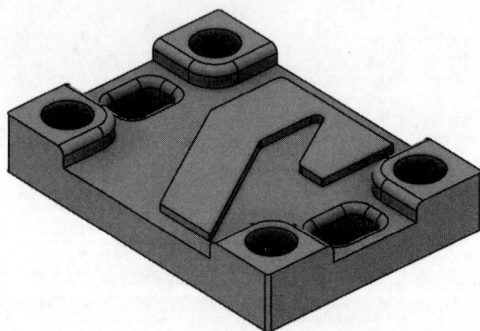

图 9-33

例 9-3：AI 自动生成 3D 铣削加工代码

AI 自动生成 3D 铣削加工代码的具体操作步骤如下。

01 启动 Autodesk Fusion 360，如图 9-34 所示。

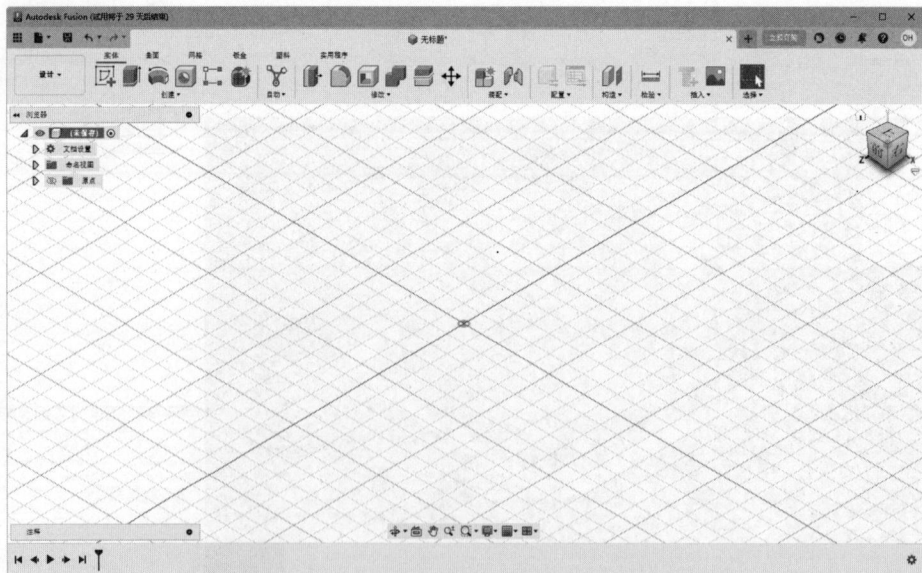

图 9-34

02 首次使用 Autodesk Fusion 360，需在"工作空间"列表中选择"制造"，以进入数控加工环境，如图 9-35 所示。

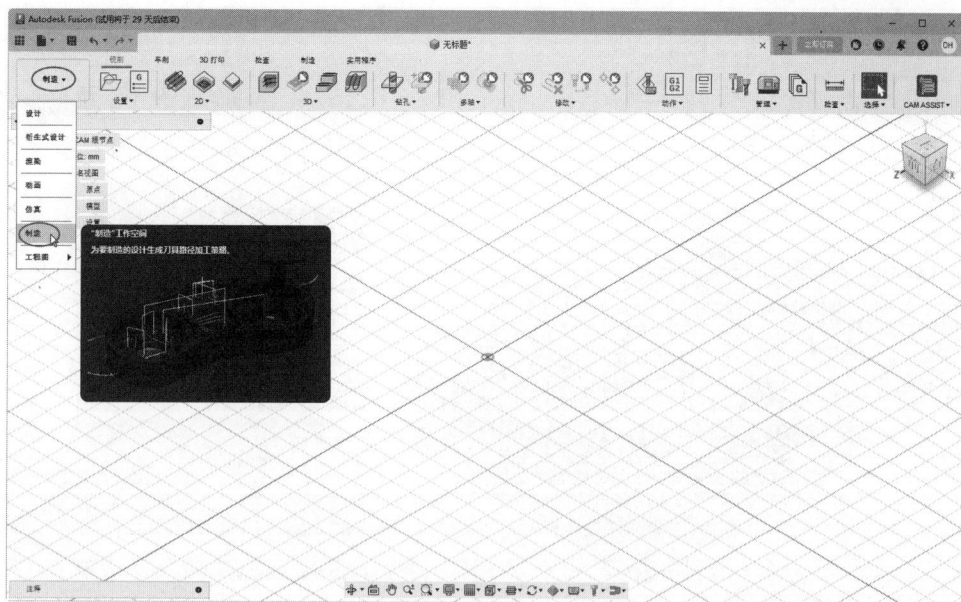

图 9-35

03 在功能区的"铣削"选项卡中单击 CAM ASSIST 按钮，接着执行功能菜单中的 Open a Demo Part → Demo2 命令，打开示例模型，如图 9-36 所示。

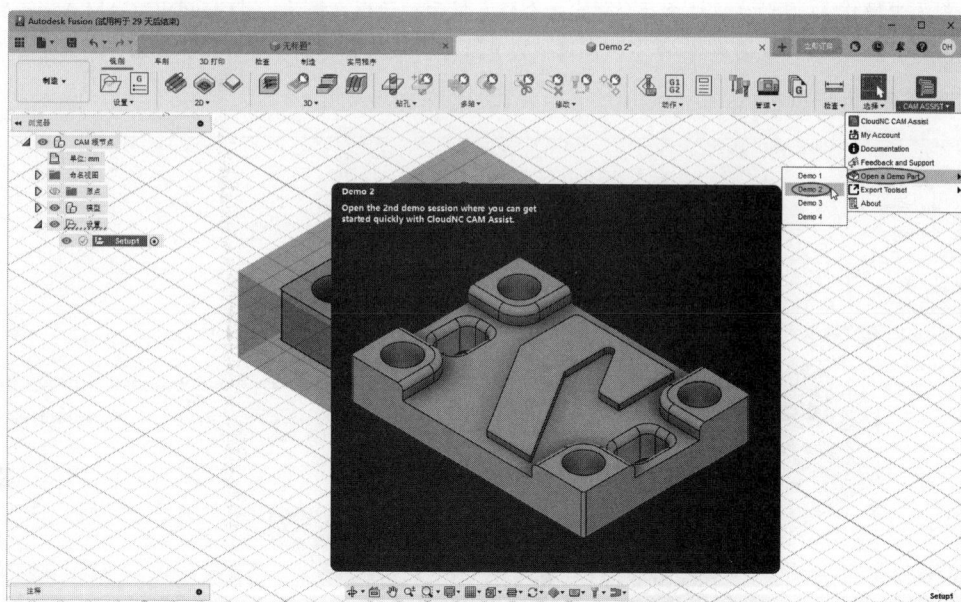

图 9-36

04 在功能区的"铣削"选项卡中单击 CAM ASSIST 按钮■，或者单击按钮名，在弹出的功能菜单中选择 CloudNC CAM Assist 选项，调出 CLOUDNC CAM ASSIST 操作面板。

05 保持操作面板中的所有选项及参数设置，直接单击 Run（运行）按钮，随后 CloudNC CAM Assist 自动识别模型并生成所有的铣削加工操作过程，如图 9-37 所示。

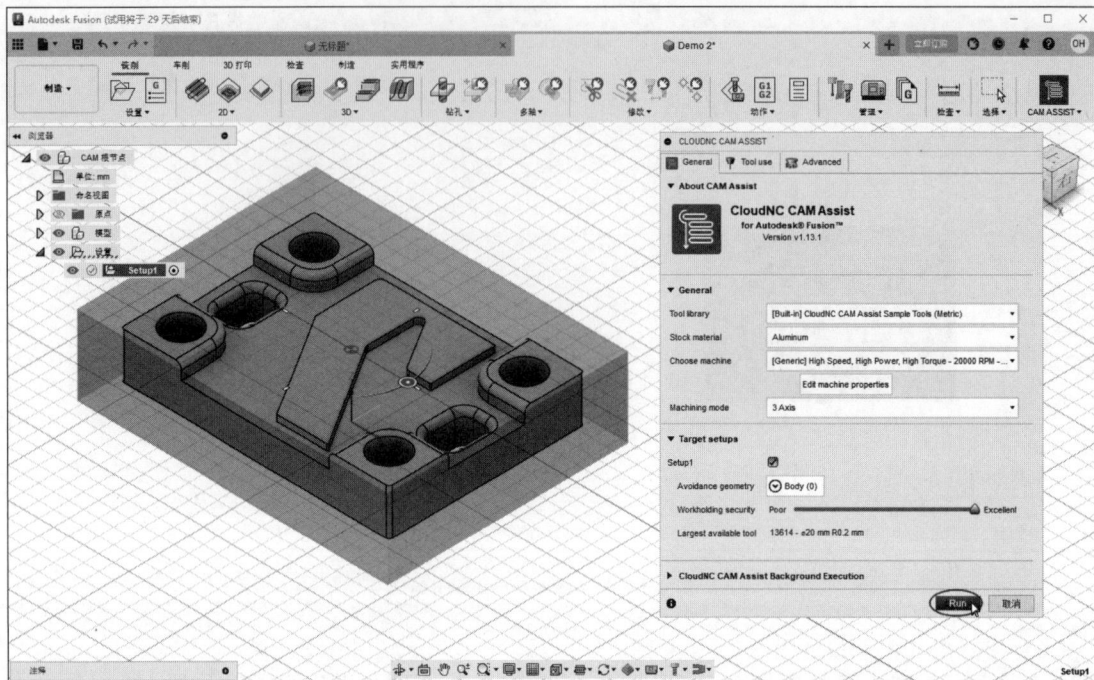

图 9-37

06 铣削加工操作 AI 自动生成结束后会弹出一个信息提示对话框，提示："CloudNC CAM Assist 生成 18 个操作，加工 93 个表面中的 92 个。请模拟刀具路径，根据需要调整设置，并为零件的其余部分创建策略。"如图 9-38 所示。

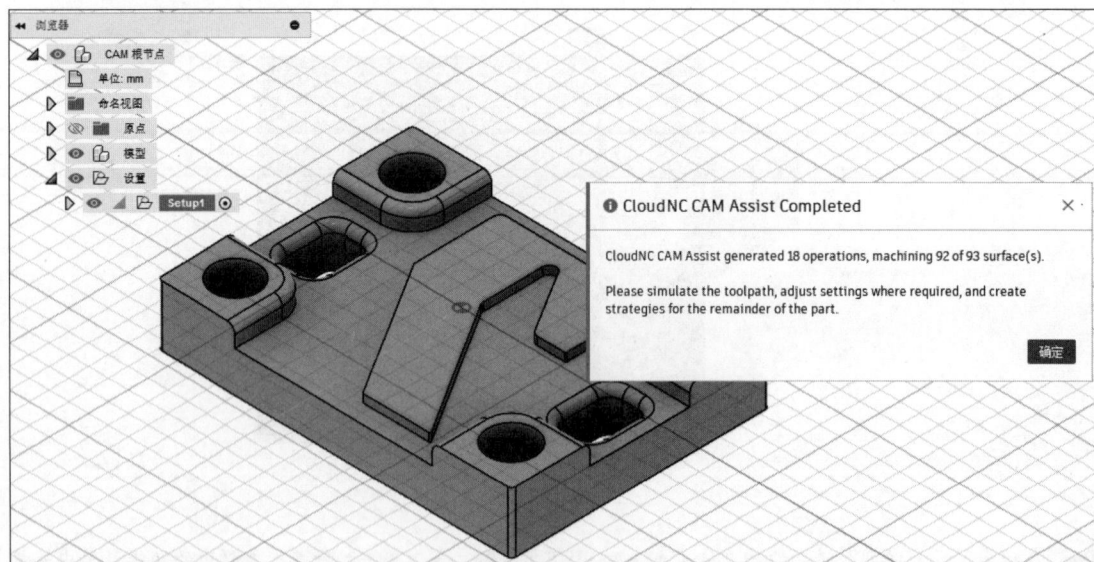

图 9-38

07 在图形区左侧的 CAM 节点树中，可以找到所创建的铣削加工操作，如图 9-39 所示。

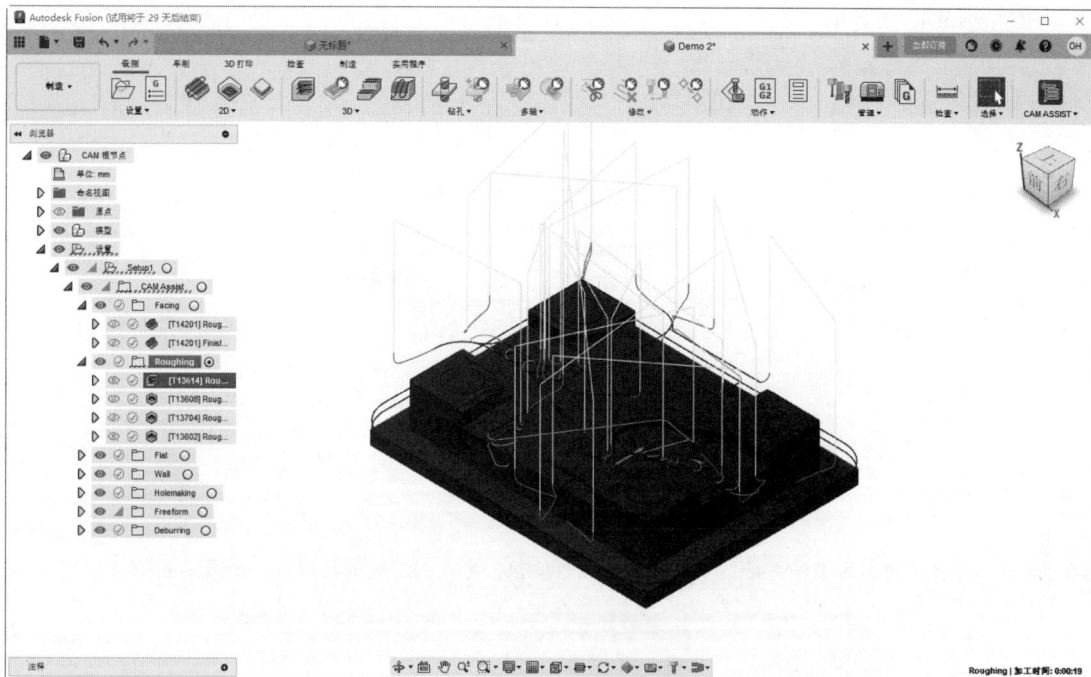

图 9-39

08 右击某个铣削操作，在弹出的快捷菜单中选择"仿真"选项，进行仿真操作，验证加工是否符合要求，如图 9-40 所示。

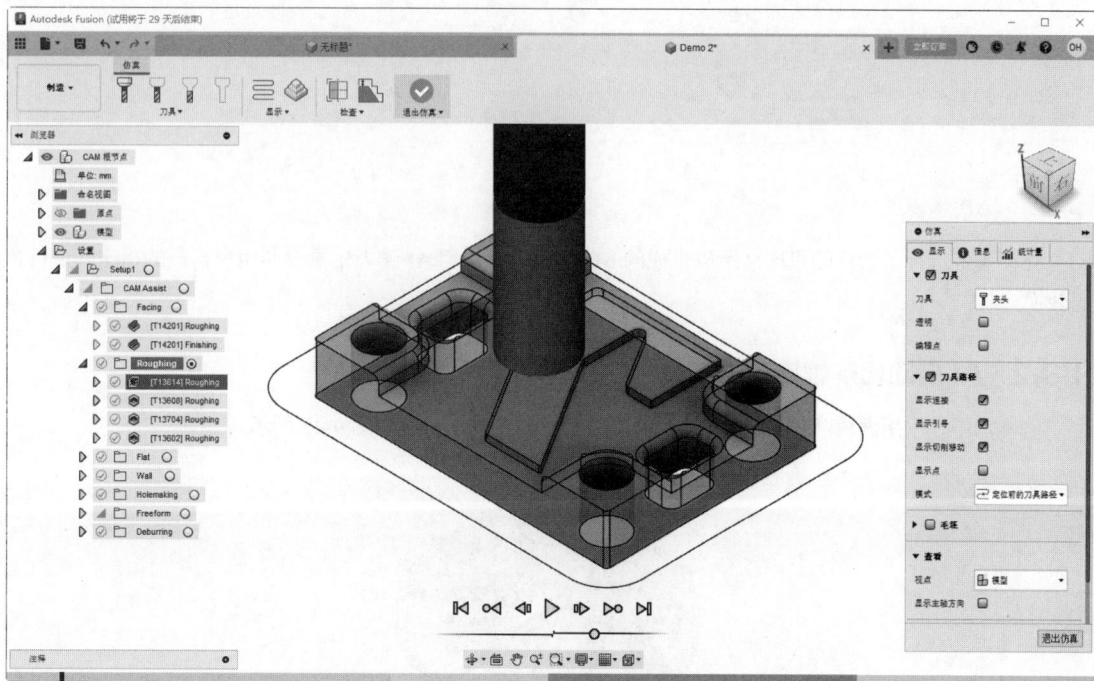

图 9-40

09 在 Fusion 360 的"铣削"选项卡的"动作"面板中单击"后处理"按钮 ，在弹出的"NC 程序：

NCProgram4"对话框中设置后处理器,如图9-41所示。

图 9-41

10 设置 NC 代码输出的文件夹后,单击"后处理"按钮,完成 NC 代码的输出,如图9-42所示。

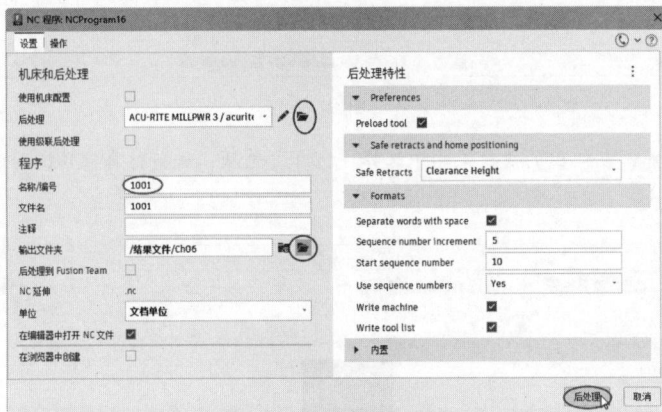

图 9-42

由于本例选择了默认的机床,所以生成的 NC 代码需要使用 AI 聊天工具参照用户自己的机床,进行代码转换。

9.3.2　AI 自动化多轴铣削加工案例

在本例中,采用涡轮叶片模型进行 AI 自动加工,涡轮叶片模型如图9-43所示。

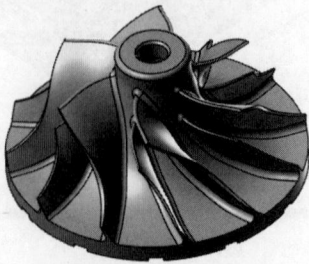

图 9-43

例 9-4：AI 自动生成多轴铣削加工代码

AI 自动生成多轴铣削加工代码的具体操作步骤如下。

01 启动 Autodesk Fusion 360。

02 在"工作空间"列表中选择"制造"选项，进入数控加工环境。在顶部菜单栏执行"文件"→"打开"命令，在弹出的"打开"对话框中单击"从我的计算机打开"按钮，将本例源文件夹中的 9-2.stp 文件打开，如图 9-44 所示。

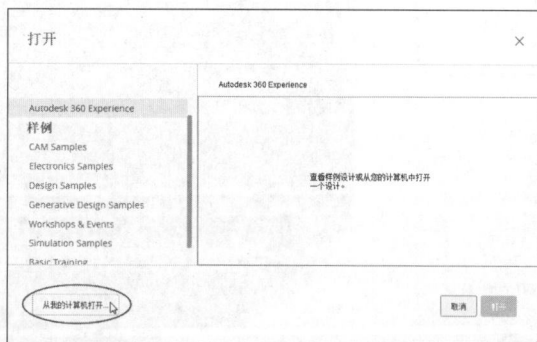

图 9-44

03 打开模型后，切换设计环境为制造环境，然后在"实用程序"选项卡中单击"自动"按钮 🖱️，自动创建加工中的毛坯（仅作仿真预览），如图 9-45 所示。

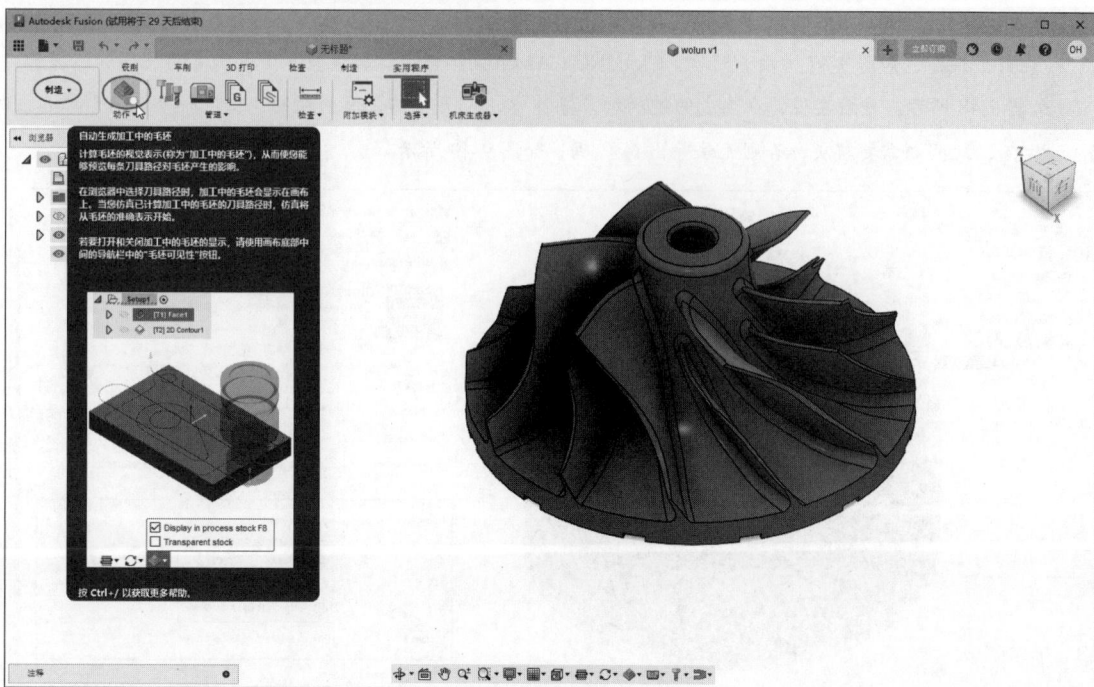

图 9-45

04 切换到"铣削"选项卡，单击"设置"面板中的"设置"按钮 📄，调出"设置"面板，在"毛坯"选项卡中设置毛坯尺寸，单击"确定"按钮完成实体毛坯的创建，如图 9-46 所示。

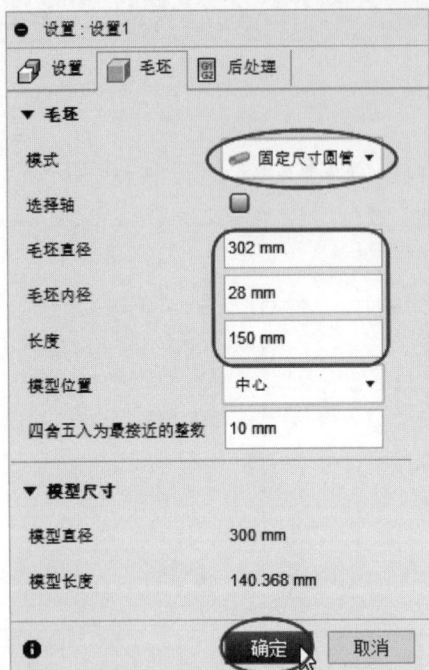

图 9-46

05 单击 CAM ASSIST 按钮，调出 CLOUDNC CAM ASSIST 操作面板。

06 在 Machining mode 下拉列表中选择 3+2 Axis[beta] 加工模式选项，其他选项保持默认，直接单击 Run（运行）按钮，如图 9-47 所示。随后，CloudNC CAM Assist 自动识别模型并生成所有的铣削加工操作，如图 9-48 所示。查看发现，在生成的铣削加工操作中，Wall 操作是有问题的，出现一个三角形警示图标⚠，此问题需要解决，否则无法导出 G 代码。如图 9-49 所示。

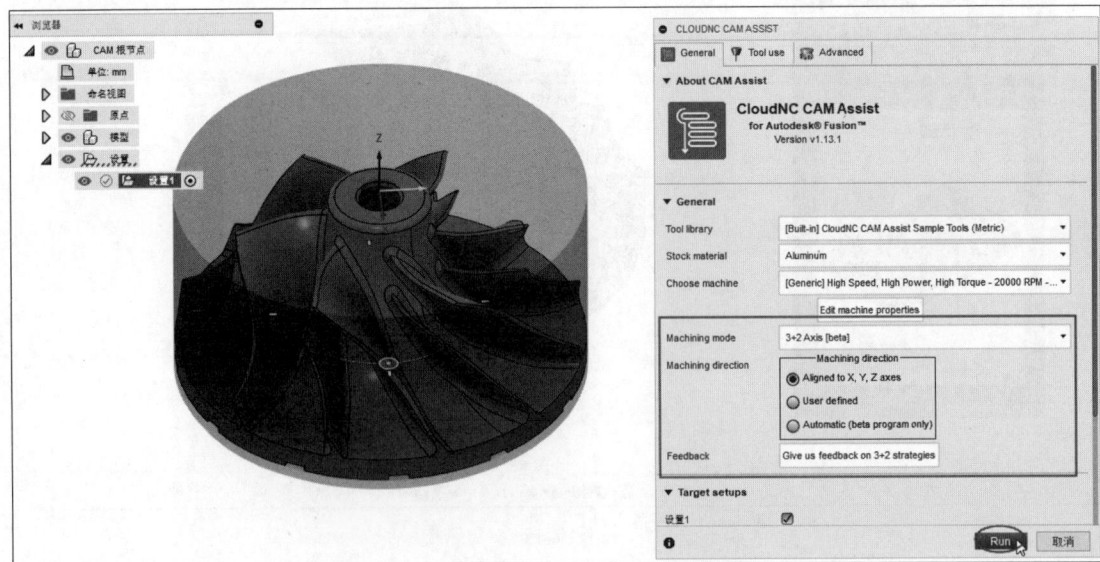

图 9-47

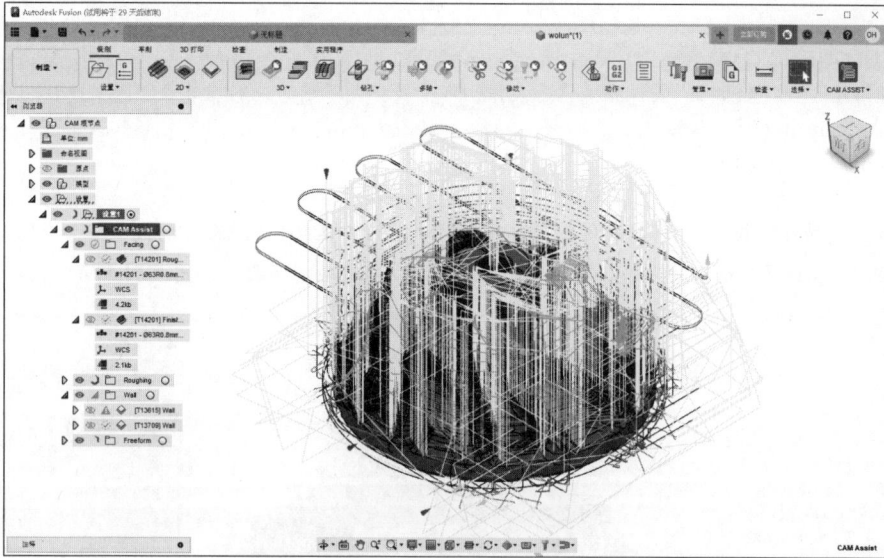

图 9-48

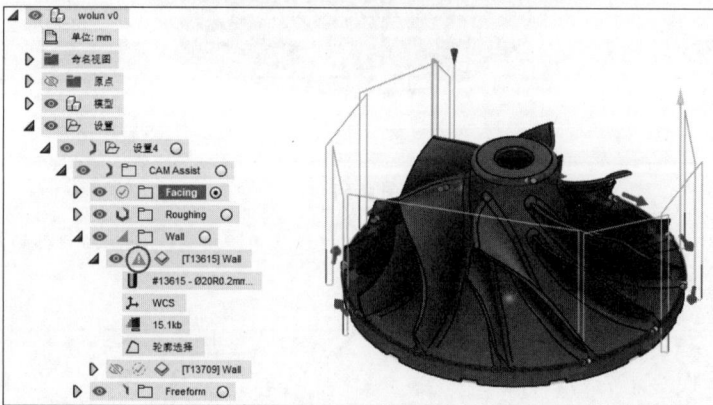

图 9-49

07 双击三角形警示图标⚠，从弹出的 Wall 对话框中查看问题所在，发现主要问题是部分轮廓没有被铣削，造成刀具与工件碰撞，如图 9-50 所示。

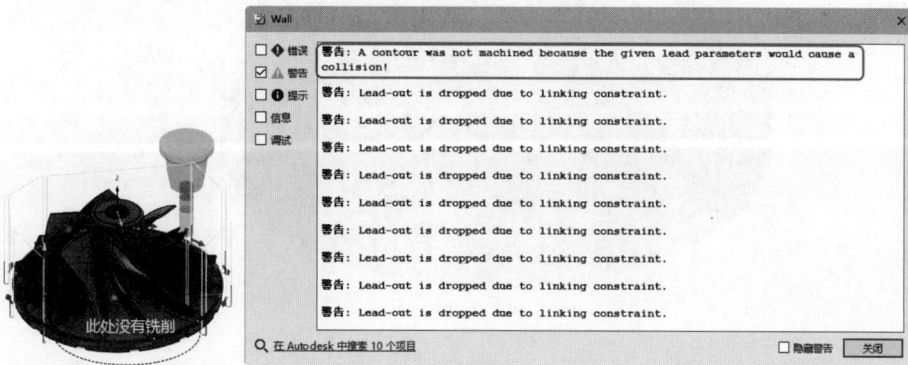

图 9-50

技术要点

重新调出 CLOUDNC CAM ASSIST 操作面板，选择 3+2 Axis[beta] 加工模式，再选中 Automatic (beta program only)（自动 - 仅限测试版程序）单选按钮，可重新生成正确的铣削操作。但是若想使用 Automatic (beta program only)（自动 - 仅限测试版程序）功能，需要向官网申请，否则不能使用。单击下方的 Give us feedback on3+2 strategies 按钮进行注册申请。

08 此处只能手动修改错误。在 Wall 铣削操作下，双击"轮廓选择"选项△，调出"2D 轮廓：WALL"属性面板。在该属性面板的"选择"选项卡中，删除所有的轮廓串联，如图 9-51 所示。

图 9-51

09 切换到"设计"模式，单击"实体"选项卡中的"创建草图"按钮，绘制与零件轮廓直径（300mm）相同的圆形，如图 9-52 所示。

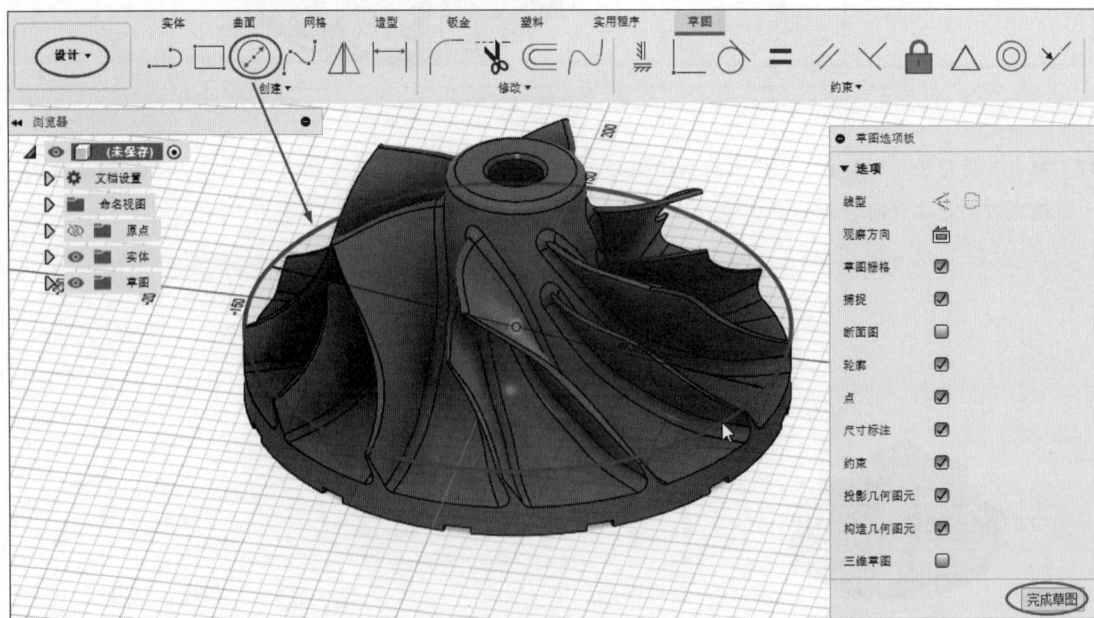

图 9-52

10 切换回"制造"模式，再次打开错误铣削操作的"2D轮廓：WALL"属性面板，单击"串联"按钮，然后选取上一步创建的草图曲线作为轮廓，如图 9-53 所示。完成后关闭属性面板。

图 9-53

11 重新生成错误的铣削操作，创建刀路，如图 9-54 所示。

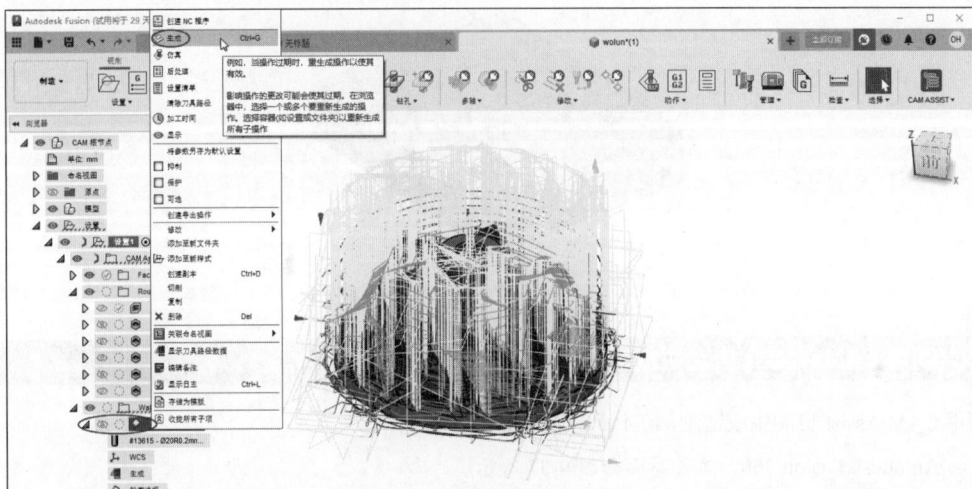

图 9-54

12 右击某个铣削操作，在弹出的快捷菜单中选择"仿真"选项，进行仿真操作，验证加工是否符合要求，如图 9-55 所示。

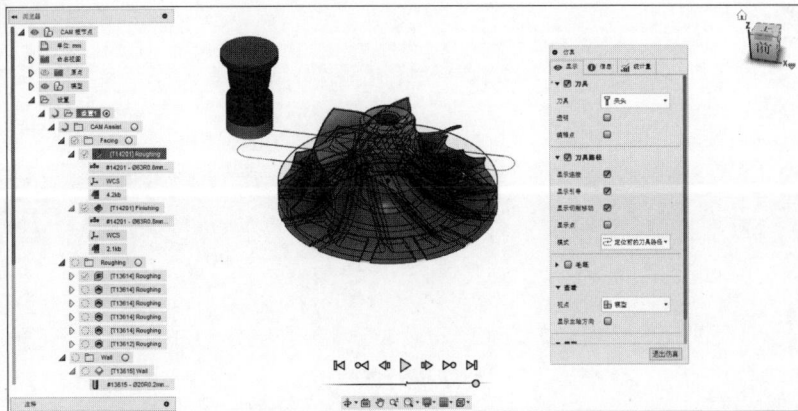

图 9-55

13 最后单击"后处理"按钮，完成 NC 代码输出。

9.4 AI 自动化钻削加工案例

在线切割加工中，AI 同样发挥着关键作用。激光切割等高能量工艺涉及复杂的物理过程，难以仅凭人工经验实现精确控制。然而，借助机器视觉和深度学习技术，AI 系统能够实时监测切割过程中的熔池形态、烟尘排放等关键参数，并据此自动调整功率、扫描速度等工艺参数，优化切割路径，从而大幅提升切割质量和资源利用率。

在本例中，利用 ChatGPT 辅助生成零件的钻削加工工艺方案，并将方案中的相关参数和 G 代码输入相应的 AI 平台中进行仿真模拟，以验证这些参数及 G 代码的正确性。此外，还可以采用 CAM Assist 插件工具来自动生成零件铣削加工的刀路。接下来，将展示如何利用 CAM Assist 插件工具进行代码生成操作。

图 9-56 展示了需要进行钻削加工的零件。

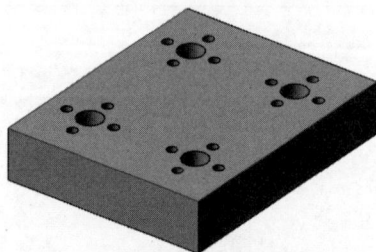

图 9-56

例 9-5：利用 CAM Assist 自动生成钻削加工代码

利用 CAM Assist 自动生成钻削加工代码的具体操作步骤如下。

01 启动 Autodesk Fusion 360，工作界面如图 9-57 所示。

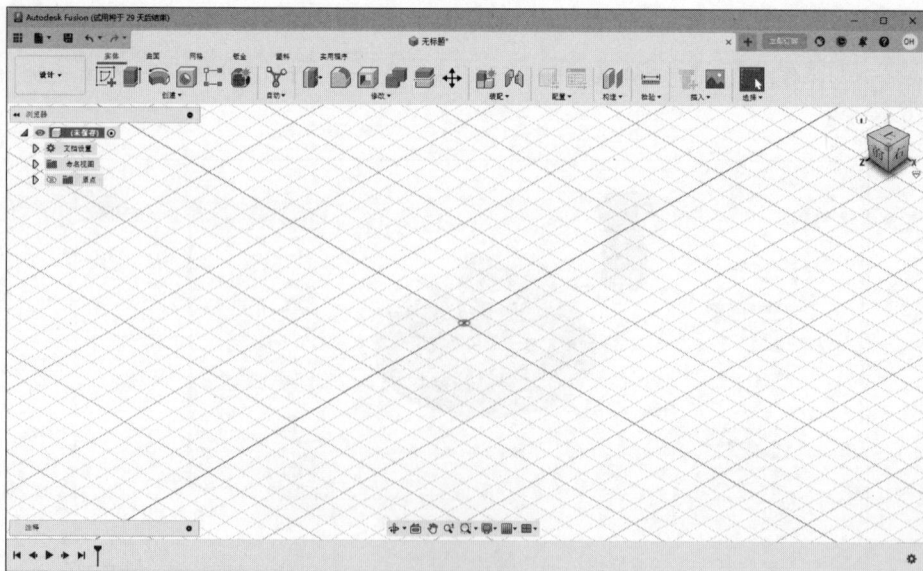

图 9-57

02 在顶部菜单栏中执行"文件"→"打开"命令，将本例源文件夹中的9-3.stp文件打开，如图9-58所示。

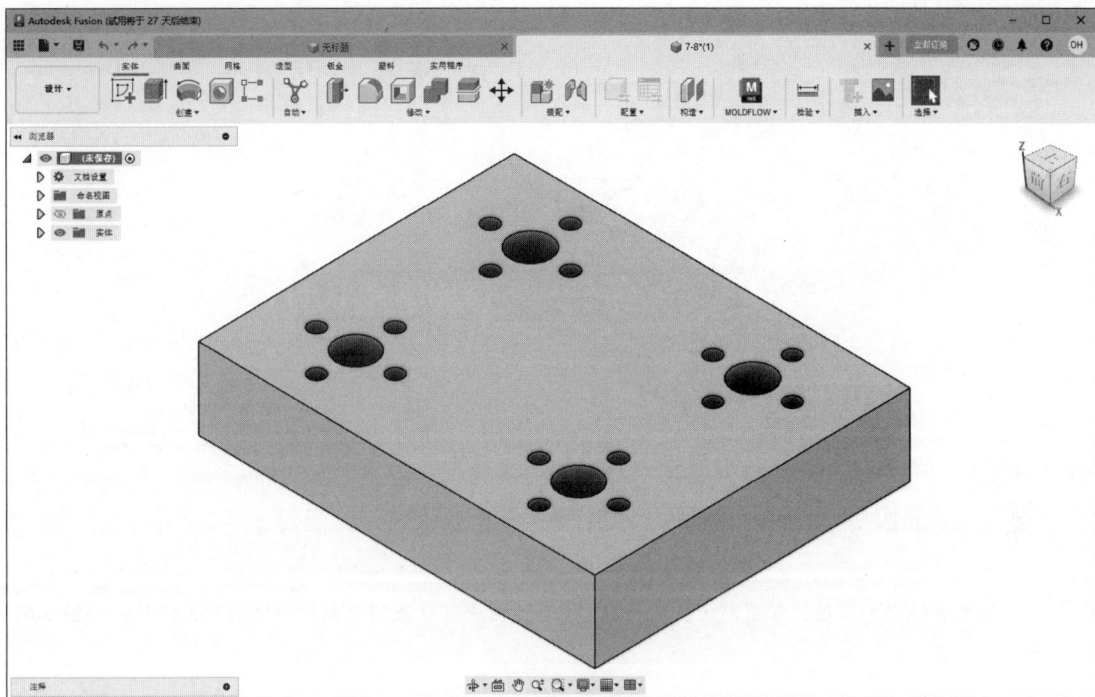

图 9-58

03 在"工作空间"下拉列表中选择"制造"选项，进入数控加工环境。

04 在"铣削"选项卡的"设置"面板中单击"设置"按钮，调出"设置"属性面板。在该属性面板的"毛坯"选项卡中设置毛坯属性，如图9-59所示。

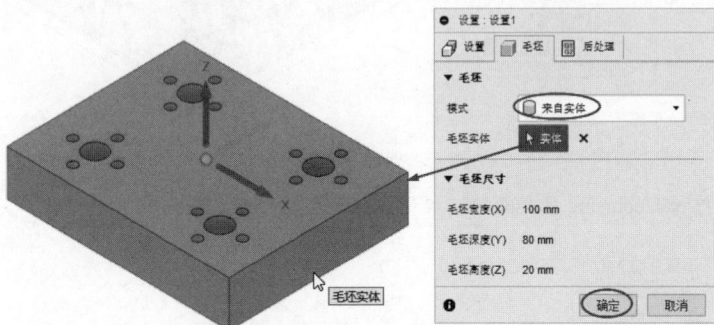

图 9-59

05 在功能区的"铣削"选项卡中单击 CAM ASSIST 按钮，或者单击按钮名，在弹出的功能菜单中选择 CloudNC CAM Assist 选项，调出 CLOUDNC CAM ASSIST 操作面板。

06 保留操作面板中的所有选项及参数设置，直接单击 Run（运行）按钮，随后 CloudNC CAM Assist 自动识别模型并生成所有的铣削加工操作，如图9-60所示。

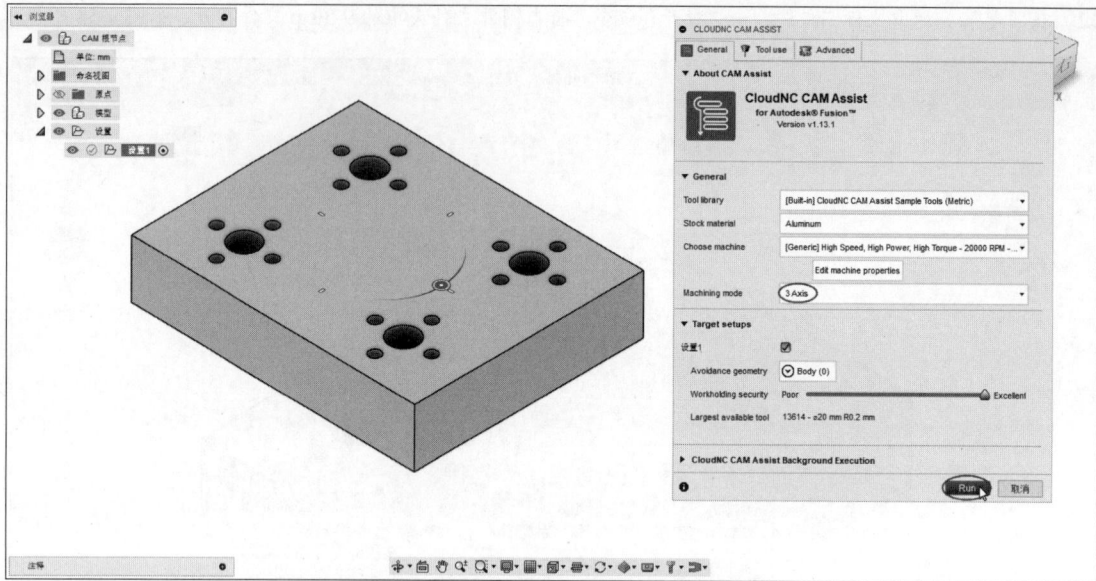

图 9-60

07 AI 自动完成铣削加工后，在图形区左侧的 CAM 节点树中可以找到所创建的铣削加工操作，如图 9-61 所示。

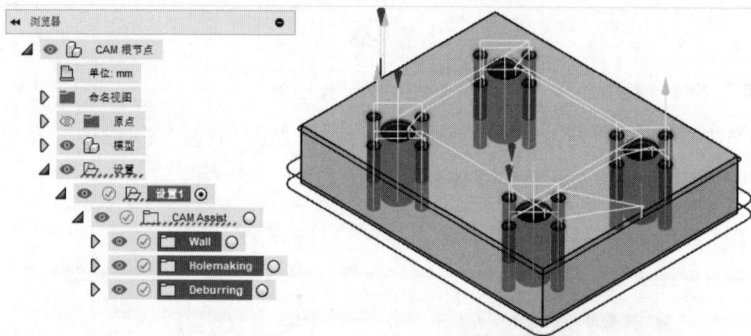

图 9-61

08 将 Wall 铣削操作和 Deburring 操作删除，仅保留孔铣削操作，如图 9-62 所示。

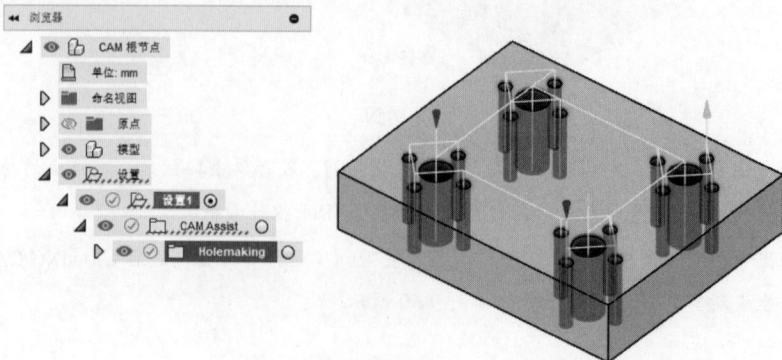

图 9-62

09 右击孔铣削操作，在弹出的快捷菜单中选择"仿真"选项，进行仿真验证操作，结果如图9-63所示。

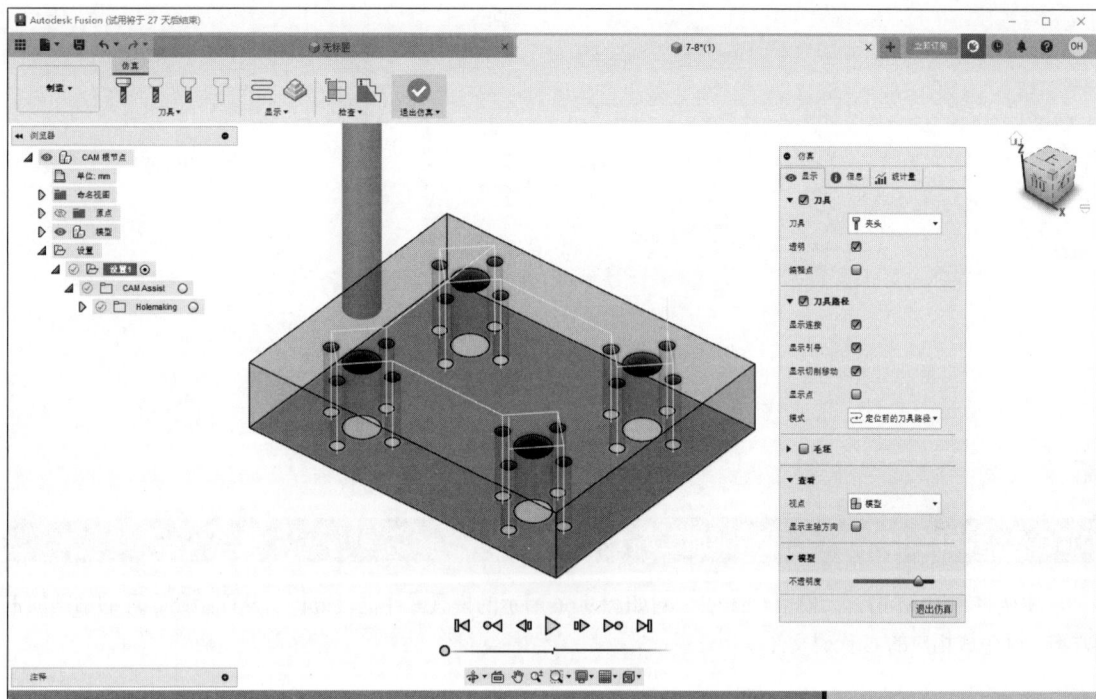

图 9-63

10 在 Fusion 360 的"铣削"选项卡的"动作"面板中单击"后处理"按钮🔧，在弹出的"NC 程序：NCProgram1"对话框中设置后处理器，如图9-64所示。

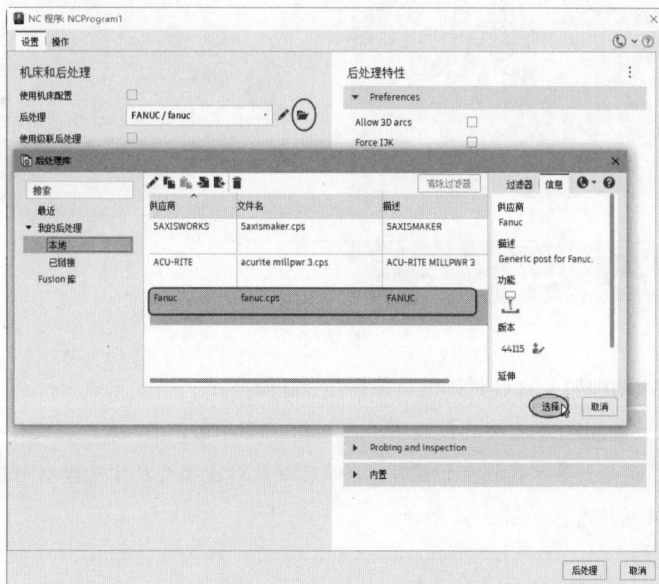

图 9-64

11 设置 NC 代码输出的文件夹后，单击"后处理"按钮，完成 NC 代码的输出，如图9-65所示。

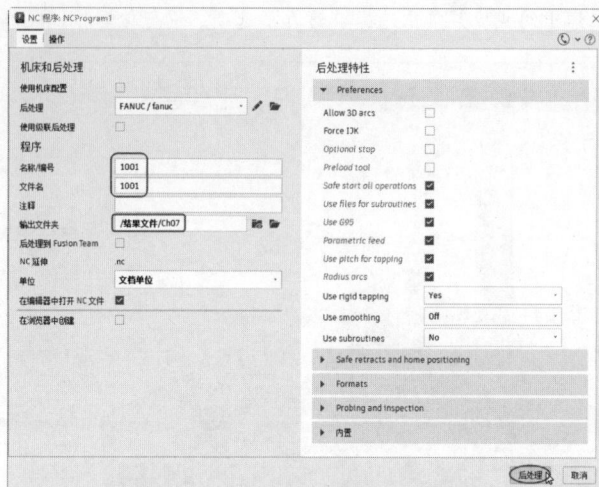

图 9-65

例 9-6：利用 ChatGPT 生成钻削加工的 G 代码

本例将利用 AI 语言大模型 ChatGPT 对如图 9-66 所示的模具零件进行分析，从而给出合理的钻削加工方案，并生成相应的 G 代码文件。

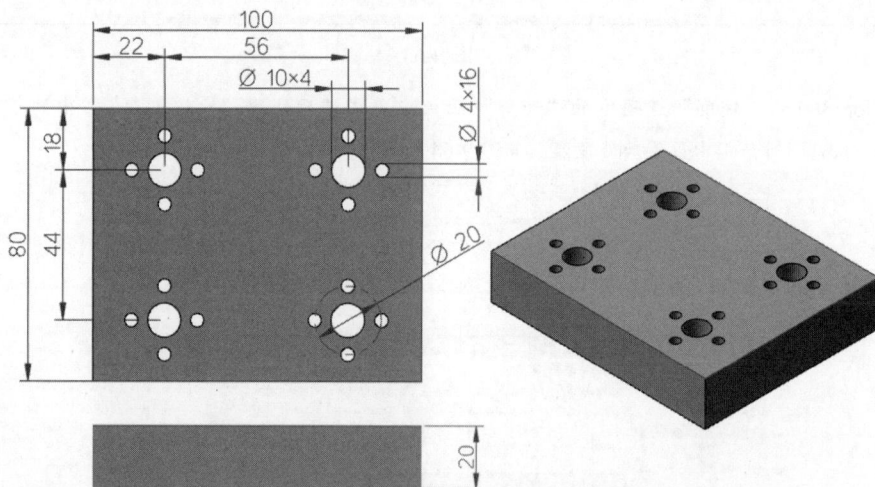

图 9-66

利用 ChatGPT 生成钻削加工的 G 代码的具体操作步骤如下。

01 在 ChatGPT 的 Data Analyst 模型聊天模式中单击"导入"按钮，导入本例源文件"模板零件三视图"，并输入提示词："请分析导入的模型和图片，准确无误地读出模型尺寸及模型中孔的数量"，单击"发送信息"按钮发送信息，如图 9-67 所示。

请分析导入的模型和图片，准确无误地读出模型尺寸及模型中孔的数量

图 9-67

02 ChatGPT 给出分析结果，如图 9-68 所示。从结果看，ChatGPT 很好地理解了模型与图片，但有一个小错误，即 4 个小孔距离大孔的孔中心间距是 16mm，图纸中标注的是 10mm，所以需要改正。

03 向 ChatGPT 提出改正建议："你分析得很不错，但有一个小错误，就是孔间距中心距离应该是10mm"，得到的答复如图 9-69 所示。

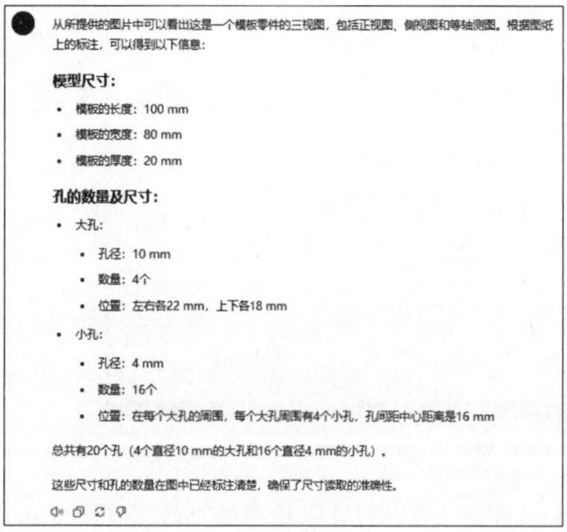

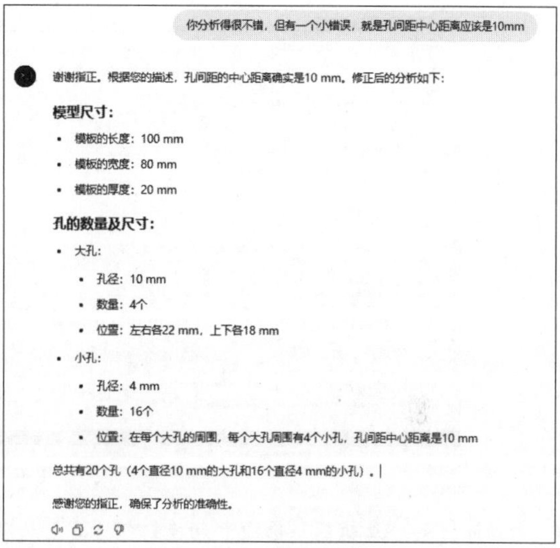

图 9-68

图 9-69

04 向 ChatGPT 提出新的要求："请根据你精确分析得出的结果，为我生成数控钻削加工的 G 代码，机床选用 FANUC"，如图 9-70 所示。

图 9-70

05 ChatGPT 自动生成 G 代码，如图 9-71 所示。

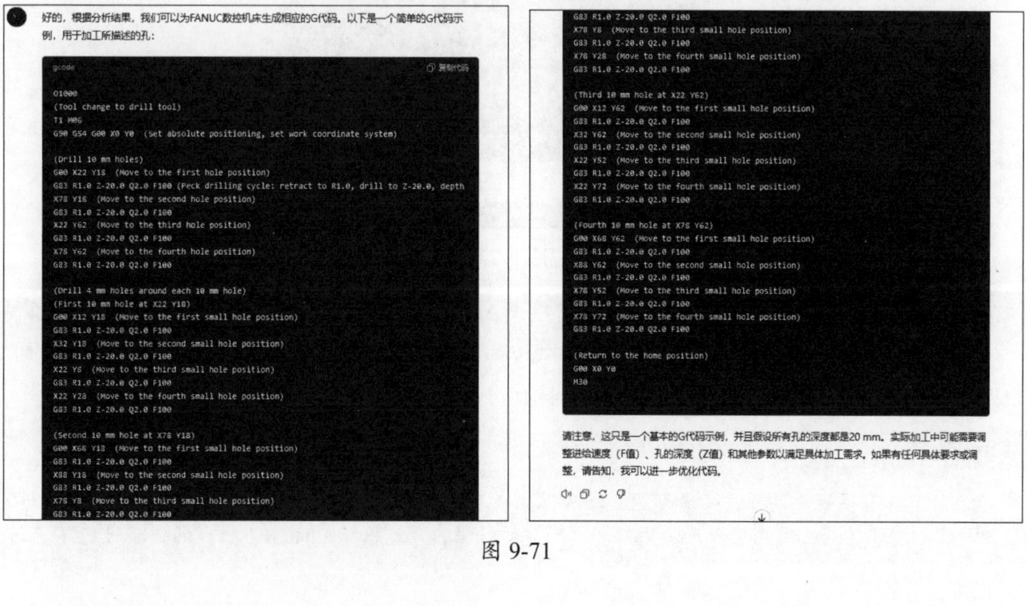

图 9-71

06 启动 Cimco Edit 2023 软件，在"编辑器"选项卡中单击"新建 N"按钮，新建 NC 代码编辑文件。

07 将 ChatGPT 中生成的 G 代码复制并粘贴到 Cimco Edit 2023 窗口中，如图 9-72 所示。

图 9-72

08 由功能区的"编辑器"选项卡切换到"仿真"选项卡，单击"刀位仿真"选项组中的"刀位仿真"按钮，进入刀位仿真界面，系统会自动模拟加工并生成刀具路径，如图 9-73 所示。

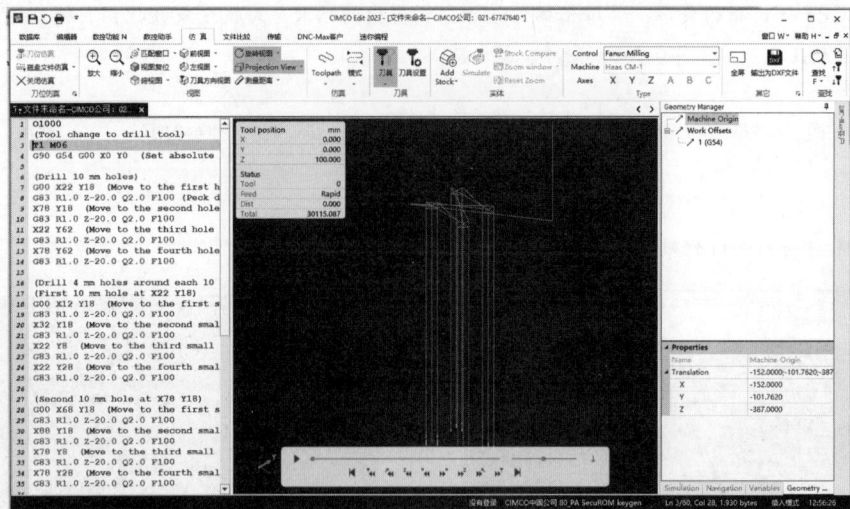

图 9-73

09 在功能区"仿真"选项卡的"实体"选项组中单击 Add Stock 按钮，添加毛坯便于查看动态仿真结果，如图 9-74 所示。从仿真结果看，铣削过程中提刀的高度太大，造成加工时间浪费，另外，加工的孔直径全是相等的，没有区分出 4 个 10mm 大孔和 16 个 4mm 小孔，需要向 ChatGPT 提出修改。

技术要点

由于 ChatGPT 具有不可重复性，读者可能会一次性生成正确的 G 代码，但这种结果并非必然。读者与笔者练习的结果都可能不同，因此笔者无法预知每次生成的结果，只能根据 ChatGPT 出现的错误进行逐一纠正。

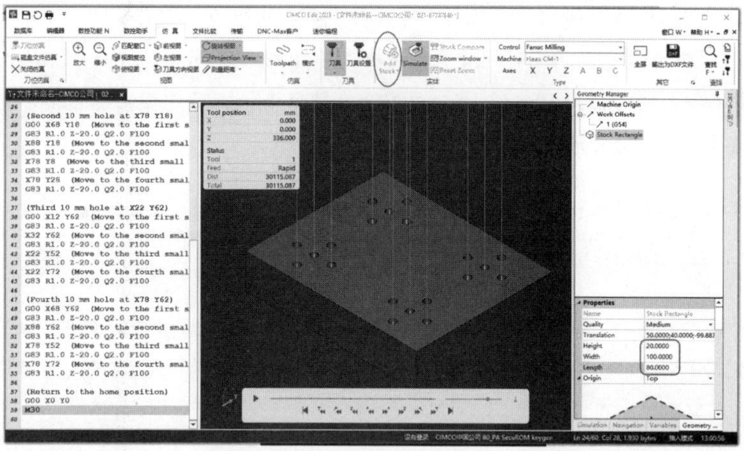

图 9-74

10 将出现的两个错误向 ChatGPT 提出："你所生成的 G 代码出现了两个比较严重的错误，第一个错误是每一刀的提刀距离太大，提刀距离（刀具提升后距离零件表面的高度）一般为 20mm，刀具安全高度为 25mm；第二个错误就是你只用了一把 4mm 直径的刀具来加工所有孔，实际上零件中包含了 4 个 10mm 的大孔和 16 个 4mm 的小孔，所以需要两把刀具分别铣削不同直径的孔。铣削孔的正确顺序为先加工 4 个 10mm 的大孔，然后再依次加工 16 个小孔，请给我准确无误的 G 代码，谢谢"，如图 9-75 所示。

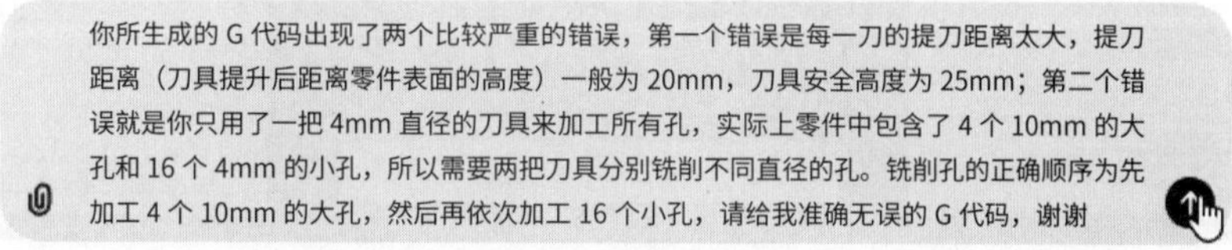

图 9-75

11 随后将修正后的 G 代码复制到 Cimco Edit 2023 窗口中，覆盖之前错误的 G 代码，然后模拟刀路动态仿真，结果如图 9-76 所示。

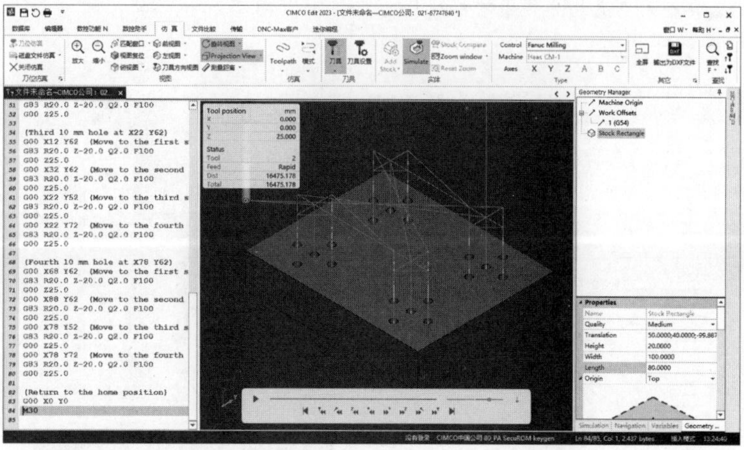

图 9-76

12 从仿真结果看，刀路是没有问题的，只是所有孔尺寸都是相同的，说明 ChatGPT 还是没有将建议完全采纳，从 G 代码中可以看出，铣削时采用的两把刀具直径均为 4mm，所以可重新告知 ChatGPT 修改刀具尺寸，第一把刀具直径为 10mm，第二把刀具直径为 4mm，另外再让 ChatGPT 优化一下 G 代码，使其铣削时减少下刀、移刀和换刀的时间，如图 9-77 所示。

> 你上面生成的刀路中，仍然采用了同一尺寸的刀具去加工两种直径不同的孔，请将第一把刀具直径修改为10mm，第二把刀具修改为4mm，同时优化G代码，使其铣削时减少下刀、移刀和换刀的时间

图 9-77

13 最终，将优化后的 G 代码复制到 Cimco Edit 2023 窗口中覆盖之前的 G 代码，同时进行动态仿真，结果如图 9-78 所示。

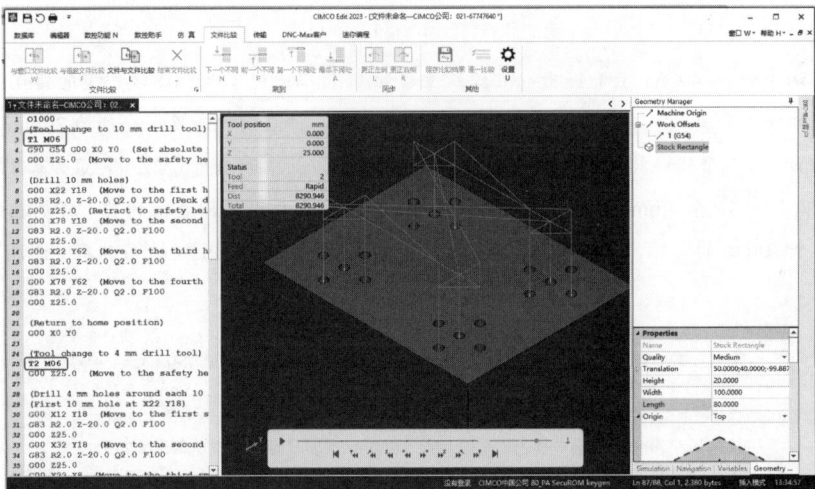

图 9-78

14 本次优化的代码比较成功，但是刀具还是出现了错误——两把4mm的刀具，本次解决的方法是直接在 Cimco Edit 2023 中修改刀具。在"仿真"选项卡中单击"刀具设置"按钮，弹出 Tool Manager (Milling Mode) 对话框。在刀具列表中双击第一把刀具，如图 9-79 所示。

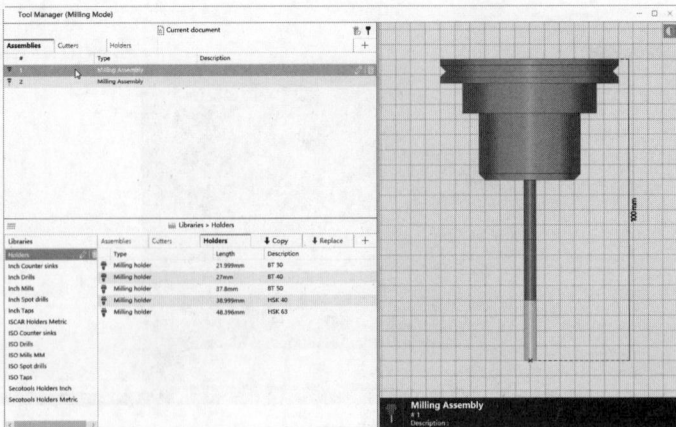

图 9-79

15 在弹出的 Design 刀具设计选项卡中修改刀具参数，完成后单击 Save 按钮保存，如图 9-80 所示。

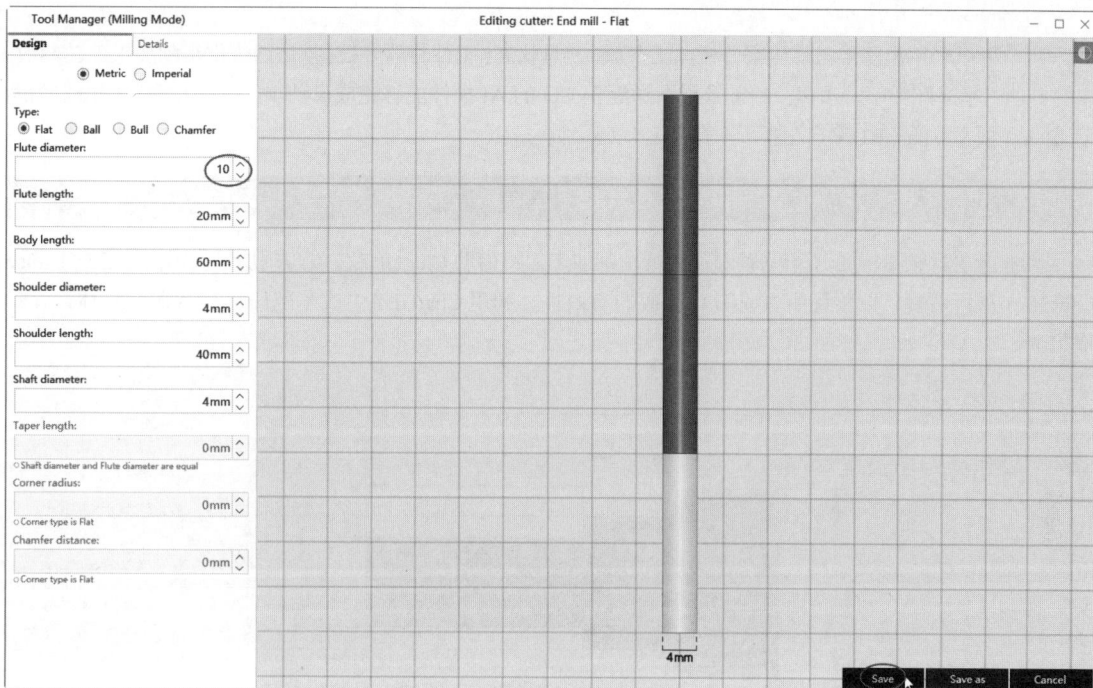

图 9-80

16 第二把刀具无须修改，重新进行动态仿真，得到如图 9-81 所示的完美仿真结果，最后将 NC 文件保存。

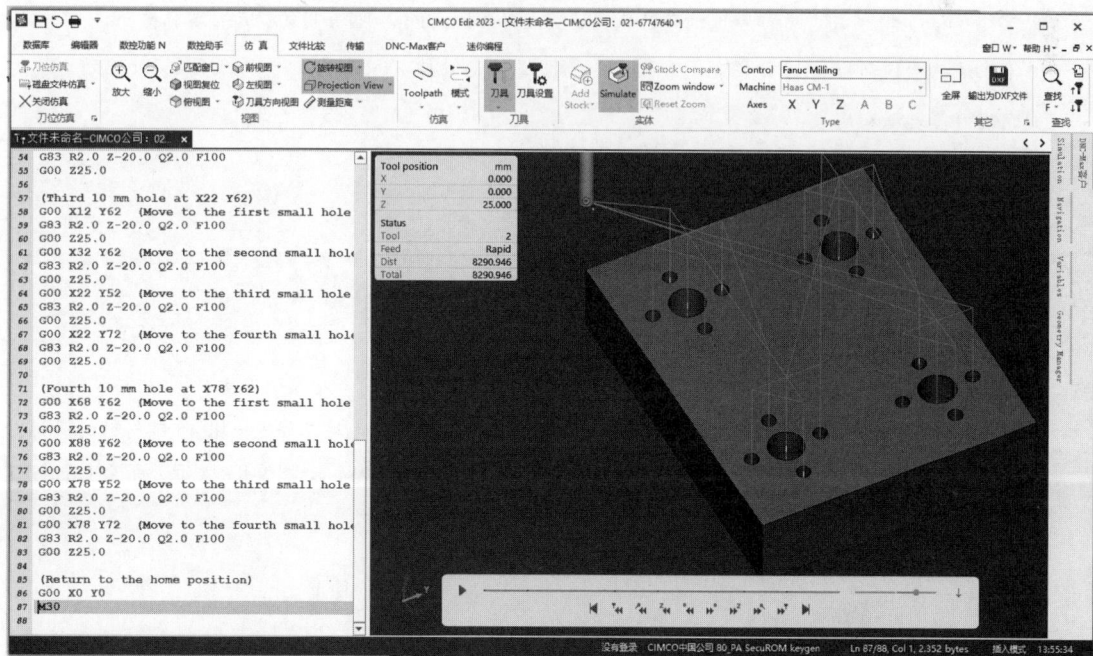

图 9-81

9.5 AI 自动化车削加工案例

用户可以利用机器学习算法来分析加工参数、刀具状态、工件材料等数据，进而优化车削加工工艺参数，以提升加工精度和效率。虽然，目前还没有适配于 UG 的 AI 插件能够完成自动车床编程，但我们可以借助 AI 语言大模型 ChatGPT 来自动生成车削加工代码。

例 9-7：利用 ChatGPT 生成车削加工 G 代码

本例旨在对如图 9-82 所示的轴零件执行车削加工，将借助 ChatGPT 生成车削加工代码，并通过 Cimco Edit 2023 进行仿真，以验证所生成的 G 代码的有效性。利用 ChatGPT 生成车削加工 G 代码的具体操作步骤如下。

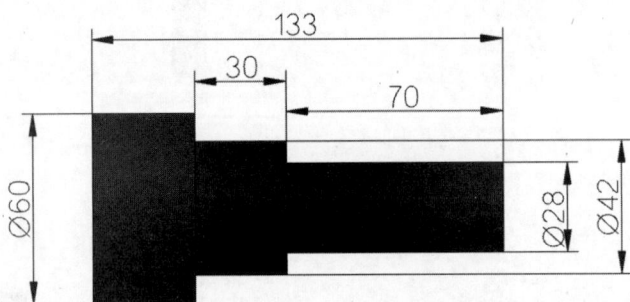

图 9-82

技术要点

为了能够让 ChatGPT 生成正确的车削加工 G 代码，需要给 ChatGPT 一些有用的提示，具体如下。

- 车削工件的直径和长度。

- 使用的刀具类型和尺寸。

- 材料类型。

- 切削速度和进给速度。

- 加工步骤（粗加工、精加工等）。

- 车削的具体操作（如车外圆、车端面、切槽等）。

01 在 ChatGPT 的 Data Analyst 模型聊天模式中单击"导入"按钮⑩，导入本例源文件"轴零件 .jpg"，并输入提示词："导入的图片表达的是一个轴零件图形，要车削的毛坯工件是一根 45 钢材料的棒材，请给出合理的车削加工工艺"，单击"发送信息"按钮⊕发送信息，如图 9-83 所示。稍后 ChatGPT 给出车削加工工艺步骤，如图 9-84 所示。

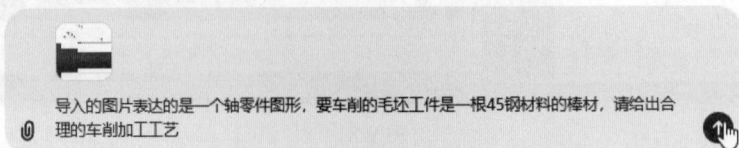

图 9-83

车削加工工艺步骤：

工件材料： 45钢棒材

毛坯直径： 根据工件最大外径，毛坯直径应大于60mm。

工艺步骤：

1. **准备工作：**
   - 检查车床和工具是否完好，确保机床的精度。
   - 安装并校准工件，以保证工件的同心度和稳定性。
2. **粗车外圆：**
   - 将工件装夹在车床上，调整工件的露出长度。
   - 使用粗车刀具，车削工件的外圆至直径略大于60mm。
   - 工件转速：600-800转/分，进给量：0.3-0.5 mm/转，切削深度：1.5-2 mm。
3. **粗车步骤1：**
   - 粗车30mm长的Ø60外圆柱。
   - 粗车剩余部分直径至略大于Ø42（约Ø45）。
   - 工件转速：600-800转/分，进给量：0.3-0.5 mm/转，切削深度：1.5-2 mm。
4. **半精车外圆：**
   - 对30mm长的Ø60外圆进行半精车，加工到Ø60的尺寸公差范围内。
   - 将Ø42部分粗车到略大于42mm。
5. **粗车步骤2：**
   - 粗车70mm长的Ø42外圆柱。
   - 粗车剩余部分直径至略大于Ø28（约Ø30）。
   - 工件转速：800-1000转/分，进给量：0.2-0.4 mm/转，切削深度：1-1.5 mm。
6. **半精车和精车外圆：**
   - 半精车和精车70mm长的Ø42外圆，加工到Ø42的尺寸公差范围内。
   - 对剩余部分进行半精车和精车，加工到Ø28的尺寸公差范围内。
7. **车削端面和倒角：**
   - 使用车削端面刀具，车削工件端面，保证端面光洁度。
   - 对工件的每个外圆柱与端面交接处进行倒角处理，倒角尺寸可根据需要设置（如0.5mm×45°）。
8. **检查和修整：**
   - 使用量具（如外径千分尺、游标卡尺等）测量各部分尺寸，确保符合图纸要求。
   - 如有必要，对尺寸不合格的部位进行修整。

注意事项：

- **切削液：** 加工过程中应使用适当的切削液，以减少刀具磨损和提高工件表面质量。
- **工具选择：** 选择适合45钢材料的车削刀具，刀具材料推荐使用硬质合金。
- **安全防护：** 操作时应佩戴防护眼镜和手套，注意防护安全。

图 9-84

02 随后向 ChatGPT 提出：“根据你提供的车削加工工艺，选用右手车刀仅对毛坯工件进行粗车，请生成完全正确的 G 代码”，生成的 G 代码如图 9-85 所示。

根据你提供的车削加工工艺，选用右手车刀仅对毛坯工件进行粗车，请生成完全正确的G代码

以下是针对该轴零件毛坯工件的粗车加工的G代码示例。假设使用的是Fanuc系统，并且毛坯直径为62mm，长度为133mm。以下G代码会粗车到接近图纸要求的尺寸，预留一些余量进行精车。

```gcode
%
O1000 (粗车轴零件)
G21 (使用公制单位)

(设置刀具和转速)
T0101 (选择1号刀具，刀补1)
G97 S800 M03 (主轴顺时针转，转速800 RPM)
G00 X70 Z2 (快速移动到起始位置，直径70mm，Z轴2mm)

(粗车端面)
G00 X70 Z2
G01 X70 Z0 F0.2 (车削至Z0，进给量0.2mm/rev)
G01 X-2 F0.1 (车削至Z-2，端面)

(粗车大端外圆直径60部分)
G00 X70 Z2 (快速退刀)
G00 X62 (移动到毛坯直径62mm)
G01 Z-33 F0.3 (车削至长度33mm)
G01 X60 (车削至直径60mm)
G00 X62 (快速退刀)
G00 Z2 (快速移动到起始位置)
```

```gcode
G01 X44 (车削至直径42mm，预留2mm余量)
G00 X62 (快速退刀)
G00 Z-33 (快速移动到Z-33位置)
G01 X42 (车削至直径42mm)
G01 Z-63 (车削至长度30mm)
G00 X62 (快速退刀)
G00 Z2 (快速移动到起始位置)

(粗车直径28部分)
G00 X42 Z-63 (快速移动到直径42mm，Z-63位置)
G01 Z-133 F0.3 (车削至长度70mm)
G01 X30 (车削至直径28mm，预留2mm余量)
G00 X42 (快速退刀)
G00 Z-63 (快速移动到Z-63位置)
G01 X28 (车削至直径28mm)
G01 Z-133 (车削至长度70mm)
G00 X62 (快速退刀)

(结束加工)
G00 Z200 (快速退回安全位置)
M05 (主轴停止)
G28 U0 W0 (返回机床零点)
M30 (程序结束)
%
```

说明

- 此G代码是一个简单的粗车程序，考虑了三个主要直径部分（60mm、42mm、28mm）的粗车操作。
- 程序中使用了快速定位(G00)和进给车削(G01)。
- 为每个直径部分预留了2mm余量，以便后续精车操作。
- 进给量(F)和主轴转速(S)可以根据实际情况进行调整。

图 9-85

03 复制代码到 CIMCO Edit 2023 中，同时在“编辑器”选项卡中选择 Haas Turning 铣削方式，如图 9-86 所示。

04 在“仿真”选项卡中单击“刀位仿真”按钮，进入刀位仿真界面，添加圆柱毛坯，可以看到刀具轨迹仿真结果，如图 9-87 所示。

图 9-86

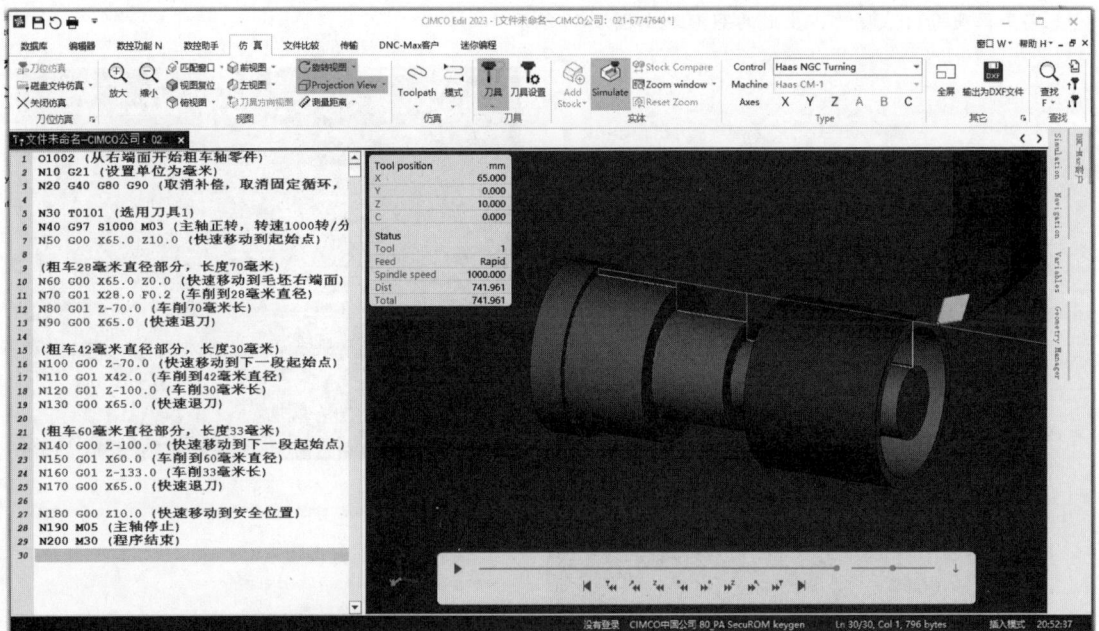

图 9-87

提示

有时，ChatGPT 可能无法准确区分毛坯件的左端面和右端面。在这种情况下，用户需要提供更为详尽的提示，例如："建议从零件的右端面开始切削，向左进行，并按照直径从大到小的顺序依次切削。"这样，ChatGPT 就能够生成更为精确的代码。提问时，应避免让 ChatGPT 去猜测或随意规划，而应尽可能提供详细的信息，信息的详细程度越高越好。

05 从仿真结果看，右端面有一部分没有切削掉，而且车削刀路只有两层，这其实是精加工刀路，并非本例所需的粗加工刀路，需要重新在 ChatGPT 中提出修改，以此生成新的 G 代码，如图 9-88 所示。

> 你所生成的代码实为生成精加工刀路，粗车刀路是一层一层往下车削，不是一层刀路，请重新生成刀路

> 理解了，下面将生成一层一层粗车往下切削的G代码，从右端面开始，按直径从大到小逐层车削。
>
> **G代码示例 (逐层粗车)**
>
> 假设：
>
> - 毛坯长度为150毫米，直径为65毫米。
> - 粗车切深每次取2毫米。
> - 起始点为X65.0 Z10.0。
> - 刀具编号为T0101。
> - 主轴转速设为1000转/分钟。
> - 进给率设为0.2毫米/转。

图 9-88

06 将生成的新代码复制到 CIMCO Edit 2023 中进行仿真，结果如图 9-89 所示。

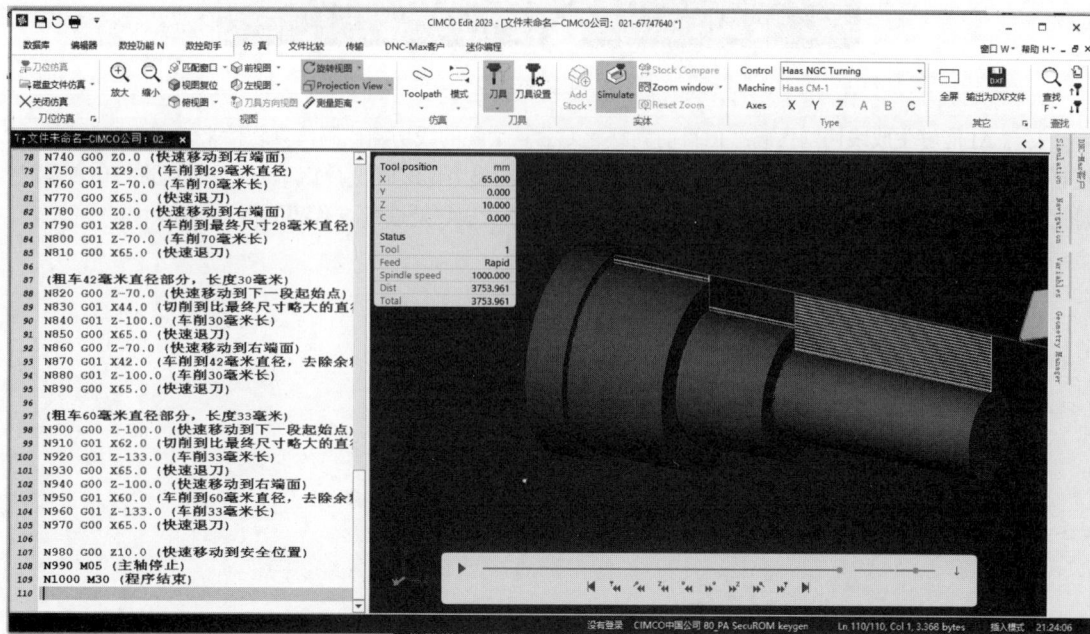

图 9-89

07 将粗车的 G 代码保存为 NC 文件。

9.6　AI 辅助线切割加工案例

目前，尚未有 AI 插件工具能够辅助完成线切割加工，但可以借助 ChatGPT 来生成线切割加工代码，以进行手动编程操作。图 9-90 为通过 ChatGPT 生成线切割加工代码的一个简单案例。

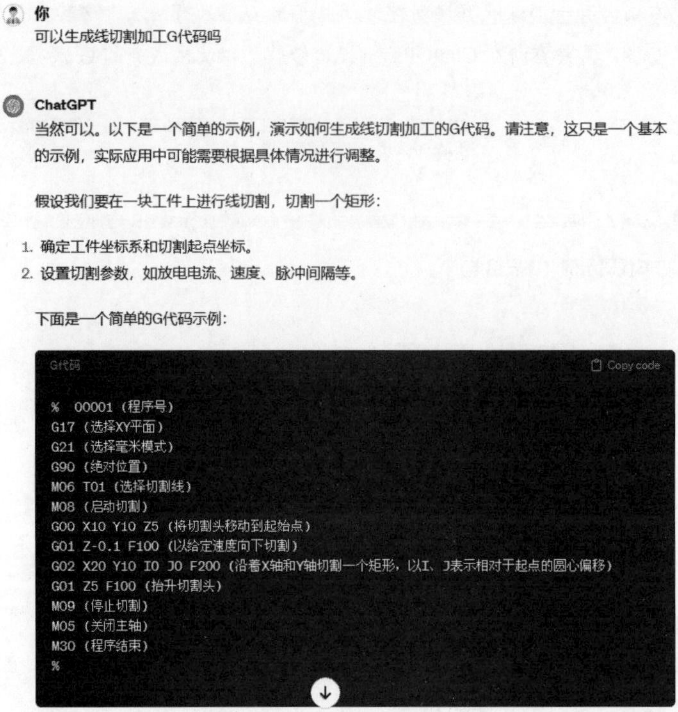

你

可以生成线切割加工G代码吗

ChatGPT

当然可以。以下是一个简单的示例，演示如何生成线切割加工的G代码。请注意，这只是一个基本的示例，实际应用中可能需要根据具体情况进行调整。

假设我们要在一块工件上进行线切割，切割一个矩形：

1. 确定工件坐标系和切割起点坐标。
2. 设置切割参数，如放电电流、速度、脉冲间隔等。

下面是一个简单的G代码示例：

```
G代码                                                    Copy code

%   00001（程序号）
G17（选择XY平面）
G21（选择毫米模式）
G90（绝对位置）
M06 T01（选择切割线）
M08（启动切割）
G00 X10 Y10 Z5（将切割头移动到起始点）
G01 Z-0.1 F100（以给定速度向下切割）
G02 X20 Y10 I0 J0 F200（沿着X轴和Y轴切割一个矩形，以I、J表示相对于起点的圆心偏移）
G01 Z5 F100（抬升切割头）
M09（停止切割）
M05（关闭主轴）
M30（程序结束）
%
```

图 9-90

　　尽管 AI 能够生成线切割代码，但目前尚缺乏专业且适配的线切割代码仿真软件来进行代码验证。虽然 UG 中包含了线切割模块和仿真模块，但遗憾的是，这些模块无法加载手工编写的 G 代码进行仿真验证。因此，在这里将不再演示如何利用 ChatGPT 生成线切割 G 代码以及进行 G 代码的仿真验证。

第 *10* 章 UG NX 装配设计

本章将重点介绍 UG NX2024 的机械装配设计功能。通过学习本章内容，读者将能够熟练掌握自底向上装配、装配配对条件、引用集、加载选项、自顶向下装配以及 WAVE 几何链接器等关键知识。

10.1 装配概述

UG 装配过程涉及在装配体中创建组件之间的连接关系，利用装配条件建立组件之间的约束关系，以此确定每个组件在产品中的具体位置。在此过程中，组件的几何体是通过引用的方式加入装配体的，而非通过复制。这意味着，无论如何编辑这些组件，也无论在何处进行编辑，整个装配体都会维持其关联性。若某个组件被修改，那么引用它的装配体会自动更新，从而反映出组件的最新改动。

10.1.1 装配概念及术语

装配建模的过程实质上是建立组件之间装配关系的过程。在进行装配设计之前，需要先掌握一些装配相关的基本概念及术语。

1. 装配部件

装配部件由零件和子装配共同构成。在 UG 中，可以向任何一个 Part 文件中增添部件以形成装配，因此，任何一个 Part 文件都具备成为装配部件的潜力。值得注意的是，在 UG 中，零件与部件的界限并不严格。需要特别指出的是，装配部件的实际几何数据并不直接存储在装配部件文件内，而是保存在相应的部件文件（即零件文件）中。

2. 子装配

子装配指的是在更高层级的装配中作为组件存在的装配，它自身也包含一系列的组件。子装配是一个相对概念，意味着任何一个装配部件在更复杂的装配体系中均可视作子装配。

3. 组件对象

组件对象充当了从装配部件到部件主模型的链接指针。一个组件对象所记录的信息涵盖部件名称、层、颜色、线型、线宽、引用集以及配对条件等诸多方面。

4. 组件

组件指的是装配中由组件对象所指向的部件文件。它既可以是单一的部件（即零件），也可以是一个完整的子装配。重要的是，组件是通过引用的方式加入装配部件中的，而非通过复制。

5. 零件

零件代表在装配体外部独立存在的几何模型。它可以被引入装配中，但自身并不包含任何下级组件。

6. 自底向上装配

自底向上装配是一种设计方法，它首先着眼于单个零部件的设计，然后在此基础上逐步构建出整体的装配设计。在此过程中，设计人员需要交互式地定义配合构件之间的约束关系，而 UG 软件则负责自动计算构件的转移矩阵，并完成虚拟装配的任务。

7. 自顶向下装配

自顶向下装配则是从装配的顶层开始，逐步向下创建出子装配和部件（即零件）的设计方法。它首先依据产品的大致形态特征进行整体设计构思，然后根据实际的装配需求对各个零件进行细致的设计。

8. 混合装配

混合装配融合了自顶向下和自底向上两种装配方法。例如，设计人员可能首先创建几个关键的部件模型，并将它们装配在一起，随后在装配环境中设计其他的部件。在实际的设计流程中，设计人员可以根据需要灵活地在两种模式之间切换。

9. 主模型

主模型是供 UG 内各个模块共同引用的核心部件模型。同一个主模型可以被工程图、装配、加工、机构分析以及有限元分析等多个模块所引用。当主模型发生更改时，所有相关的应用都会自动更新，以确保数据的一致性。

10.1.2 装配中零件的工作方式

在一个装配体中，零件以两种不同的方式呈现：工作部件和显示部件。

- 工作部件：指的是当前在图形区域中正在进行编辑或操作的部件，同时它也是显示部件的一种。
- 显示部件：在装配过程中，图形区域内所有可见的部件均被视为显示部件。需要注意的是，工作部件同时只能有一个，当某个部件被设定为工作部件时，其他显示部件将会以灰色显示。

技术要点

只有工作部件才可以进行编辑和修改。

10.1.3 引用集

所谓"引用集"，指的是 UG 文件（*.prt）中被特别命名的部分数据，这些数据是在需要载入大量装配部件时所使用的。

在装配过程中，由于每个部件都可能包含草图、基准平面及其他辅助图形数据，如果尝试显示装配中所有部件和子装配的全部数据，不仅可能导致图形混乱，而且会因为需要加载大量数据而占用过多内存，从而影响装配工作的效率。通过引用集，我们可以有效减少这种混乱，并提高计算机的运行速度。在程序默认设置下，每个装配部件都配备了 4 个引用集：整个部件、空、FACET（面）和 MODEL（模型）。

- 整个部件：这一引用集涵盖了部件的全部几何数据。
- 空：空的引用集不包含任何几何对象。当部件以空的引用集形式被添加到装配中时，该部件在装配中将不可见。
- FACET（面）：这是一个轻量化的实体引用集，主要用于显示部件的面。
- MODEL（模型）：此引用集引用了部件在建模模式下所创建的模型数据集。

10.1.4 进入装配环境

UG 装配模块不仅具备快速组合零部件以形成产品的能力，而且支持在装配过程中参照其他部件进行关联设计，并能对装配模型执行间隙分析、重量管理等多样化操作。完成装配模型创建后，用户可以轻松建立爆炸视图，并将其无缝引入装配工程图中。此外，装配工程图内还提供了自动生成装配明细表的功能，同时支持对轴测图进行局部挖切操作。

若要在 UG 欢迎界面中创建一个基于装配模板的新装配文件，或者在"应用模块"选项卡的"设计"面板的"工具箱"列表中选择"装配"模块，只需简单操作，功能区便会显示"装配"选项卡，如图 10-1 所示。

图 10-1

10.2 组件装配设计（虚拟装配）

虚拟装配是通过计算机对产品装配流程及装配结果进行模拟分析，以评估和预测产品模型，并在无须实际产品支持的情况下做出与装配相关的工程决策的一种方法。在运用虚拟装配技术组装产品时，装配中的零件会与原零件保持链接关系，这意味着对原零件的任何修改都会自动同步到装配体中，从而节省内存资源并提升了装配效率。UG 正是采用了这种虚拟装配方法。

在 UG 中，虚拟装配主要分为两种模式：自底向上装配（bottom-up）和自顶向下装配（top-down）。

10.2.1 自底向上装配

自底向上装配所依赖的关键工具是"添加组件"命令。此命令允许用户通过两种方式将组件添加到装配体中：一是选择已加载的部件，二是直接从系统磁盘中选择部件文件。正是借助这一过程，实现了自底向上的装配流程。要执行此操作，只需在"装配"选项卡的"基本"组中单击"添加组件"按钮，便会弹出如图 10-2 所示的"添加组件"对话框。

图 10-2

"添加组件"对话框中的部分选项含义解释如下。

- "要放置的部件"选项区：此区域用于从当前 UG 中选择或打开已存在的部件。
    - » 选择部件：允许在图形区域直接选取装配部件。
    - » 已加载的部件：如果之前打开过或即将打开某个装配部件文件，该文件会自动显示在此列表框中，便于选择并进行装配。
    - » 打开：单击此按钮，可以从系统磁盘中将装配部件加载到 UG 中。
    - » 保持选定：选中此复选框后，单击"应用"按钮将保持部件的选中状态，便于在下一次添加操作中快速添加相同的部件。
    - » 数量：当需要在装配中添加多个相同的部件时，在"数量"文本框中输入相应的数量。
- "位置"选项区：用于确定加载的部件在装配环境中的定位。
    - » 组件锚点：组件装配时的定位点，默认为绝对坐标系的原点。

- » 装配位置：用于选择"组件锚点"在装配环境中的具体放置位置，提供"对齐""绝对坐标系 - 工作部件""绝对坐标系 - 显示部件"和"工作坐标系"4 种确定装配位置的方法。
- » 循环定向：根据"装配位置"的设置来指定不同的组件方向，包括"重置已对齐的位置和方向" 🔁、"将组件定向至 WCS"🔁、"反转组件锚点的 Z 方向"✕和"绕 Z 轴将组件从 X 轴向 Y 轴旋转 90 度"🔁，4 种循环定向方式。

- "放置"选项区：定义部件的装配放置方式，包括"移动"和"约束"两种方式。
  - » 移动：此方式允许在装配环境中对部件进行平移操作。
  - » 约束：此方式可以将新部件约束到另一个部件，或者将新部件固定在原位置。
  - » 指定方位：用于选择部件的放置点。
  - » 只移动手柄：此选项仅在"移动"方式下可用。选中此复选框后，只会移动工作坐标系的操作手柄，而不会移动部件本身。
- "设置"选项区：用于配置部件的名称、引用集及图层的选择等。
  - » 组件名：显示组件的名称，可以在此文本框中修改组件名称。
  - » 引用集：用于设置已添加组件的引用集。
  - » 图层选项：用于设置组件在新图形窗口中的图层，提供"原始的""工作"和"按指定的"3 个选项。"原始的"表示组件将保持原来所在的图层；"工作"表示将组件指定到装配的当前工作层中；"按指定的"则允许将组件指定到任意图层，并可以在下方的"图层"文本框中输入指定的图层号。

若要进行虚拟装配设计，首先需要创建一个装配文件。通常情况下，当采用自底向上装配方法进行装配设计时，可以直接选择装配模板来创建文件。

例 10-1：自底向上的装配设计

自底向上的装配设计的具体操作步骤如下。

01 单击快速访问工具条中的"新建"按钮📄，弹出"新建"对话框。在此对话框中选择模板为"装配"，并在"名称"文本框中输入新文件名 assembly-1.prt"，单击"确定"按钮，完成装配文件的创建，如图 10-3 所示。

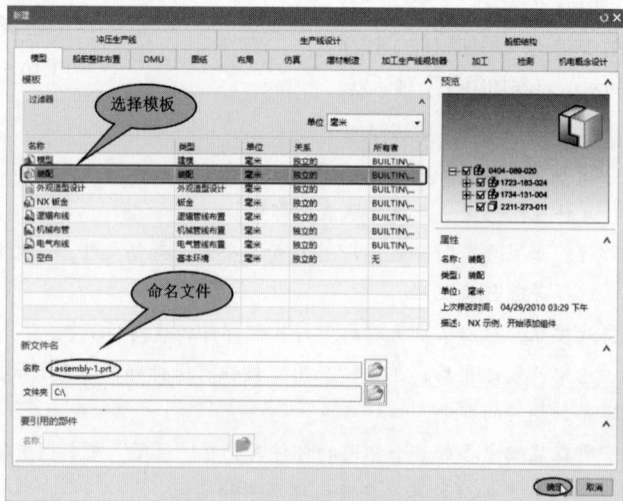

图 10-3

02 弹出"添加组件"对话框。单击该对话框中的"打开"按钮🗁，将本例的配套资源文件夹中的gujia.prt部件文件（滚轮架）打开，如图10-4所示。

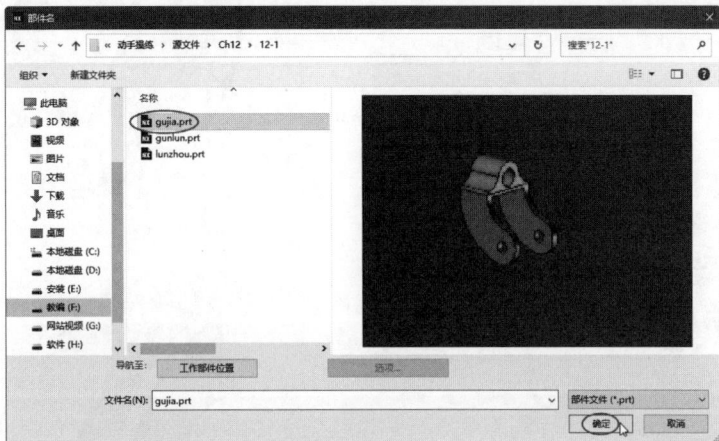

图 10-4

03 在"添加组件"对话框的"位置"选项区的"装配位置"下拉列表中选择"绝对坐标系 - 工作部件"选项，在"设置"选项区的"引用集"下拉列表中选择"模型（MODEL）"选项，其余选项保持默认设置，如图10-5所示。

04 单击"添加组件"对话框中的"应用"按钮，打开的第 1 个组件（滚轮架）会被自动添加到装配文件中，其组件锚点与绝对坐标系原点自动重合，如图10-6所示。UG会自动为第 1 个组件添加一个固定约束。

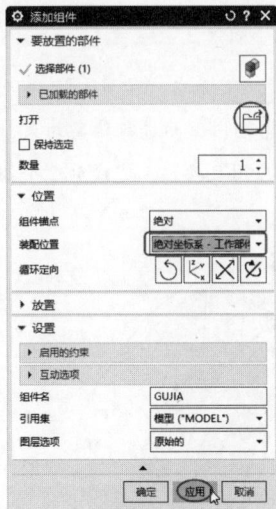

图 10-5

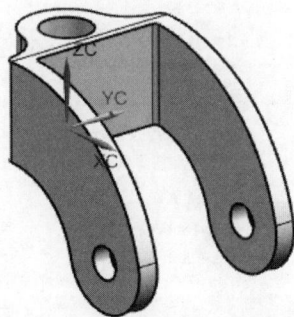

图 10-6

05 单击"添加组件"对话框中的"打开"按钮🗁，将本例的配套资源文件夹中的gunlun.prt部件文件（滚轮）打开。

06 在"添加组件"对话框的"放置"选项区中选中"约束"单选按钮，在展开的"约束类型"列表中单击"接触对齐"按钮，在"方位"下拉列表中选择"自动判断中心 / 轴"选项，然后在装配环境中选取滚轮架上的孔轴和滚轮上的孔轴进行约束，如图10-7所示。

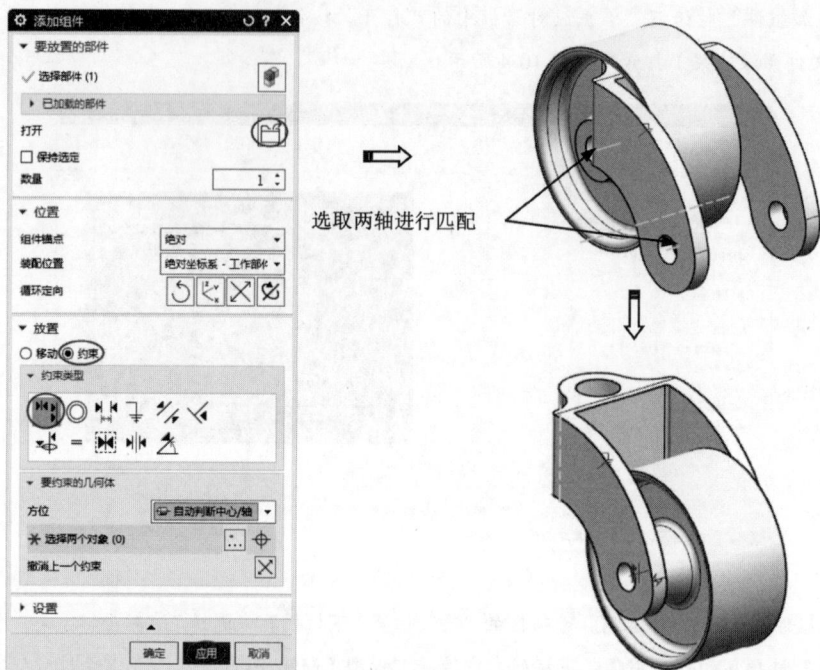

选取两轴进行匹配

图 10-7

技术要点

对于"自动判断中心/轴"选项，用户既可以选择孔轴匹配，也可以选取孔的圆柱面来匹配。匹配成功后，系统会自动将两个组件约束在一起。

07 一个组件的组装至少需要两个约束才能完全限制自由度。下面在"放置"选项区的"约束类型"框中单击"距离"按钮 ，然后选取滚轮孔轴的端面和滚轮架内侧面进行距离约束，并输入"距离"为 3mm，如图 10-8 所示。单击"添加组件"对话框中的"应用"按钮，完成第 2 个组件的装配。

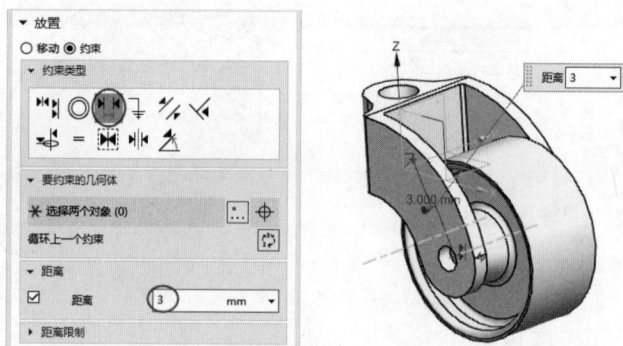

图 10-8

08 在"添加组件"对话框中再次单击"打开"按钮 ，打开 lunzhou.prt 部件文件（滚轮轴）。

09 在"添加组件"对话框的"放置"选项区中选中"约束"单选按钮，在展开的"约束类型"框中单击"接触对齐"按钮 ，在"方位"下拉列表中选择"自动判断中心/轴"选项，然后在装配环境中选取滚轮架孔轴的圆柱面和滚轮轴的圆柱面进行约束，如图 10-9 所示。

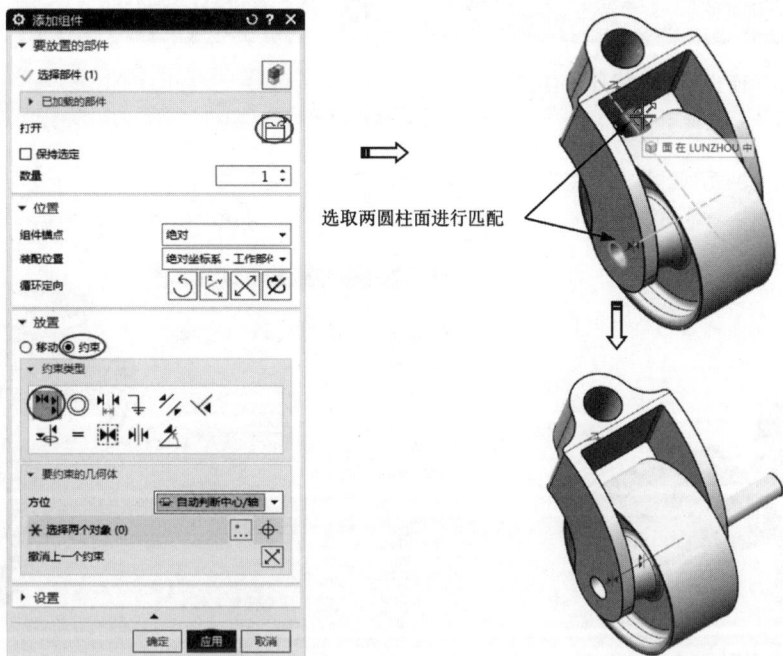

选取两圆柱面进行匹配

图 10-9

10 在"放置"选项区的"约束类型"框中单击"距离"按钮 ，然后选取滚轮架外侧面和滚轮轴端面（在所选滚轮架外侧面的同侧选取）进行距离约束，并输入"距离"为3mm，如图10-10所示。最后单击"添加组件"对话框中的"确定"按钮，完成滚轮轴组件的装配。自底向上装配设计的结果如图10-11所示。

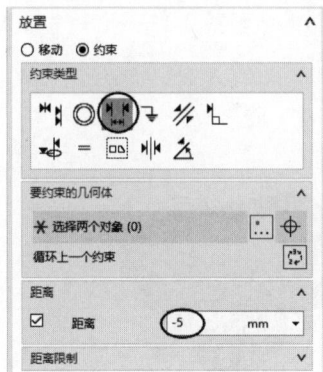

图 10-10

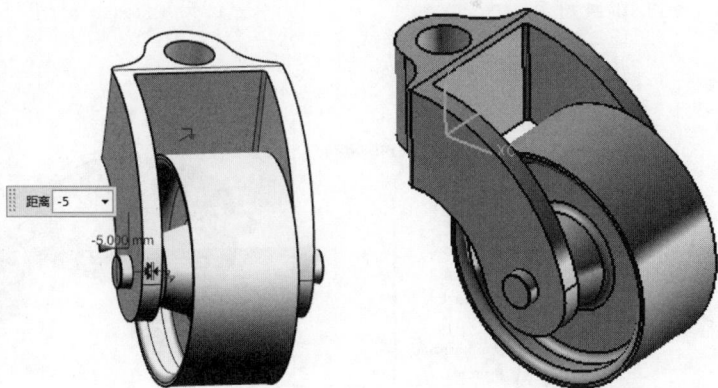

图 10-11

10.2.2　自顶向下装配

自顶向下装配时所使用的工具命令为"新建组件"。"新建组件"命令允许用户选择几何体并将其保存为组件，或者在装配环境中直接创建新组件。自顶向下装配涵盖两种设计模式：由分到总和由总至分。

1．由分到总设计模式

这种模式指的是先在建模环境中完成模型设计，随后将已创建的模型全部链接起来，形成装配部件。接下来，将通过实例详细讲解"由分到总"的设计模式。

例 10-2：由分到总设计模式

由分到总设计模式的具体操作步骤如下。

01 打开本例的配套资源文件 xiaoche.prt，如图 10-12 所示。

02 在"装配"选项卡的"基本"组中单击"新建组件"按钮🐾，弹出"新建组件"对话框。

03 按信息提示选择整个模型中的其中一个实体特征作为新组件，如图 10-13 所示。

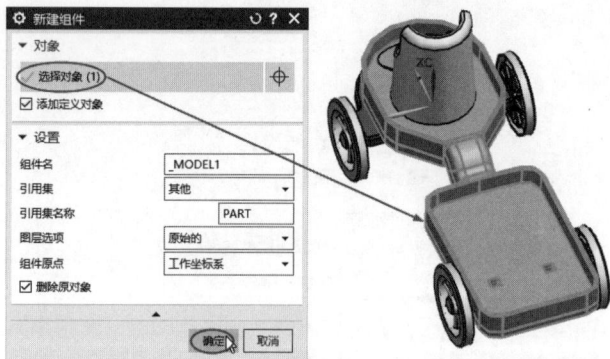

图 10-12　　　　　　　　　　　　　　　图 10-13

04 其余选项保持默认设置，单击"确定"按钮，完成第 1 个组件的创建。同时，程序自动创建原模型文件作为总装配文件，而新建的组件则成为其子文件。

05 同理，在"装配"选项卡的"基本"组中单击"新建组件"按钮🐾，创建新组件文件，并为其添加对象。最终，按此方法完成模型中其余组件的创建，在"装配导航器"中即可查看总装配文件创建完成的结果，如图 10-14 所示。

图 10-14

2. 由总至分设计模式

"由总至分"设计模式指的是先创建一个空的总装配文件，然后依次创建多个子装配文件。这些新创建的子装配文件将成为总装配文件的组成部分。接着，将子文件设置为工作部件，这样即可在建模环境中使用建模功能来创建组件模型。与前一种设计模式不同的是，在弹出"新建组件"对话框后，不再从特征中选择组件，而是直接单击对话框中的"确定"按钮，从而生成一个空的子装配文件，如图 10-15 所示。将此空文件设置为工作部件之后，即可开始进行组件的实体造型设计。

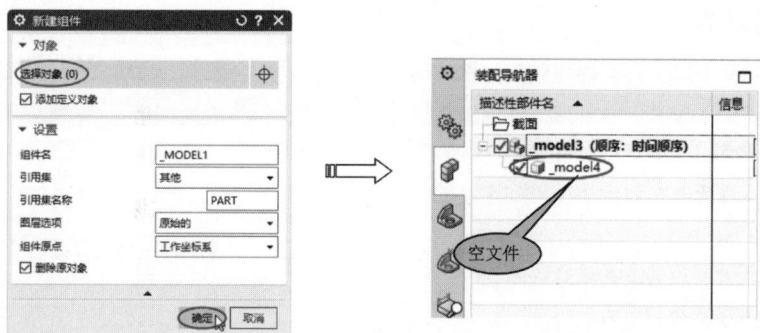

图 10-15

10.3 编辑组件

将组件添加到装配体之后，可以对其进行替换、移动、抑制、阵列以及重新定位等操作。除了在"装配"选项卡中可以选择相应的组件编辑选项，用户还可以在"装配导航器"或图形区域中右击，然后在弹出的快捷菜单中选择所需的编辑选项，如图10-16所示。

图 10-16

10.3.1 新建父装配

"新建父装配"命令用于为当前显示的总装配文件再新建一个父部件文件。在"装配"选项卡的"基本"组中单击"新建父装配"按钮 ，系统会自动创建一个父装配文件，从"装配导航器"中就可以看到新建的父装配对象了，如图10-17所示。

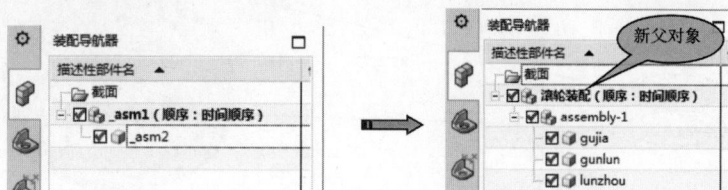

图 10-17

10.3.2 阵列组件

"阵列组件"命令用于将组件复制到矩形或圆形图样中。在"装配"选项卡中单击"阵列组件"按钮，弹出"阵列组件"对话框，如图 10-18 所示。

"阵列组件"对话框中包含 3 种阵列定义的布局选项，其含义如下。

- 线性：以线性布局的方式进行阵列。
- 圆形：以圆形布局的方式进行阵列。
- 参考：自定义的布局方式。

图 10-18

例 10-3：创建组件阵列

创建组件阵列的具体操作步骤如下。

01 打开本例的配套资源文件 zhuangpei.prt。

02 在"装配"选项卡中单击"阵列组件"按钮，弹出"阵列组件"对话框，按信息提示选择装配中的螺钉组件作为阵列对象，如图 10-19 所示。

03 在"阵列组件"对话框中设置"布局"为"圆形"，如图 10-20 所示。

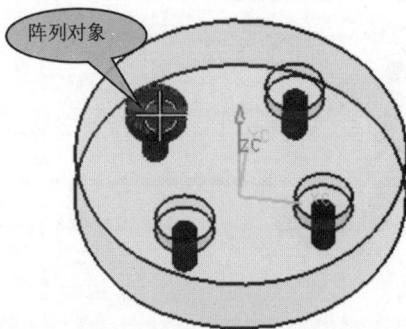

图 10-19

图 10-20

04 指定旋转矢量和旋转点。激活"指定矢量"选项，选择 Z 轴为旋转矢量；激活"指定点"选项，选择坐标系原点为旋转点，如图 10-21 所示。

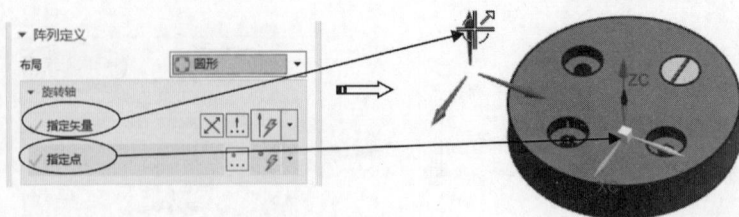

图 10-21

05 在选择旋转矢量和旋转点后,在"斜角方向"选项组中设置相关参数,最后单击"确定"按钮,完成组件的阵列操作,如图10-22所示。

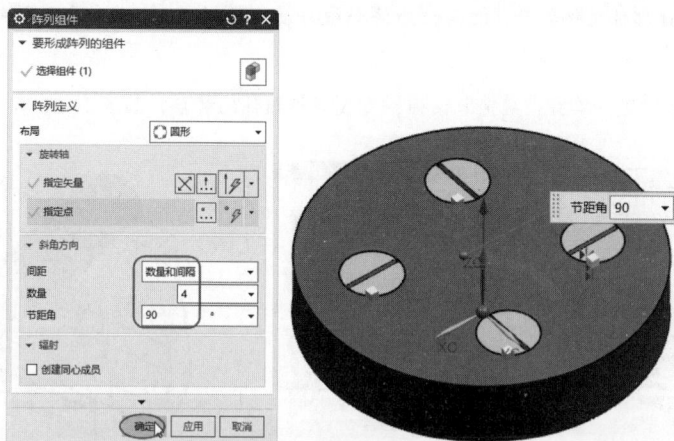

图 10-22

10.3.3 替换组件

"替换组件"命令用于将一个组件替换为另一个组件。在"装配"选项卡的"组件"组的"更多"库中单击"替换组件"按钮,弹出"替换组件"对话框,如图10-23所示。

"替换组件"对话框中的部分选项含义如下。

- 要替换的组件:将要被替换的组件,即被替换组件。
- 替换件:用来替换被替换的组件,即替换组件。
- 浏览:通过浏览来打开替换组件。
- 维持关系:保留替换组件与被替换组件之间的关联关系。
- 替换装配中的所有事例:若选中此复选框,将替换掉与被替换组件呈阵列关系的组件。

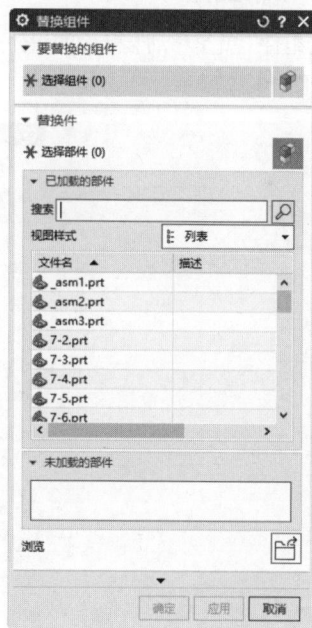

图 10-23

例 10-4: 替换组件

替换组件的具体操作步骤如下。

01 打开本例的配套资源文件 zhuangpei.prt。

02 在"装配"选项卡中单击"替换组件"按钮,弹出"替换组件"对话框。

03 按信息提示选择装配中的螺栓组件作为要替换的组件，如图 10-24 所示。

04 在"替换件"选项区中激活"选择部件"选项，然后单击"打开"按钮🗁，将本例的配套资源文件夹中的 luoshuan-1.prt 部件文件打开，之后该组件会被自动收集到"未加载的部件"列表中，如图 10-25 所示。

05 其余选项保持默认设置，单击"确定"按钮，完成螺栓组件的替换，如图 10-26 所示。

图 10-24　　　　　　　图 10-25　　　　　　　图 10-26

10.3.4　移动组件

　　"移动组件"就是移动装配中的组件。在"装配"选项卡中单击"移动组件"按钮，弹出"移动组件"对话框，如图 10-27 所示。

图 10-27

"移动组件"对话框中包含多种组件运动的类型，这些类型及相关选项的含义如下。

- 距离：通过指定组件的平移方向和距离来移动组件。
- 角度：通过绕指定的轴旋转来移动组件。
- 点到点：选择一个点作为位置起点，再选择一个点作为位置终点，使组件平移。
- 根据三点旋转：指定一个旋转轴，再以两个点作为旋转起点和终点来旋转组件。

- 将轴与矢量对齐：以两个矢量作为组件的从方向和目标方向，再确定一个旋转点，使组件绕点旋转。
- 坐标系到坐标系：从自身基准坐标系到新指定的基准坐标系，为组件重定位。
- 动态：动态地平移或旋转组件的基准参照坐标系，使组件随着基准坐标系的位置变换而移动。
- 根据约束：通过装配约束的方法来移动组件。
- 增量 XC-YCZ：采用输入增量值的方法来移动组件。
- 投影距离：以矢量作为移动方向，并在矢量方向上施加一定的距离，使组件移动。

移动组件的具体操作过程在前面进行自底向上装配设计时已经介绍过，因此本节不再赘述。

10.3.5　装配约束

"装配约束"命令用于明确组件之间的装配关系，从而确定它们在装配体中的相对位置。装配约束条件由单个或多个关联约束构成，这些关联约束能够限制组件在装配过程中的自由度。在"装配"选项卡中单击"装配约束"按钮，会弹出"装配约束"对话框，如图 10-28 所示。

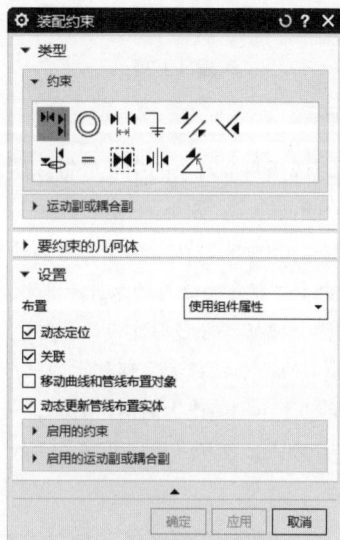

图 10-28

在"装配约束"对话框中，"设置"选项区的各选项含义如下。

- 布置：在选择约束对象时，可用的组件属性。它包括"使用组件属性"和"应用到已使用的"两个选项。
- 动态定位：选中此复选框，可以对组件进行动态定位。
- 关联：选中此复选框，则约束后的组件与原先未约束的组件将建立父子关联关系。
- 移动曲线和管线布置对象：选中此复选框，可以移动装配中的曲线和管线布置对象。
- 动态更新管线布置实体：选中此复选框，可以动态更新管线布置实体。

"装配约束"对话框中包含了 11 种装配约束类型，分别是：接触对齐约束、同心约束、距离约束、固定约束、平行约束、垂直约束、对齐/锁定约束、等尺寸配对约束、胶合约束、中心约束以及角度约束。

1. 角度约束

角度约束是一种装配约束，它使子装配与父装配之间形成特定的角度。角度约束可以在两个具有方向矢量的对象之间创建，其中角度是由这两个方向矢量的夹角来定义的。此类约束允许将不同类型的对象关联起来，例如，可以在面和边缘之间指定一个角度约束。

角度约束包含两种子类型："方向角度"和"3D 角"。在"方向角度"子类型中，需要确定 3 个约束对象：旋转轴、第一对象和第二对象。而"3D 角"子类型则无须指定旋转轴，只需选择两个约束对象，程序将自动计算它们之间的角度。在"角度"文本框中输入相应的数值后，即可对组件进行约束。图 10-29 展示了使用"3D 角"子类型进行角度约束的示例。

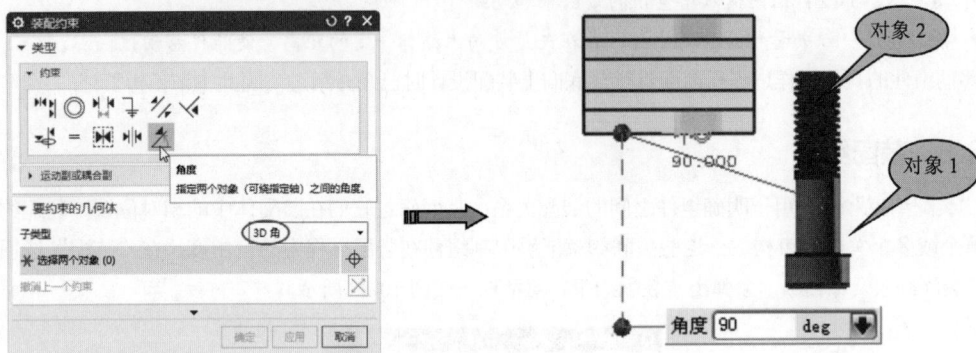

图 10-29

2. 中心约束

中心约束是一种装配约束，它通过选择两个对象的中心或轴，使它们的中心对齐或轴重合。中心约束的选项设置如图 10-30 所示，其中部分选项的含义如下。

- 子类型：指的是组件内部的特征，例如点、线、面等，该选项包含三个子选项。
  - » 1 对 2：表示选择一个子组件（即需要进行约束并产生移动的组件）上的某个特征和父部件（即固定不动的组件）上的两个特征，将它们作为约束对象。
  - » 2 对 1：表示选择子组件上的两个特征和父部件上的一个特征，将它们作为约束对象。
  - » 2 对 2：表示分别选择子组件和父部件上的两个特征，将它们作为约束对象。
- 轴向几何体：即约束对象的选择方式，包括"使用几何体"和"自动判断中心 / 轴"两种选项。

3. 胶合约束

胶合约束是一种装配约束，其特点是不进行任何平移、旋转或对齐操作。它将组件的默认当前位置作为其位置状态。胶合约束的设置选项如图 10-31 所示。在选择要约束的组件对象之后，只需单击"创建约束"按钮，即可成功创建胶合约束。

图 10-30

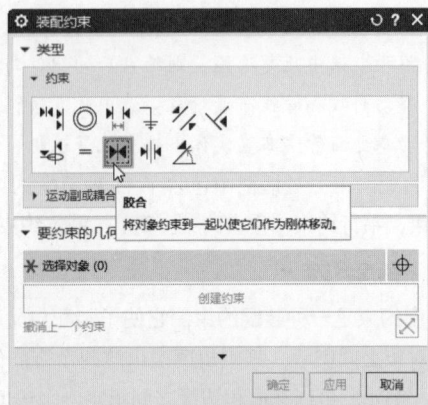

图 10-31

4．等尺寸配对约束 ═

此类约束适用于两个约束对象的尺寸相等的情况。例如，在将销钉装配到零件的孔中时，销钉的直径必须与孔的直径相等，才能使用适合约束。图10-32展示了使用适合约束装配组件的示例。

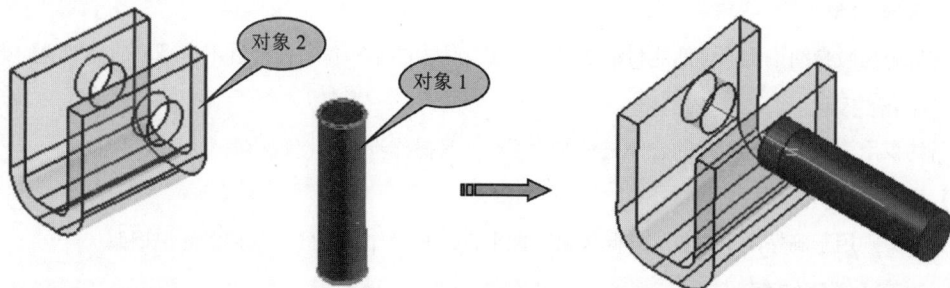

图 10-32

5．接触对齐约束 ▸◂⊩⊩

实际上，接触对齐约束包括两种约束类型，即接触约束和对齐约束。接触约束是指约束对象贴着约束对象；对齐约束是指约束对象与约束对象是对齐的，并且在同一个点、线或平面上。

> **技术要点**
>
> 约束对象只能是组件上的点、线、面。

接触对齐约束的选项设置如图10-33所示。该约束类型包括5个方位选项，如下所示。

- 查找最近的：此选项包含了根据所选约束对象的不同而自动判断并给出合理约束建议的几项约束。
- 首选接触：此选项既包含接触约束，又包含对齐约束，但系统首先对约束对象进行接触约束。
- 接触：仅表示接触约束。
- 对齐：仅表示对齐约束。
- 自动判断中心/轴：此选项会自动将约束对象的中心或轴进行对齐或接触约束。

6．同心约束 ◎

同心约束是一种装配约束，它将约束对象的圆心进行同心约束。其选项设置如图10-34所示。此类约束非常适合轴类零件的装配，在操作时，只需选择两个约束对象的圆心即可。

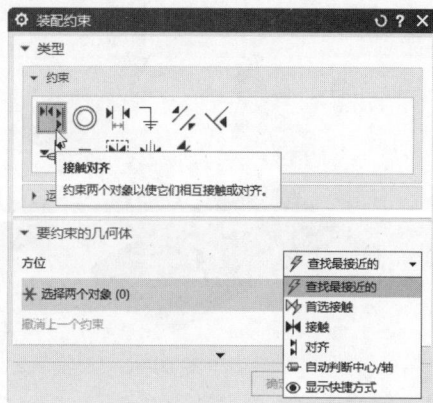

图 10-33

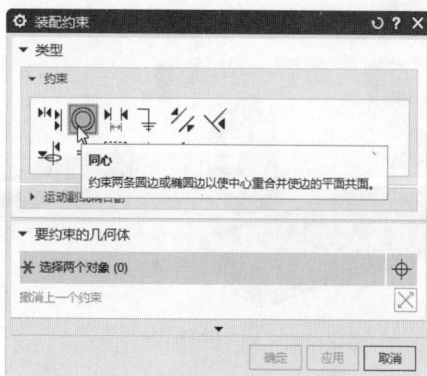

图 10-34

7. 距离约束 ↦

距离约束主要用于调整组件在装配体中的定位。在选择配对组件上的一个约束对象（点、线或面），并在父部件上选择另一个约束对象后，可以在弹出的浮动文本框中输入数值，从而使组件得以重新定位。

8. 固定约束 ⌐

固定约束与胶合约束相似，都能将组件固定在装配体中的某一位置，使其不再受其他类型的约束影响。

9. 平行约束 ⫽

平行约束用于确保两个对象的方向矢量彼此平行，其操作步骤与接触约束类似。

10. 垂直约束 ⊾

垂直约束则用于确保两个对象的方向矢量彼此垂直，其操作步骤同样与接触约束相似。

11. 对齐 / 锁定约束 ↤

对齐 / 锁定约束能够将不同组件中的两个轴对齐，并防止组件绕公共轴发生旋转。

例 10-5：装配约束

装配约束的具体操作步骤如下。

01 打开本例的配套资源文件 zhuangpeiti.prt，装配模型如图 10-35 所示。

02 在"装配"选项卡中单击"装配约束"按钮，弹出"装配约束"对话框。

03 在"装配约束"对话框中选择约束类型为"接触对齐"，然后在图形区中选择一个支架的底面作为接触对齐约束对象 1，再选择底座上表面作为接触对齐约束对象 2，如图 10-36 所示。随后，支架组件自动与底座组件接触，如图 10-37 所示。

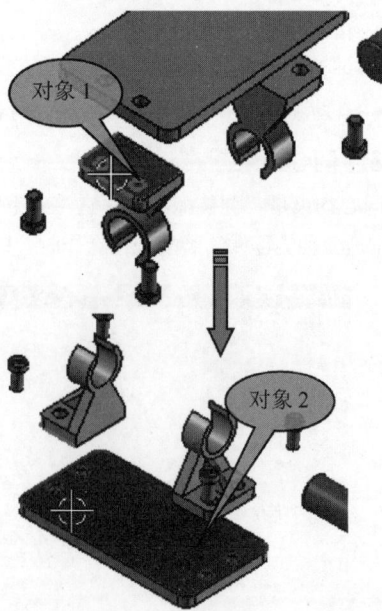

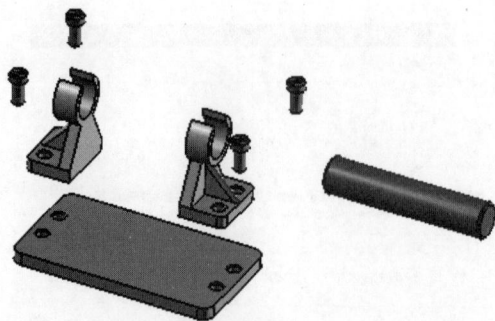

图 10-35   图 10-36

04 在"装配约束"对话框中选择约束类型为"同心"，然后选择支架上的螺纹孔边界作为同心约束对象 1，如图 10-38 所示。

图 10-37

图 10-38

05 选择底座上与支架螺纹孔相对应的螺纹孔边界作为同心约束对象2，如图10-39所示。随后，两个孔自动进行同心约束，并在约束后显示约束符号，表示已进行了约束，如图10-40所示。

图 10-39

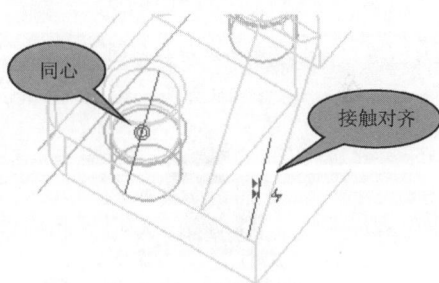

图 10-40

06 将支架与底座的另一个螺纹孔进行同心约束。

07 同理，将另一个支架与底座进行接触对齐约束和同心约束，装配约束结果如图10-41所示。

技术要点

在支架和底座的装配约束完成后，接下来需要对螺钉和支架进行装配约束。由于装配模型中包含4个相同的螺钉，因此，本例将仅对其中一个螺钉的装配约束进行详细介绍，其余螺钉可以按照相同的方法进行操作。

08 在"装配约束"对话框中选择约束类型为"适合"，然后依次选择螺钉螺纹面和支架螺纹孔面作为适合约束对象1与适合约束对象2，如图10-42所示。随后，螺钉与支架螺纹孔进行适合约束，如图10-43所示。

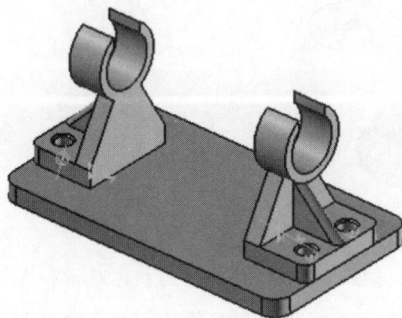

图 10-41

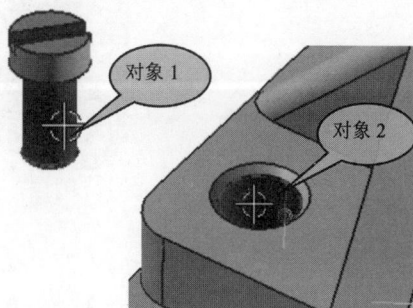

图 10-42

09 在"装配约束"对话框中选择约束类型为"接触对齐"，然后选择螺钉头部下端面和支架上表面作为接触对齐约束对象1与接触对齐约束对象2，如图10-44所示。

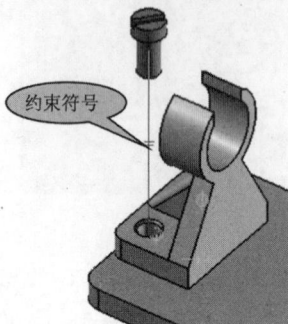
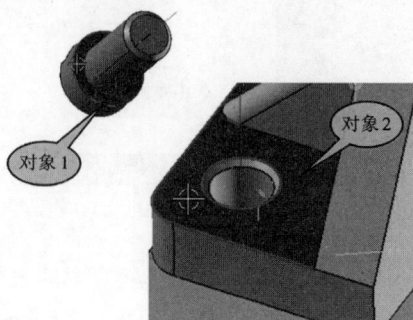

图 10-43　　　　　　　　　　　　　　图 10-44

10 随后，螺钉与支架表面进行接触对齐约束，结果如图10-45所示。同理，将其余3个螺钉也按此方法进行装配约束，装配约束结果如图10-46所示。

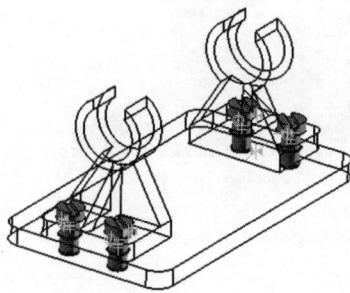

图 10-45　　　　　　　　　　　　　　图 10-46

11 当螺钉都进行装配约束后，就需要对圆柱体进行装配约束。在"装配约束"对话框中选择约束类型为"接触对齐"，然后在"方位"下拉列表中选择"接触"选项。

12 按信息提示选择圆柱体的圆弧表面作为接触约束对象1，再选择支架上的内圆弧面作为接触约束对象2，如图10-47所示。

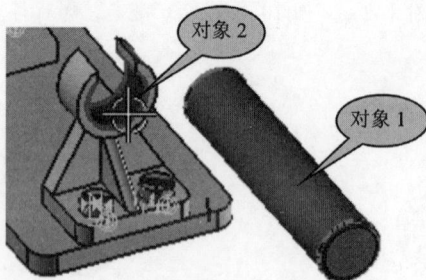

图 10-47

13 在"装配约束"对话框的"方位"下拉列表中选择"对齐"选项，然后依次选择圆柱体端面和支架侧面作为对齐约束对象1和对齐约束对象2，如图10-48所示。最终完成支架组件的所有装配约束，结果如图10-49所示。

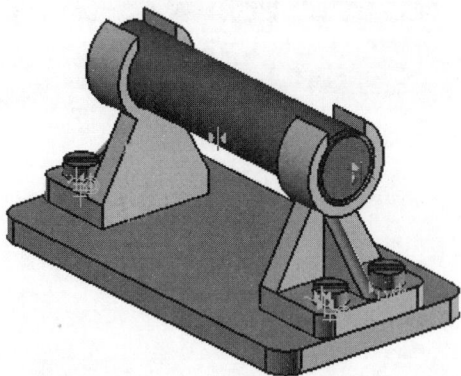

图 10-48   图 10-49

10.3.6 镜像装配

"镜像装配"命令用于为整个装配或单个装配部件创建镜像装配。在"装配"选项卡中单击"镜像装配"按钮，将会弹出"镜像装配向导"对话框，如图 10-50 所示。装配或装配部件的镜像操作与建模环境下的镜像体操作相似。

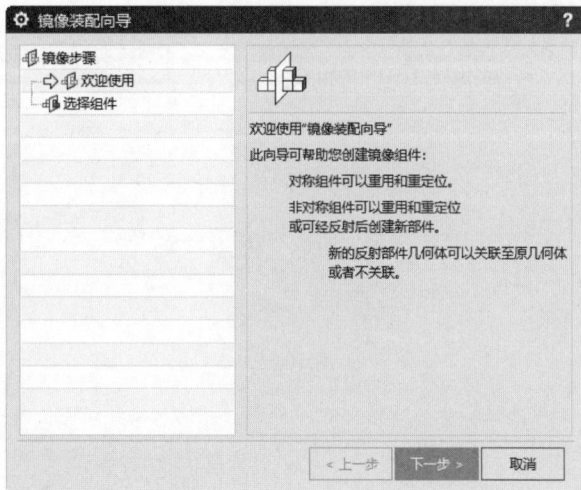

图 10-50

例 10-6：镜像装配

镜像装配的具体操作步骤如下。

01 打开本例的配套资源文件 jingxiang.prt。

02 在"装配"选项卡中单击"镜像装配"按钮，弹出"镜像装配向导"对话框。

03 单击"镜像装配向导"对话框中的"下一步"按钮，此时该对话框会有操作信息提示："希望镜像哪些组件？"选择整个装配的所有组件作为镜像对象，选择的镜像对象会被自动添加到"选定的组件"列表中，如图 10-51 所示。

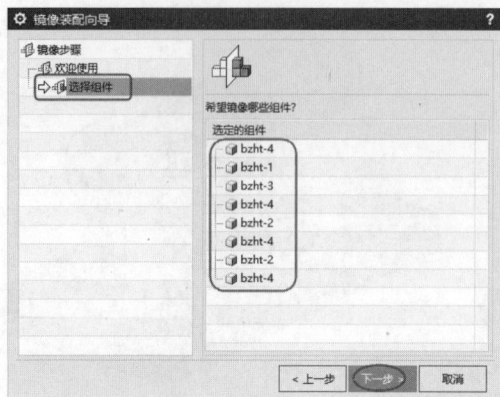

图 10-51

04 在选择镜像对象后,单击"下一步"按钮,"镜像装配向导"对话框提示:"希望使用哪个平面作为镜像平面?"单击"创建基准平面"按钮,弹出"基准平面"对话框,如图 10-52 所示。

图 10-52

05 在"基准平面"对话框中选择类型为"XC-ZC 平面",并输入偏置距离值为-10mm,创建镜像平面,如图 10-53 所示。

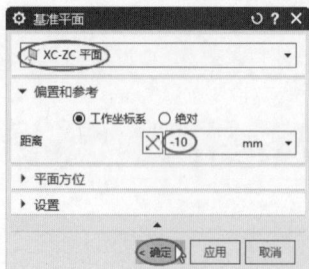

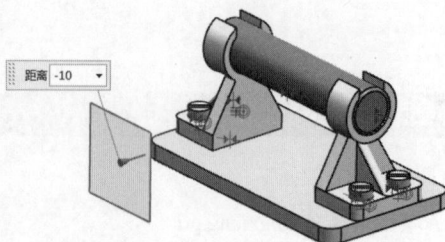

图 10-53

06 单击"基准平面"对话框中的"确定"按钮,返回"镜像装配向导"对话框,并单击两次"下一步"按钮,此时,"镜像装配向导"对话框提示:"希望使用什么类型的镜像?"如图 10-54 所示。

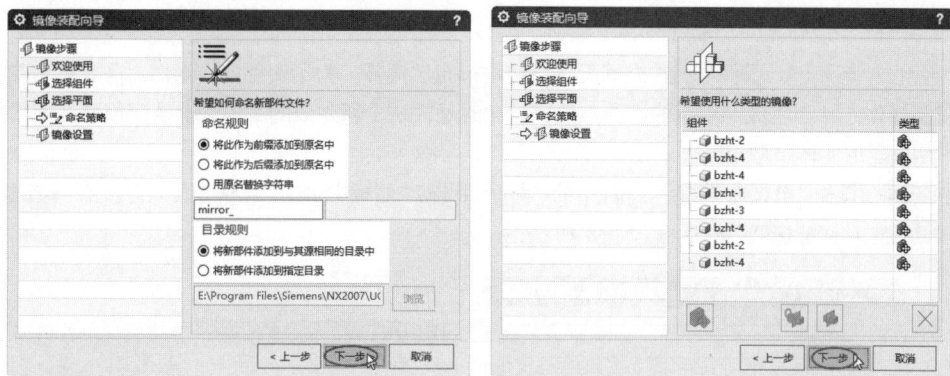

图 10-54

07 保持默认的镜像类型，单击"下一步"按钮，程序自动创建镜像装配，如图10-55所示。

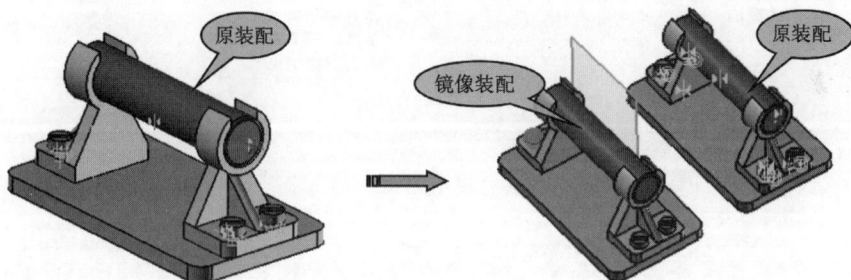

图 10-55

08 在创建镜像装配后，"镜像装配向导"对话框提示："您希望如何定位镜像的实例？"保持默认设置，单击"完成"按钮，退出"镜像装配向导"对话框，如图10-56所示。

图 10-56

10.3.7　抑制组件和取消抑制组件

"抑制组件"命令用于将显示部件中的组件及其子组件隐藏。抑制组件并非删除组件，组件的数据仍然被保留在装配体中，只是不执行其装配命令。反之，若想将已抑制的组件显示出来并使其能被编辑，则需要执行"取消抑制组件"命令。

10.3.8 WAVE 几何链接器

在装配设计环境下，组件与组件之间无法直接进行布尔运算。为了实现这一操作，需要对这些组件进行链接复制操作，从而生成一个新的实体。值得注意的是，这个新生成的实体并非装配部件，而是与在建模环境下所创建的实体类型相同。

要执行这一操作，可以在"装配"选项卡的"部件间链接"面板中单击"WAVE 几何链接器"按钮。随后，会弹出"WAVE 几何链接器"对话框，如图 10-57 所示。

图 10-57

技术要点

"WAVE 几何链接器"命令相当于一个复制工具，其功能与建模环境中的"抽取几何特征"命令有相似之处。然而，二者之间也存在明显差异：前者主要负责从装配体中抽取组件模型，并将其转换为建模实体；而后者则允许在建模环境中直接复制实体或特征。

"WAVE 几何链接器"对话框中包含9种链接类型，这些类型及"设置"选项区中的各选项具体含义如下。

- 复合曲线：复制装配中所有组件上的边。
- 点：允许在组件上直接创建点或点阵。
- 基准：可以选择并复制组件上的基准平面。
- 草图：用于复制组件中的草图。
- 面：允许选择并复制组件上的特定面。
- 面区域：可以选择并复制组件上的某个面区域。
- 体：允许选择并复制单个组件，生成新的实体。
- 镜像体：可以选择组件进行镜像复制，生成新的实体。
- 管线布置对象：能够选择并复制装配中的各类管线，例如机械管线、电气管线、逻辑管线等。

"设置"选项区中的选项含义如下。

- 关联：若选中此复选框，则复制的链接体将与原组件保持关联关系。
- 隐藏原先的：若选中此复选框，则原先的组件将被隐藏。
- 固定于当前时间戳记：此选项用于将关联关系固定在当前时间戳记上。
- 允许自相交：允许复制的曲线自相交。
- 使用父部件的显示属性：复制的对象将使用原组件的显示属性在装配中展示。
- 设为与位置无关：若选中此复选框，则链接对象将与装配位置无关。

10.4　爆炸装配

"爆炸装配"命令是专门用于创建与编辑装配模型的爆炸图的。爆炸图展示了装配模型中各个组件按照其装配关系偏离原始位置的拆分状态，从而帮助用户更清晰地查看装配中的零件以及它们之间的相互装配关系。图10-58展示了装配模型的一种爆炸效果。

图 10-58

爆炸图实质上也是一种特殊视图。与其他用户自定义的视图相同，一旦爆炸图被定义并命名，它就可以被添加到其他图形中。重要的是，爆炸图与显示部件紧密关联，并且相关信息会存储在显示部件中。用户可以在任意视图中展示爆炸图，并对其执行各种操作。这些操作同样会影响到非爆炸图中的对应组件。

若想要创建或编辑爆炸图，可以单击"装配"选项卡中的"爆炸"按钮，此时会弹出"爆炸"对话框。该对话框中包含了用于创建或编辑装配爆炸图的各种命令，如图10-59所示。接下来，将逐一介绍与创建爆炸图相关的命令。

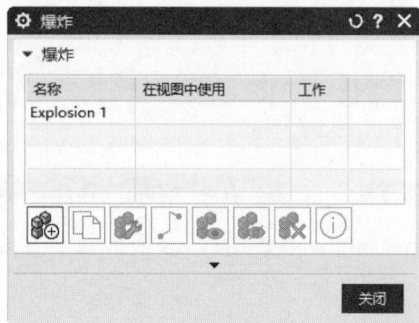

图 10-59

10.4.1　新建爆炸

"新建爆炸"命令允许用户对装配中的组件进行重定位，进而生成组件的分散图，即爆炸图。在"爆炸"面板中单击"爆炸"按钮，会弹出"爆炸"对话框。在该对话框的底部单击"新建爆炸"按钮，会进一步弹出"编辑爆炸"对话框，如图10-60所示。在该对话框中，可以为新的爆炸图命名，并选择需要进行爆炸展示的组件。完成这些设置后，单击"确定"按钮，即可完成爆炸图的创建。

10.4.2 编辑爆炸

"编辑爆炸"命令用于在爆炸图中对组件进行重定位操作，以实现理想的分散、爆炸效果。在"爆炸"对话框中单击"编辑爆炸图"按钮，将弹出"编辑爆炸"对话框。通过该对话框，可以选择要编辑的组件，并采用手动或自动方式调整组件的位置，如图 10-61 所示。

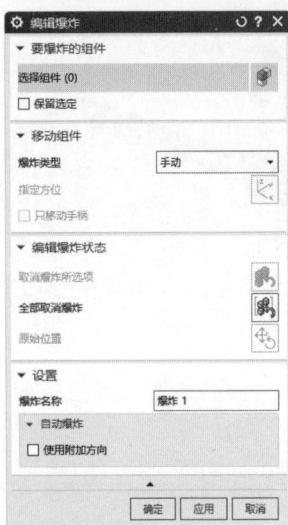

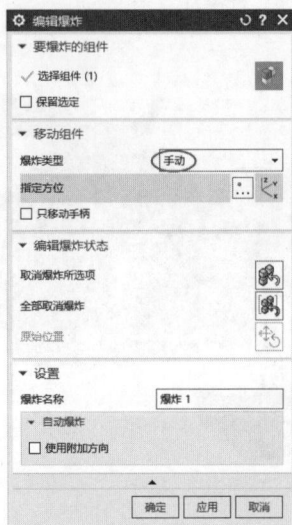

图 10-60

图 10-61

例 10-7: 创建并编辑爆炸图

创建并编辑爆炸图的具体操作步骤如下。

01 打开本例的配套资源文件 gunlun.prt。

02 在"爆炸"面板中单击"爆炸"按钮，弹出"爆炸"对话框。同时，系统会自动创建命名为 Explosion 2 的爆炸视图。

03 在"爆炸"对话框中单击"编辑爆炸"按钮，弹出"编辑爆炸"对话框，如图 10-62 所示。

04 在装配模型中选择滚轮组件，如图 10-63 所示。

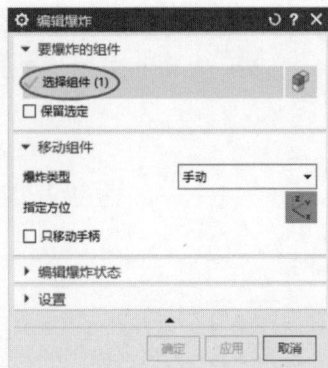

图 10-62

图 10-63

05 在"编辑爆炸"对话框的"移动组件"选项区中激活"指定方位"选项，然后在图形区中拖动 ZC 轴柄，向下拖至如图10-64所示的位置。

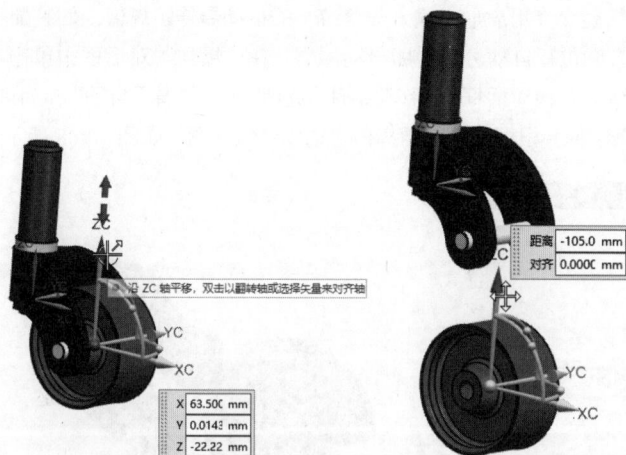

图 10-64

06 选择销作为要爆炸的组件，如图10-65所示。

07 激活"指定方位"选项后，拖动XC轴柄至如图10-66所示的位置。

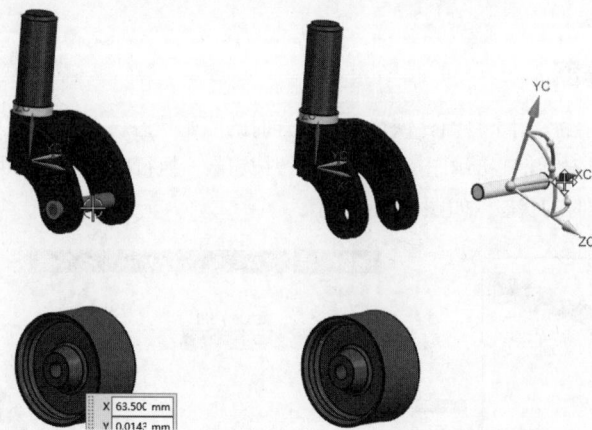

图 10-65　　　　　　　　　　　图 10-66

08 同理，选择轴和垫圈作为要爆炸的组件，并将其重定位，最终编辑完成的爆炸图如图10-67所示。最后单击"确定"按钮，完成爆炸图的创建和编辑。

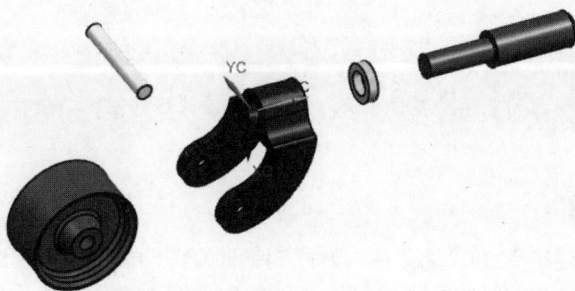

图 10-67

10.4.3　自动爆炸组件

　　"自动"爆炸组件功能允许用户通过输入一个统一的自动爆炸距离值，使装配中的每个组件能够沿其轴向、径向或其他矢量方向进行自动分散，即自动爆炸。在"爆炸"对话框中单击"新建爆炸"按钮，会弹出"编辑爆炸"对话框。在该对话框的"移动组件"选项区中，选择"自动"作为爆炸类型，随后单击"自动爆炸所有"按钮，系统便会根据设定的距离值自动创建爆炸图，如图 10-68 所示。

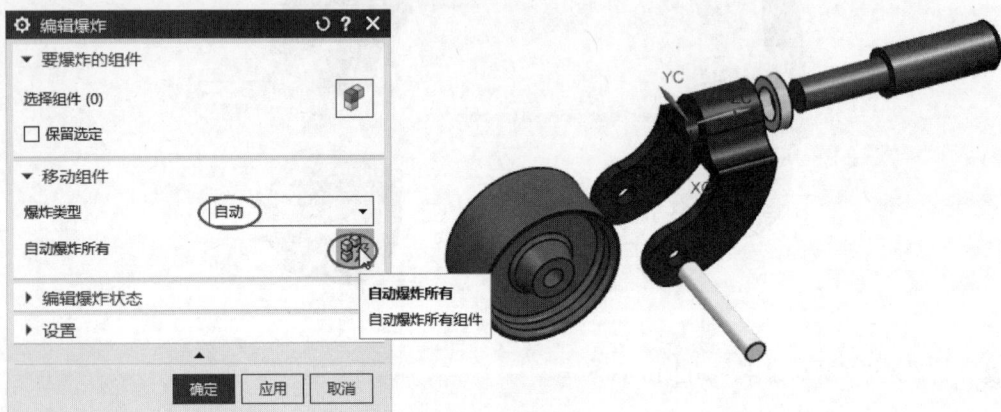

图 10-68

10.4.4　删除爆炸图

　　"删除爆炸组件"命令用于将组件恢复到未爆炸时的原始状态。在"爆炸"对话框中，需要选择要删除的爆炸图，随后在该对话框底部单击"删除爆炸"按钮。执行此操作后，所选的爆炸图将被删除，同时组件会恢复到未爆炸时的状态，如图 10-69 所示。

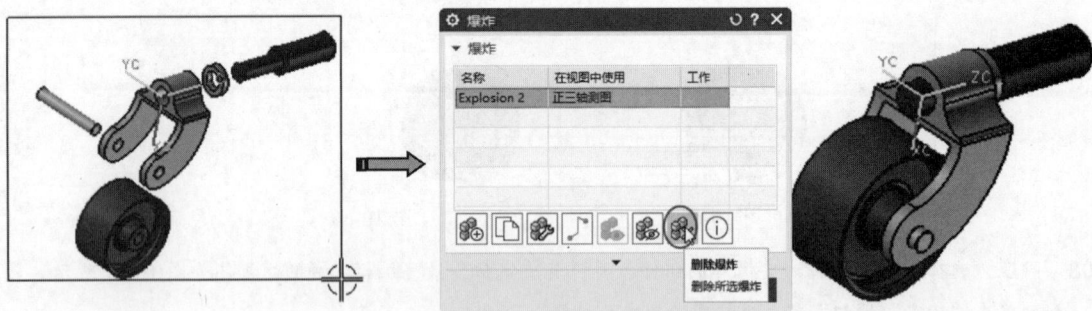

图 10-69

技术要点

在图形区域中直接显示的爆炸图无法被直接删除。若需要删除该爆炸图，必须首先将其进行复位操作。

10.4.5　创建追踪线

　　可以为装配爆炸图创建组件的追踪。在"爆炸"对话框的底部单击"创建追踪线"按钮，会弹出"追踪线"对话框。在此对话框中，指定起点和终止点后，系统会自动创建追踪线，如图 10-70 所示。

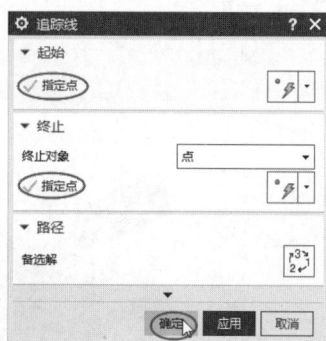

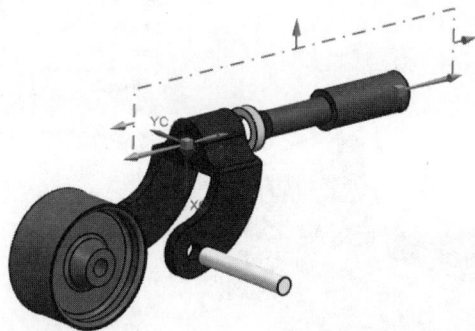

图 10-70

10.5　综合案例——装配台虎钳

本例装配的台虎钳爆炸效果如图 10-71 所示，具体的操作步骤如下。

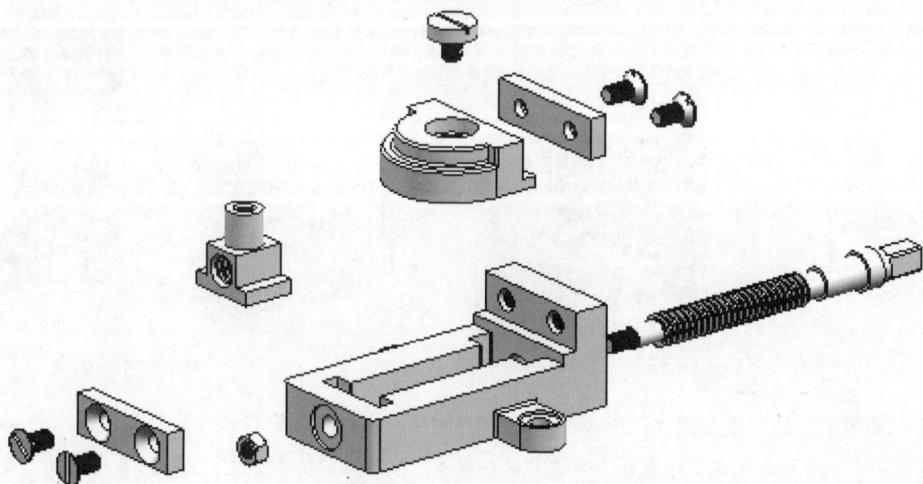

图 10-71

台虎钳主要由两大部分组成：一是钳座，二是活动钳口。因此，装配台虎钳的步骤应该是：首先装配钳座部分，接着装配活动钳口部分，最后进行整体的总装配。

1. 装配钳座

01 新建名称为 qianzuo.prt 的装配文件。

02 装配底座。在"装配"选项卡的"基本"组中单击"添加组件"按钮，弹出"添加组件"对话框。在"添加组件"对话框中单击"打开"按钮，打开"台虎钳"文件夹中的 dizuo.prt 文件。以"绝对坐标系 - 工作部件"的装配方法将台虎钳底座装配到环境中，如图 10-72 所示。

03 在"添加组件"对话框中单击"打开"按钮，将"台虎钳"文件夹中的 qiankouban.prt 文件打开。在"放置"选项区中选中"移动"单选按钮，再激活"指定方位"选项，将装配环境中的钳口板部件（默认状态下与底座部件重合了）往 ZC 轴方向平移，如图 10-73 所示。平移部件的目的是便于选取约束参考。

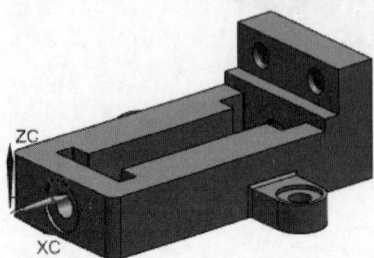

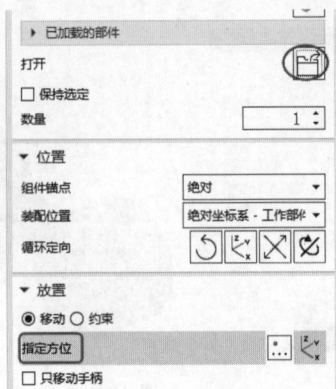

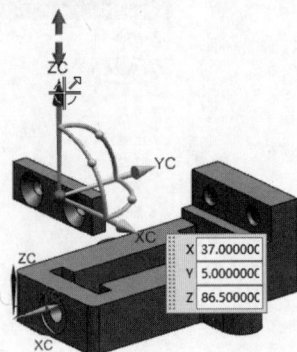

图 10-72   图 10-73

04 在"放置"选项区中选中"约束"单选按钮,展开"约束类型"列表框。在"约束类型"列表框中单击"同心"按钮◉,然后选取钳口板上一个孔的边线和底座上的孔边线进行同心约束,如图 10-74 所示。

05 单击对话框中的"应用"按钮,钳口板会被装配到底座上,如图 10-75 所示。

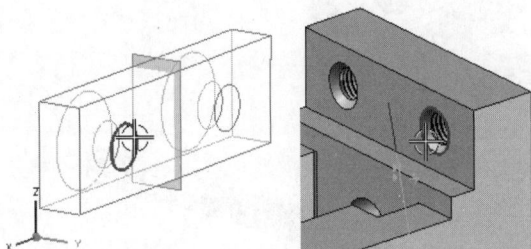

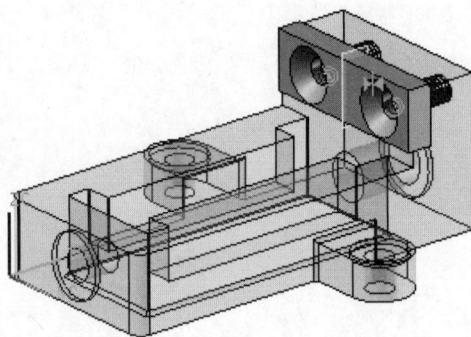

图 10-74   图 10-75

06 装配沉头螺钉。在"添加组件"对话框中单击"打开"按钮📂,将"台虎钳"文件夹中的 luoding.prt 文件打开。在"约束类型"列表框中单击"接触对齐"按钮🔗,在"方位"下拉列表中选择"首选接触"选项,然后在装配环境中选取螺钉斜面和钳口板孔的斜面进行接触约束,如图 10-76 所示。

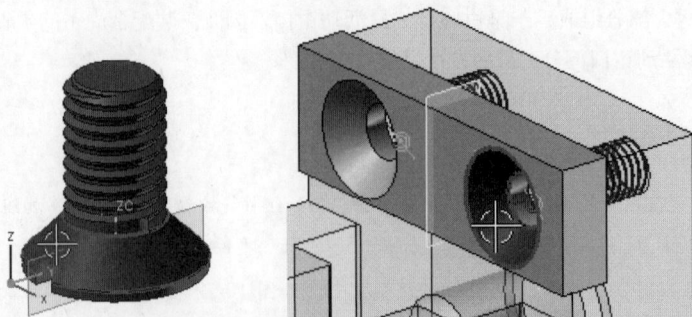

图 10-76

07 在"方位"下拉列表中选择"自动判断中心/轴"选项,然后选取螺钉头部的边线和钳口板的孔边线进行中心/轴约束,如图 10-77 所示。

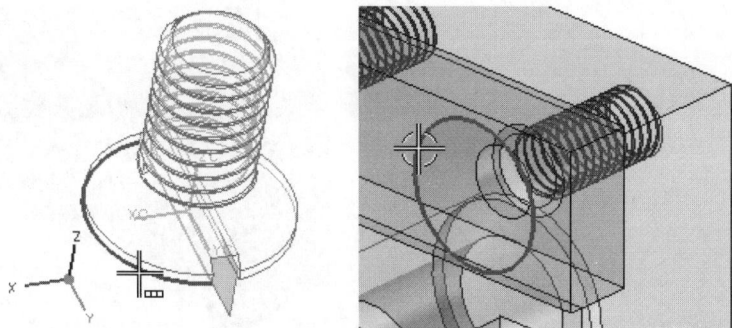

图 10-77

08 单击"添加组件"对话框中的"应用"按钮，螺钉被装配到钳口板上，如图 10-78 所示。同理，以相同方式再次选择此螺钉组件，并将其装配到钳口板的另一个孔上，如图 10-79 所示。

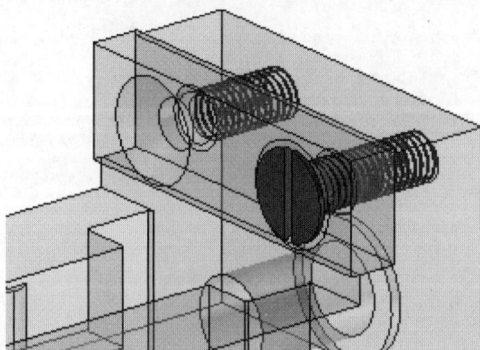

图 10-78

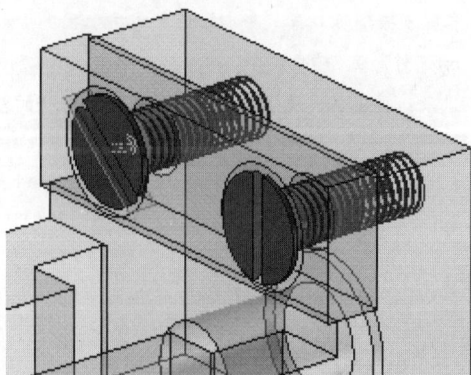

图 10-79

09 装配螺杆。在"添加组件"对话框中单击"打开"按钮，打开"台虎钳"文件夹中的 luogan.prt 文件。在"约束类型"列表框中单击"同心"按钮，选择螺杆上的边线和底座螺孔边线（在安装有钳口板的一侧进行选取）进行同心约束，如图 10-80 所示。若在装配螺杆后发现装配方向不正确，可以单击"放置"选项区中的"撤销上一个约束"按钮，更改装配方向。

10 单击"添加组件"对话框中的"应用"按钮，螺杆会被装配到台虎钳底座上，如图 10-81 所示。

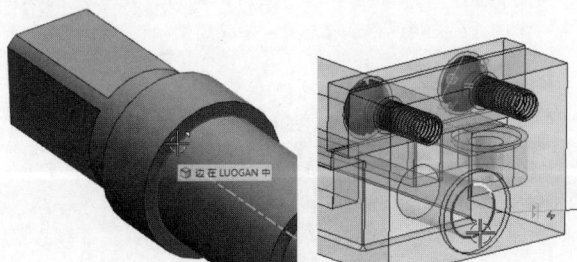

图 10-80

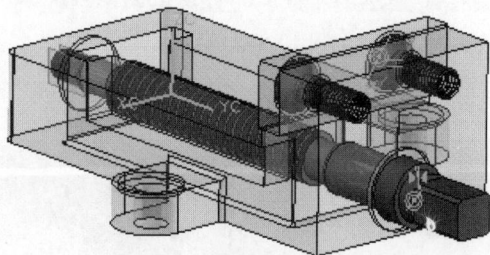

图 10-81

11 装配六角螺母。在"添加组件"对话框中单击"打开"按钮，打开 luomu.prt 文件。在"约束类型"列表框中单击"同心"按钮，选取螺母中螺纹孔的边线和底座螺纹孔边线进行同心约束，如图 10-82 所示。单击"添加组件"对话框中的"应用"按钮，螺母会被装配到螺杆上，如图 10-83 所示。

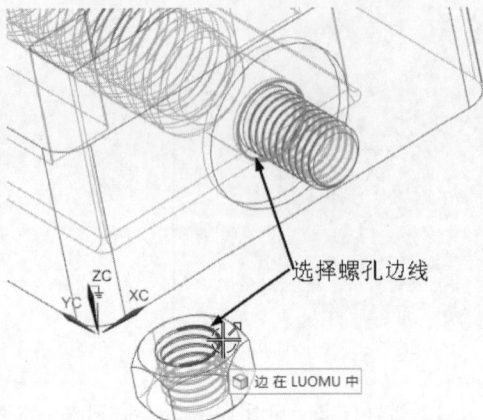

图 10-82 　　　　　　　　　　　　　　　　　　图 10-83

12 装配方块螺母。在"添加组件"对话框中单击"打开"按钮📂，打开"台虎钳"文件夹中的 fangkuailuomu.
prt 文件。在"约束类型"列表框中单击"接触对齐"按钮⚭，在"方位"下拉列表中选择"自动判断中心/轴"
选项，再选取方块螺母中螺孔的边线和螺杆的外圆边线进行中心/轴约束，如图 10-84 所示。

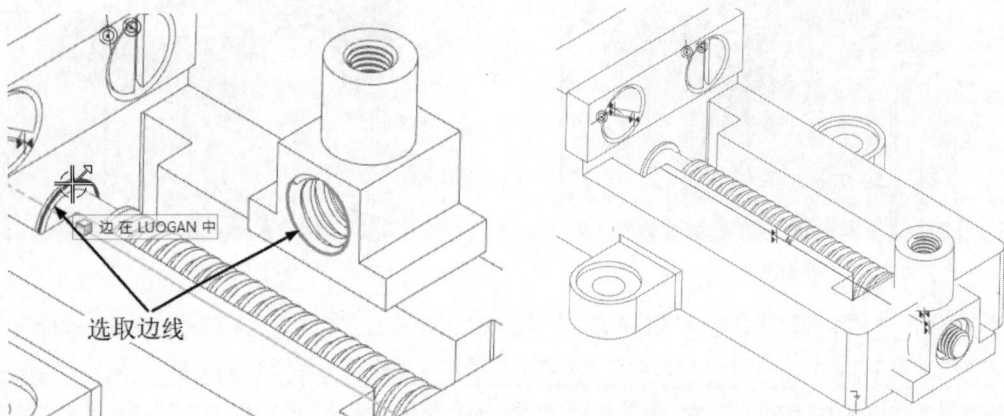

图 10-84

13 在"约束类型"列表框中单击"距离"按钮，选取方块螺母端面和底座内表面作为距离约束对象，在"距
离"文本框中输入 60 并按 Enter 键确认。单击"添加组件"对话框中的"应用"按钮，完成方块螺母
的装配，如图 10-85 所示。

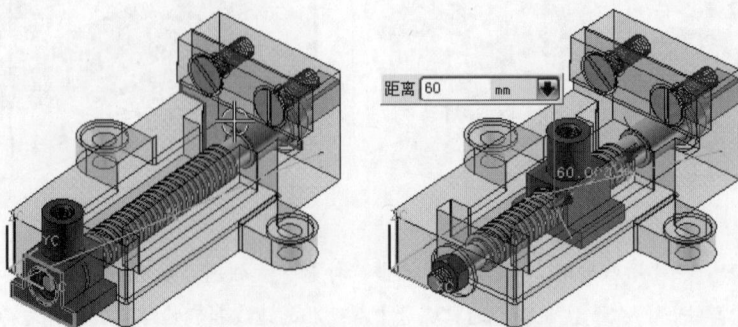

图 10-85

2. 装配活动钳口

活动钳口的装配过程与底座上钳口板、螺钉的装配过程是完全相同的。为此，我们同样需要新建一个装配文件，并将其命名为"活动钳口 .prt"。在装配过程中，首先要将活动钳口组件添加到建模环境中，随后依次装配钳口板、螺钉以及沉头螺钉等部件。具体的装配步骤前文已有介绍，此处不再赘述。完成装配后的活动钳口如图 10-86 所示。

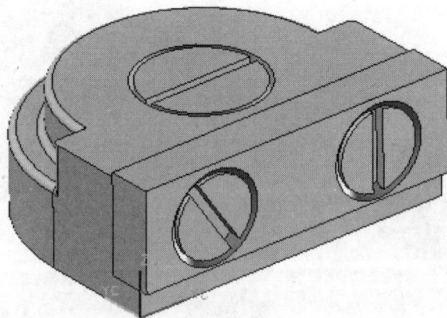

图 10-86

3. 台虎钳总装配

01 在"装配"选项卡的"基本"组中单击"新建父装配"按钮，系统会在 qianzuo 装配文件的基础上再新建一个父装配文件 asm1，如图 10-87 所示。

图 10-87

02 在"装配"选项卡的"基本"组中单击"添加组件"按钮，弹出"添加组件"对话框。单击"打开"按钮，将"活动钳口 .prt"文件打开，在装配环境中可查看活动钳口部件的预览，如图 10-88 所示。

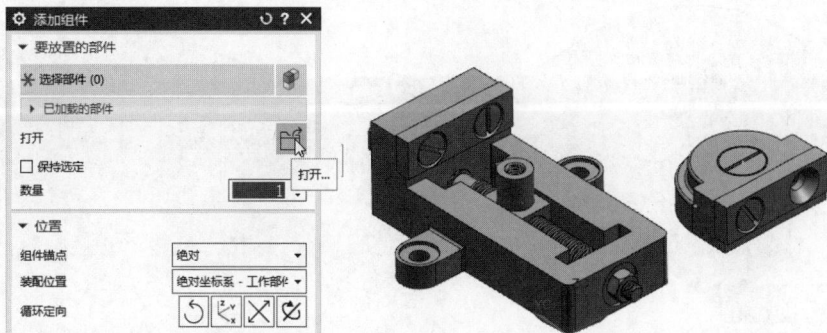

图 10-88

03 在"约束类型"列表中单击"接触对齐"按钮⃗，在"方位"下拉列表中选择"首选接触"选项，接着选取活动钳口的底面和钳座上的滑动平面进行接触对齐约束，如图 10-89 所示。

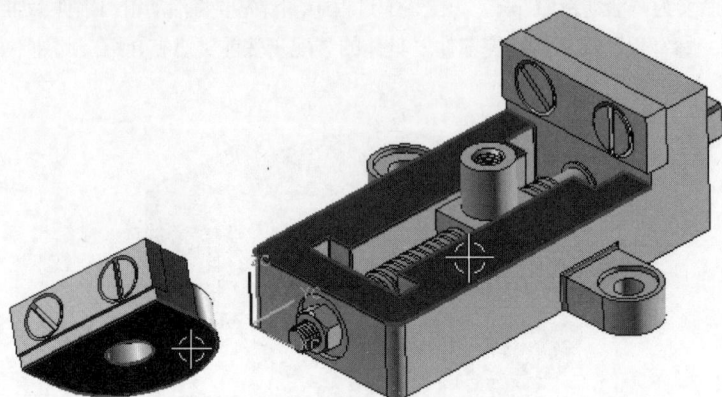

图 10-89

04 在"约束类型"列表中单击"角度"按钮⃗，再选择活动钳口的侧面和钳座的侧表面作为角度约束对象，在"角度"文本框中输入 270 并按 Enter 键确认，活动钳口则旋转了 270°，如图 10-90 所示。

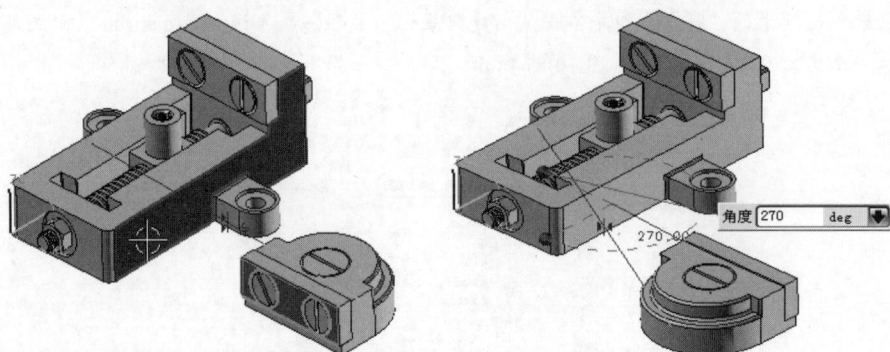

图 10-90

05 在"约束类型"列表中单击"接触对齐"按钮⃗，在"方位"下拉列表中选择"自动判断中心/轴"选项，选择活动钳口的螺孔变形和方块螺母上的螺孔边线进行中心/轴约束，如图 10-91 所示。

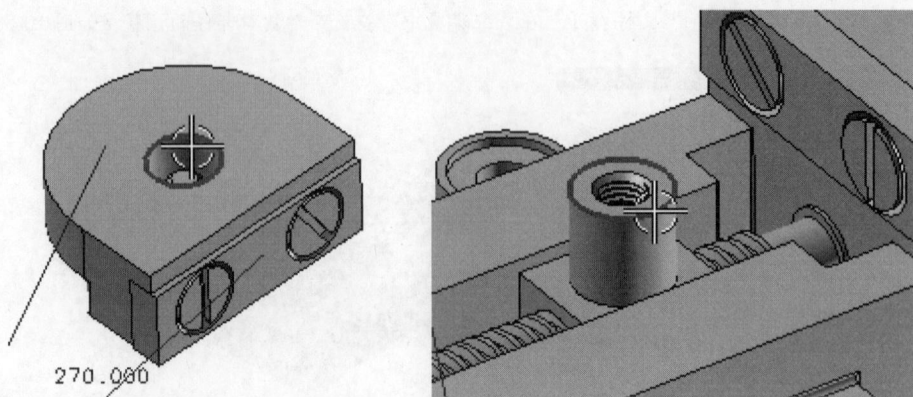

图 10-91

06 单击"添加组件"对话框中的"确定"按钮,完成整个台虎钳的装配。装配完成的台虎钳如图10-92所示。

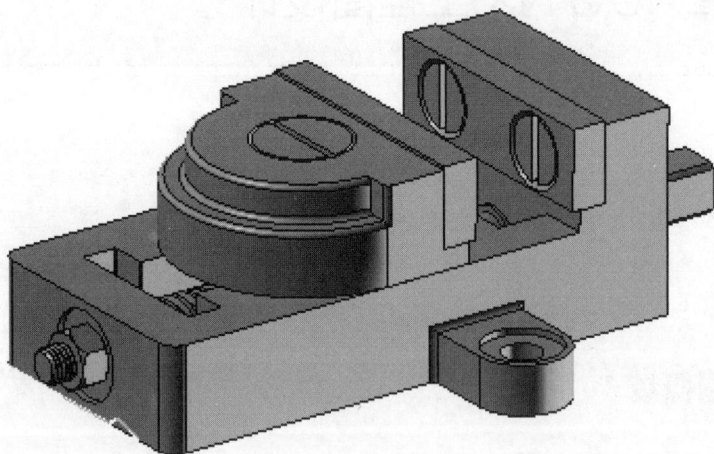

图 10-92

第 *11* 章　UG NX 工程图设计

基于建模过程中生成的三维模型，利用 UG 工程图功能所建立的二维图与三维模型具有完全的相关性。换言之，对三维模型所作的任何修改，都会在二维图中自动得到相应的更新。本章将重点介绍与非主模型模板制作、图框设计、图纸布局规划、图纸编辑处理、标注及其编辑修改、文字注释与公差添加、自定义符号创建以及明细表制作等相关的制图功能。

11.1　工程图概述

利用 UG 的实体建模功能所创建的零件和装配模型，可以方便地导入 UG 工程图模块中，从而快速生成二维工程图。由于这些二维工程图是基于三维实体模型的二维投影得到的，因此，它们与三维实体模型之间存在着完全的关联性。也就是说，一旦实体模型的尺寸、形状或位置发生任何改变，二维工程图都会实时地作出相应的变化。

技巧点拨

UG 的产品数据是通过单一数据文件进行存储和管理的。在特定时刻，每个文件仅允许单一用户具有写入权限。如果所有开发者都基于同一个文件进行工作，最终可能会导致部分人员的数据无法被保存。

11.1.1　UG 工程图特点

基于建模过程中生成的三维模型，利用 UG 工程图功能所创建的二维图与三维模型具有完全的关联性。也就是说，对三维模型所作的任何修改，都会在二维图中自动得到相应的更新。

UG 工程图的特点如下。

- 主模型支持并行工程，这意味着当设计员在主模型上工作时，制图员可以同时进行制图操作。
- 支持对大多数制图对象的编辑和创建。
- 拥有一个直观、易用且图形化的用户界面。
- 图纸与模型保持关联。
- 支持自动的正交视图对准功能。
- 提供用户可控制的图纸更新机制。
- 兼容大部分 GB 制图标准。

此外，UG 的主模型功能能够利用 UG 的装配机制，构建一个工程环境，使所有工程参与者能够共享三维设计模型，并以此为基础展开后续开发工作。

在 UG NX2024 版本中，注释功能、文本编辑器功能以及指引线功能得到了进一步的增强。

- 注释功能：新增了起点-终点符号，用于指示公差范围的方向，并为注释的指引线添加了全新符号。
- 文本编辑器：在添加或编辑用户定义文本时，用户可以在功能区上访问全新的动态文本编辑器和常规选项卡。
- 指引线：当使用支持指引线的命令时，图形窗口中会显示交互选项，使用户能够更快速地为注释对象创建、编辑和删除指引线。

11.1.2 制图工作环境

在"应用模块"选项卡的"文档"面板中单击"制图"按钮，即可进入 UG NX2024 的工程图环境。同时，功能区中会显示工程图环境中所有的工具按钮，如图 11-1 所示。

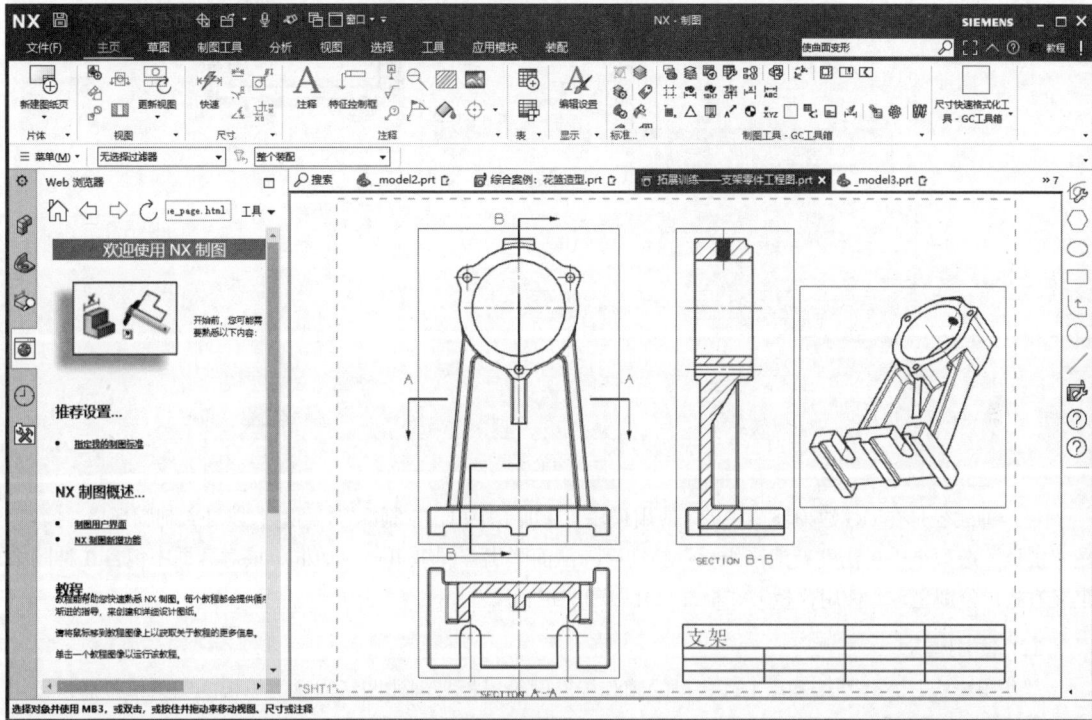

图 11-1

11.2 创建工程图图纸与视图

在 UG NX2024 的制图工作环境中，用户可以通过不同的投影方法、图样尺寸和比例，为任何一个三维模型建立多样化的二维工程图。在创建 UG 工程图时，首先应创建工程图图纸，随后在图纸中创建视图。接下来，将逐一介绍工程图图纸及其视图的创建过程。

11.2.1 创建图纸

图纸的创建可以通过两种途径来完成。一种途径是在 UG 欢迎界面中单击"新建"按钮，随后在弹出的"新建"对话框中选择"图纸"选项卡。接着，在"模板"列表框中选择所需的模板，并在下方的"新文件名"选项区中输入新的文件名称。最后，单击"确定"按钮，即可成功创建新的图纸，如图 11-2 所示。

技巧点拨

要创建图纸，既可以在建模环境下先打开已有的 3D 模型或设计新的 3D 模型，也可以在制图环境下创建基本视图时加载 3D 模型。

图 11-2

另一种途径是在 UG 建模环境中的"应用模块"选项卡中单击"制图"按钮，以进入制图环境。接着，在"主页"选项卡中单击"新建图纸页"按钮，从而弹出"图纸页"对话框。该对话框中包含 3 种图纸定义方式，分别是："使用模板""标准尺寸"和"定制尺寸"。

1. 使用模板

"使用模板"方式是指利用 UG 提供的国际标准图纸模板来创建图纸。这类模板的图纸单位通常采用英寸。在"图纸页"对话框中，当选中"使用模板"单选按钮后，会出现如图 11-3 所示的选项设置。用户只需在图纸模板的列表中选定一个标准模板，然后单击"确定"按钮，即可轻松创建出标准图纸。

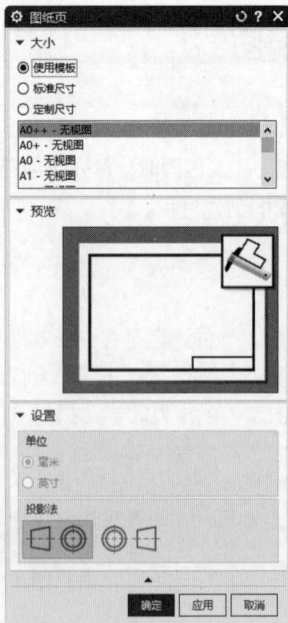

图 11-3

2．标准尺寸

"标准尺寸"方式允许用户选择符合国家标准的 A0 至 A4 图纸模板，并且可以根据需要选择图纸的比例、单位和视图投影方式。在"图纸页"对话框的下方，"投影"选项组主要用于为工程视图设定投影方法。其中，"第一角投影"是遵循我国技术制图国家标准规定而采用的第一角投影画法；而"第三角投影"则是依据国际标准规定而采用的投影画法。默认设置为"第三角投影"。"标准尺寸"方式的详细设置选项如图 11-4 所示。

3．定制尺寸

"定制尺寸"方式是用户自定义的一种图纸创建方式，允许用户自行设定图纸的长度、宽度和名称，同时可以选择图纸的比例、单位和投影方法。图 11-5 展示了"定制尺寸"方式的设置选项。

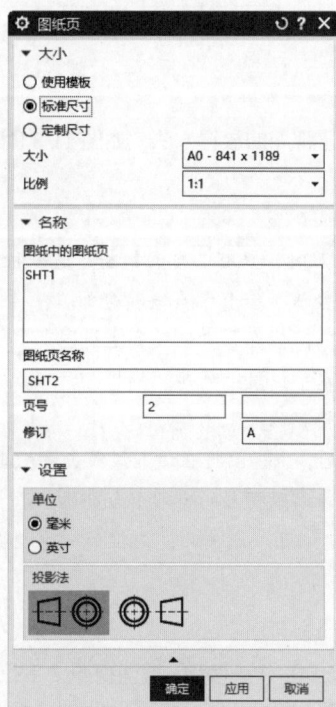

图 11-4

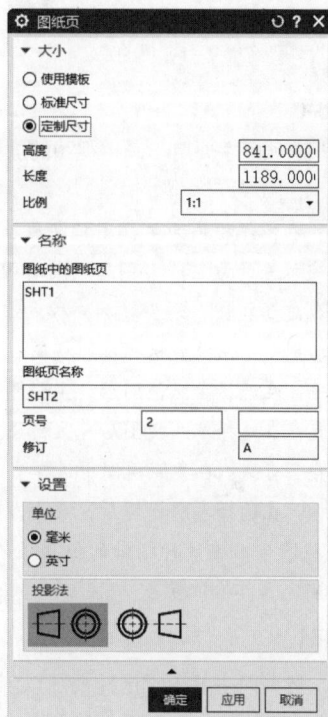

图 11-5

11.2.2　基本视图

在图纸创建完成后，接下来就需要在图纸中添加各种基本视图。基本视图包括模型的俯视图、仰视图、前视图、后视图、左视图、右视图等。一旦选择了其中一个视图作为主视图并在图纸中创建，就可以通过投影来生成其他视图。创建图纸后，会弹出"基本视图"对话框。当然，也可以在"主页"选项卡的"视图"面板中单击"基本视图"按钮，会弹出"基本视图"对话框，如图 11-6 所示。

1．部件

"部件"选项区主要用于选择部件以创建工程图，如图 11-7 所示。如果在创建工程图之前已经加载了部件，那么，该部件会被自动收集到"已加载的部件"列表中。如果尚未加载部件，则可以通过单击"打开"按钮来浏览并打开想要为其创建工程图的部件文件。

图 11-6

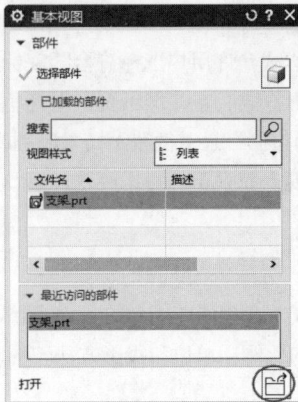

图 11-7

2. 视图原点

"视图原点"选项区主要用于确定视图的放置点以及主视图的放置方法, 如图 11-8 所示。该选项区中的部分选项的含义如下。

- 指定位置: 在图纸框内为主视图指定原点位置。
- 方法: 指定位置的方法。当图纸中没有视图作为参照时, 只有"自动判断"这一种方法可选。若图纸中已经创建了视图, 则会增加 4 种方法: 水平、竖直、垂直于直线和叠加。
  - » 自动判断: 系统会根据参照视图在屏幕中的不同位置来自动放置主视图。
  - » 水平: 在选择参照视图后, 主视图只能在其水平位置上创建。
  - » 竖直: 在选择参照视图后, 主视图只能在其竖直位置上创建。
  - » 垂直于直线: 在参照视图中选择直线或矢量后, 主视图将在该直线或矢量的垂直方向上创建。
  - » 叠加: 在选择参照视图后, 主视图的中心将与参照视图的中心重合叠加。
- 跟踪: 主视图会根据鼠标指针的位置来确定其创建位置。选中此复选框后, 主视图将在 X 方向或 Y 方向上确定其具体位置。

3. 模型视图

"模型视图"选项区主要用于选择视图以创建主视图。在"要使用的模型视图"下拉列表中, 包含 6 种基本视图和 2 种轴测视图, 具体为: "俯视图""前视图""右视图""后视图""仰视图""左视图", 以及"正等测图"和"正三轴测图", 如图 11-9 所示。

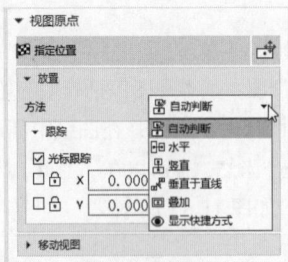

图 11-8

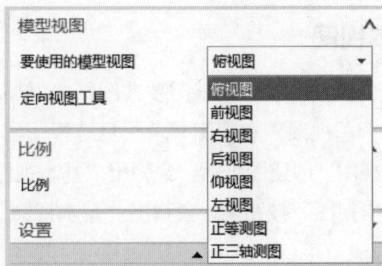

图 11-9

除此之外, 还可以通过单击"定向视图工具"按钮, 在弹出的"定向视图工具"对话框以及"定向视图"模型预览对话框中自定义视图的方位, 如图 11-10 所示。

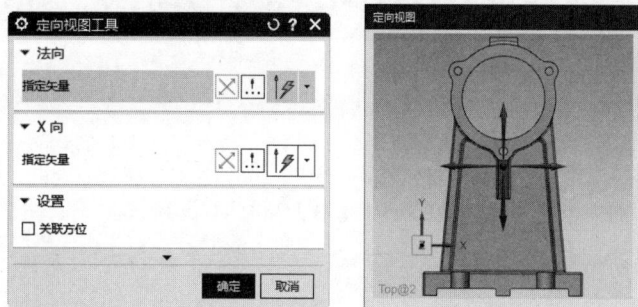

图 11-10

4．比例

"比例"选项区用于设置视图的缩放比例。在"比例"下拉列表中，包含多种预设的比例选项，例如，1:2 代表将视图缩小至原尺寸的 1/2，而 5:1 则意味着将视图放大至原尺寸的 5 倍，如图 11-11 所示。

除了这些固定的比例值，UG 还提供了"比率"和"表达式"两种自定义比例的方式。若要在"比例"下拉列表中选择"比率"选项，可以在随后弹出的比例参数文本框中输入所需的具体比例值，如图 11-12 所示。

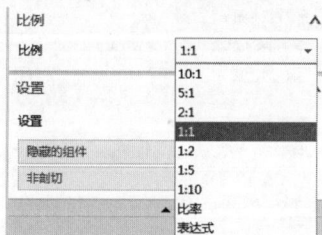

图 11-11

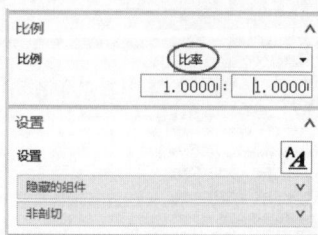

图 11-12

5．设置

"设置"选项区主要用于设置视图的样式。在该选项区中，可以单击"设置"按钮，然后在弹出的"基本视图设置"对话框中选择视图样式的设置标签来进行相关选项的设置，如图 11-13 所示。

图 11-13

例 11-1：创建基本视图

创建基本视图的具体操作步骤如下。

01 打开本例的配套资源文件 11-1.prt。

02 在"应用模块"选项卡中单击"制图"按钮，弹出"图纸页"对话框。选中"标准尺寸"单选按钮，并在"大小"下拉列表中选择 A4 - 210×297 选项，如图 11-14 所示。

03 保持"图纸页"对话框中默认的图纸名及其余选项的设置，单击"确定"按钮，进入制图环境。同时，弹出"基本视图"对话框。

04 采用默认的放置方法和模型视图，在"比例"选项区的"比例"下拉列表中选择 2:1 选项，如图 11-15 所示。

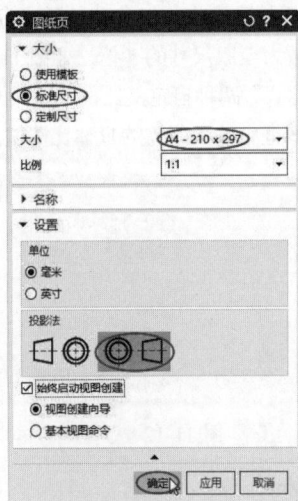
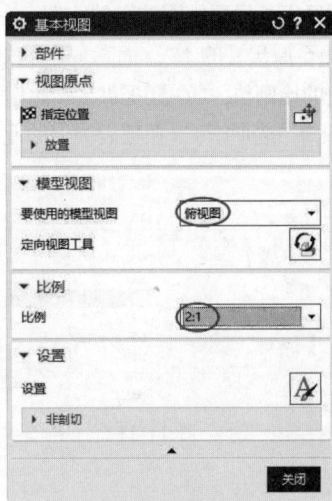

图 11-14　　　　　　　　　　　　　图 11-15

05 按信息提示，在图纸框内为基本视图指定位置，如图 11-16 所示。随后弹出"投影视图"对话框，单击此对话框中的"关闭"按钮，完成基本视图的创建，如图 11-17 所示。

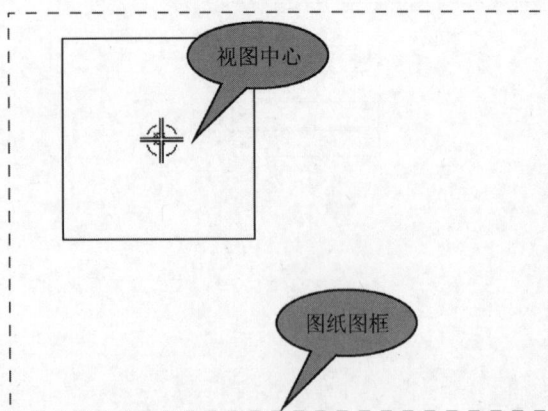
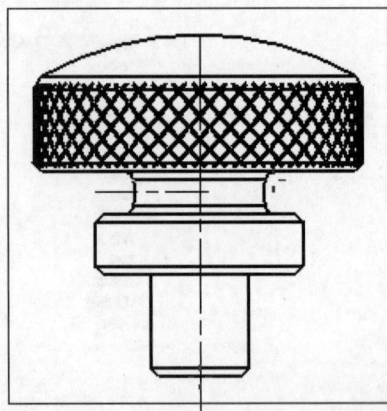

图 11-16　　　　　　　　　　　　　图 11-17

技巧点拨

图纸中的视图类型是根据模型在建模环境中的工作坐标系方位来确定的，例如，顶视图是从 Z 轴正向到 XC-YC 平面的俯视图，左视图是从 XC 轴负向到 YC-ZC 平面的左视图，等等。

11.2.3　投影视图

在机械工程中，投影视图也被称作"向视图"，它是基于主视图来创建的正交投影或辅助视图。在"主页"选项卡中单击"投影视图"按钮 ，会弹出"投影视图"对话框，如图 11-18 所示。

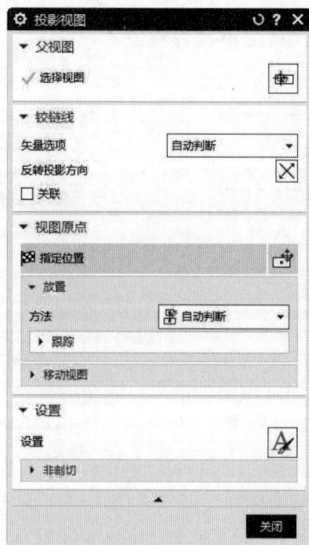

图 11-18

"投影视图"对话框中各选项区的功能介绍如下。

1.　父视图

"父视图"选项区的功能是选择用于创建投影视图的父视图（即主视图）。

2.　铰链线

"铰链线"选项区的主要功能是确定视图的投影方向以及投影视图与主视图之间的关联关系等。该选项区中的各个选项含义如下。

- 矢量选项：此下拉列表中包括"自动判断"和"已定义"两个选项。"自动判断"允许用户自定义视图的任意投影方向，而"已定义"则是通过矢量构造器来精确确定投影方向。
- 反转投影方向：当选中此选项时，投影视图的方向将与原本设定的投影方向相反。
- 关联：若选中此复选框，投影视图将会与主视图保持关联，当主视图发生变化时，投影视图也会相应地更新。

3.　视图原点

"视图原点"选项区的作用是确定投影视图的位置，其功能与"基本视图"对话框中的"视图原点"选项区相同。

4.　设置

"设置"选项区的功能与"基本视图"对话框中的"设置"选项区功能一致。

例 11-2：创建投影视图

创建投影视图的具体操作步骤如下。

01 打开本例的配套资源文件 11-2.prt。

02 在"主页"选项卡中单击"投影视图"按钮，弹出"投影视图"对话框。

03 程序会自动选择图纸中的模型基本视图作为投影主视图，可以在"铰链线"选项区中单击"反转投影方向"按钮，并以"自动判断"的方法来确定投影方向。

04 按信息提示，在图纸中如图 11-19 所示的位置放置第 1 个投影视图。

05 在图纸中如图 11-20 所示的位置放置第 2 个投影视图。

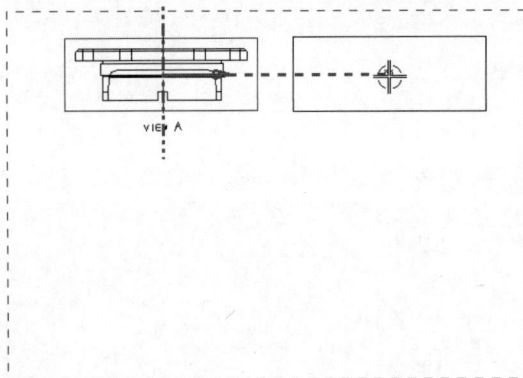

图 11-19

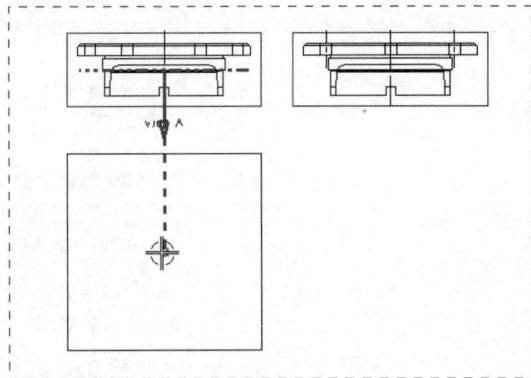

图 11-20

06 在创建第 2 个投影视图后，在如图 11-21 所示的位置放置第 3 个投影视图。

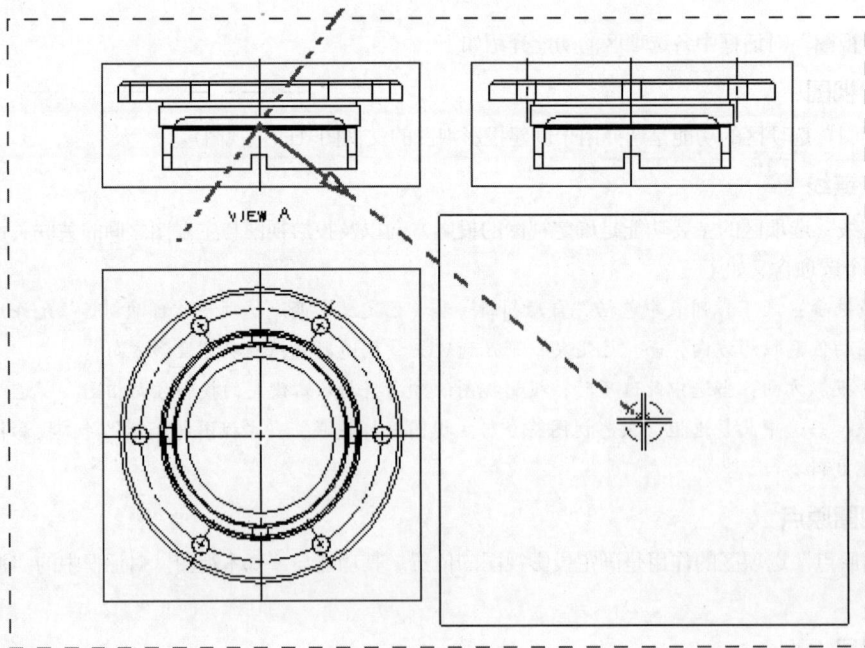

图 11-21

07　单击"投影视图"对话框中的"关闭"按钮，完成投影视图的创建，结果如图 11-22 所示。

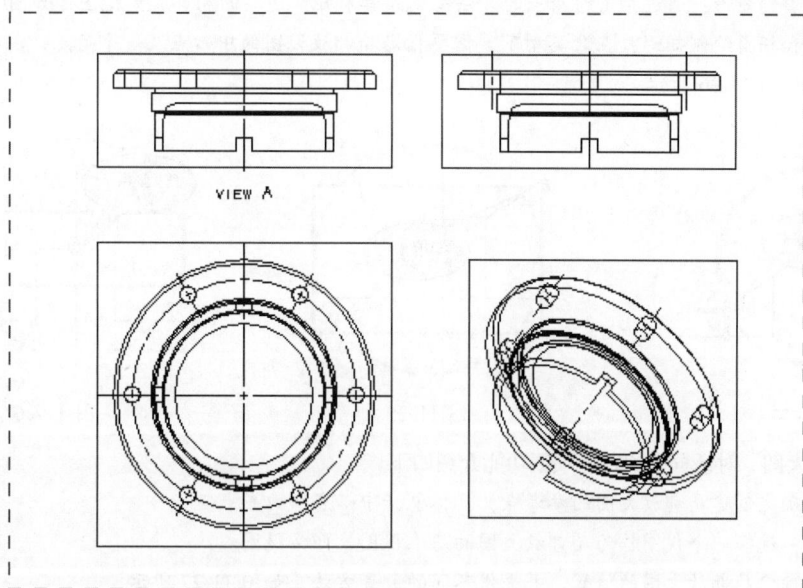

图 11-22

11.2.4　局部放大图

有时，视图中的某些细小部位由于尺寸过小，无法进行尺寸标注或添加注释等，这时就需要将这些细小部位进行放大显示。这种单独放大显示的视图被称为"局部放大视图"。在"主页"选项卡中单击"局部放大图"按钮🔊，会弹出"局部放大图"对话框，如图 11-23 所示。

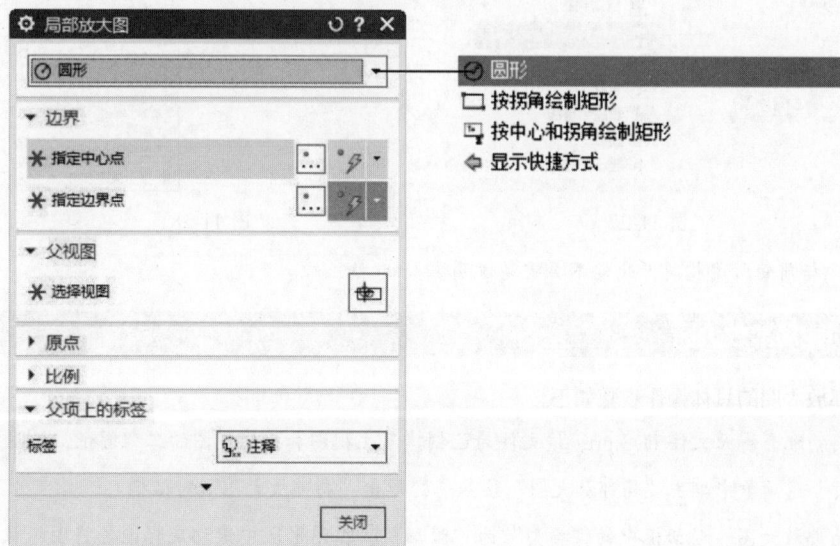

图 11-23

"局部放大图"对话框中包含 3 种放大视图的创建类型，分别是："圆形""按拐角绘制矩形"和"按中心和拐角绘制矩形"。

- 圆形：此类型下，局部放大视图的边界呈现为圆形，如图 11-24 所示。
- 按拐角绘制矩形：通过指定对角点的方法来创建具有矩形边界的局部放大视图，如图 11-25 所示。
- 按中心和拐角绘制矩形：在此类型下，需要指定局部放大图的中心点及一个角点，以此来创建矩形边界，如图 11-26 所示。

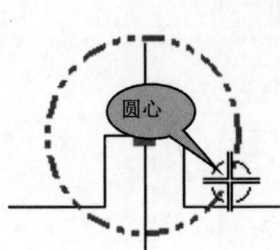
图 11-24

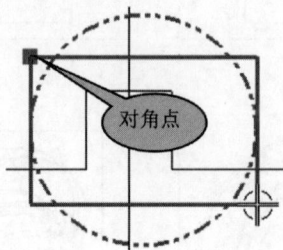
图 11-25

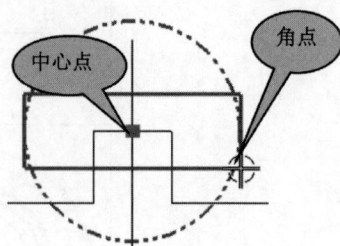
图 11-26

"局部放大图"对话框中的各选项区功能介绍如下。

- 边界：确定创建局部放大图的参考点，具体包括中心点和边界点。
- 父视图：选择一个视图作为局部放大图的基准视图，即父视图。
- 原点：确定局部放大图的位置，并提供不同的放置方法，如图 11-27 所示。
- 比例：设置局部放大图与父视图之间的比例关系。
- 父项上的标签：在局部放大图的父视图上添加标签。提供了 6 种标签设置选项，包括"无""圆""注释""标签""内嵌"和"边界"，如图 11-28 所示。

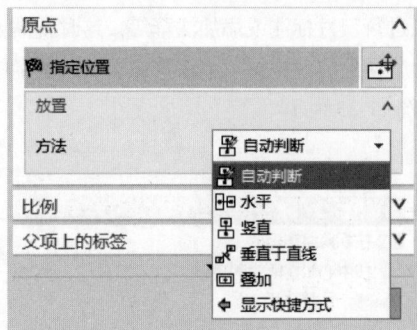
图 11-27

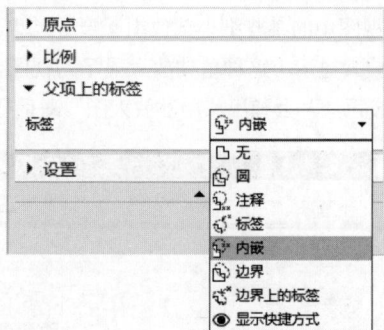
图 11-28

- 设置：与前面所述相同，此处不再重复说明。

例 11-3：创建局部放大图

创建局部放大图的具体操作步骤如下。

01 打开本例的配套资源文件 11-3.prt。该文件为已创建了主视图和投影视图的工程图纸，如图 11-29 所示。

02 在"主页"选项卡中单击"局部放大图"按钮 ，弹出"局部放大图"对话框。

03 保持"局部放大图"对话框中的"类型"为"圆形"，在图形区中滚动鼠标滚轮将图纸放大，并按信息提示在主视图中选择一个点作为圆形的圆心，如图 11-30 所示。

04 在旁边设置一点作为圆形的边界点，如图 11-31 所示。

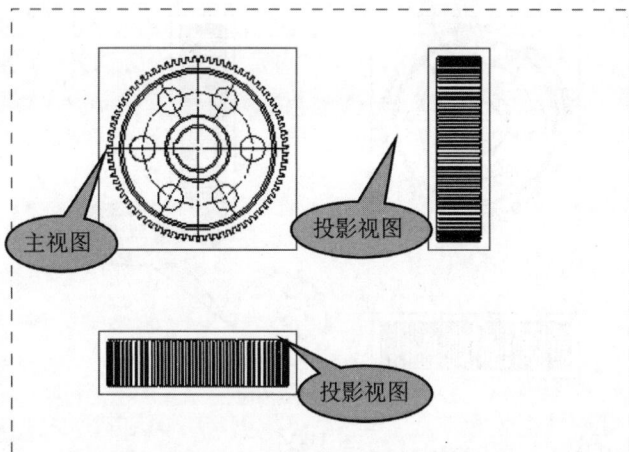

图 11-29

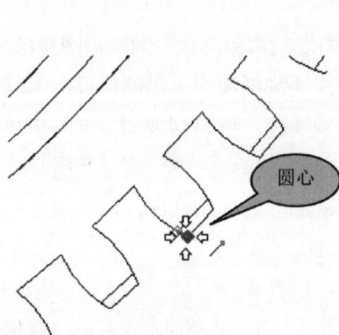

图 11-30

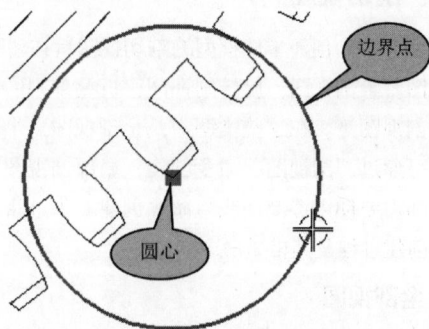

图 11-31

05 在"比例"选项区的"比例"下拉列表中选择 2:1 选项，在"父项上的标签"选项区的"标签"下拉列表中选择"标签"选项，如图 11-32 所示。

06 滚动鼠标滚轮将图纸缩小，然后在图纸的右下角选择一个位置来放置局部放大图，如图 11-33 所示。

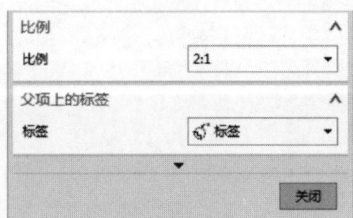

图 11-32

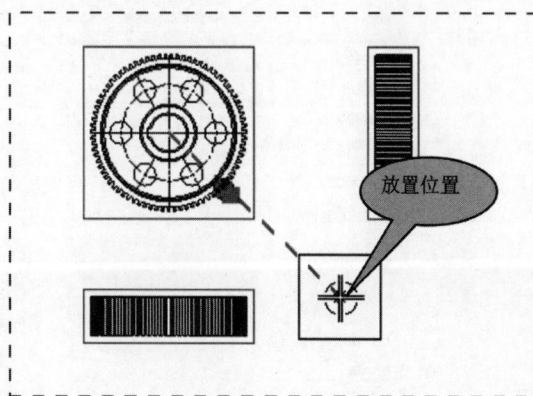

图 11-33

07 在图纸中选择放置位置后，即可生成局部放大图，如图 11-34 所示。最后单击"局部放大图"对话框中的"关闭"按钮，结束操作。

局部放大图

图 11-34

11.2.5 剖切视图

在工程图中，创建零件模型的剖切视图旨在清晰展现零件的内部结构和形状。剖切视图包括多种类型，如全剖视图、半剖视图、旋转剖视图、折叠剖视图、定向剖视图、轴测剖视图、局部剖视图，以及展开的点和角度剖视图等。在这些类型中，全剖视图、半剖视图、旋转剖视图、折叠剖视图、定向剖视图和轴测剖视图均可通过"剖视图"命令创建；局部剖视图则可通过"局部剖"命令生成；而对于展开的点和角度剖视图，则需要使用"剖切线"命令创建。本节将重点阐述全剖视图、局部剖视图，以及展开的点和角度剖视图的创建过程及其相关命令。

1. 全剖视图

使用剖切面将零件完全剖开后所生成的视图被称为"全剖视图"。这种视图是基于所选的主视图来创建的。在"主页"选项卡中单击"剖视图"按钮，会弹出"剖视图"对话框。一旦在图纸中选定了某个视图，"剖视图"对话框就会显示用于创建和编辑剖切视图的功能选项，如图 11-35 所示。

图 11-35

在"剖视图"对话框中，部分选项区的选项含义如下。

(1)"剖切线"选项区

● "定义"下列列表：该下拉列表中包括"动态"和"选择现有的"两种剖切线的定义模式。

 » 动态：若零件中有多种不同的孔类型、筋类型等，则可以通过选择不同的剖切方法（简单剖 /
   阶梯剖、半剖、旋转剖、点到点剖）表达，如图11-36所示。

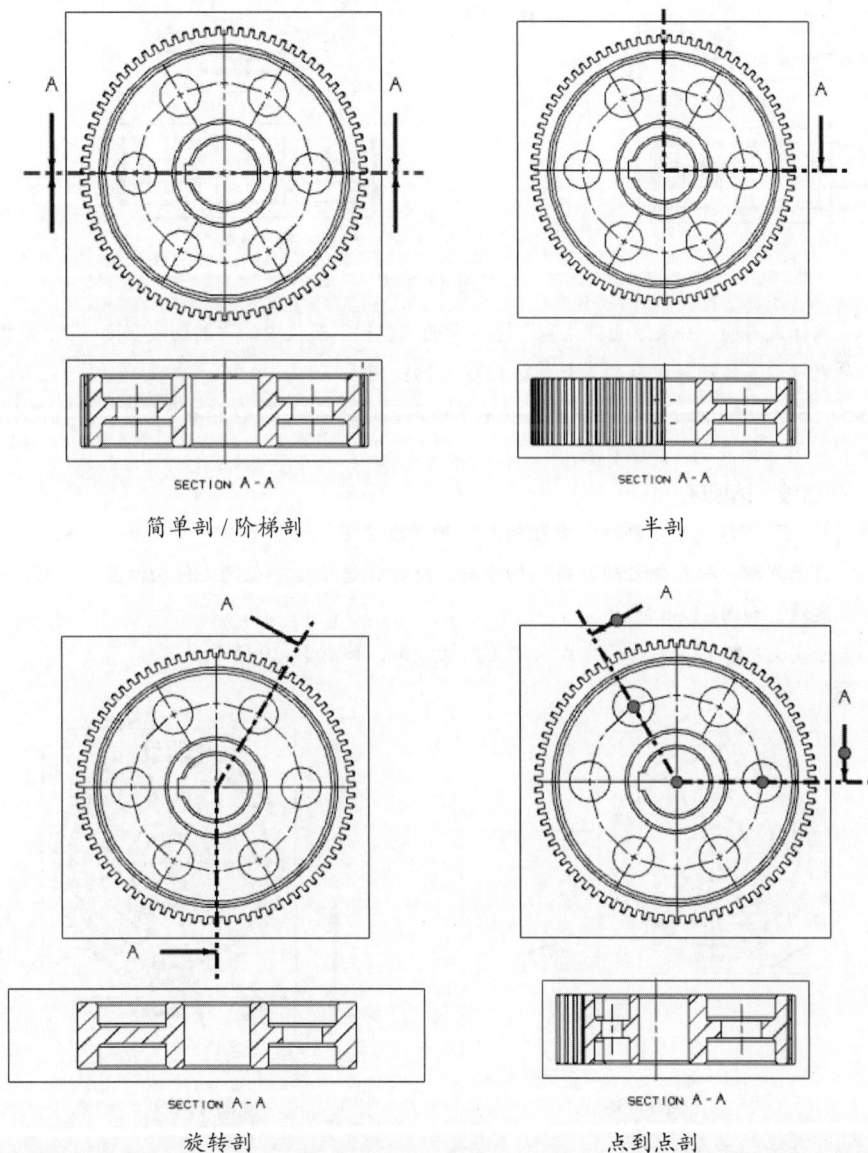

简单剖 / 阶梯剖   半剖

旋转剖   点到点剖

图 11-36

技巧点拨

若要编辑剖切线，可以在关闭用于创建剖视图的"剖视图"对话框后，双击剖切线进行编辑，如图11-37所示。

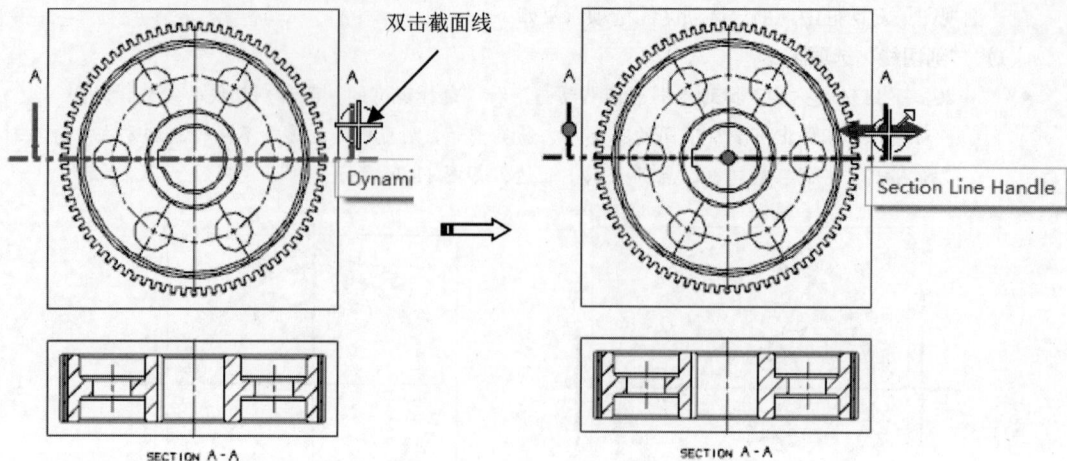

图 11-37

> » 选择现有的：如果单击"主页"选项卡的"视图"面板中的"剖切线"按钮▣，创建了剖切线，
> 则可以直接选择现有的剖切线来创建剖切视图。

- "方法"下拉列表：此下拉列表中的选项用于确定剖切线的位置，包括有"简单剖/阶梯剖""半剖""旋
  转剖"和"点到点剖"4种方法。

(2) "铰链线"选项区

- "矢量选项"下拉列表：包括"自动判断"和"已定义"两个选项。
  > » 自动判断：程序会自动判断剖切方向。选择该选项，则在定义剖切位置后，可以任意定义铰
  > 链线，如图11-38所示。
  > » 已定义：以指定方向的方式来定义剖切方向，如图11-39所示。

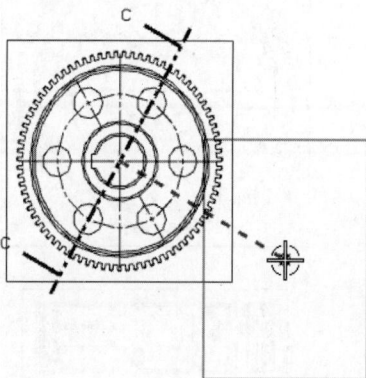

图 11-38

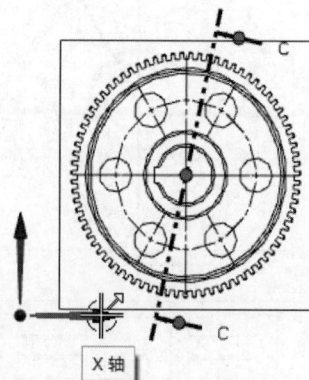

图 11-39

- 反向✕：使剖切方向相反。
- 关联：确定铰链线是否与视图相关联。

(3) "截面线段"选项区

- 指定位置：当确定剖切线后，此选项会自动激活，用户可以在图纸中选择截面线的剖切点并重新放
  置视图。

(4) "父视图"选项区

- 选择视图：自动选择基本视图为父视图，还可以选择其他实体作为剖视图的父视图。

(5)　"视图原点"选项区

- 指定位置：指定剖切视图的原点位置，以放置剖切视图，如图 11-40 所示。
- "方法"下拉列表：选择放置剖切视图的方法，包括"自动判断""水平""竖直""垂直于直线""叠加"和"铰链副"等。
- 关联对齐：剖切视图相对于父视图的对齐方法，可以基于父视图放置、基于模型点放置和点到点放置等。
- 光标跟踪：选中此复选框，则可以输入视图原点坐系的相对位置。
- 移动视图：选中视图并拖动，可以移动视图。

(6)　"设置"选项区

- 设置：单击"设置"按钮 ，可以在弹出的"剖视图设置"对话框中设置截面线型，如图 11-41 所示。还可以对剖切线（截面线）的形状、尺寸、颜色、线型、宽度等参数进行设置。

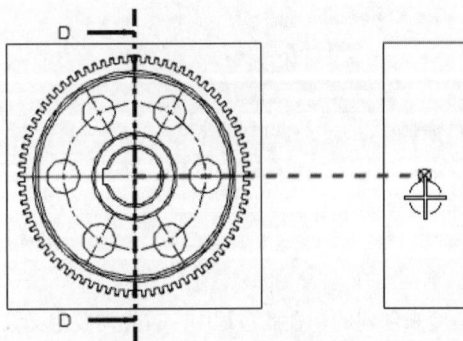

图 11-40

图 11-41

- "隐藏的组件"选项组：用于收集隐藏的组件，隐藏组件后，图纸中不再显示该组件的图形。
- "非剖切"选项组：如果是装配体，则可以选择不需要剖切的组件，创建的剖切图将不包括非剖切组件。单击"选择对象"按钮 ，可以选择不需要剖切的组件。

2. 局部剖视图

局部剖视图是通过移除父视图中的部分区域以展示内部结构的一种剖视图。在"主页"选项卡中单击"局部剖视图"按钮 ，会弹出"局部剖"对话框，如图 11-42 所示。在此对话框的列表框内，可以选择一个基本视图作为父视图，或者直接在图纸上选择父视图。选择完成后，将激活一系列操作步骤按钮，如图 11-43 所示。

图 11-42

图 11-43

"局部剖"对话框中的部分选项含义如下。

- 创建：此选项用于生成局部剖视图。
- 编辑：允许对已创建的局部剖视图进行修改。
- 删除：提供删除局部剖视图的功能。
- 选择视图▥：单击此按钮后，可以选择一个基本视图来作为局部剖视图的父视图。
- 指出基点▢：基点用于确定剖切的具体位置。
- 指出拉伸矢量▯：此选项用于设定剖切的投影方向。在选择基点之后，系统会自动弹出选择矢量的选项，如图 11-44 所示。
- 选择曲线▣：用于选定局部剖切的边界。单击该按钮后，可以通过单击"链"按钮实现局部剖切边界的自动选择；若在选择过程中出现错误，只需单击"取消选择上一个"按钮即可进行修正，如图 11-45 所示。

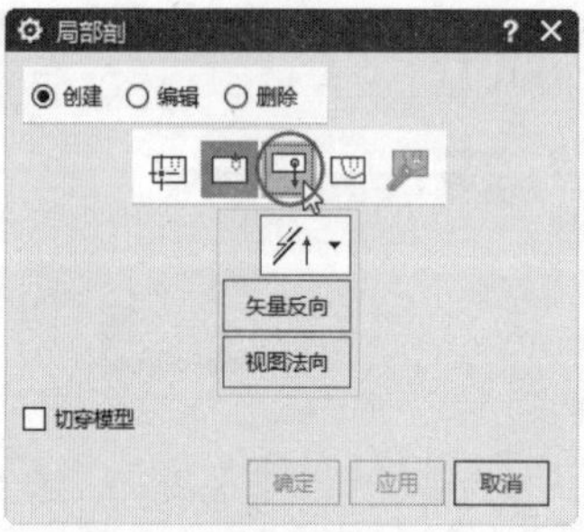

图 11-44    图 11-45

3. 展开的点和角度剖视图

展开的点和角度剖视图是通过明确指定剖切的位置和角度来创建的。在此过程中，首先需要定义铰链线，随后选择剖切的具体位置并调整该处剖切线的角度。最后，指定投影位置以生成最终的剖视图。

11.3 尺寸标注

尺寸是表达零件形状、大小以及相互位置关系的重要因素。在工程图上标注尺寸时，必须确保尺寸齐全、清晰且合理。当标注零件尺寸时，首先需要了解零件各个部分的功能以及它们与相邻零件表面之间的关系。在此基础上，要区分尺寸的主次，明确设计标准，并从设计基准点出发，标注出主要尺寸。其次，为方便加工，应该从工艺基准的选择出发，采用形体分析方法，标注出确定形体形状的定形尺寸和定位尺寸等非主要尺寸。

在制图软件环境中，"尺寸"面板是用于工程图尺寸标注的重要工具，如图 11-46 所示。

"尺寸"面板中各命令的功能含义如下。

- 快速▤：该命令用于由系统自动推断选用哪种尺寸标注类型进行尺寸标注，默认包括所有的尺寸标注类型。
- 线性▤：该命令用于标注工程图中所选对象之间的水平尺寸、竖直尺寸、平行尺寸、垂直尺寸等。
- 径向▨：该命令用于标注工程图中所选圆或圆弧的径向尺寸，但标注不过圆心。
- 角度▨：该命令用于标注工程图中所选两条直线之间的角度。
- 倒斜角▨：该命令用于创建具有 45° 的倒斜角尺寸。
- 孔和螺纹标注▨：该命令可创建标准螺纹孔的线性标注和径向标注。

- 厚度：该命令用于创建一个厚度尺寸，测量两条曲线之间的距离。
- 弧长：该命令用于标注工程图中所选圆弧的弧长尺寸。
- 周长尺寸：该命令用于标注圆弧和圆的周长。
- 坐标：该命令用于在标注工程图中定义一个原点的位置作为一个距离的参考点位置，从而明确地给出所选对象的水平或垂直坐标（距离）。

"尺寸"面板中的各命令对应的对话框功能相同，下面以一个对话框为例进行说明。在"尺寸"面板中单击"快速"按钮，弹出"快速尺寸"对话框，如图 11-47 所示。

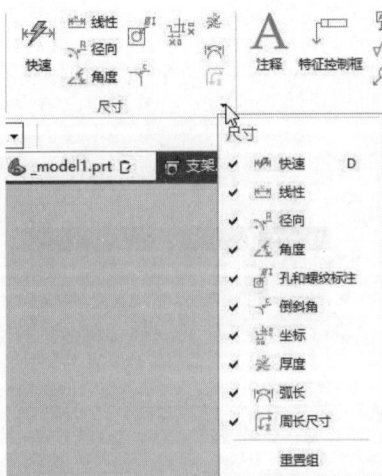

图 11-46

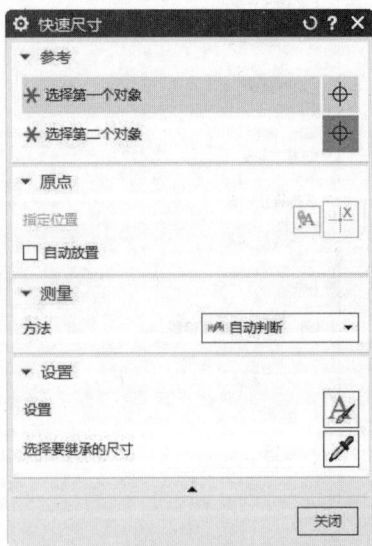

图 11-47

制图环境中的零件工程图尺寸标注方法与草图任务环境中的草图尺寸标注方法大体相同，因此，尺寸标注的具体过程就不再赘述了。

11.4　工程图注释

工程图注释指的是在工程图中标注的制造技术要求，这些要求通常采用规定的符号、数字或文字来说明在制造和检验过程中应达到的技术指标，例如尺寸公差、表面粗糙度、形状与位置公差、材料热处理等。本节将详细讲解"注释"面板中的各个注释命令，如图 11-48 所示。

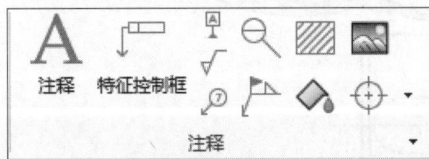

图 11-48

11.4.1　文本注释

"注释"面板中包含的命令主要用于创建和编辑工程图中的注释内容。当单击"注释"按钮A时，会弹出"注释"对话框，如图 11-49 所示。该对话框中的各个选项区分别具备以下功能。

1. 原点

"原点"选项区用于设置注释的参考点。

- 指定位置：为注释指定参考点位置。参考点位置可以在视图中自行指定，也可以通过单击"原点工具"按钮，在弹出的"原点工具"对话框中选择原点与注释的位置关系来确定，如图11-50所示。

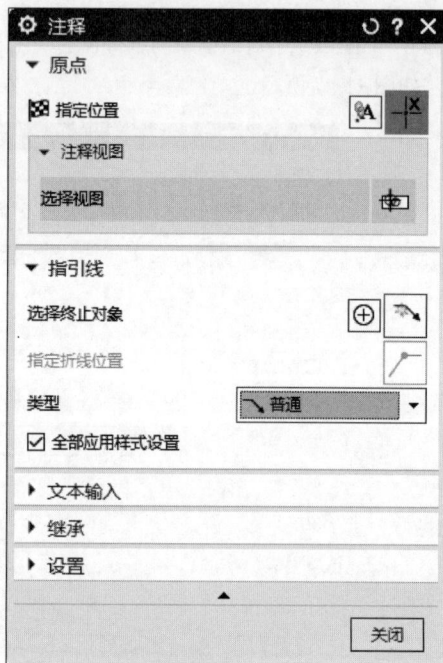

图 11-49

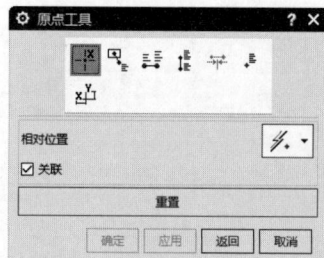

图 11-50

- 注释视图：选择要创建注释的视图。

2. 指引线

"指引线"选项区主要用于创建和编辑注释的指引线。该选项区中的部分选项含义如下。

- 选择终止对象：为指引线选择终止对象，如图11-51所示。
- 添加新指引线：单击此按钮，可以在同一视图中添加多个注释。
- 指定折线位置：单击此按钮，可以创建折弯的指引线，如图11-52所示。

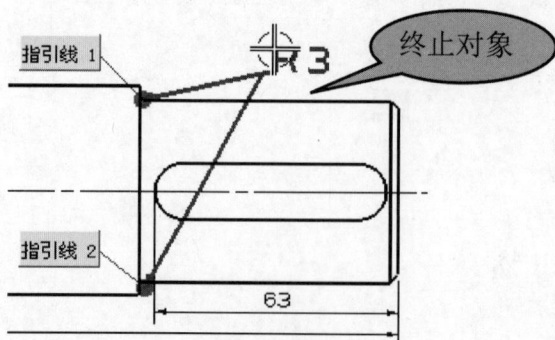

图 11-51

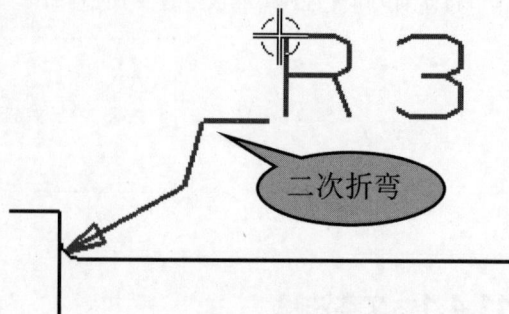

图 11-52

- 类型：指引线的类型，其下拉列表中包括6种指引线，如图11-53所示。

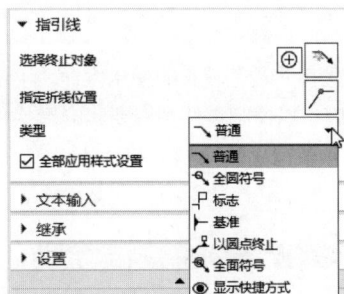

图 11-53

- 全部应用样式设置：选中此复选框，将对所有的注释应用统一的指引线样式。

3. 文本输入

"文本输入"选项区用于创建和编辑注释的文本，如图 11-54 所示。

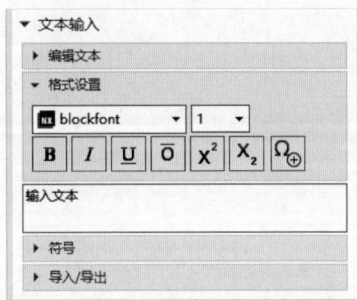

图 11-54

"文本输入"选项区中各选项组介绍如下。

- "编辑文本"选项组：主要用于文本的清除、剪切、复制、粘贴、文本属性删除等操作，如图11-55所示。
- "格式设置"选项组：主要用于文字的样式设置，包括字体样式、字体大小、加粗、斜体、下画线、上画线、上标、下标和插入符号等操作，可以在文本框内输入视图注释字体。
- "符号"选项组：主要用于设置注释文本中的符号，如图 11-56 所示。
- "导入\导出"选项组：用于导入或导出注释文本，如图 11-57 所示。

图 11-55

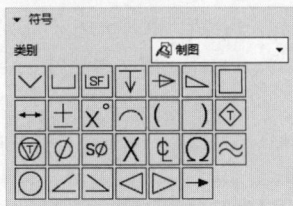

图 11-56

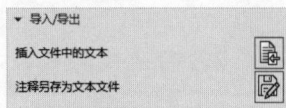

图 11-57

4. 继承

"继承"选项区的作用类似吸管工具，即选取先前的文本注释样式作为样式继承的参考，并将其应用到当前文本注释中。

5. 设置

"设置"选项区主要用于编辑注释文本的样式，设置方法前面已介绍过，在此不再赘述。

11.4.2 形位公差标注

为了提高产品质量，确保其性能优良并具有较长的使用寿命，不仅需要为零件设定适当的尺寸公差和表面粗糙度，还应规定合适的几何精度，以控制零件关键要素的形状和位置公差。同时，这些技术要求需明确标注在图纸上。在"注释"面板中单击"特征控制框"按钮，会弹出"特征控制框"对话框，如图11-58所示。

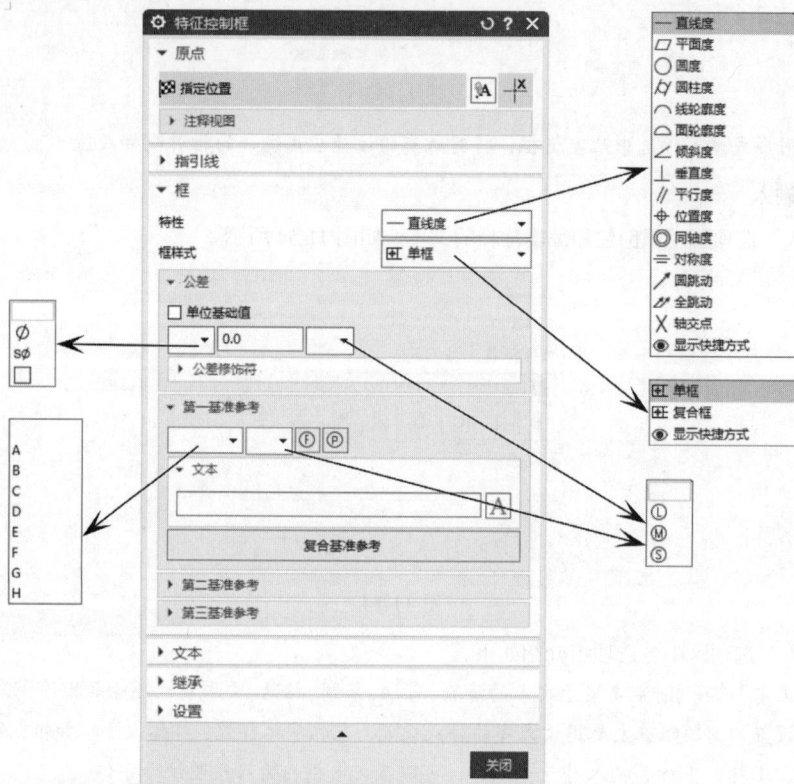

图 11-58

在"特征控制框"对话框中，除了"框"选项区，其他选项区的功能及设置方法均与前面所介绍的"注释"对话框中的相应部分相同。因此，这里仅重点介绍"框"选项区的功能及其设置方法。在"框"选项区中，可以选择不同的选项来标注所需的形位公差，具体标注效果如图11-59所示。

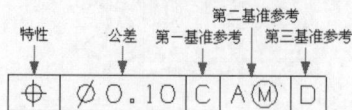

图 11-59

图11-59所标注的形位公差具体含义为：公差带是一个直径为0.10的圆柱面区域，该区域的轴线与螺孔的理想位置轴线重合。其中，第二基准A需遵守最大实体要求，并且其自身也要遵循包容原则。此外，基准轴线A相对于基准平面C具有垂直度M的要求。因此，当基准A处于其实效边界时，给出了相应的位置度公差。若基准A偏离其实效边界，螺孔的理想位置轴线在保持与基准平面B垂直的前提下进行相应的移动。

1．特性

"特性"下拉列表中包含了 14 个形位公差符号，供用户选择以标注不同的形位公差要求。

2．框样式

"框样式"下拉列表提供了"单框"和"复合框"两种选项。"单框"指的是单行并列的标注框，适用于简单的标注需求；"复合框"则是两行并列的标注框，适用于需要同时标注多个形位公差的情况。

3．公差

"公差"选项组用于设置形位公差标注的具体公差值、所遵循的原则以及公差修饰符等关键参数，确保标注的准确性和规范性。

4．第一基准参考

"第一基准参考"选项组允许用户设置第一基准，并指定其遵循的原则和要求，为形位公差的精确标注提供基础。

5．第二基准参考

通过"第二基准参考"选项组，用户可以进一步设置第二基准及其相关原则和要求，以满足更为复杂的形位公差标注需求。

6．第三基准参考

"第三基准参考"选项组提供了设置第三基准及其遵循原则和要求的功能，增强了形位公差标注的灵活性和适应性。

11.4.3　粗糙度标注

零件的表面粗糙度指的是加工表面上由较小间距的峰谷所构成的微观几何形状特征，这种特征通常是由所采用的加工方法和其他因素共同作用而形成的。

当首次需要在图纸上标注表面粗糙度符号时，可能会发现制图环境中用于这一目的的命令并未被预先加载到 UG 中。此时，需要手动进行加载。具体步骤是：在 UG 的安装目录下找到 UGII 子目录，并从中寻找到环境变量设置文件 ugii_env.dat。接着，使用写字板或其他文本编辑器打开该文件，找到 UGII_SURFACE_FINISH 环境变量，并将其默认值从 OFF 更改为 ON。完成这些更改后，保存环境变量设置文件，并重新启动 UG，以确保新的设置生效。此后，用户便可以在制图环境中进行表面粗糙度的标注工作了。

在"注释"面板中单击"表面粗糙度"按钮✓，会弹出"表面粗糙度"对话框，如图 11-60 所示，供用户进行进一步的设置和操作。

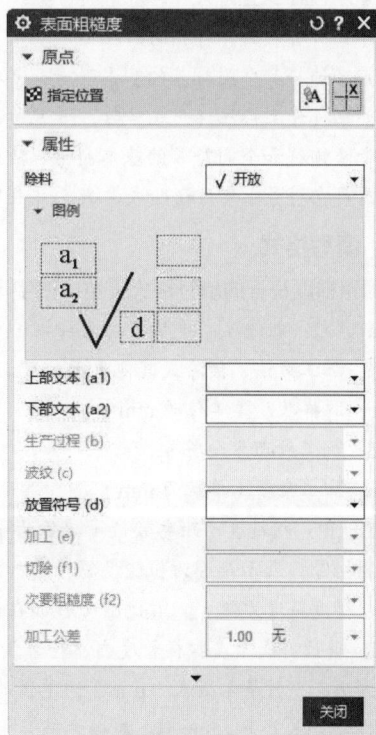

图 11-60

"表面粗糙度"对话框中包含三方面的内容：符号、填写格式和标注方法。

1. 符号

在"表面粗糙度"对话框中，共有9种粗糙度符号，可将其分为3类。

第一类：零件表面的加工方法。此类符号包括"基本符号""基本符号-需要移除材料"和"基本符号-禁止移除材料"。

- 基本符号☑：表示其表面可由任何方法获得。当不标注粗糙度参数值或有关说明（如表面处理、局部热处理状况等）时，仅适用于简化代号标注。
- 基本符号-需要移除材料☑：表示表面是采用去除材料的方法获得的，如车、铣、钻、磨、剪切、抛光、腐蚀、电火花加工、气割等。
- 基本符号-禁止移除材料☑：表示表面是采用不去除材料的方法获得的，如铸造、冲压变形、热轧、冷轧、粉末冶金等。

第二类：标注参数及有关说明。此类符号包括"带修饰符的基本符号""带修饰符的基本符号-需要移除材料"和"带修饰符的基本符号-禁止移除材料"。

- 带修饰符的基本符号☑：表示表面可由任何方法获得，但需要在符号上标注说明或参数。
- 带修饰符的基本符号-需要移除材料☑：表示表面是采用去除材料的方法获得的，但需要在符号上标注说明或参数。
- 带修饰符的基本符号-禁止移除材料☑：表示表面是采用不去除材料的方法获得的，但需要在符号上标注说明或参数。

第三类：表面粗糙度要求。此类符号包括"带修饰符和全圆符号的基本符号""带修饰符和全圆符号的基本符号-需要移除材料"及"带修饰符和全圆符号的基本符号-禁止移除材料"。

- 带修饰符和全圆符号的基本符号☑：表示表面可由任何方法获得，但需要在符号上标注说明或参数，并且所有表面具有相同的粗糙度要求。
- 带修饰符和全圆符号的基本符号-需要移除材料☑：表示表面是采用去除材料的方法获得的，但需要在符号上标注说明或参数，并且所有表面具有相同的粗糙度要求。
- 带修饰符和全圆符号的基本符号-禁止移除材料☑：表示表面是采用不去除材料的方法获得的，但需要在符号上标注说明或参数，并且所有表面具有相同的粗糙度要求。

2. 填写格式

表面粗糙度符号的填写格式所包含的字母，以及符号文本、粗糙度、圆括号的含义如下。

- a1、a2：粗糙度高度参数的允许值（单位为 μm）。
- b：加工方法、镀涂或其他表面处理。
- c：取样长度（单位为 mm）。
- d：加工纹理方向符号。
- e：加工余量（单位为 mm）。
- f1、f2：粗糙度间距参数值（单位为 μm）。
- 圆括号：表示是否为粗糙度符号添加圆括号。它有4种添加方法：无（不添加）、左视图（添加在粗糙度符号左侧）、右视图（添加在粗糙度符号右侧）和两者皆是（添加在粗糙度符号两侧）。
- Ra单位：表示在取样长度内，轮廓偏距的算术平均值。它代表着粗糙度参数值。此单位有两种表示方法：一种是以微米（μm）为单位的粗糙度；另一种是以标准公差代号为等级的粗糙度，如IT。
- 符号文本大小（mm）：粗糙度符号上的文本高度值。
- 重置：重新设置填写格式。

3. 标注方法

表面粗糙度在图样上的标注方法有多种。

- 符号方位：粗糙度符号为水平标注或竖直标注。
- 指引线类型：在标注粗糙度符号时的指引线样式。
- 在延伸线上创建✅：在模型边的延伸线或尺寸线上标注粗糙度符号。
- 在边上创建✅：在模型的边上标注粗糙度符号。
- 在尺寸上创建✅：在标注的尺寸线上标注粗糙度符号。
- 在点上创建✅：在指定的点上标注粗糙度符号。
- 用指引线创建✅：在创建的指引线上标注粗糙度符号。
- 重新关联：重新指定相关联的符号。
- 撤销：撤销当前所标注的粗糙度符号。

11.5　表格

"表格"面板中的控件用于创建图纸中的标题栏。一个完整的标题栏应包含表格及其相应文本。接下来，将逐一介绍用于创建和编辑标题栏的各项命令。

11.5.1　表格注释

"表格注释"命令用于在图纸中插入表格。在"表格"面板中单击"表格注释"按钮🔳，然后按照信息提示在图纸的右下角指定表格的放置位置，程序会自动在该位置插入表格。图 11-61 展示了插入表格的过程，而图 11-62 则展示了插入后的表格样式。

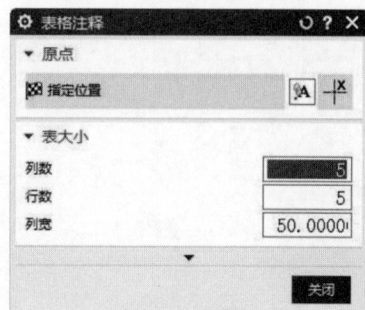

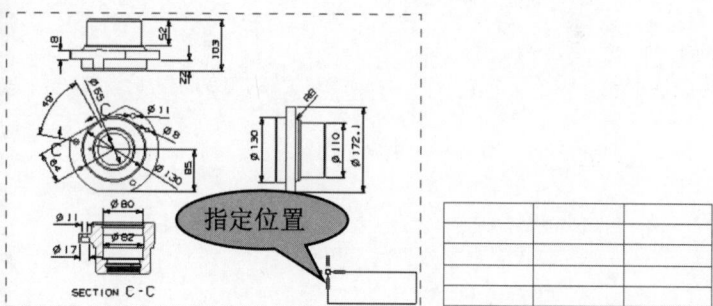

图 11-61　　　　　　　　　　　　　　　　　　　　图 11-62

11.5.2　零件明细表

"零件明细表"命令用于在装配工程图中创建零件的物料清单。在"表格"面板中单击"零件明细表"按钮🔳，接着在标题栏上方选定一个合适的位置来放置零件明细表，如图 11-63 所示。

零件序号　　　　　零件名称　　　　　　　　零件材料

PC NO	PART NAME	QTY

图 11-63

11.5.3 编辑表格

"编辑表格"命令用于修改选定单元格中的文本内容。首先，选择一个需要编辑的单元格，接着在"表格"面板中单击"编辑表格"按钮📝。此时，该单元格处会弹出一个文本框，供用户输入或修改文本。在文本框中输入正确的文本后，单击鼠标中键或按 Enter 键即可完成表格的编辑操作，如图 11-64 所示。

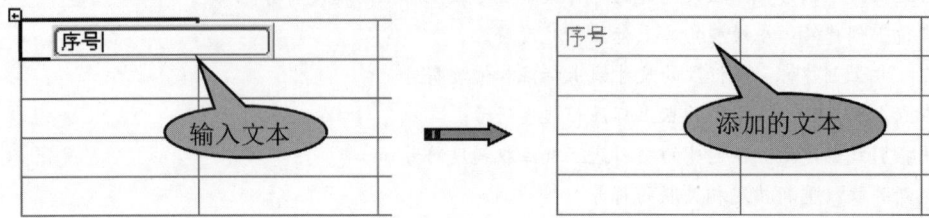

图 11-64

11.5.4 编辑文本

"编辑文本"命令允许使用"注释编辑器"来修改选定单元格中的文本内容。首先，选择包含文本的单元格，接着在"表格"面板中单击"编辑文本"按钮📝，弹出"文本"对话框，如图 11-65 所示。通过该对话框，可以对单元格中的文本进行多方面的设置，包括文字内容、符号添加、文字样式选择以及文字高度调整等参数。

图 11-65

11.5.5 插入行、列

当标题栏中需要填写的内容较多，而现有表格的行或列数量不足时，便需要插入额外的行或列。表格中提供了多个命令来满足这一需求，包括"上方插入行""下方插入行""插入标题行""左边插入列"以及"右边插入列"。

* 上方插入行："上方插入行"命令用于在选定行的上方添加一行。如图 11-66 所示，在表格中选择一行后，单击"表格"面板中的"上方插入行"按钮，程序便会自动在所选行的上方插入一行新的表行。

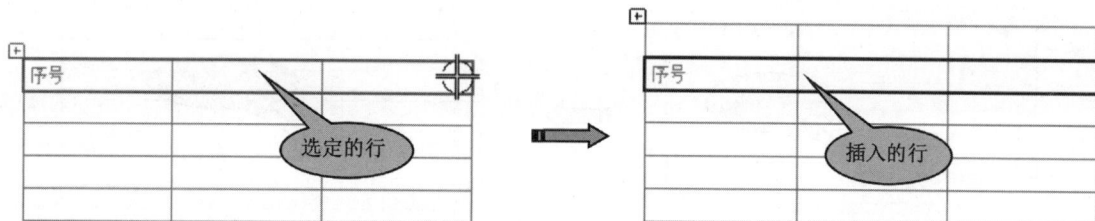

图 11-66

技巧点拨

在选择表格中的行与列时，需要注意鼠标指针的位置。若要选择行，必须将鼠标指针移至所选行的最左端或最右端。同样，若要选择列，必须将鼠标指针移至所选列的最上端或最下端，否则将无法成功选中行或列。

- 下方插入行："下方插入行"命令用于在选定行的下方添加一行，其操作方法与"上方插入行"类似。
- 插入标题行："插入标题行"命令用于在表格的顶部或选定行的上方插入作为标题的新行。如图 11-67 所示，选定表格中的一行后，在"表格"面板中单击"插入标题行"按钮，程序将自动在表格顶部或选定行的上方插入新的标题行。注意，该命令通常用于添加或完善表格的标题部分。

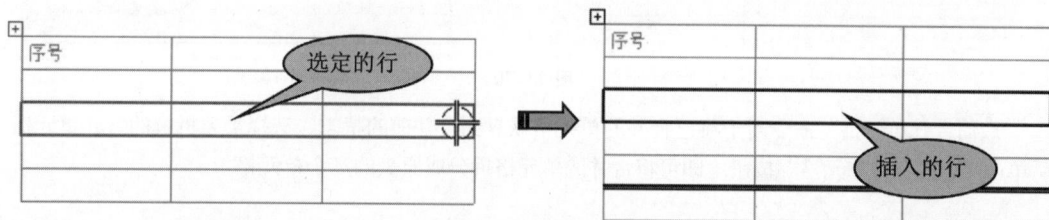

图 11-67

- 左边插入列："左边插入列"命令用于在选定列的左侧插入新列。如图 11-68 所示，在表格中选择一列后，单击"表格"面板中的"左边插入列"按钮，程序会自动在所选列的左侧添加一列新的表格。

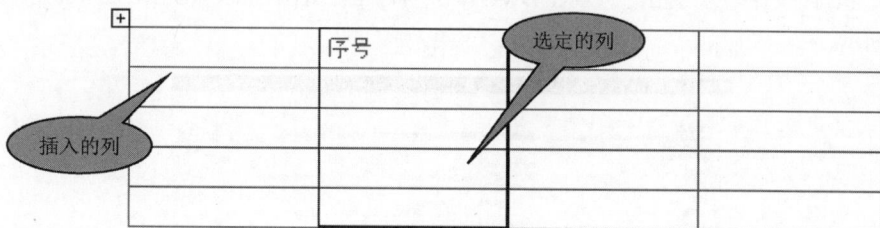

图 11-68

- 右边插入列："右边插入列"命令用于在选定列的右边插入新的列。操作方法同上。

11.5.6　调整大小

"调整大小"命令用于修改选定行或列的高度或宽度。当选定某一行时，执行此命令只能调整其高度；而选定某一列时，则只能调整其宽度。如图11-69所示，首先在表格中选择一行，接着单击"表格"面板中的"调整大小"按钮，并在弹出的"行高度"文本框中输入新的高度值，例如 10，最后按 Enter 键，即可完成选定行高度的调整。

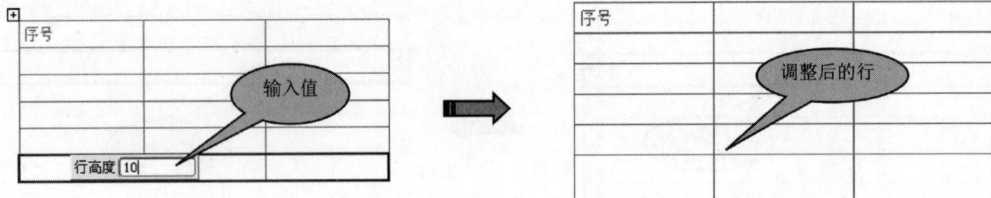

图 11-69

11.5.7　合并或取消合并单元格

"合并单元格"命令用于将选定的多个单元格合并为一个单元格。选择多个单元格的方法是：在一个单元格上按住鼠标左键，然后拖动鼠标指针向左、向右、向上或向下至另一个单元格，鼠标指针经过的单元格将会被自动选中。如图 11-70 所示，首先在表格中选择 3 个单元格，接着单击"表格"面板中的"合并单元格"按钮，这样，选中的 3 个单元格就会被合并成一个单元格。

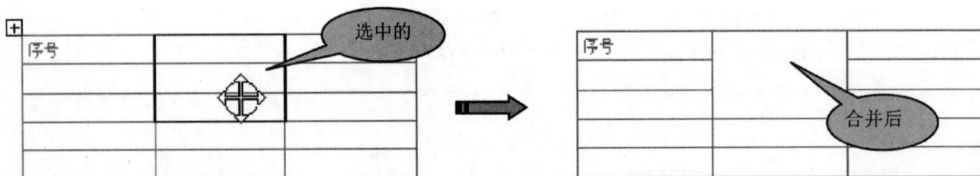

图 11-70

"取消合并单元格"命令用于将已合并的单元格恢复到合并前的状态。选择需要拆解的合并单元格，然后单击"取消合并单元格"按钮，即可将合并的单元格拆分成原来的多个单元格。

11.6　工程图的导出

UG 提供了工程图的导出功能，允许用户在工程图创建完成后，将其以通用的图纸格式（如 DXF/DWG）导出。执行"文件"→"导出"→DXF/DWG 命令，将弹出"导出 AutoCAD DXF/DWG 文件"对话框，如图 11-71 所示。

图 11-71

通过"导出 AutoCAD DXF/DWG 文件"对话框，可以设置导出文件的各项参数，包括文件格式、导出数据内容以及导出路径等。完成参数设置后，单击"确定"按钮，即可实现工程图的导出操作。

11.7 综合案例——支架零件工程图

为了更好地阐述如何创建工程图、添加视图、进行尺寸标注等常用操作，本节将通过具体实例来详细说明整个图纸的设计流程。本例中的支架零件工程图如图 11-72 所示。该工程图的创建过程主要包括以下几个步骤：创建基本视图、创建剖切视图、绘制中心线、进行工程图标注以及添加表格注释等。

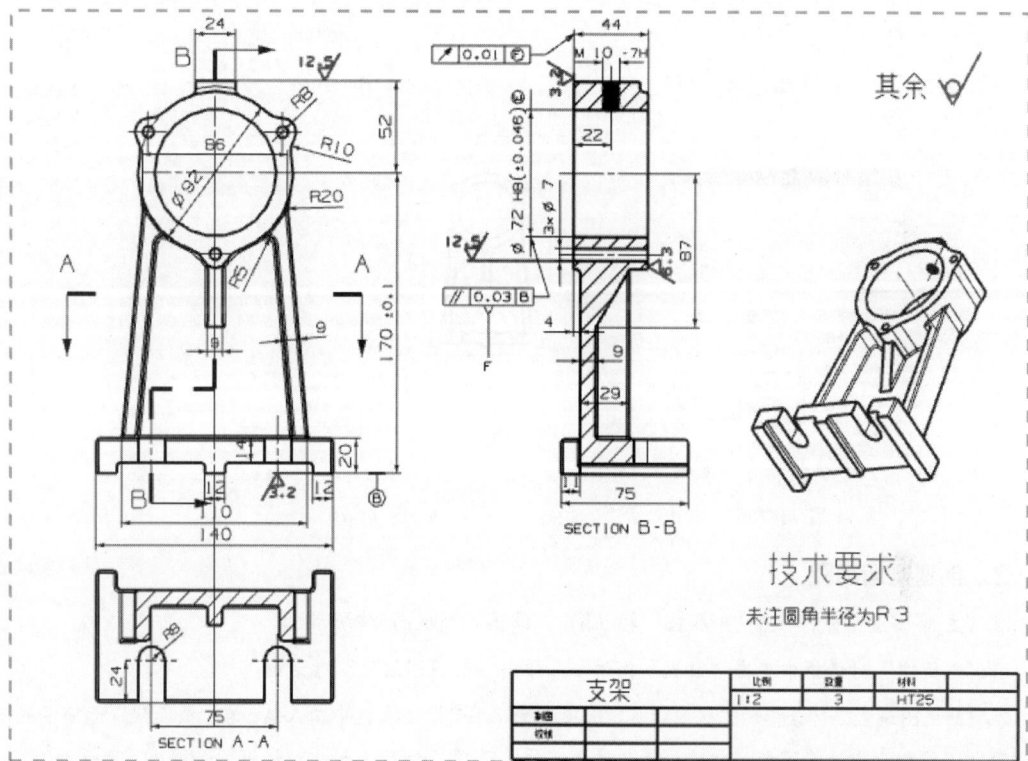

图 11-72

1. 创建基本视图

01 在建模环境下打开支架零件的文件，如图 11-73 所示。

02 在"应用模块"选项卡中单击"制图"按钮，进入制图环境。在"主页"选项卡中单击"新建图纸页"按钮，弹出"图纸页"对话框。在此对话框中选中"标准尺寸"单选按钮，并在"大小"下拉列表中选择 A3-297×420 选项，然后在下方的"投影"选项组中选择"第一角投影"（国家标准）选项，最后单击"确定"按钮，如图 11-74 所示。

03 在弹出的"基本视图"对话框的"比例"下拉列表中选择"比率"选项，并将比率更改为 0.8000:1.0000，如图 11-75 所示。

04 按信息提示在图纸中选择一个位置来放置主视图，如图 11-76 所示。在放置主视图后，关闭"基本视图"对话框。

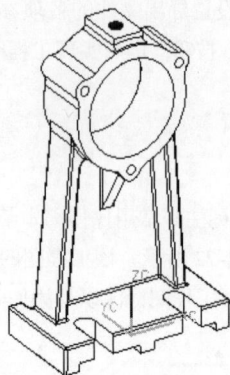

图 11-73

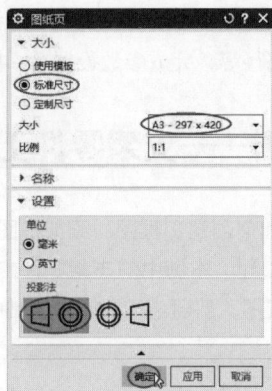

图 11-74

图 11-75

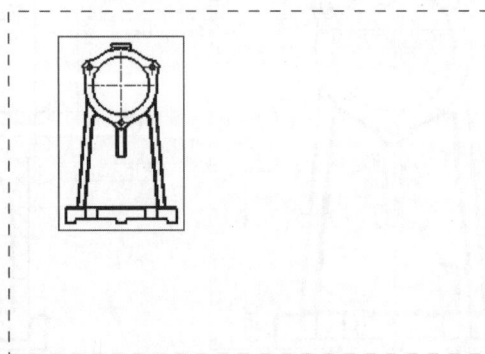

图 11-76

2. 创建剖切视图

01 在"主页"选项卡中单击"剖视图"按钮⌖，弹出"剖视图"对话框。

02 在"剖视图"对话框中单击"设置"按钮⌖，弹出"剖视图设置"对话框。

03 在"剖视图设置"对话框的"视图标签"选项卡的"字母"文本框中输入 A，在"截面线"选项卡的"类型"下拉列表中选择国标"粗端，箭头远离直线"选项，然后关闭此对话框，如图 11-77 所示。

图 11-77

技巧点拨

可以适当设置截面线的线宽，最好设置为 0.35mm。

04 在图纸中选择主视图作为剖切视图的父视图，如图 11-78 所示。

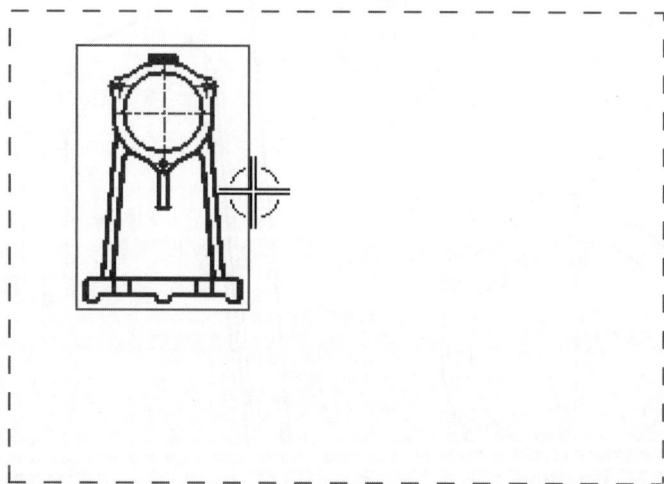

图 11-78

技巧点拨

当图纸中只有一个视图时，通常无须手动选择主视图，因为系统会自动将该视图默认为主视图。然而，当图纸中包含多个视图时，就需要手动指定父视图了。

05 按信息提示在视图上选择一点作为剖切位置，如图 11-79 所示。

06 在主视图下方放置 A-A 剖切视图，如图 11-80 所示，然后关闭对话框。

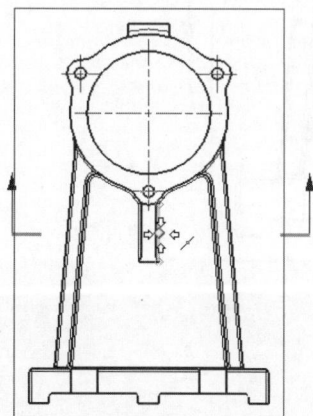

图 11-79

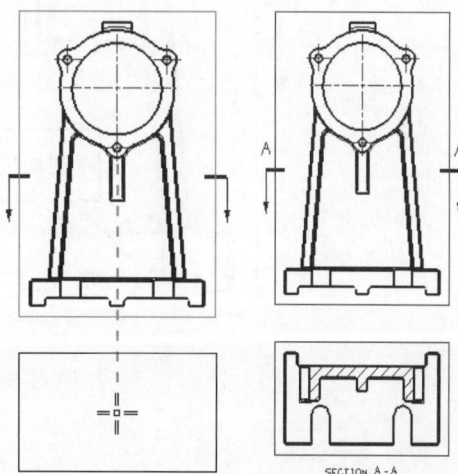

图 11-80

07 重新弹出"剖视图"对话框，然后弹出"剖视图设置"对话框，在"字母"对话框中输入 B，并将截面线设为国标标准样式。

08 选择主视图作为剖切视图的父视图，然后在"剖视图"对话框的"截面线"选项区中设置"方法"为"简单剖/阶梯剖"，并在主视图上选择第1个点，如图 11-81 所示。

09 按信息提示在主视图上选择如图 11-82 所示的中心点作为截面线的第2个点。

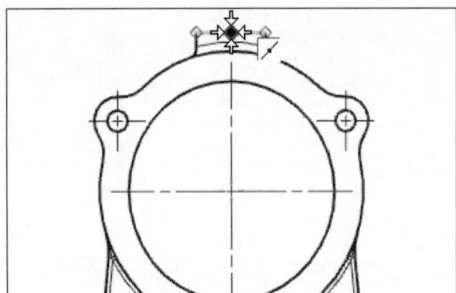

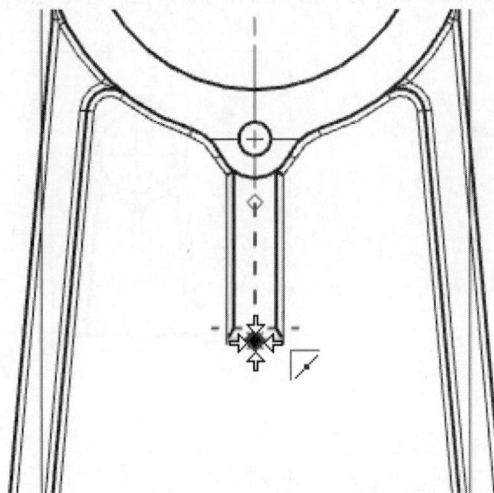

图 11-81   图 11-82

技巧点拨

在选择第1个点后，必须重新激活"截面线段"选项区中的"指定位置"选项，否则会自动生成最简单的剖切视图，得不到我们所要求的剖切样式。

10 继续选择第3个点，如图 11-83 所示。

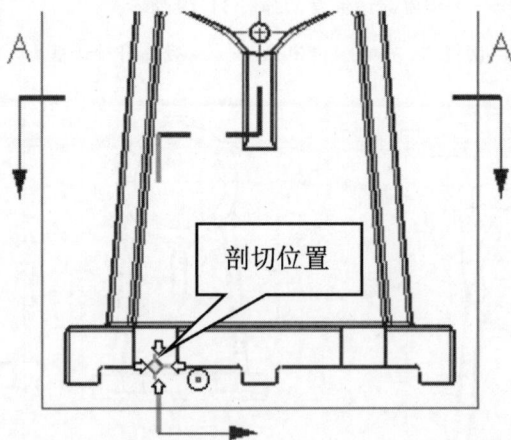

剖切位置

图 11-83

技巧点拨

在选择3个点后，若发现剖切方向非理想方向，则需要更改"铰链线"选项区的"矢量选项"为"已定义"，并指定剖切方向。

11 在主视图右侧放置 B-B 剖切视图，如图 11-84 所示，完成后关闭对话框。

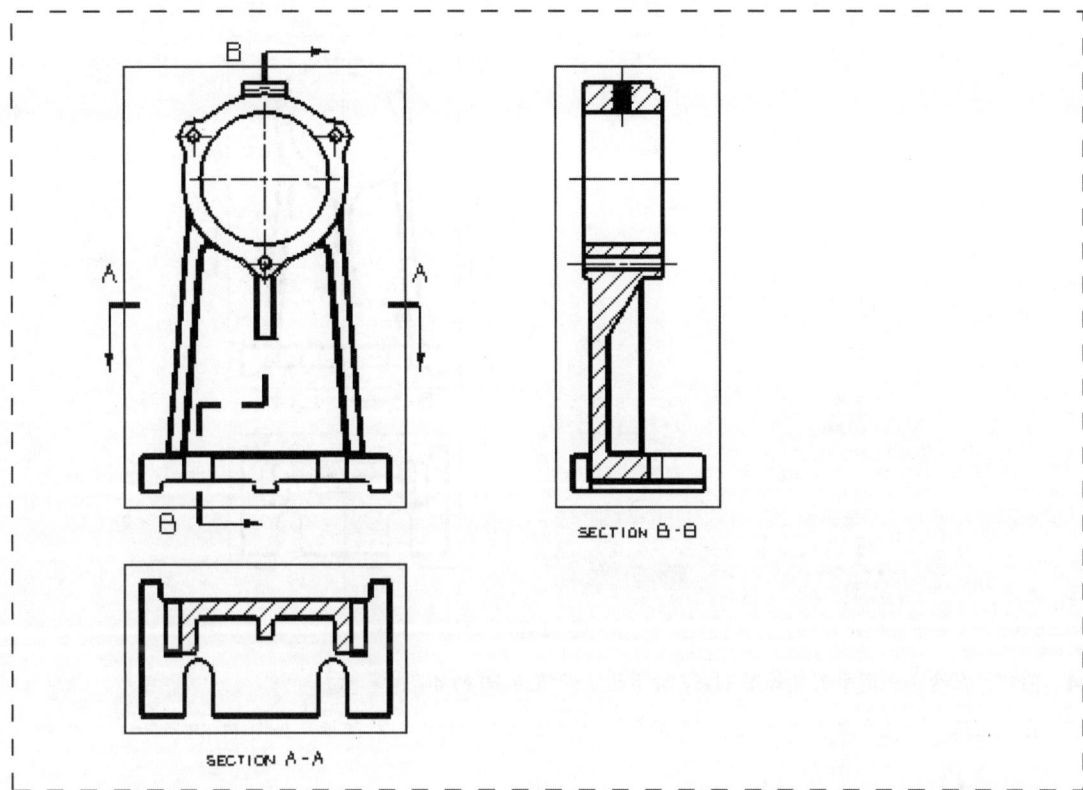

图 11-84

3. 创建中心线

01 在"注释"面板的"中心线"框中单击"2D 中心线"按钮 ⊕，弹出"2D 中心线"对话框。

02 在"2D 中心线"对话框中设置"类型"为"基于曲线"，然后在视图中选择对象以创建中心线，如图 11-85 所示。

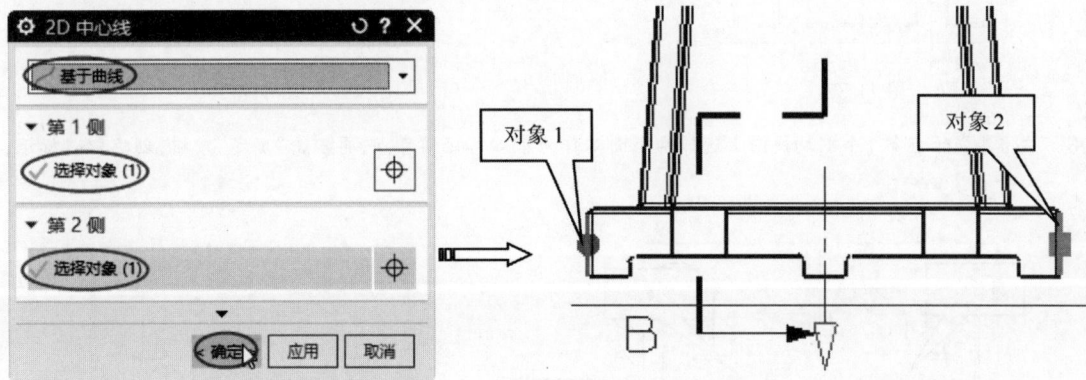

图 11-85

03 在"设置"选项区中将"（C）延伸"文本框中的值更改为 100，最后单击"确定"按钮，完成中心线的创建，如图 11-86 所示。

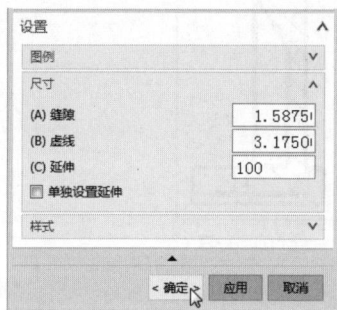

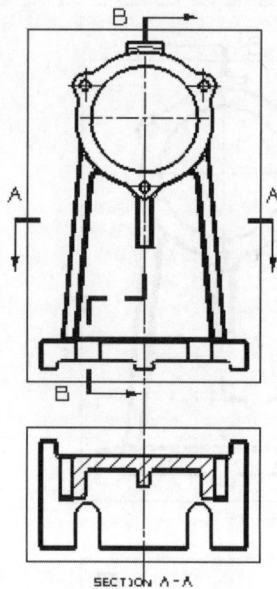

图 11-86

04 同理，在两个视图中创建如图 11-87 所示的延伸值为 10 的 4 条中心线。

05 在"注释"面板中单击"中心标记"按钮⊕，弹出"中心标记"对话框，如图 11-88 所示。

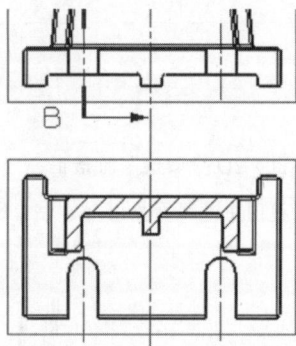

图 11-87

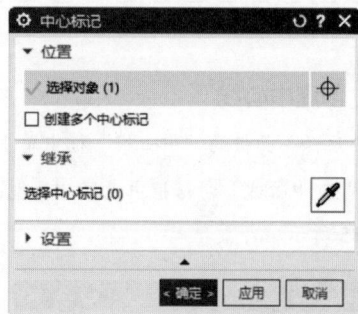

图 11-88

06 按信息提示在第 1 个剖切视图上选择两个圆心作为中心标记参考点，再单击"确定"按钮，创建中心标记，如图 11-89 所示。

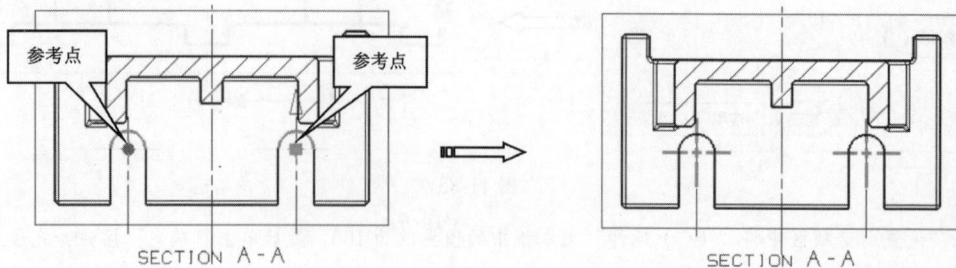

图 11-89

4．标注工程图

01 使用"尺寸"面板中的尺寸标注命令，在3个视图中标注合理的尺寸，标注结果如图11-90所示。

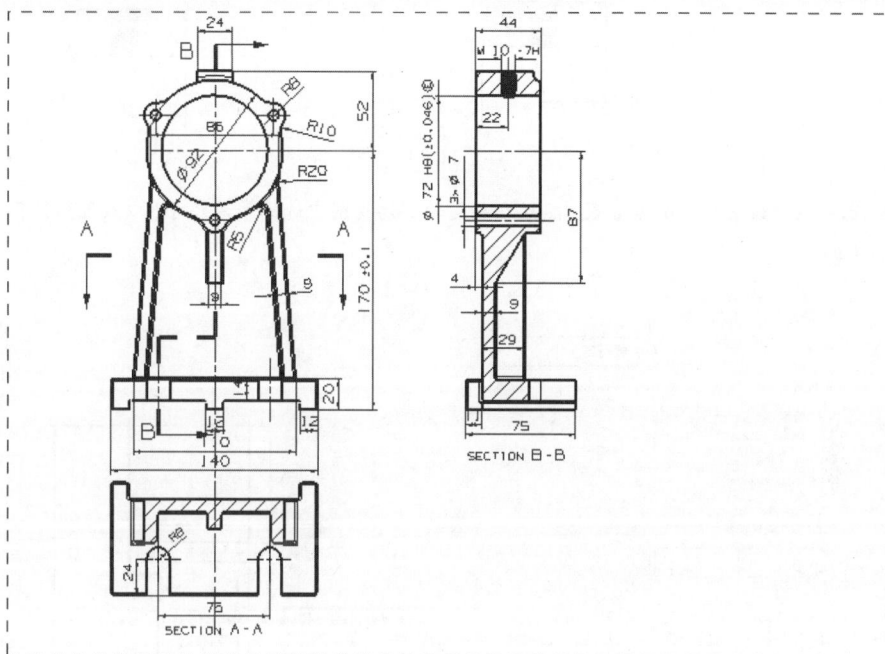

图 11-90

02 在"注释"面板中单击"特征控制框"按钮，弹出"特征控制框"对话框，如图11-91所示。

03 在"框"选项区中设置如图11-92所示的参数。

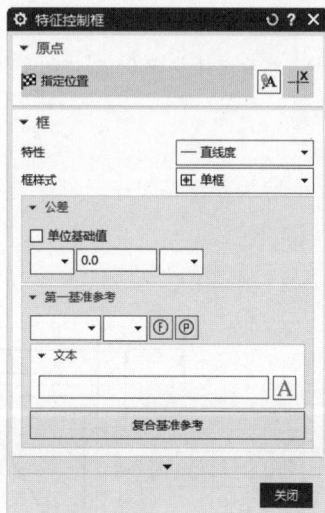

图 11-91

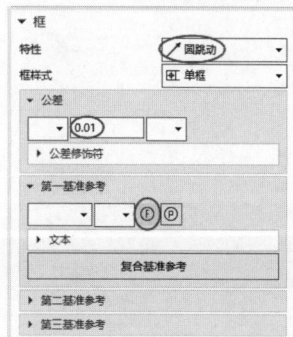

图 11-92

04 在"指引线"选项区中单击"选择终止对象"按钮，然后在剖切视图中选择参考尺寸，自动生成形位公差，如图11-93所示。

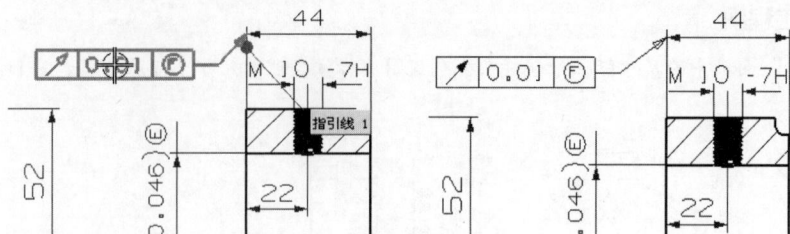

图 11-93

05 在"框"选项区中设置形位公差参数，然后在相同的剖切视图中选择参考尺寸，以放置形位公差特征框，如图 11-94 所示。

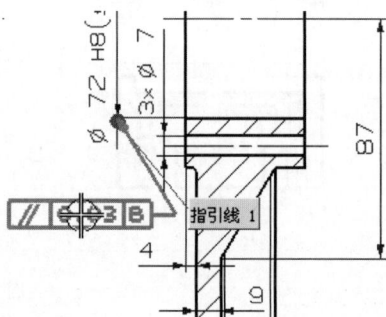

图 11-94

06 在"注释"面板中单击"基准特征符号"按钮，弹出"基准特征符号"对话框。在"指引线"选项区中设置"类型"为"基准"，在"基准标识符"选项区中设置"字母"为 F，如图 11-95 所示。

07 在"指引线"选项区中单击"选择终止对象"按钮，然后选择步骤 05 创建的形位公差特征框作为终止对象，完成基准符号 F 的标注，如图 11-96 所示。

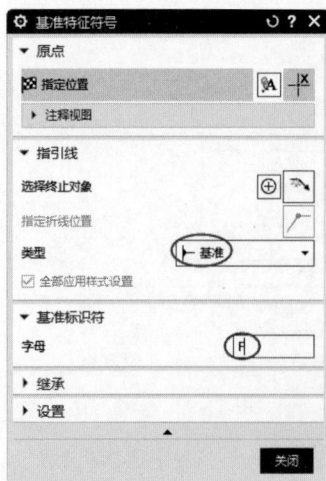

图 11-95

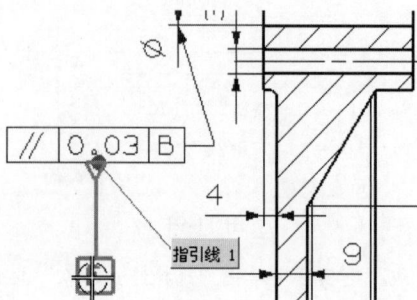

图 11-96

08　同理，在主视图中标注基准符号 B，如图 11-97 所示。

09　执行"表面粗糙度符号"命令，在图纸中的零件实线和尺寸线上标注粗糙度符号（共 5 处），如图 11-98 所示。

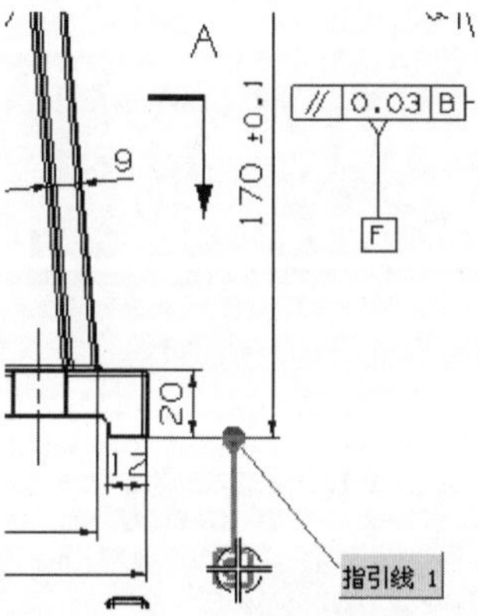

图 11-97

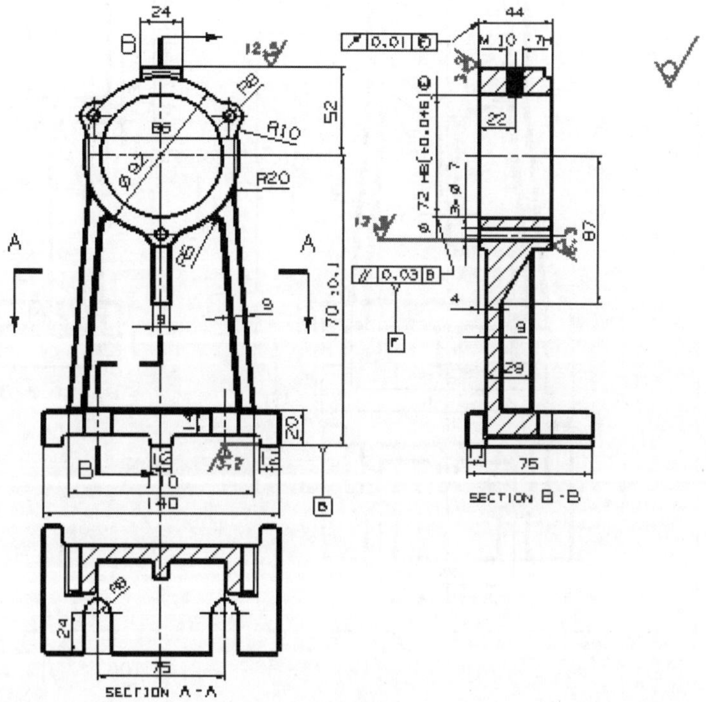

图 11-98

10　执行"基本视图"命令，在图纸右侧插入一个正等轴测图，设置其视图比率为 0.6:1。弹出"设置"对话框，在"角度"选项卡中设置"角度"值为 35°，如图 11-99 所示。旋转视图后的结果如图 11-100 所示。

图 11-99

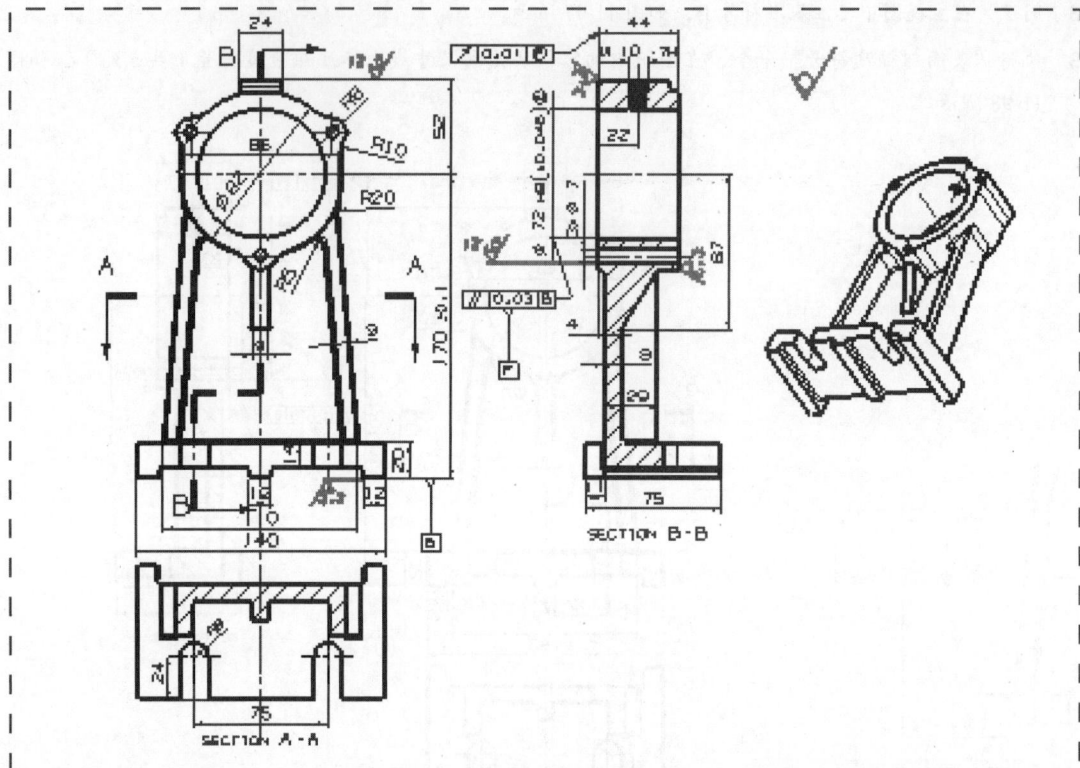

图 11-100

5. 创建表格注释

01 在"表格"面板中单击"表格注释"按钮，然后在图纸右下角的位置插入表格，如图 11-101 所示。

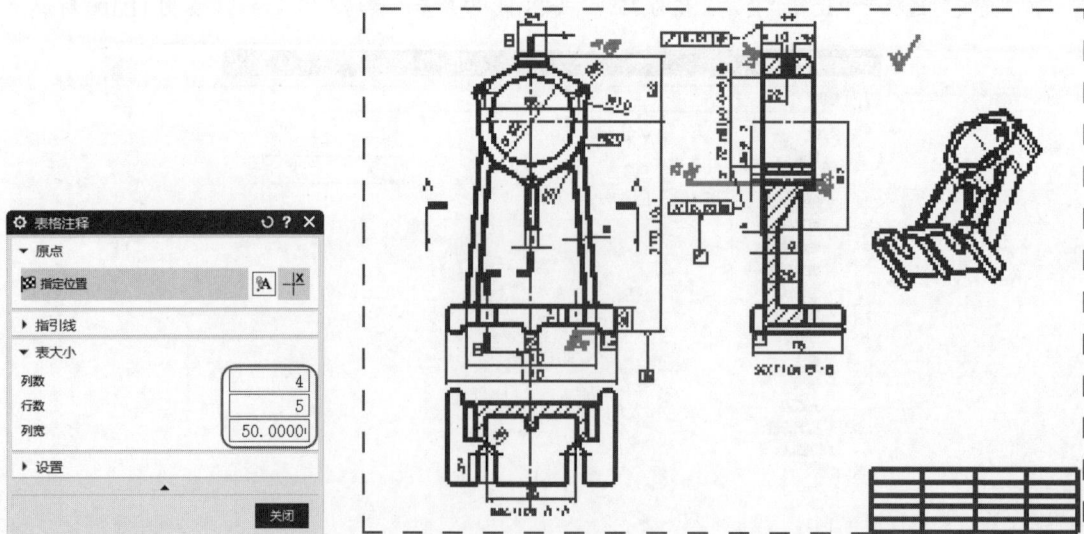

图 11-101

02 执行"表格"面板中的"左边插入列"命令，在表格中插入 3 列单元格，如图 11-102 所示。

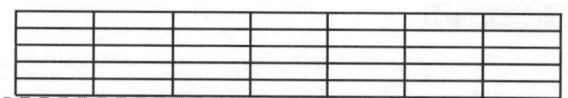

图 11-102

03 执行"合并单元格"命令,合并选择的单元格,如图 11-103 所示。

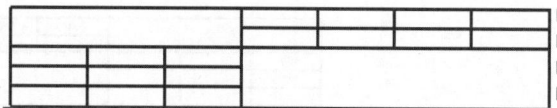

图 11-103

04 在添加文本时,首先选中单元格,然后在弹出的菜单中单击"编辑文本"按钮🖋,弹出"文本"对话框。

05 在"文本"对话框的"字体"下拉列表中选择"宋体"选项,然后在下拉列表中选择 2.5 选项,并在下面的文本框中输入"支架",单击"确定"按钮,即可在单元格中生成文本,如图 11-104 所示。

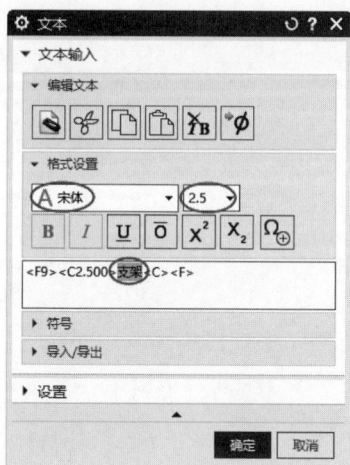

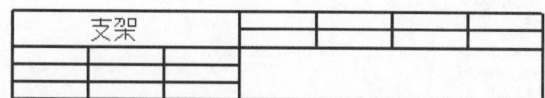

图 11-104

技巧点拨

若要在单元格的中间输入文本,则需要在"文本"对话框中输入文字时按空格键来调整文本的位置。

06 同理,在表格的其他单元格中也输入文本,结果如图 11-105 所示。

图 11-105

07 在"注释"面板中单击"注释"按钮A,在弹出的"注释"对话框的"文本输入"选项区中设置如图 11-106 所示的参数并输入文本。

08 在表格上方放置编辑的文本注释,如图 11-107 所示。至此,本例支架零件的工程图创建完成。

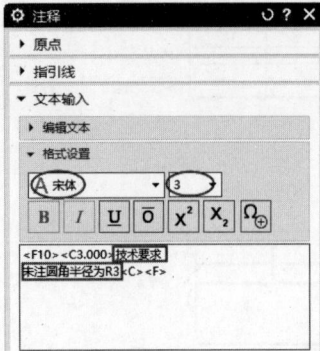

图 11-106

图 11-107